Windows Server
服务器配置与管理项目教程

田　钧　靳咏梅　主　编
黄　勤　李中奎　副主编
李超峰　陈　刚　王袁帅　参　编

北京理工大学出版社
BEIJING INSTITUTE OF TECHNOLOGY PRESS

内 容 简 介

本书对 Windows Server 2016 的主要服务进行了概括性的解释，包含 Windows 基础配置、Windows 基础网络服务、Windows 应用服务器等相关知识，内容较为全面，适合作为 Windows Server 2016 的入门教材，全书共包含 18 个项目，通过实验过程结合理论对 Windows Server 2016 的知识进行循序渐进的解释。

本书可作为计算机相关专业教材，也可供计算机相关技术爱好者进行研究学习。

图书在版编目(CIP)数据

Windows Server 服务器配置与管理项目教程 / 田钧，靳咏梅主编. -- 北京 : 北京理工大学出版社，2021.11
ISBN 978-7-5682-9807-0

Ⅰ. ①W… Ⅱ. ①田… ②靳… Ⅲ. ①Windows 操作系统-网络服务器-高等职业教育-教材 Ⅳ. ①TP316.86

中国版本图书馆 CIP 数据核字(2021)第 083266 号

出版发行 / 北京理工大学出版社有限责任公司
社　　址 / 北京市海淀区中关村南大街 5 号
邮　　编 / 100081
电　　话 / (010)68914775(总编室)
(010)82562903(教材售后服务热线)
(010)68944723(其他图书服务热线)
网　　址 / http://www.bitpress.com.cn
经　　销 / 全国各地新华书店
印　　刷 / 定州市新华印刷有限公司
开　　本 / 787 毫米×1092 毫米　1/16
印　　张 / 15.5
字　　数 / 360 千字
版　　次 / 2021 年 11 月第 1 版　2021 年 11 月第 1 次印刷
定　　价 / 74.80 元

责任编辑 / 王玲玲
文案编辑 / 王玲玲
责任校对 / 刘亚男
责任印制 / 施胜娟

Foreword 前言

服务器操作系统是各类信息技术应用和发展的基础，与各类信息化建设息息相关。服务器操作系统的课程覆盖了职业技术教育的各个层次和阶段。我们要为信息技术相关专业的未来从业者培养专业的技术能力，让学生在学校掌握最新的行业知识和技能，走出校门就可以胜任相关专业技术岗位，而不需要重新学习岗位技能，不会因为学到的知识和技能与现实岗位需求脱节而面临困境。

微软的 Windows 操作系统从 1985 年发展到现在，从 Windows 1.0 到 Windows 10，从 Windows NT 到 Windows Server 2016，这 30 多年来，微软操作系统的发展，也加快了信息技术前进的步伐。近年来，信息技术知识更新迭代快，对从业人员的技术技能要求越来越高。关于服务器操作系统方面的职业教育发展在国内也非常成熟，“Windows Server 2016 操作系统服务与管理”课程具有实践性强、服务交叉、协议复杂、不同层次间服务需要相互配合运行等特点，这些特点对理解计算机操作系统原理带来了不少的挑战。它需要掌握较多的知识点，需要较强的实践能力。操作系统课程的设计，应该有助于学习者更好地理解服务运行的过程，理解服务原理的本质特征，让难以理解的、烦琐的操作系统服务更通俗易懂。

本书的所有技术点都来自世界技能大赛网络系统管理项目模块 B（Windows 系统环境模块），将世界技能大赛的技术技能点转化成相关的项目进行编写，技术标准规范遵循世界技能大赛的要求，非常适用于职业教育的专业技术技能人才培养。

本书的宗旨是让读者通过本书的理论讲解、项目实操来充分地了解 Windows Server 2016 操作系统的功能与服务配置，进而能够轻松地管理 Windows Server 2016 的网络环境。本书对 Windows Server 2016 的主要服务进行了概括性的解释，包含 Windows 基础配置、Windows 基础网络服务、Windows 应用服务器等知识，内容较为全面，适合作为 Windows Server 2016 的专业教材。全书共包含 18 个项目，通过实验过程并结合理论对 Windows Server 2016 的知识进行循序渐进的解释。其中，项目 1 介绍了 Windows Server 2016 网络操作系统，这是学习 Windows Server 2016 的开端；项目 5 介绍了 Windows 比较重要的服务——Active Directory 和 Group policy object，这是 Windows Server 2016 的核心功能服务；在项目 7、项目 8 和项目 10 中，对 Windows 的应用（DHCP、DNS、Web）等服务进行了详细介绍，读者可以通过本书设置的项目实验进行深入学习；项目 15 对纳米服务器做了深入浅出的解释。

在学习本书的过程中，可能需要结合本书的内容进行环境与项目构建，因此建议读者使用 Windows Server Hyper-V 或者 Windows Hyper-V for Windows 10 搭建书中的实验环境进行测试。

感谢所有让这本书能够顺利出版的朋友，感谢你们对我的帮助！

编　者

Contents

目录

项目 1
Windows Server 2016 网络操作系统

【项目学习目标】

1. 掌握网络操作系统的特点。
2. 掌握网络操作系统选择方法。
3. 掌握网络操作系统硬件要求和兼容性。
4. 掌握网络操作系统安装方法。

【学习难点】

1. 网络操作系统的选择。
2. 网络操作系统硬件要求和兼容性。
3. 网络操作系统安装方法。

【项目任务描述】

某高校组建了学校的校园网，需要架设一台具有网站发布、资源共享等功能的服务器来为校园网用户提供服务，现需要选择一种既安全又易于管理的网络操作系统。

任务 1　认知网络操作系统

任务描述

在搭建服务器时，首先应选择安装什么操作系统，而不同的操作系统的应用环境有所不同。

任务目标

掌握网络操作系统的概念。了解当前流行操作系统的特点，以便有针对性地选择安装。

1. 操作系统的概念

操作系统是计算机硬件与所有其他软件之间的接口。只有在操作系统的指挥控制下，各种计算机资源才能被分配给用户使用。也只有在操作系统的支持下，其他系统软件才能取得运行条件。如果没有操作系统，任何应用软件都无法运行。

从资源管理与分配的角度看，对于计算机系统所拥有的软硬件资源，不同的用户为完成他们各自的任务而会有不同的需求，有时可能还会有冲突。因此，操作系统作为一个资源管理者，要解决用户对计算机系统资源的竞争，并合理、高效地分配和利用这些有限的资源，如 CPU 时间、内存空间、I/O 设备、文件存储空间等。

从用户的角度看，他们对操作系统的内部结构不是很了解，对操作系统的执行过程和实现细节也不感兴趣，他们关心的是操作系统提供了哪些功能、哪些服务及具有什么样的用户界面。由于操作系统隐藏了硬件的复杂细节，用户会感到计算机使用起来简单方便，通常就说操作系统为用户提供了一台功能经过扩展的计算机，或称“虚拟机”。

2. 操作系统的定义

操作系统由一组程序组成，这组程序能够有效地组织和管理计算机系统中的硬件和软件资源，合理地组织计算机工作流程和控制程序的执行，使计算机系统能够高效地运行，并向用户提供各种服务功能，使用户能够灵活、方便、有效地使用计算机。

3. 操作系统的分类

(1) 微机操作系统

①单用户单任务操作系统。

②单用户多任务操作系统。

③多用户多任务操作系统。

(2) 网络操作系统

用于管理网络通信和共享资源，协调各计算机任务的运行，并向用户提供统一的、方便有效的网络接口的程序集合，就称为网络操作系统。

从广义的角度来看，网络操作系统主要有以下四个基本功能：

①网络通信管理：负责实现网络中计算机之间的通信。

②网络资源管理：对网络软硬件资源实施有效的管理，保证用户方便、正确地使用这些资源，提高资源的利用率。

③网络安全管理：提供网络资源访问的安全措施，保证用户数据和系统资源的安全性。

④网络服务：为用户提供各种网络服务，包括文件服务、打印服务、电子邮件服务等。

4. 网络操作系统的功能

①作业管理。

②处理机管理。

③存储器管理。

④文件管理。

⑤设备管理。

5. 典型的网络操作系统

目前局域网中主要存在以下几类网络操作系统：

(1) Windows 类

对于这类操作系统，相信用过电脑的人都不会陌生，这是全球最大的软件开发商——Microsoft(微软)公司开发的。微软公司的 Windows 系统不仅在个人操作系统中占有绝对优势，在网络操作系统中也具有非常强劲的力量。这类操作系统配置在整个局域网配置中是最常见的，但由于它对服务器的硬件要求较高，并且稳定性能不是很高，所以微软的网络操作系统一般只是用在中低档服务器中，高端服务器通常采用 UNIX、Linux 或 Solairs 等非 Windows 操作系统。在局域网中，微软的网络操作系统主要有 Windows 8. 1、Windows 10、Windows Server 2012 R2、Windows Server 2016 等，工作站系统可以采用任一 Windows 操作系统，包括个人操作系统，如 Windows 8、Windows 10 等。

在整个 Windows 网络操作系统中，最为成功的是 Windows 2016，它几乎成为中小型企业局域网的标准操作系统，它是一款基于 Windows 10 开发的操作，继承了 Windows 10 的操作风格，使用户学习、使用起来更加容易。此外，它的功能也比较强大，基本上能满足所有中小型企业的各项网络需求。虽然其功能比 Windows Server 2019 系统逊色许多，但它对服务器的硬件配置要求低，可以在更大程度上满足许多中小企业的 PC 服务器配置需求。目前 Windows Server 2019 已推出，但是并未发布正式版，Windows Server 2019 主要在虚拟化及 SDN 方面进行了相对应的增强。

(2) UNIX 系统

UNIX 系统支持网络文件系统服务，提供数据等应用，功能强大，由 AT&T 和 SCO 公司推出。这种网络操作系统的稳定性和安全性能非常好，但由于它多数是以命令方式来进行操作的，不容易掌握，尤其是初级用户。正因如此，小型局域网基本不使用 UNIX 作为网络操作系统，UNIX 一般用于大型的网站或大型的企事业局域网中。UNIX 网络操作系统历史悠久，其良好的网络管理功能已为广大网络用户所接受，拥有丰富的应用软件的支持。UNIX 本是针对小型机主机环境开发的操作系统，是一种集中式分时多用户体系结构。因其体系结构不够合理，UNIX 的市场占有率呈下降趋势。

(3) Linux

这是一种新型的网络操作系统，它的最大特点是源代码开放，可以免费得到许多应用程序。Linux 有如下几个系列：Redhat/CentOS/Suse/Fedora、Debian/CentOS 等。在国内得到了用户充分的肯定，主要体现在它的安全性和稳定性方面。它与 UNIX 有许多类似之处，但目前这类操作系统仍主要应用于中高档服务器中。

6. 网络操作系统的选择依据

主要考察点有以下四点：

①该网络操作系统的主要功能、优势及配置，看看能否与用户需求达成基本一致。

②该网络操作系统的生命周期。谁都希望少花钱，多办事，因而希望网络操作系统正常

发挥作用的周期越长越好，这就需要了解其技术主流、技术支持及服务等方面的情况。

③分析该网络操作系统能否顺应网络计算的潮流。当前的潮流是分布式计算环境，因此，选择网络操作系统时，最好考察这个方向。

④对市场进行客观的分析。也就是说，对当前市场流行的网络操作系统平台的性能和品质，如速度、可靠性、安装与配置的难易程度等方面，进行列表分析，综合比较，以选择性能价格比最优者。

7. 选择网络操作系统的标准

①安全性和可靠性。

②硬件的兼容性。

③可操作性。

④对应用程序的开发支持。

⑤可扩展性。

任务2　安装Windows Server 2016

任务描述

在确定要安装Windows操作系统后，根据网络的组织方式确定要安装的操作系统版本，还应再次检查计算机的所有硬件是否符合所选版本安装的最小硬件条件。此外，还应核对是否具有各种硬件的Windows Server 2016驱动程序。如果没有，则应与硬件设备生产商联系，请他们提供支持Windows Server 2016驱动程序。在Windows Server 2016中，很多产品驱动与Windows 10通用，请根据实际情况安装恰当的驱动程序。

任务目标

理解Windows Server 2016的安装过程，掌握Windows Server 2016的安装注意事项。

1. Windows Server 2016安装前准备

(1)硬件需求(表1-1)

表1-1　Windows Server 2016硬件需求

硬件需求	标准版/数据中心版
CPU	1.4 GHz 64位处理器 与x64指令集兼容 支持NX和DEP 支持CMPXCHG16b、LAHF/SAHF和PrefetchW 支持二级地址转换(EPT或NPT)

续表

硬件需求	标准版/数据中心版
RAM	512 MB(对于带桌面体验的服务器安装选项为 2 GB) ECC(纠错代码)类型或类似技术
存储控制器与磁盘空间要求	最低：32 GB 请注意，32 GB 应视为确保成功安装的绝对最低值。满足此最低值应该能够以“服务器核心”模式安装包含 Web 服务器(IIS)角色的 Windows Server 2016。“服务器核心”模式中的服务器比带有 GUI 模式的服务器中的相同服务器约大 4 GB。 系统分区在以下任何情形中将需要额外空间： ①如果通过网络安装系统。 ②RAM 超过 16 GB 的计算机还需要为页面文件、休眠文件和转储文件分配额外磁盘空间
网络适配器要求	至少有千兆位吞吐量的以太网适配器 符合 PCI Express 体系结构规范 支持预启动执行环境(PXE)

(2)版本比较(表 1-2)

表 1-2　功能与角色差别

功能与角色	Windows Server 2016 标准版	Windows Server 2016 数据中心版
网络控制器(角色)	不支持	支持
主机保护者 Hyper-V 支持(功能)	不支持	支持
软件负载平衡器(功能)	不支持	支持
软件定义的网络(功能)	不支持	支持
存储副本(功能)	不支持	支持
存储空间直通	不支持	支持

2. Windows Server 2016 的安装

设置 BIOS，使计算机从光盘启动，把 Windows 2016 的安装光盘放进光驱中进行安装操作。具体操作过程如下：

光盘启动后，会自动加载文件，然后出现初始安装界面，如图 1-1 所示。

单击“现在安装”按钮，出现激活 Windows 界面，在此输入你购买的激活码，单击“下一步”按钮，如图 1-2 所示。

选择需要安装的操作系统版本，单击“下一步”按钮，如图 1-3 所示。

勾选“我接受许可条款”，单击“下一步”按钮，如图 1-4 所示。

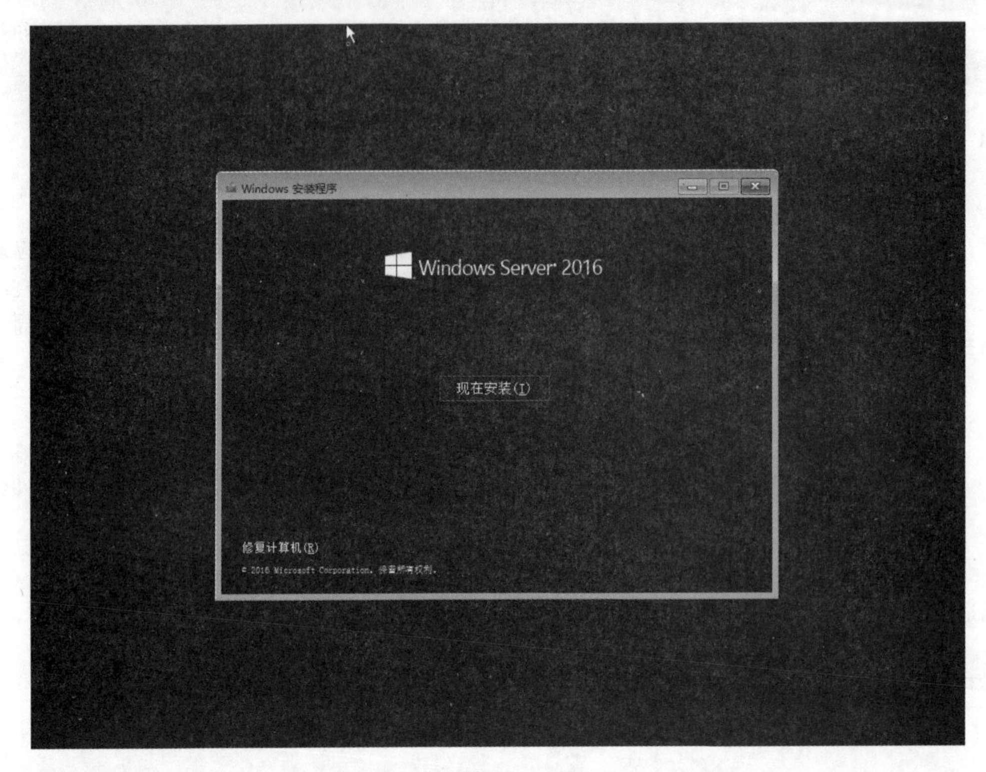
Windows 安装程序
Windows Server 2016
现在安装(I)
修复计算机(R)
© 2016 Microsoft Corporation. 保留所有权利.

图 1-1

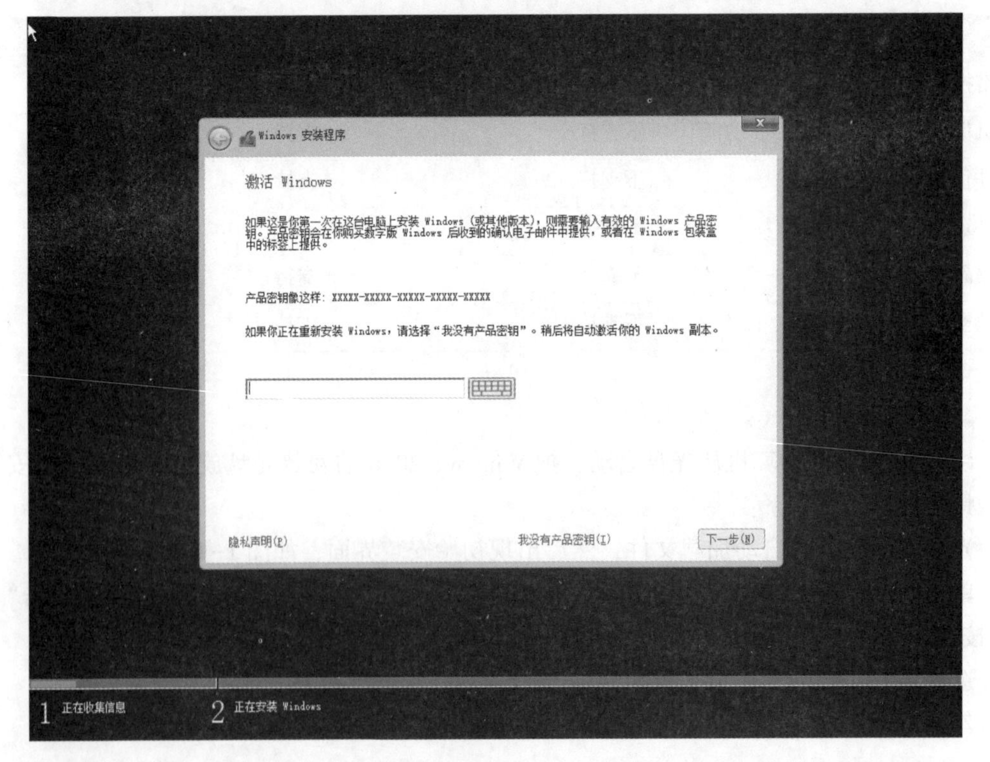
Windows 安装程序
激活 Windows
如果这是你第一次在这台电脑上安装 Windows (或其他版本)，则需要输入有效的 Windows 产品密钥。产品密钥会在你购买数字版 Windows 后收到的确认电子邮件中提供，或者在 Windows 包装盒中的标签上提供。
产品密钥像这样: XXXXX-XXXXX-XXXXX-XXXXX-XXXXX
如果你正在重新安装 Windows，请选择“我没有产品密钥”。稍后将自动激活你的 Windows 副本。
隐私声明(P)
我没有产品密钥(I)
下一步(N)
1 正在收集信息
2 正在安装 Windows

图 1-2

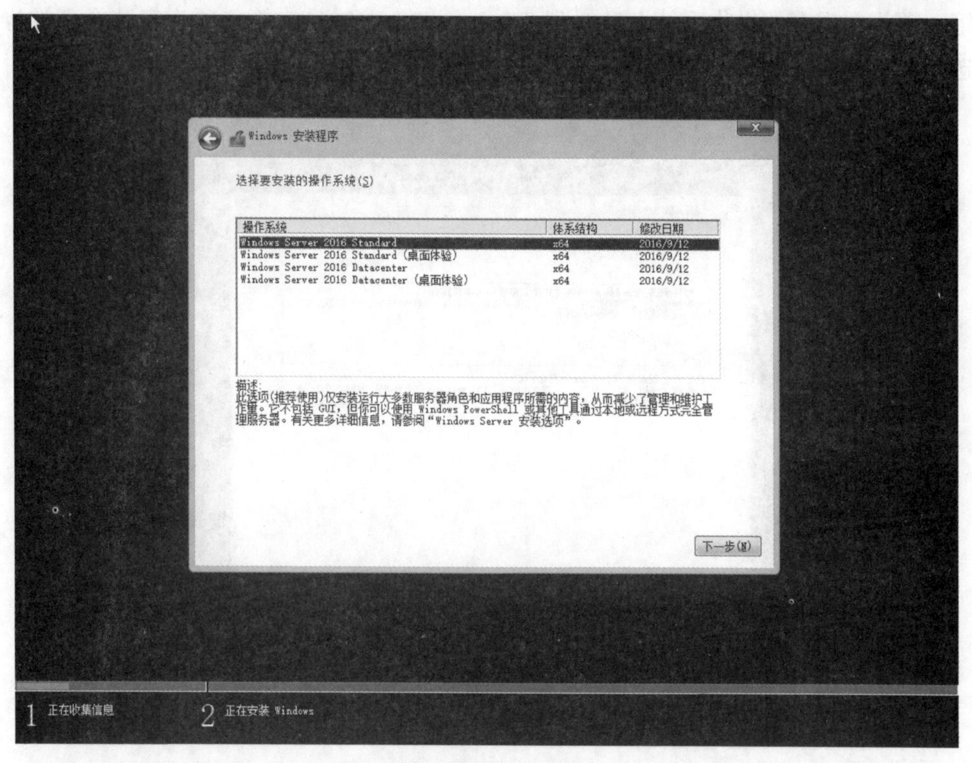
Windows 安装程序
选择要安装的操作系统(S)
操作系统 体系结构 修改日期
Windows Server 2016 Standard x64 2016/9/12
Windows Server 2016 Standard (桌面体验) x64 2016/9/12
Windows Server 2016 Datacenter x64 2016/9/12
Windows Server 2016 Datacenter (桌面体验) x64 2016/9/12
描述:
此选项(推荐使用)仅安装运行大多数服务器角色和应用程序所需的内容,从而减少了管理和维护工作量。它不包括 GUI,但你可以使用 Windows PowerShell 或其他工具通过本地或远程方式完全管理服务器。有关更多详细信息,请参阅"Windows Server 安装选项"。
下一步(N)
1 正在收集信息
2 正在安装 Windows

图 1-3

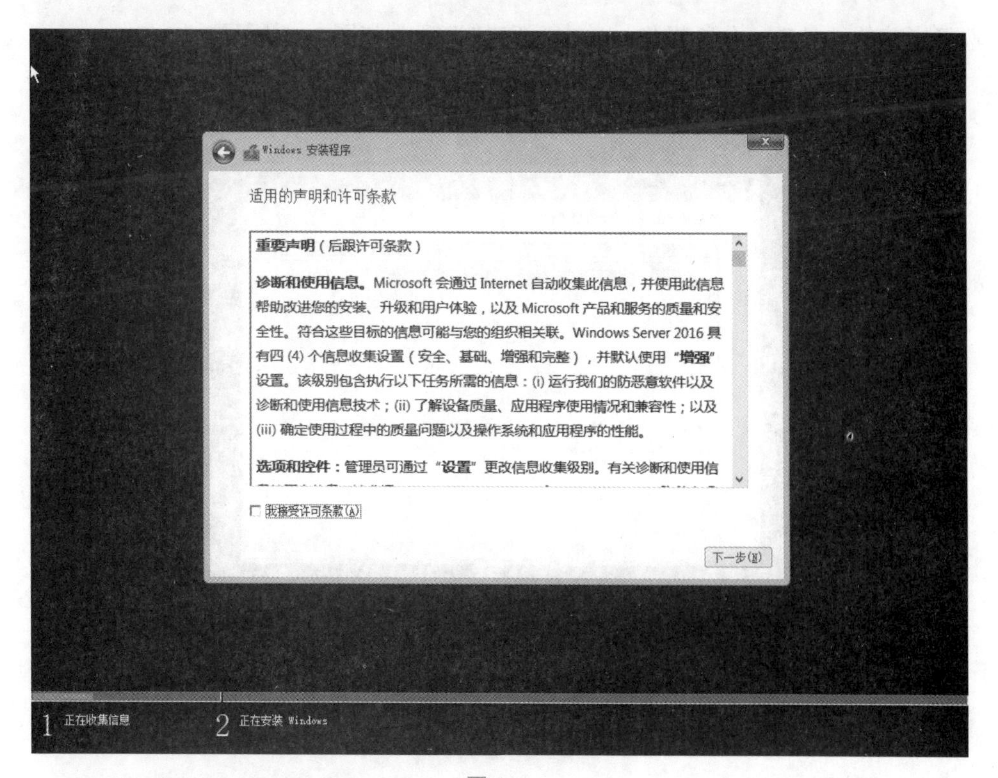
Windows 安装程序
适用的声明和许可条款
重要声明(后跟许可条款)
诊断和使用信息。Microsoft 会通过 Internet 自动收集此信息，并使用此信息帮助改进您的安装、升级和用户体验，以及 Microsoft 产品和服务的质量和安全性。符合这些目标的信息可能与您的组织相关联。Windows Server 2016 具有四 (4) 个信息收集设置（安全、基础、增强和完整），并默认使用"增强"设置。该级别包含执行以下任务所需的信息：(i) 运行我们的防恶意软件以及诊断和使用信息技术；(ii) 了解设备质量、应用程序使用情况和兼容性；以及 (iii) 确定使用过程中的质量问题以及操作系统和应用程序的性能。
选项和控件：管理员可通过"设置"更改信息收集级别。有关诊断和使用信
我接受许可条款(A)
下一步(N)
1 正在收集信息
2 正在安装 Windows

图 1-4

第一项为在现有的操作系统上升级到 Windows Server 2016，第二项为安装全新的操作系统。选择“自定义：仅安装 Windows(高级)”，如图 1-5 所示。

图 1-5

选择当前的硬盘进行分区操作，单击“新建”选项，如图 1-6 所示。

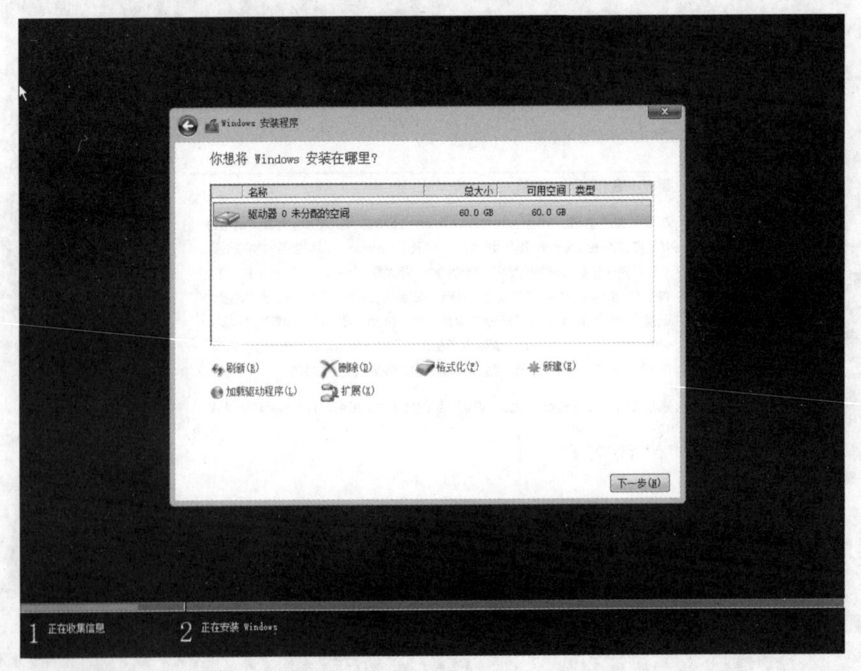

图 1-6

创建适当大小的分区。注意：该操作会格式化现有的硬盘，请注意对原硬盘数据的备份。选择“主分区”，单击“下一步”按钮，如图 1-7 所示。

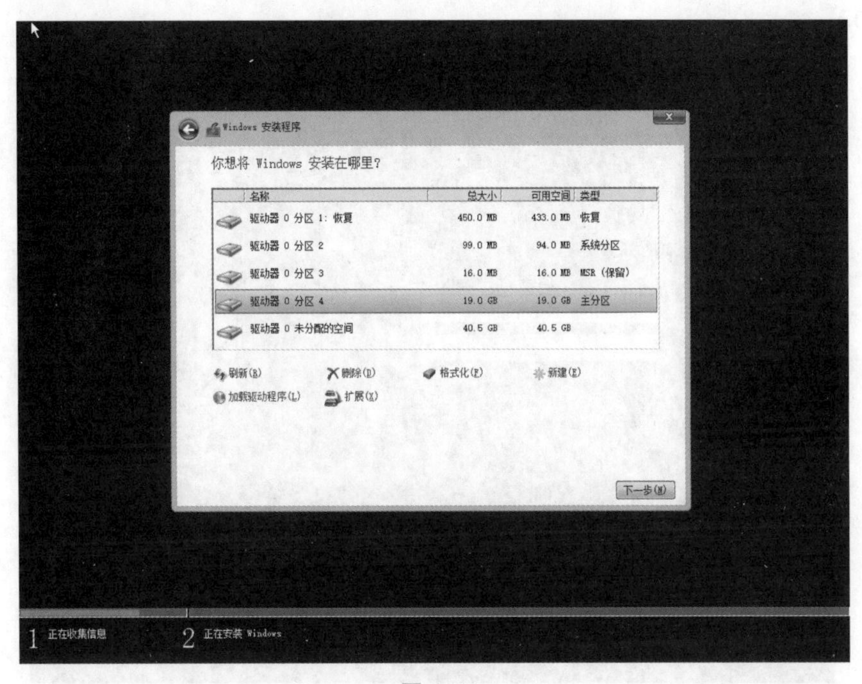

图 1-7

此时 Windows Server 2016 操作系统正在安装，请等待系统安装完成，该过程系统会重启若干次，如图 1-8 所示。

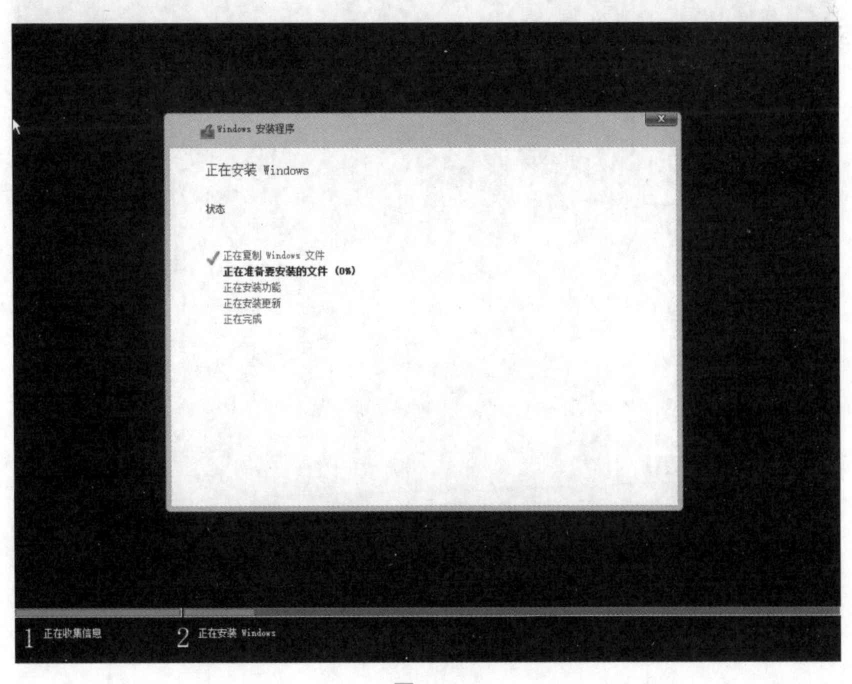

图 1-8

操作系统安装完毕后，需要设定一个 Administrator 的密码，该密码必须要满足密码复杂度(包含大写字母、小写字母、数字、符号中的三项)。输入密码后，单击“完成”按钮，如图 1-9 所示。

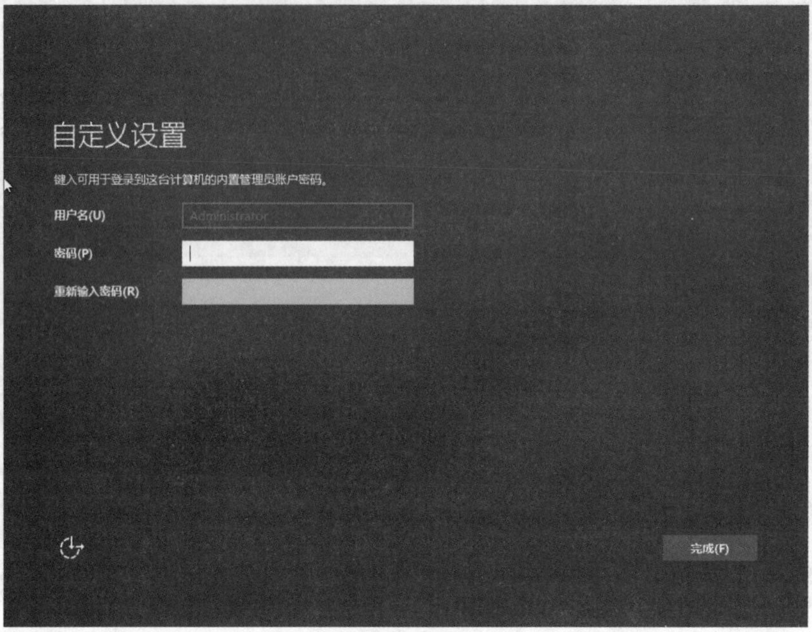

图 1-9

Windows Server 2016 正常工作，如图 1-10 所示。

图 1-10

按 Ctrl+Alt+Delete 组合键解锁 Windows Server 2016，输入 Administrator 的密码，登录管理 Windows Server 2016 服务器，如图 1-11 所示。

图 1-11

登录 Windows Server 2016 服务器后，系统弹出“服务器管理器”界面，Windows Server 2016 管理从这里开始，如图 1-12 所示。

图 1-12

项目任务总结

计算机的操作系统根据不同的用途分为不同的种类，从功能角度分析，分别有实时系统、批处理系统、分时系统、网络操作系统等。

实时系统主要是指系统可以快速地对外部命令进行响应，在对应的时间里处理问题，协调系统工作。

分时系统可以实现用户的人机交互需要，多个用户共同使用一个主机，很大程度上节约了资源成本。分时系统具有多路性、独立性、交互性、可靠性的优点，能够将用户-系统终端任务实现。

批处理系统出现于20世纪60年代，其能够提高资源的利用率和系统的吞吐量。

网络操作系统是一种能代替操作系统的软件程序，是网络的心脏和灵魂，是向网络计算机提供服务的特殊的操作系统。其借由网络达到互相传递数据与各种消息，分为服务器及客户端。服务器的主要功能是管理服务器和网络上的各种资源及网络设备的共用，加以统合并控管流量，避免有瘫痪的可能性；客户端拥有接收服务器所传递的数据并加入运用的功能，从而使客户端可以清楚地搜索所需的资源。

项目拓展

系统四个特性：

并发：同一段时间内多个程序执行（注意区别并行和并发，前者是同一时刻的多个事件，后者是同一时间段内的多个事件）。

共享：系统中的资源可以被内存中多个并发执行的进线程共同使用。

虚拟：通过时分复用（如分时系统）及空分复用（如虚拟内存）技术实现把一个物理实体虚拟为多个。

异步：系统中的进程是以走走停停的方式执行的，并且以一种不可预知的速度推进。

拓展练习

1. 在VMware Workstation中新建一台Windows Server 2016和一台Window 10虚拟机，并按照拓扑图要求配置主机名和IP地址，使网络连通。

2. 在CLT上配置Administrator，密码为Skills39，并且进行激活，在SERVER1上批量创建100个用户：user001~user100，如图1-13所示。

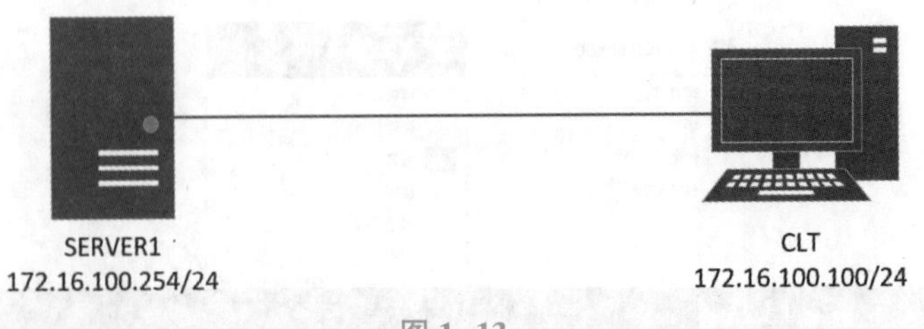

图1-13

项目 2 Windows 的设备管理与系统管理

【项目学习目标】

1. 掌握 Windows 设备的管理。
2. 掌握 Windows 系统的管理。

【学习难点】

1. Windows 客户端系统与服务器系统的管理方法。
2. Windows 资源优化配置。

【项目任务描述】

现在已经安装好了属于你的服务器，你需要进行一些基础配置与设定去使用它。

任务 1　Windows 设备与系统管理

任务描述

安装完 Windows 操作系统后，需要做一系列的设定才能更好地去使用它。

任务目标

掌握硬件设备的管理、Windows 屏幕的显示设置、计算机名与 TCP/IP 设置的更改、Windows 防火墙与网络设置更改、系统的激活及启动顺序的调整。

1. 硬件设备的管理

(1) 设备驱动管理与服务支持

在 Windows Server 系列中，默认支持大部分的设备驱动，只要将所需的硬件设备接入 Windows Server 中，系统就会自动识别，从而可以直接使用该设备了。旧版本的 Windows Server 不支持 PNP 技术，例如 Windows Server 2003，需要重启操作系统。对于一些新发行的设备或者一些比较个性化的设备(比如新型号的显卡)，Windows 系统则不支持这些设备，需要去设备厂商官网进行下载，但是厂商很少会为 Windows Server 开发一个驱动程序，这时只要下载对应的客户端版本驱动即可使用，比如 Windows Server 2016 的版本驱动对应的是 Windows 10 的版本驱动。

如果要添加无法被系统自动识别的传统硬件设备，可以在设备管理器中进行添加。打开设备管理器，单击“运行”按钮，输入“devmgmt. msc”，单击“确定”按钮，也可以通过设备管理器扫描新设备，操作如图 2-1 和图 2-2 所示。

图 2-1

设备管理器也能进行设备禁用、卸载等操作。右击“High Definition Audio 设备”，选择相应选项，如图 2-3 所示。

(2)回滚驱动程序

在更新设备的驱动程序后，发现驱动程序异常，可以通过设备管理器将驱动程序进行回滚，回到旧的驱动程序。在设备管理器进行如下操作即可完成：

①选择需要回滚的一个设备，并且打开“属性”选项框，选择“驱动程序”选项卡，如图 2-4 所示。

②单击“回退驱动程序”按钮即可进行驱动程序回滚操作(图 2-4 中的设备并未更新任何的驱动程序，所以无法执行回滚驱动程序的操作)。

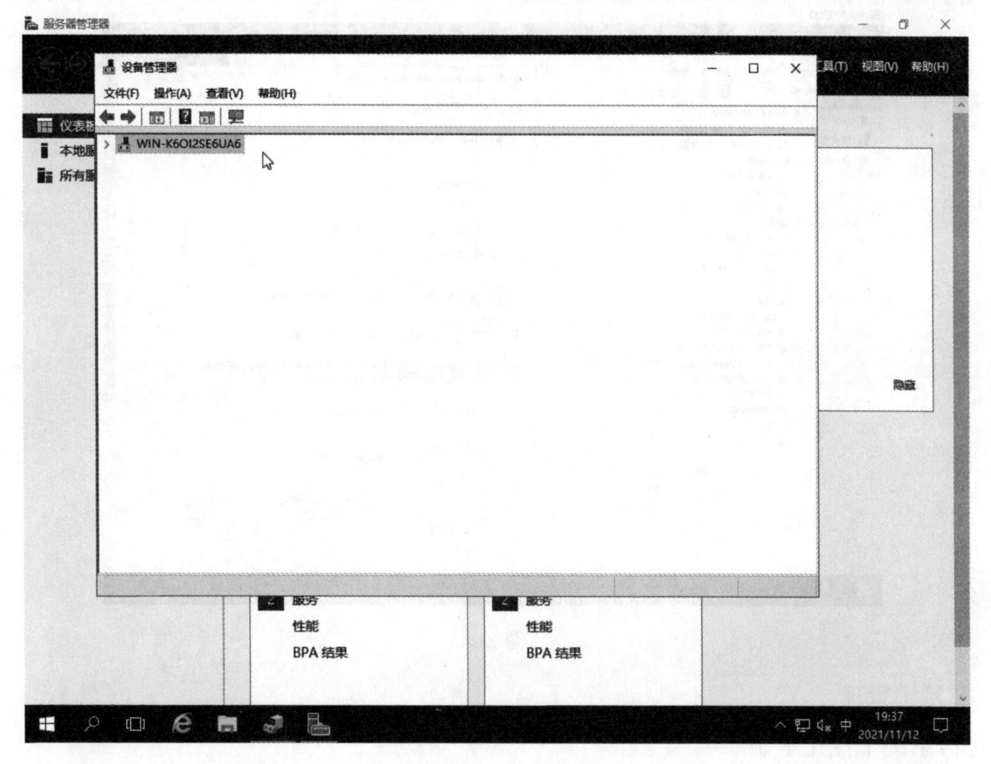
服务器管理器
设备管理器
文件(F) 操作(A) 查看(V) 帮助(H)
WIN-K6OI2SE6UA6
工具(T) 视图(V) 帮助(H)
隐藏
性能
BPA 结果
性能
BPA 结果
19:37
2021/11/12

图 2-2

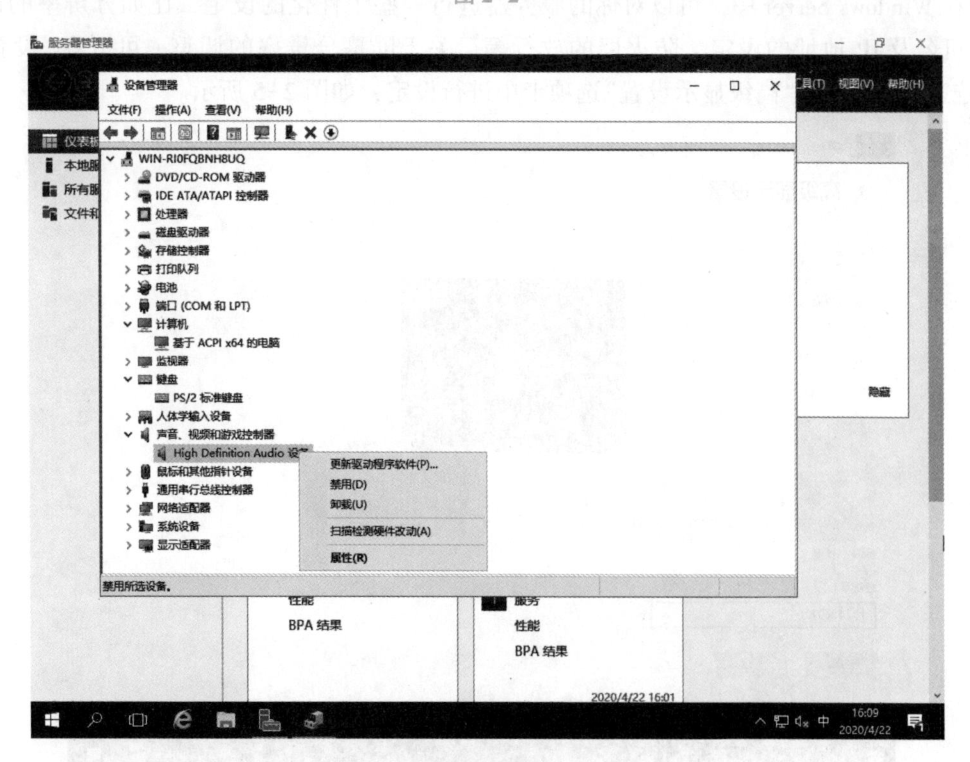
服务器管理器
设备管理器
文件(F) 操作(A) 查看(V) 帮助(H)
工具(T) 视图(V) 帮助(H)
WIN-RI0FQBNH8UQ
DVD/CD-ROM 驱动器
IDE ATA/ATAPI 控制器
处理器
磁盘驱动器
存储控制器
打印队列
电池
端口 (COM 和 LPT)
计算机
基于 ACPI x64 的电脑
监视器
键盘
PS/2 标准键盘
人体学输入设备
声音、视频和游戏控制器
High Definition Audio 设备
鼠标和其他指针设备
通用串行总线控制器
网络适配器
系统设备
显示适配器
更新驱动程序软件(P)...
禁用(D)
卸载(U)
扫描检测硬件改动(A)
属性(R)
禁用所选设备。
隐藏
BPA 结果
性能
BPA 结果
2020/4/22 16:01
16:09
2020/4/22

图 2-3

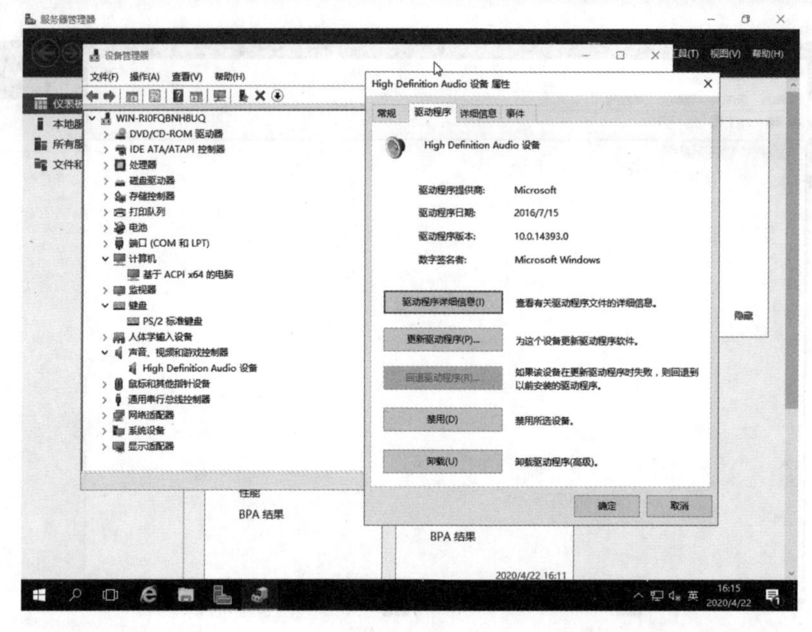

图 2-4

2. 系统管理

(1)系统个性化定制

在 Windows Server 中，可以对你的服务器进行一些个性化的设定，比如分辨率的设定、计算机名及 IP 地址的设定、防火墙的放行等。关于屏幕分辨率的调整，可以在“设置”→“系统”→“显示”→“高级显示设置”选项卡中进行设定，如图 2-5 所示。

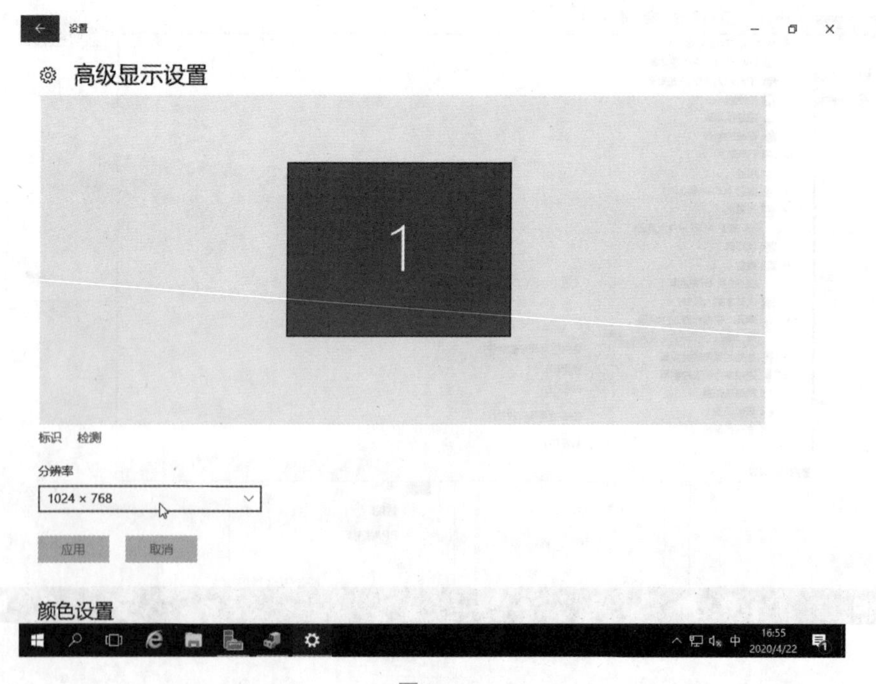

图 2-5

也可以将屏幕的文字与项目进行放大。在“设置”→“系统”→“显示”选项卡中进行设置即可，如图 2-6 所示。

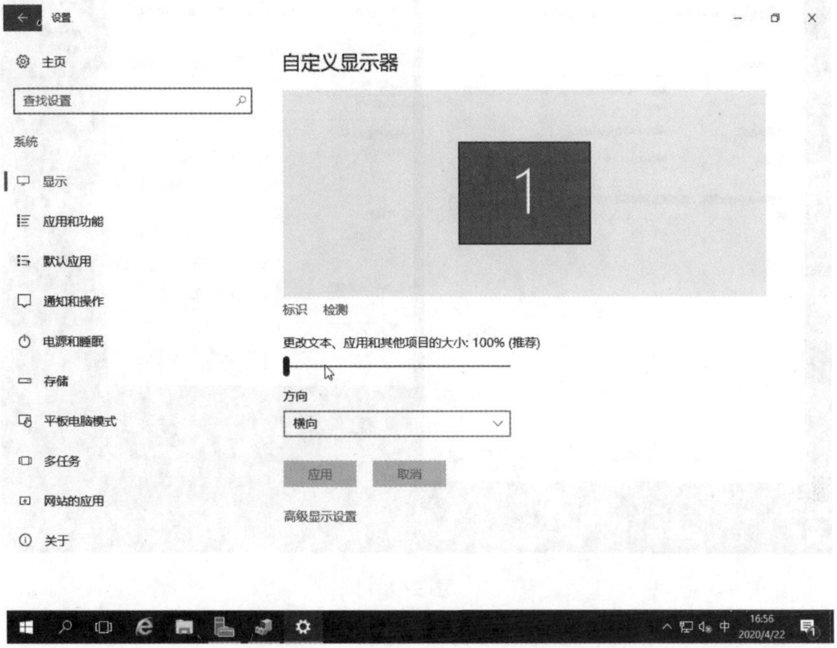

图 2-6

可以通过图 2-7 和图 2-8 所示的两种方式进行主机名的更改。更改过程中需要重启计算机。

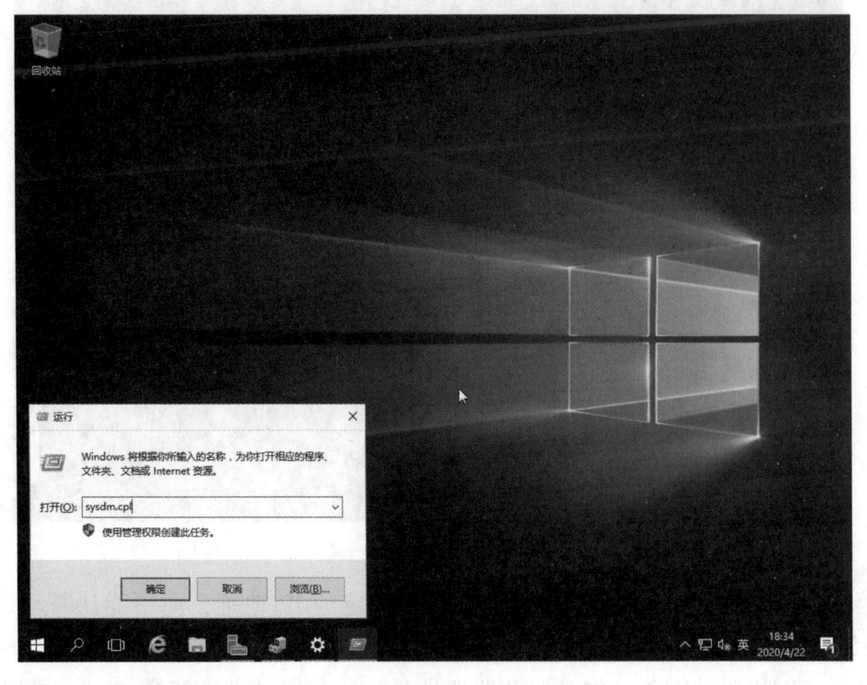

图 2-7

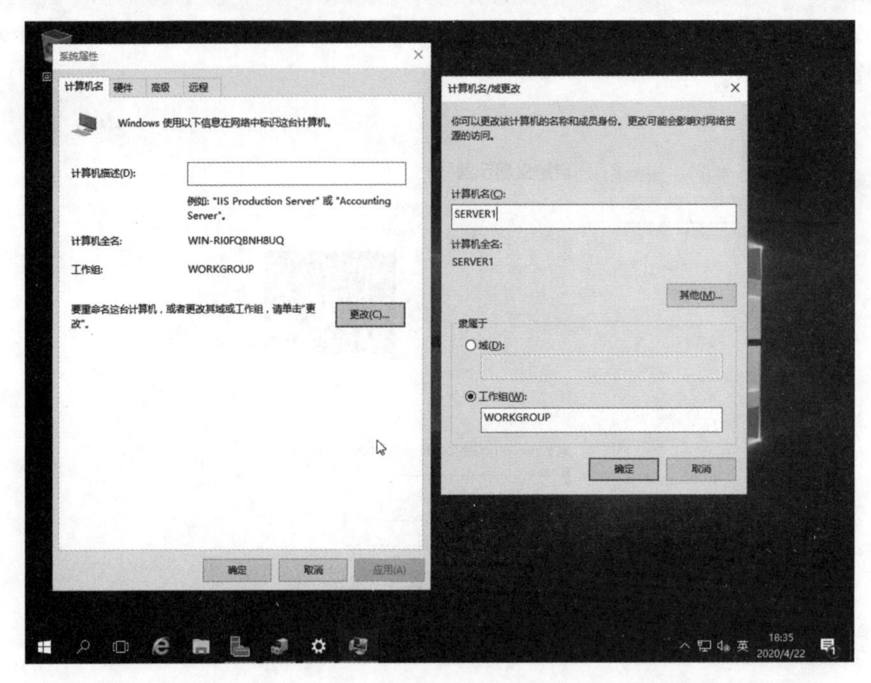

图 2-8

也可以使用 PowerShell 命令更改主机名，如图 2-9 所示。

图 2-9

在网络环境中，大部分的服务器都需要分配固定的 IP 地址，而不能让其动态获取 IP。这是因为如果没有固定的 IP 地址，服务器将很难为客户进行服务。在 Windows Server 中设定 IP 地址、子网掩码、网关、DNS 服务器地址是初始化服务器的步骤之一，可以通过单击

“网络设置”→“网卡”→“属性”进行设定，如图 2-10~图 2-12 所示。

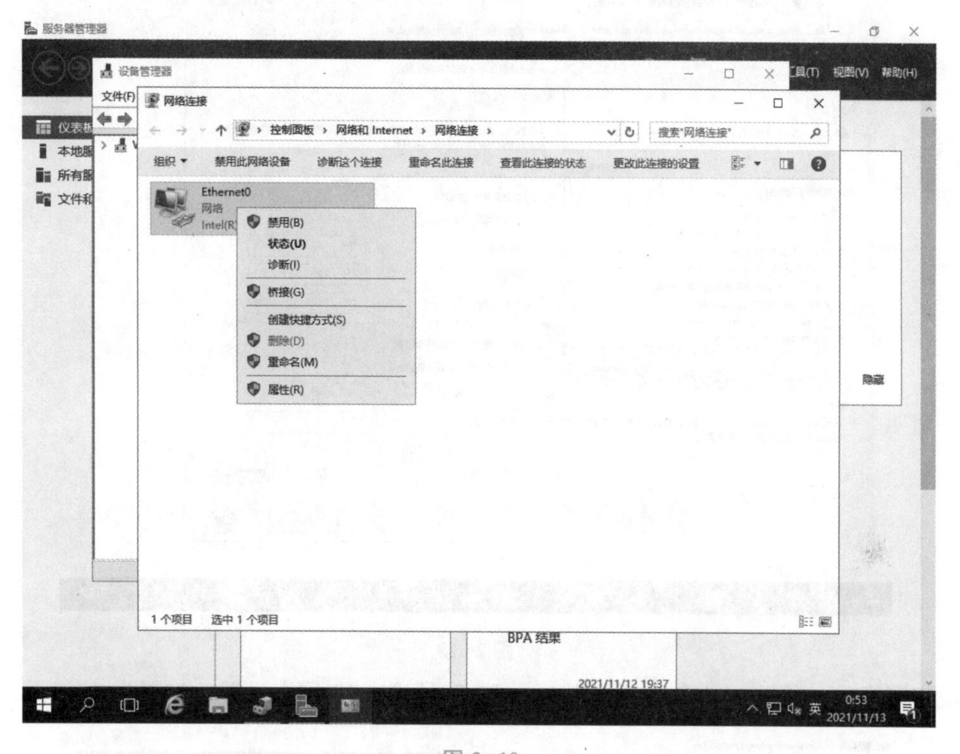

图 2-10

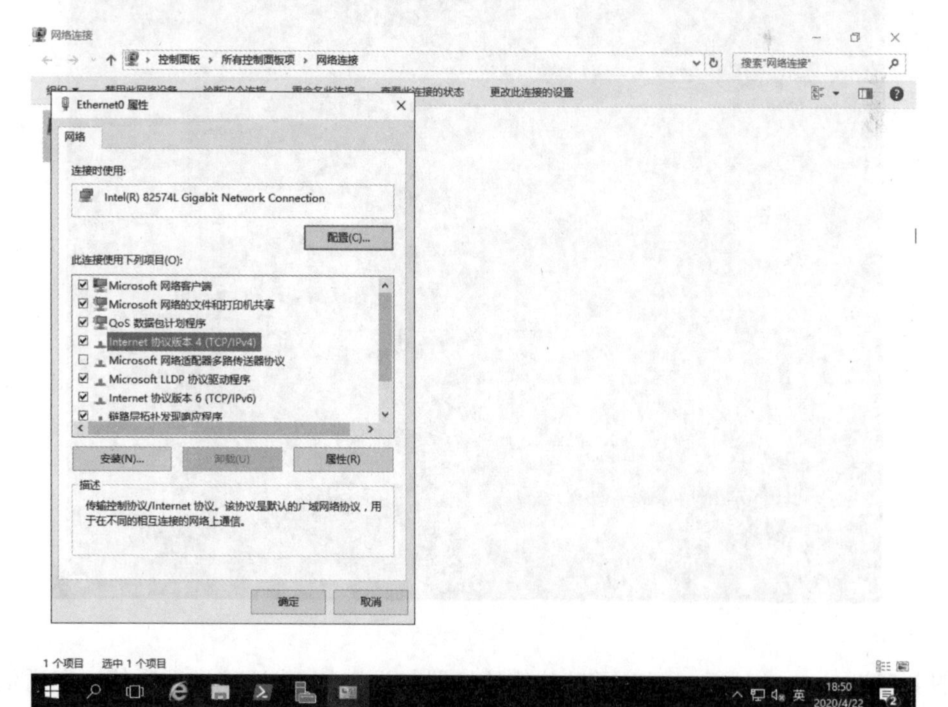

图 2-11

图 2-12

设定完毕后，通过 cmd 命令，使用 ipconfig 工具检查 IP 网卡设置，如图 2-13 所示。

图 2-13

服务器设定 IP 地址后，可以通过其他的机器与设定的 IP 地址进行通信。在通信之前，要确保你的服务器防火墙有相应的流量放行。例如，想使用 ICMP 协议的 ping 工具对该机器进行网络测试，这种 ICMP 协议回显在 Windows Server 中默认是不允许的，需要对其进行单独放行。可以在防火墙管理工具中进行配置。单击“运行”，输入“Firewall. cpl”，单击“高级设置”→“入站规则”→“新建规则”，在“新建入站规则向导”中选择“自定义”，单击“下一步”按钮，如图 2-14 所示。

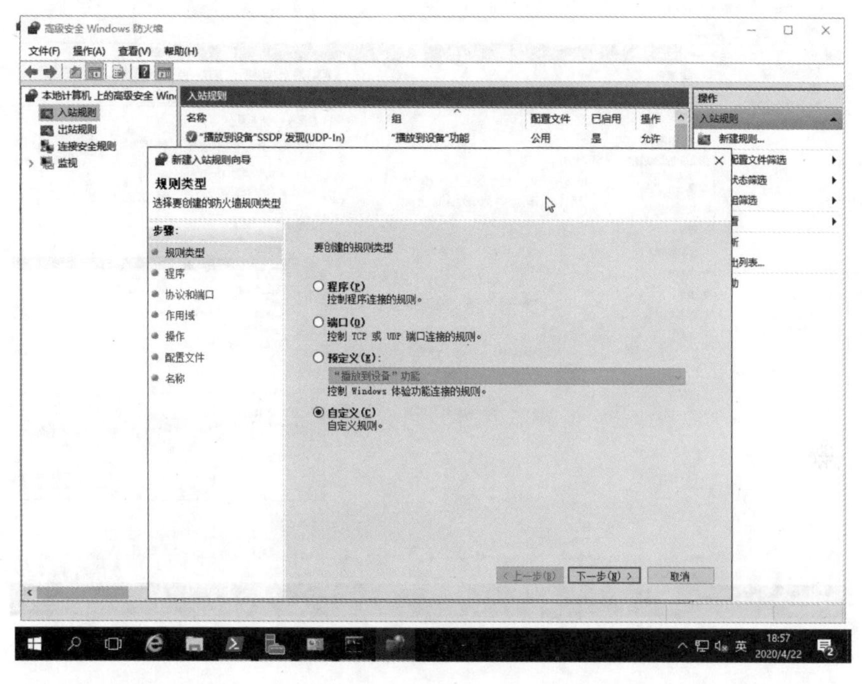

图 2-14

选择“所有程序”，单击“下一步”按钮，如图 2-15 所示。

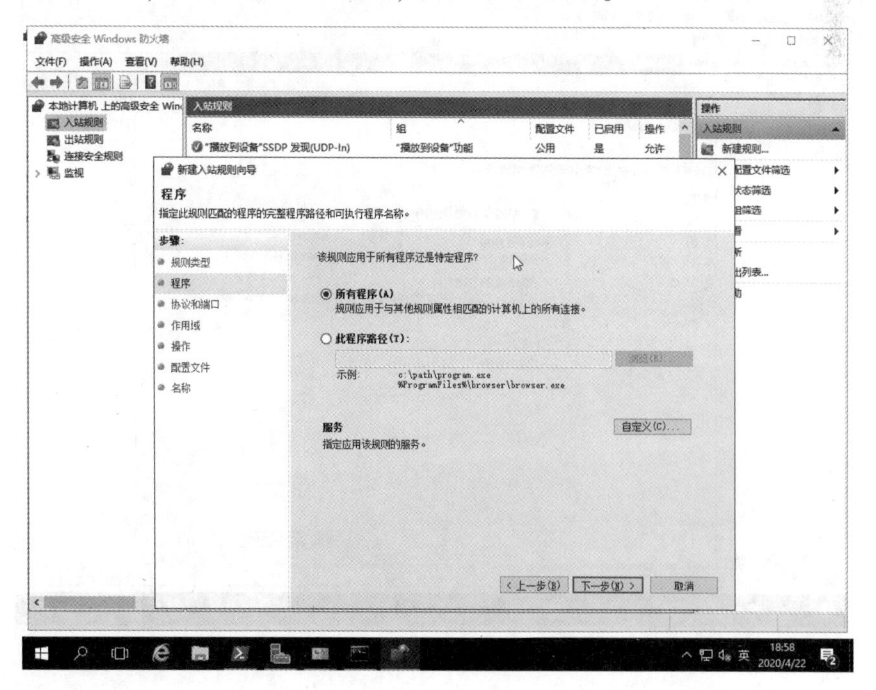

图 2-15

“协议类型”选择“ICMPv4”，单击“自定义”按钮，选择“特定 ICMP 类型”中的“回显请求”，单击“确定”按钮，单击“下一步”按钮，如图 2-16 所示。

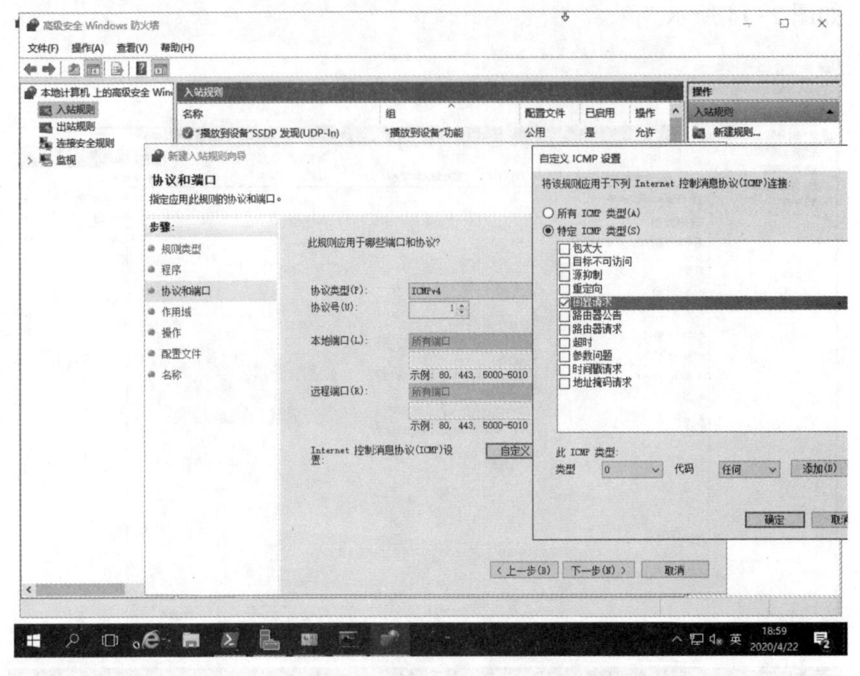

图 2-16

选择“允许连接”，单击“下一步”按钮，如图 2-17 所示。对其进行命名，完成规则创建。

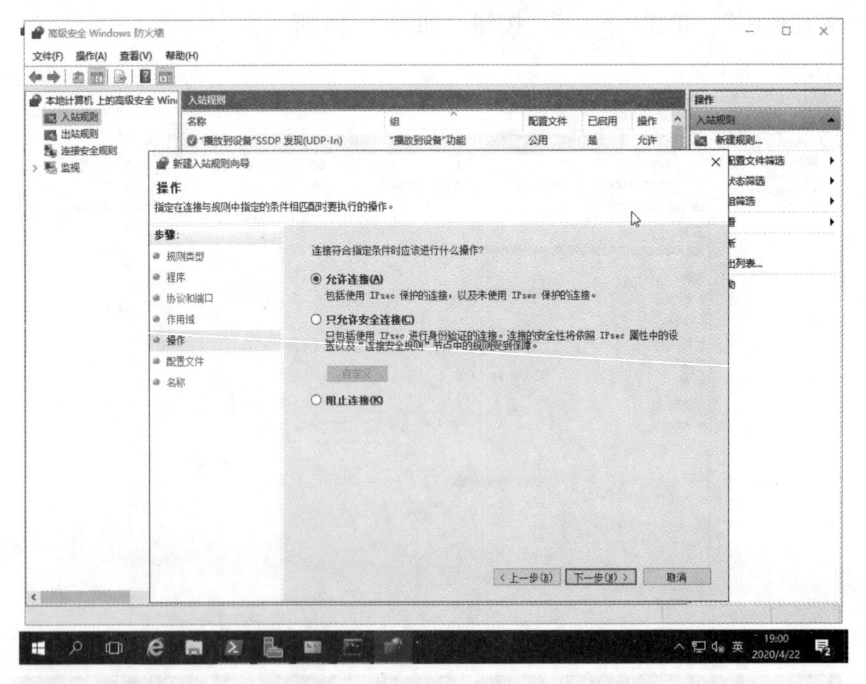

图 2-17

配置完毕后，可以使用 ping 工具测试该服务器，如图 2-18 所示。

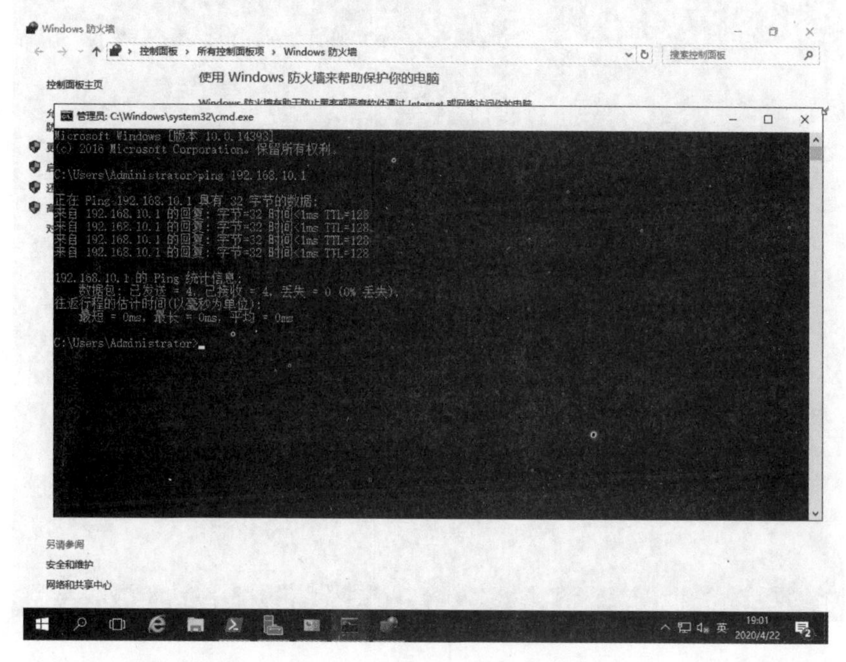

图 2-18

(2)激活 Windows Server 操作系统

Windows Server 2016 安装完成后，必须在 30 天内激活，以便过期后可以继续使用 Windows Server。单击"服务器管理器"→"本地服务器"→"产品 ID"，输入购买的产品密钥实现激活，如图 2-19 和图 2-20 所示。

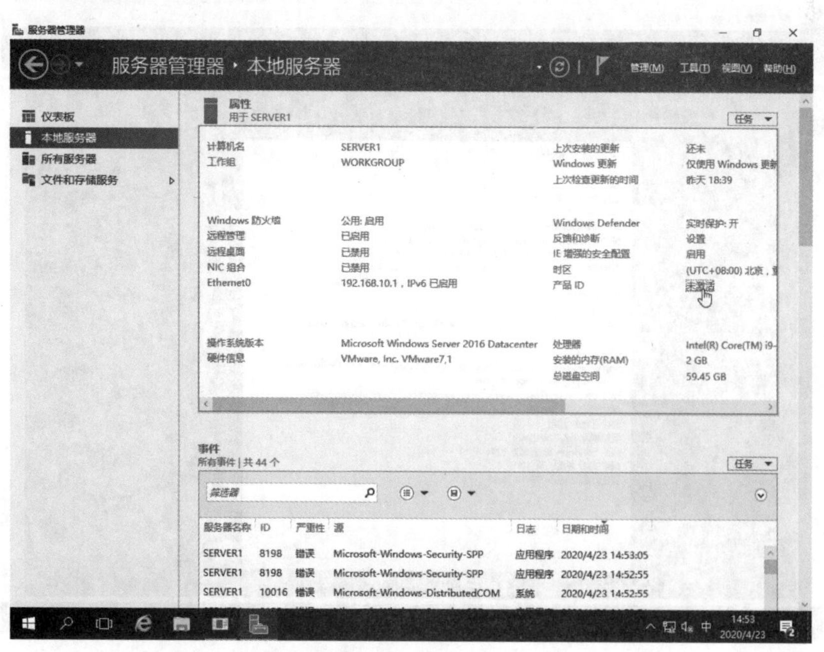

图 2-19

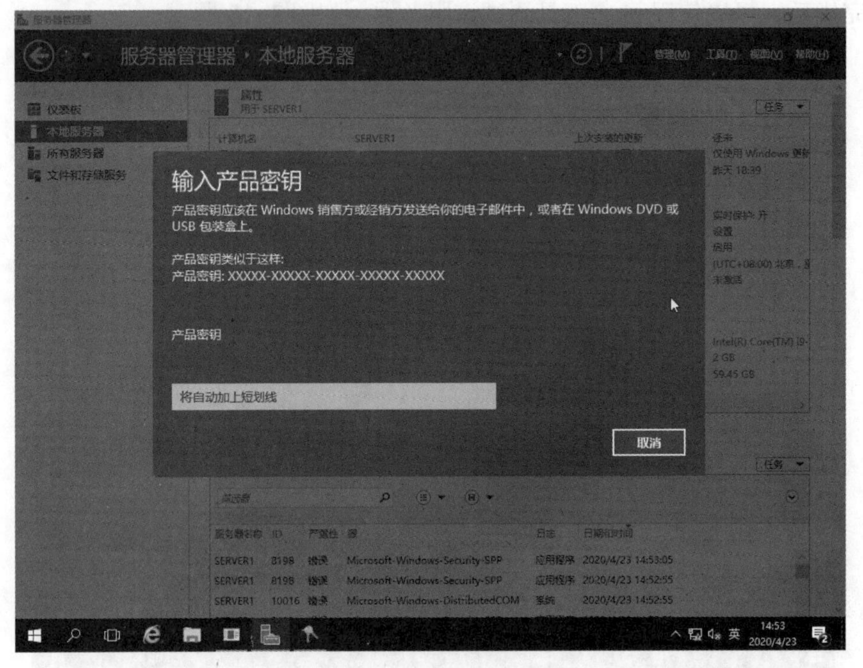

图 2-20

如果试用期即将到期，暂时不想购买，则可以通过 slmgr. exe 程序来延长试用期限。可以在 PowerShell 中输入“slmgr /rearm”，输入完毕后进行重启。需要注意的是，评估版只能进行 5 次延期，可以使用“slmgr /dlv”命令进行查看，而大量授权版需要直接使用“slmgr /dlv”查看剩余次数，如图 2-21 所示。

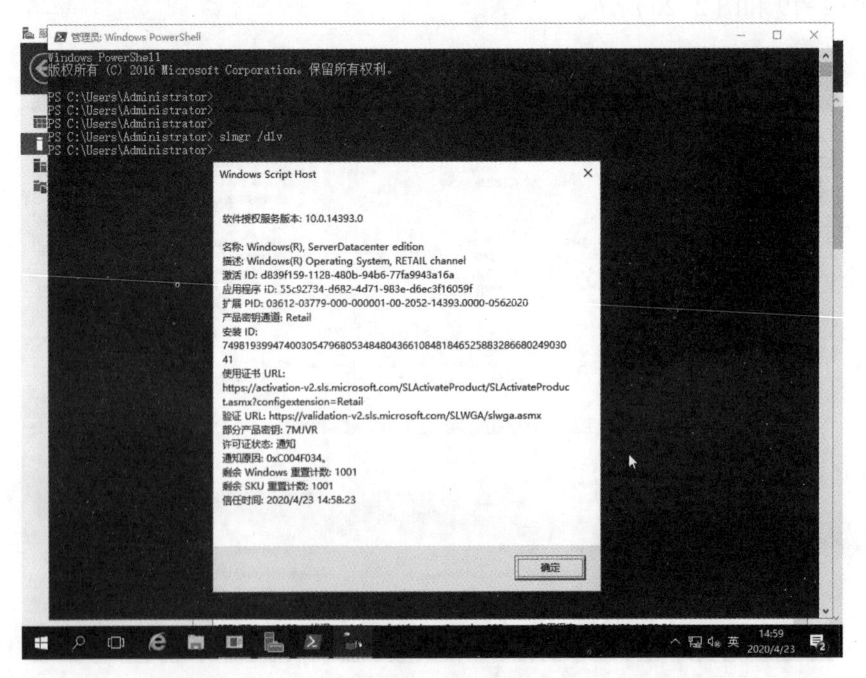

图 2-21

(3)启动系统配置

如果计算机只安装了 Windows Server 2016 操作系统，开机时会直接引导这个操作系统，但是如果计算机内安装了多个系统，则每次开机都需要进行选择，以启动相对应的系统。如果想更改默认启动顺序，可以通过系统“属性”进行更改，单击“系统属性”→“高级”→“启动和故障恢复”，如图 2-22 所示。

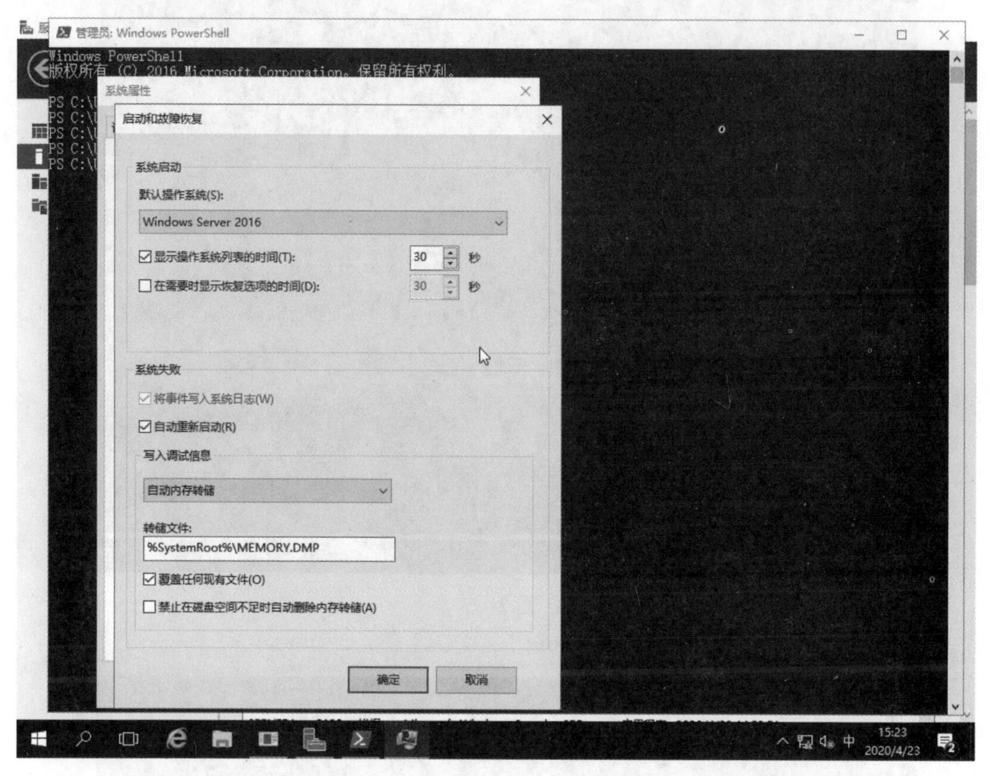

图 2-22

任务 2　Windows Server 资源的优化配置

任务描述

通过设定 Windows Server 使系统更易使用，并且资源效率更高。

任务目标

掌握环境变量的管理，计算机的电源计划，虚拟内存的设定，简单的策略调整。

1. 环境变量的管理

环境变量(environment variables)一般是指在操作系统中用来指定操作系统运行环境的一些参数，例如，临时文件夹位置和系统文件夹位置等。

(1)查看环境变量

可以通过 PowerShell 进行查看，运行命令“dir env:”或者使用 PowerShell 指令“get-childitem env:”，如图 2-23 和图 2-24 所示。

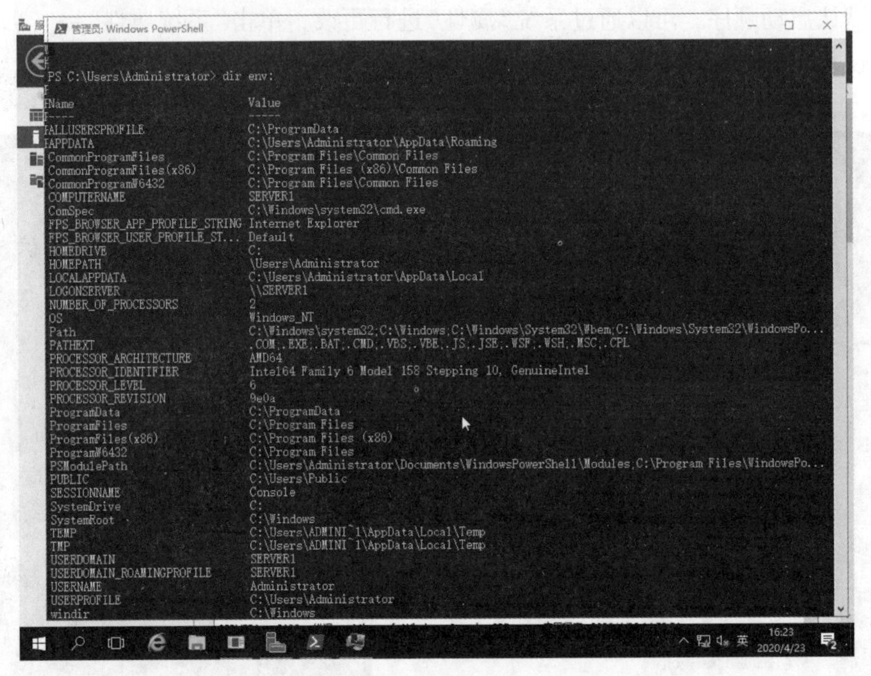

图 2-23

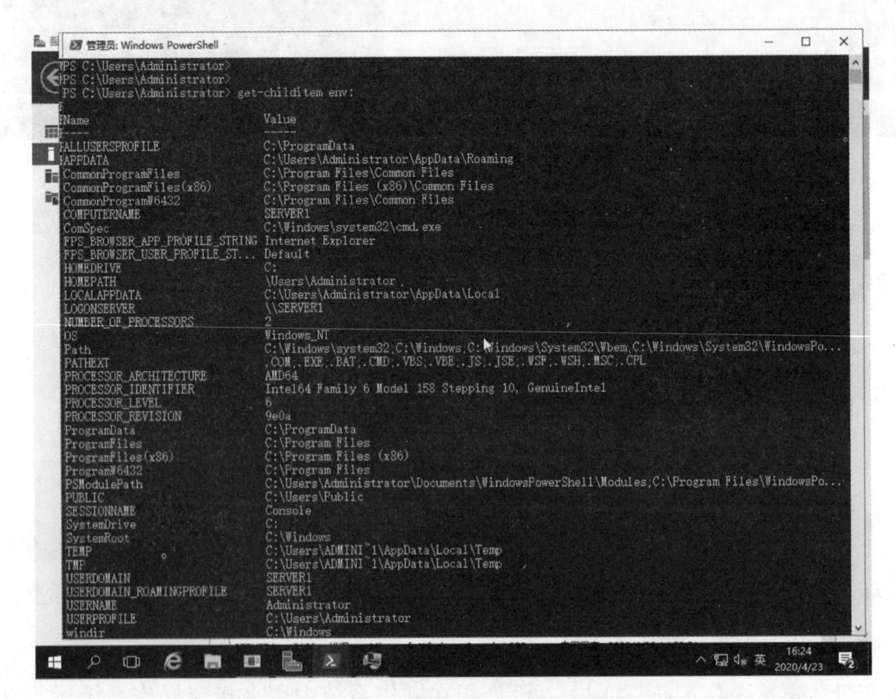

图 2-24

(2)更改现有环境变量

在 Windows Server 中，拥有两种变量类型，分别是系统变量和用户变量。

系统变量：会被应用到系统中的所有用户。建议不要随意更改系统变量，因为可能会导致系统不能正常运行。

用户变量：单个用户自己的变量。每个用户的用户变量可以个性化定制而不影响其他用户。

可以通过“系统属性”→“高级”→“环境变量”进行更改，如图 2-25 所示。

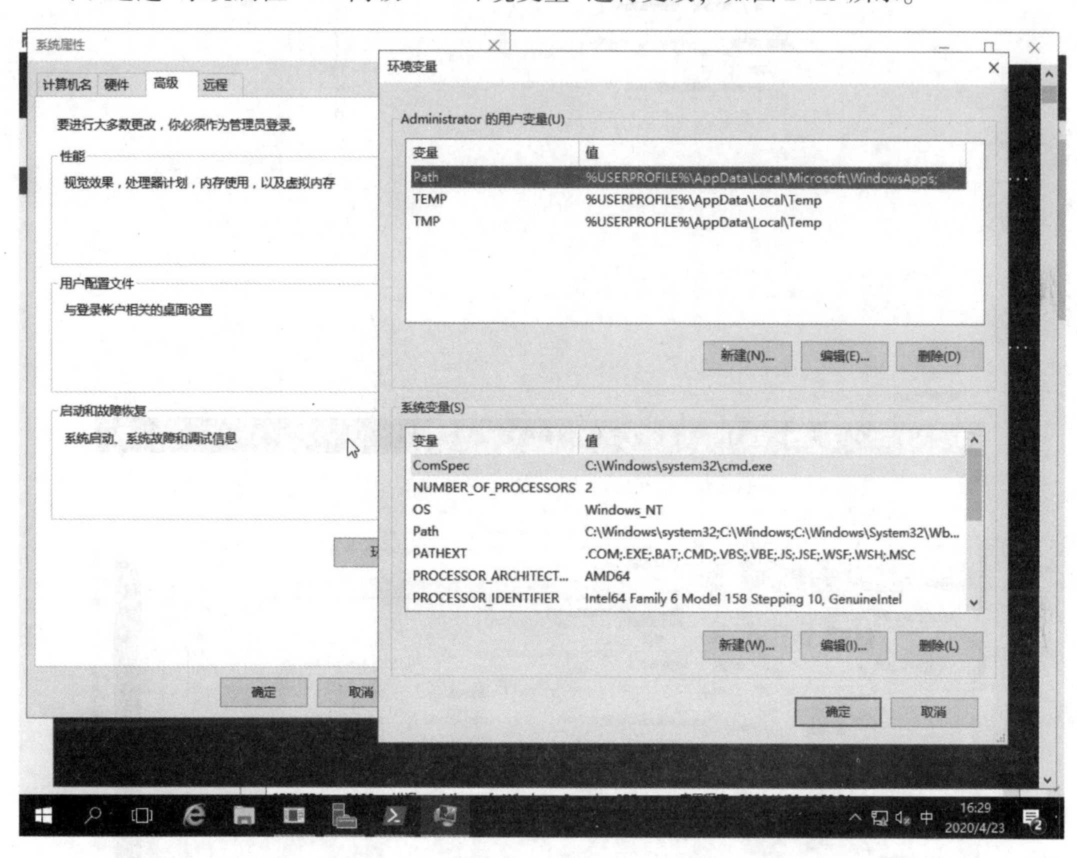

图 2-25

2. 计算机的电源计划

系统中内置了多种电源计划，电源计划分别配置了对资源使用的限制，比如在节能模式中，会对 CPU 使用进行限制而做到效能的缩减。Windows Server 2016 中默认提供了三种电源计划，分别是平衡、高性能、节能，可以在“电源选项”中进行切换，如图 2-26 所示。

3. 虚拟内存

当计算机内的物理内存不够用时，Windows Server 2016 会通过部分硬盘空间虚拟成内存，从而给应用程序或服务提供更多的内存。系统通过名为 pagefile. sys 的文件来当虚拟内存的存储空间，此文件又被称为分页文件。因为虚拟内存是通过硬盘来提供的，而硬盘的访问速度比内存的慢一些，即使是 SSD，因此如果内存真的不够，那么建议添加内存。分页文件 pagefile. sys 是受保护的操作系统文件，可以在 C:\根目录查看，如图 2-27 所示。

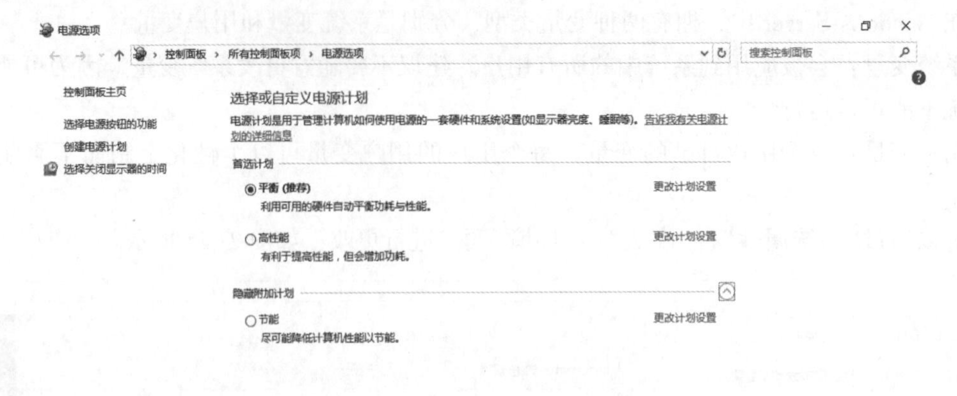

图 2-26

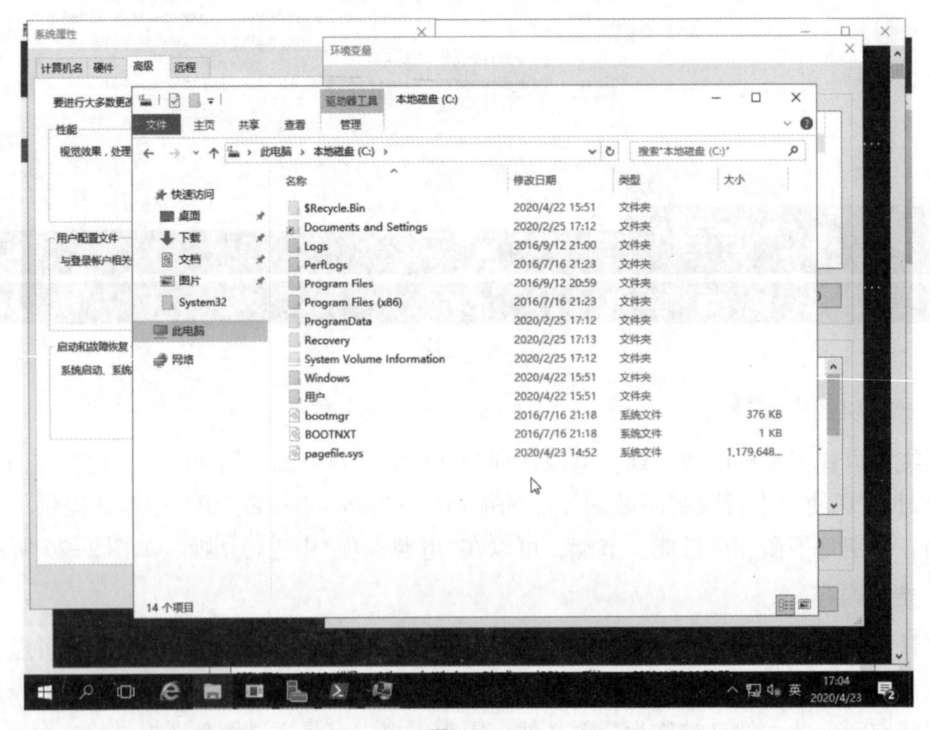

图 2-27

可以在“系统属性”→“高级”→“性能”→“虚拟内存”中按照意图更改虚拟内存配置，如图 2-28 所示。

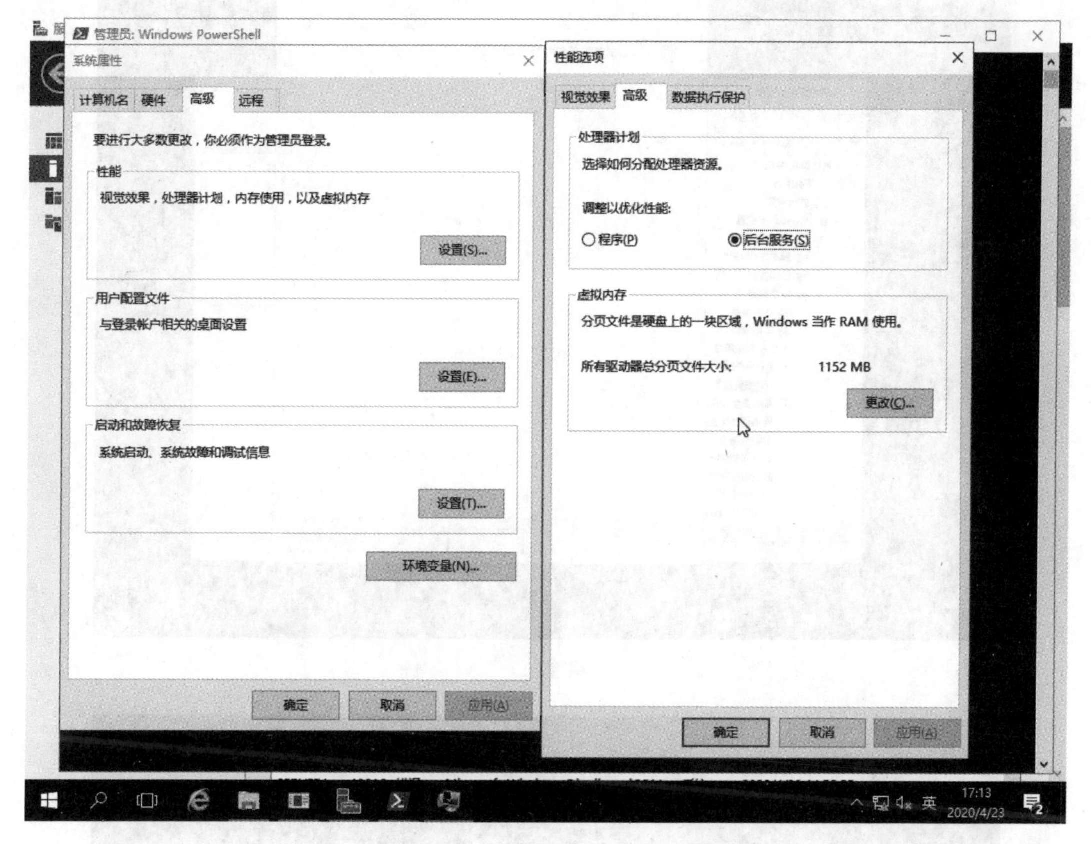

图 2-28

4. 初始化的系统组策略调整

在 Windows Server 2016 中，出于安全考虑，系统默认配置了一些安全策略及计算机配置，如果需要更改这些默认的规则以达到需求，则要进行本地策略的调整。需要注意的是，最好不要去更改这些默认规则，因为这些策略规则都是 Windows Server 最折中的设定和考虑，更改后可能会影响安全性。

①去除 Ctrl+Alt+Del 解锁。打开 gpedit. msc，单击“计算机配置”→“安全设置”→“安全选项”→“交互式登录：无须按 Ctrl+Alt+Del”，如图 2-29 所示。

②在此环境中，使用了简单密码的配置，配置方法需要通过修改组策略实现，打开 gpedit. msc，单击“计算机配置”→“账户策略”→“密码策略”进行调整，如图 2-30 所示。

交互式登录: 无须按 Ctrl+Alt+Del 属性
本地安全设置
说明
交互式登录: 无须按 Ctrl+Alt+Del
已启用(E)
已禁用(S)
确定
取消
应用(A)
本地组策略编辑器
文件(F)
操作(A)
查看(V)
本地计算机 策略
计算机配置
软件设置
Windows 设置
域名解析策略
脚本(启动/关机)
已部署的打印机
安全设置
账户策略
本地策略
审核策略
安全选项
公钥策略
软件限制策略
回收站
desktop

图 2-29

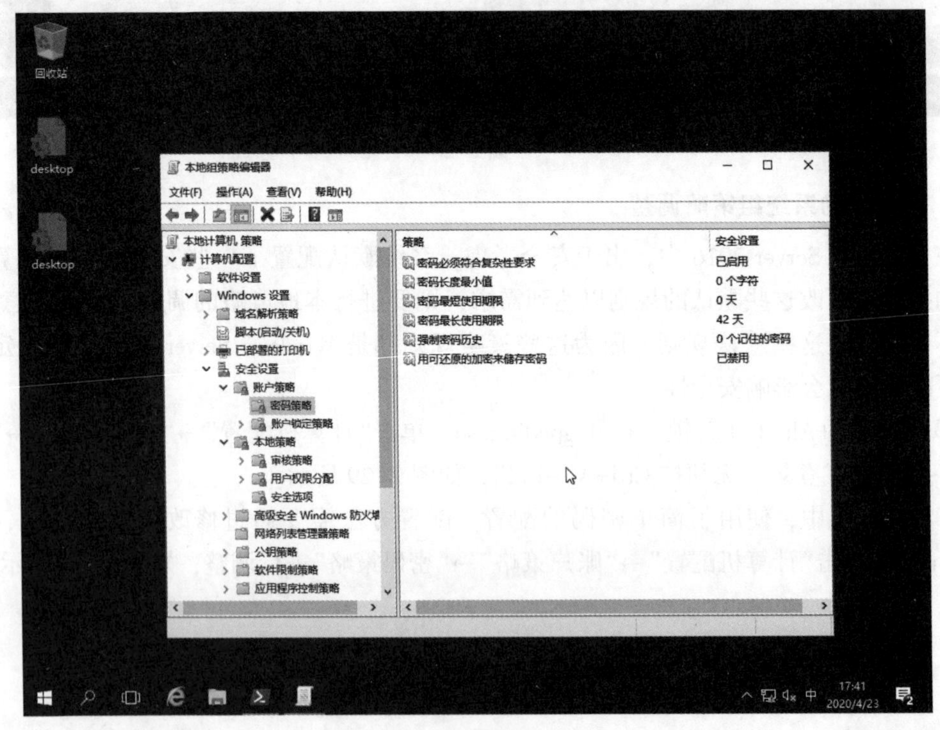
本地组策略编辑器
文件(F)
操作(A)
查看(V)
帮助(H)
本地计算机 策略
计算机配置
软件设置
Windows 设置
域名解析策略
脚本(启动/关机)
已部署的打印机
安全设置
账户策略
密码策略
账户锁定策略
本地策略
审核策略
用户权限分配
安全选项
高级安全 Windows 防火墙
网络列表管理器策略
公钥策略
软件限制策略
应用程序控制策略
策略
安全设置
密码必须符合复杂性要求
已启用
密码长度最小值
0 个字符
密码最短使用期限
0 天
密码最长使用期限
42 天
强制密码历史
0 个记住的密码
用可还原的加密来储存密码
已禁用
回收站
desktop

图 2-30

项目任务总结

本项目任务主要完成 Windows Server 2016 的设备管理、系统管理、系统运行调优及个性化需求设置。

项目拓展

如果有多台 Windows Server 2016，如何统一地调整这些个性化设置?

拓展练习

1. 在 VMware Workstation 中新建两台 Windows Server 2019 虚拟机，并使用命令行的方式按照如图 2-31 所示拓扑图要求配置主机名、IP 地址及 DNS，使网络连通。

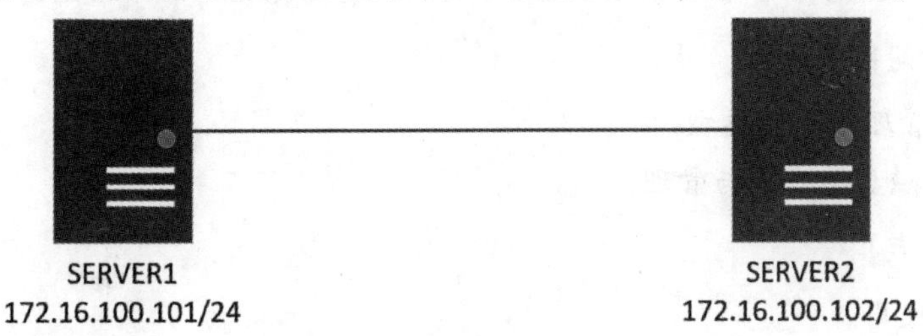

图 2-31

2. 掌握使用命令行的方式修改时区、时间。

项目 3

Windows 磁盘管理与文件系统权限配置

【项目学习目标】

1. 磁盘管理与卷的类型。
2. NTFS 磁盘的安全与管理。

【学习难点】

1. 卷的使用。
2. NTFS 磁盘的安全与管理。

【项目任务描述】

对于已经安装好的操作系统，必须配置磁盘功能及系统安全才适合多用户使用。

任务 1　磁盘管理与卷的类型

任务描述

在服务器上进行磁盘管理及卷的创建操作。

任务目标

掌握磁盘分类及卷的创建操作。

1. 磁盘概述

在数据能够被保存到磁盘之前，该磁盘必须被划分为一个或数个磁盘分区。磁盘内有一个被称为磁盘分区表的区域，它用来保存这些磁盘分区的相关数据，例如每个磁盘分区的起始地址、结束地址、是否是未活动的磁盘分区等信息。

磁盘分为 MBR 磁盘与 GPT 磁盘两种磁盘分区格式：

MBR：传统样式。磁盘分区表保存在 MBR 内，MBR 位于磁盘最前端，计算机启动时，

BIOS 将读取 MBR 数据。

GPT：新样式。磁盘分区表保存在 GPT 内，GPT 位于磁盘最前端，含有主要磁盘分区表和备份磁盘分区表，可以提供容错功能。使用 UEFI BIOS 的计算机将使用 GPT。

2. 基本磁盘与动态磁盘

Windows 系统将磁盘进行基本与动态分类：

基本磁盘：属于传统磁盘系统，新安装的硬盘默认是基本磁盘。

动态磁盘：支持多种卷的管理，比如 RAID 技术卷，能够有效提高访问效率。

磁盘可以被划分为主分区与扩展分区：

主分区：允许用来启动操作系统。计算机启动时，MBR 或 GPT 内的程序代码会到活动的主要磁盘分区内读取和运行启动程序代码，然后将控制权交给启动程序代码来启动相关的操作系统。

扩展分区：它只可以用来保存文件，无法被用来启动操作系统。也就是说，MBR 或 GPT 内的程序代码不会到扩展分区内读取和运行启动程序代码。

Windows 磁盘默认情况下以基础卷的形式进行管理，可以对卷执行扩展、压缩的操作。扩展卷即是新增卷的大小，压缩卷即是缩减卷的大小。

进行卷压缩，如图 3-1 所示，效果如图 3-2 所示。

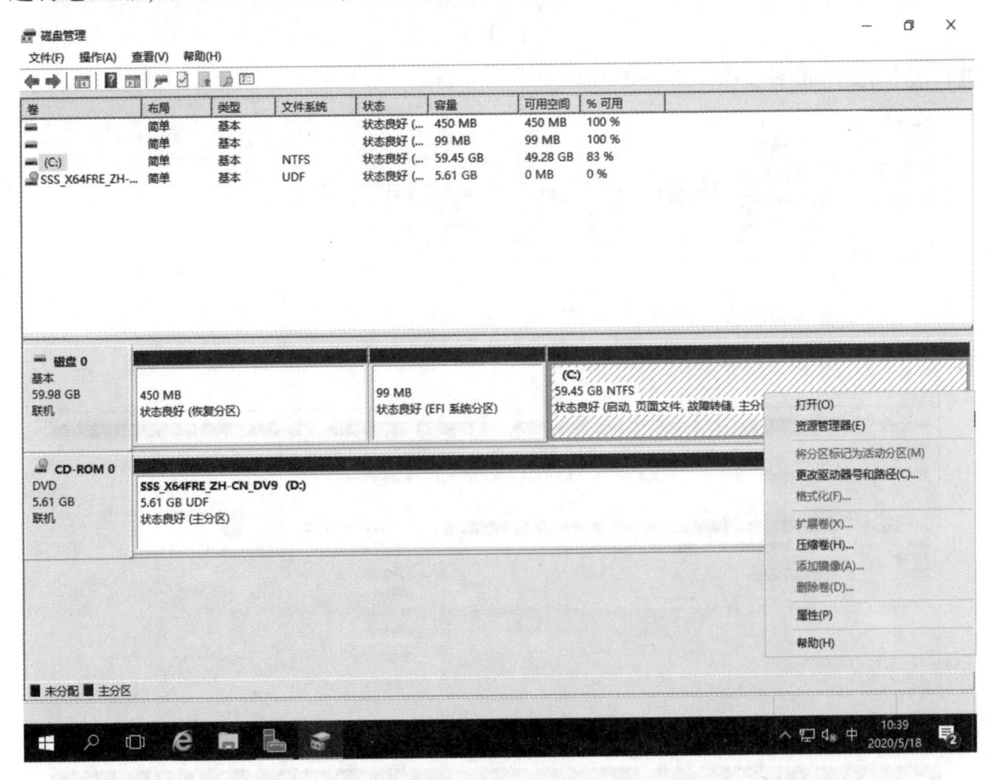

图 3-1

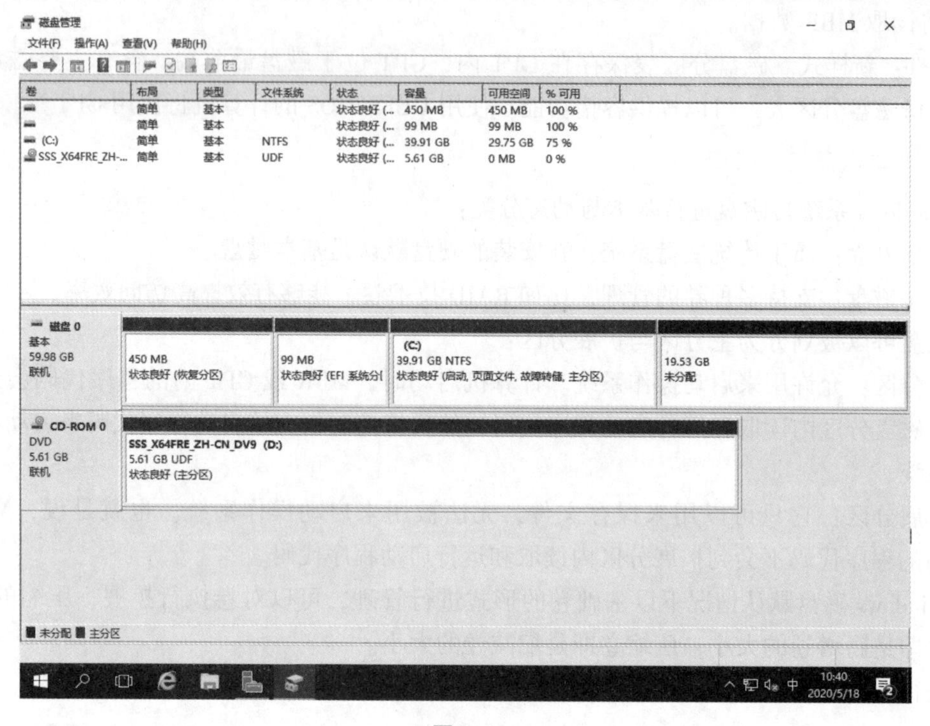

图 3-2

进行卷扩展，如图 3-3～图 3-5 所示。

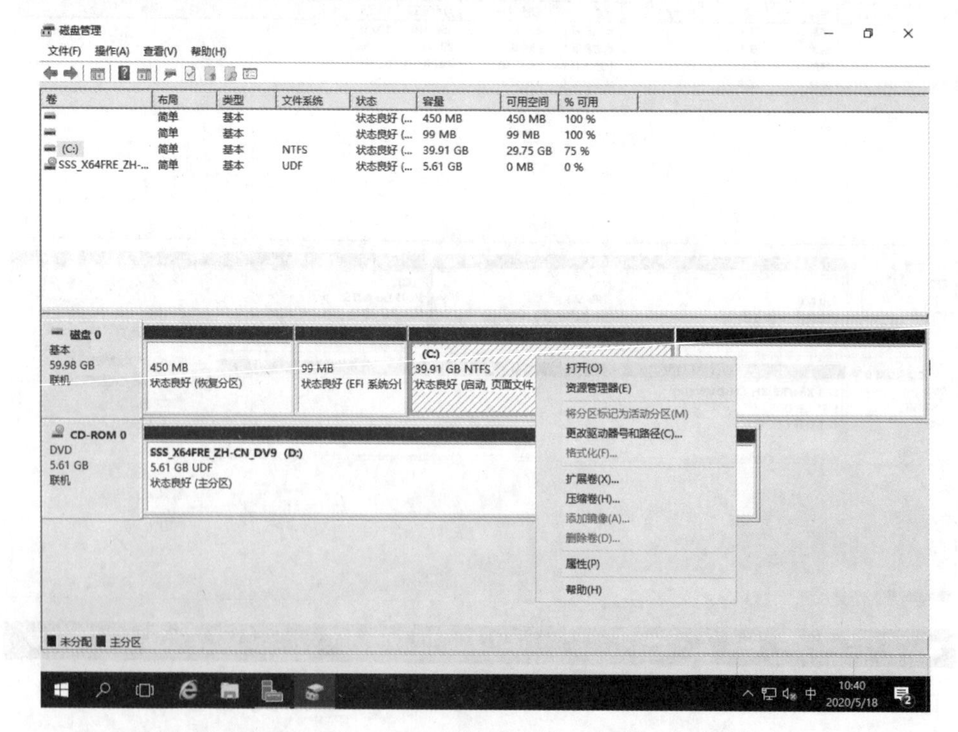

图 3-3

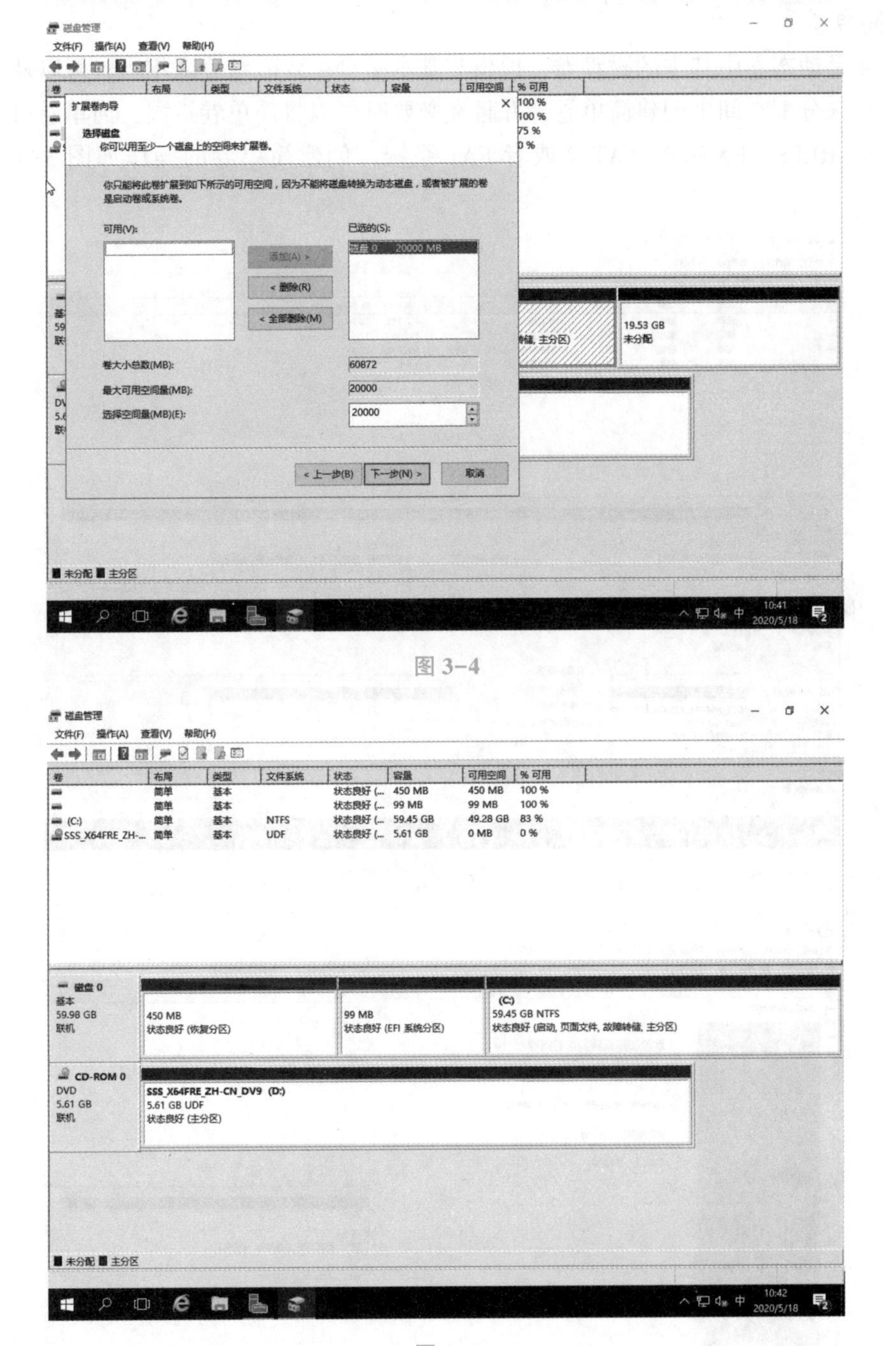

图 3-4

图 3-5

3. 动态磁盘管理

动态磁盘支持各种类型的动态卷，它们之中有的可以提高访问效率，有的可以提供排错功能，有的可以扩大磁盘的使用空间，这些卷包含简单卷、跨区卷、带区卷、镜像卷、RAID-5 卷。其中，简单卷是动态磁盘的基本单位，在做动态磁盘管理之前，必须要将磁盘格式转换为动态磁盘格式。

(1)简单卷

简单卷是动态卷中基本的磁盘卷，地位与基本磁盘主要磁盘分区相当，可以从一个动态磁盘内选择未分配空间来创建简单卷，并且在必要时可以将简单卷扩大，简单卷可以被格式化为 NTFS、REFS、EXFAT、FAT32 或者 FAT 系统。创建简单卷的操作如图 3-6～图 3-9 所示。

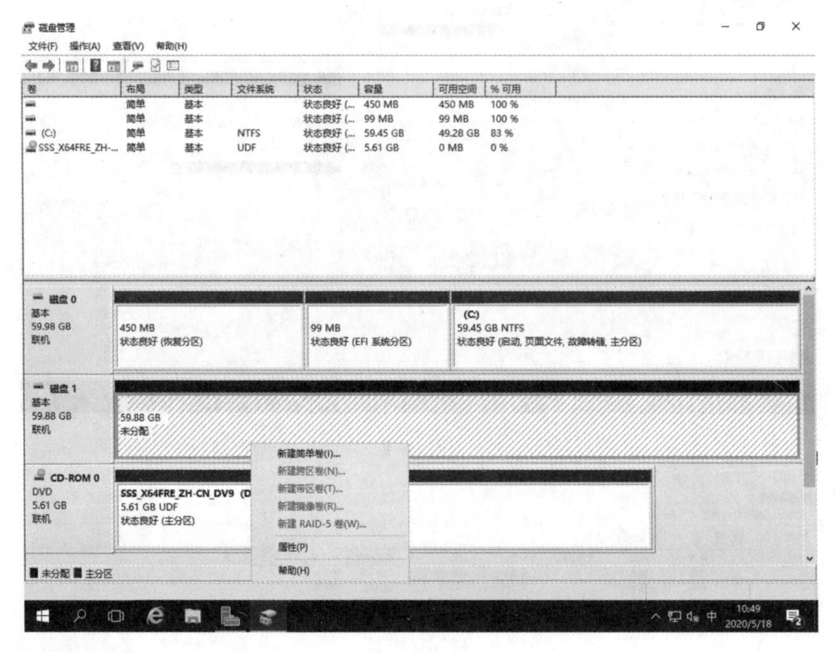

图 3-6

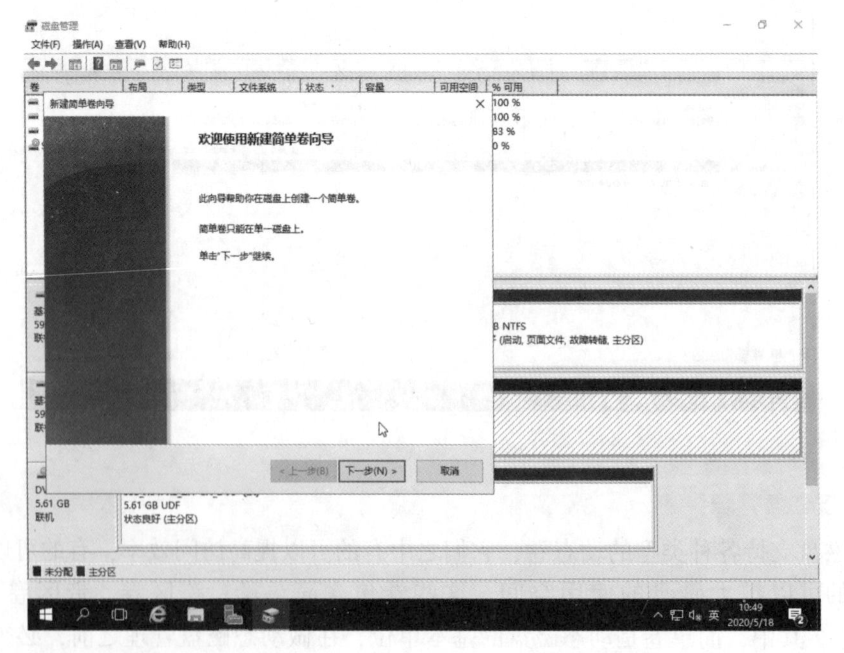

图 3-7

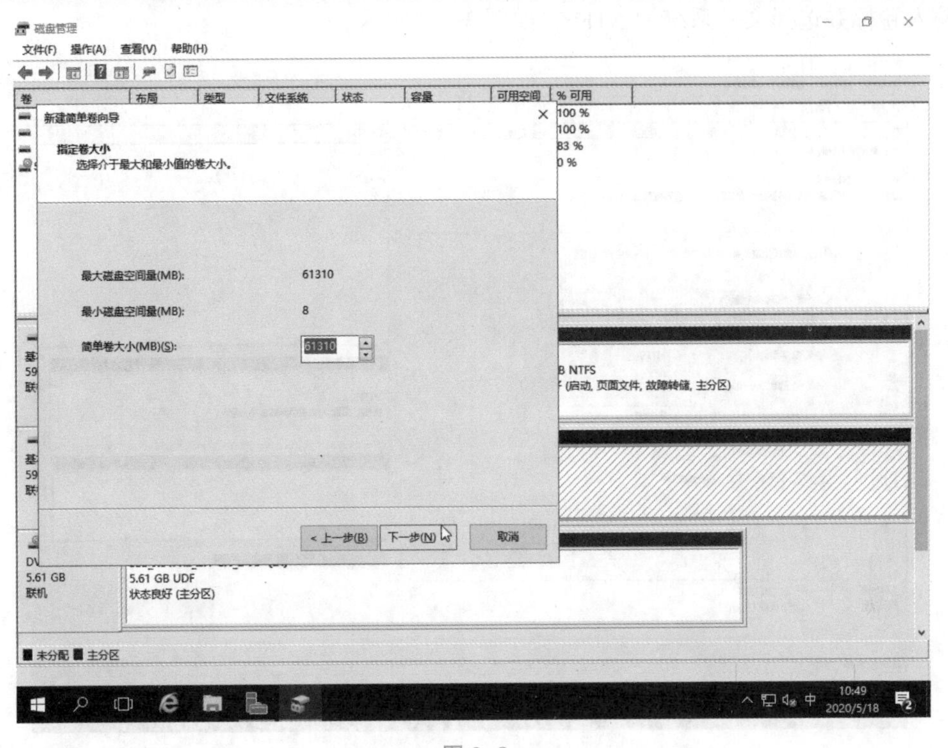
磁盘管理
文件(F)　操作(A)　查看(V)　帮助(H)
新建简单卷向导
指定卷大小
选择介于最大和最小值的卷大小。
最大磁盘空间量(MB):　61310
最小磁盘空间量(MB):　8
简单卷大小(MB)(S):　61310
< 上一步(B)　下一步(N)　取消
5.61 GB UDF
状态良好 (主分区)
未分配　主分区
10:49
2020/5/18

图 3-8

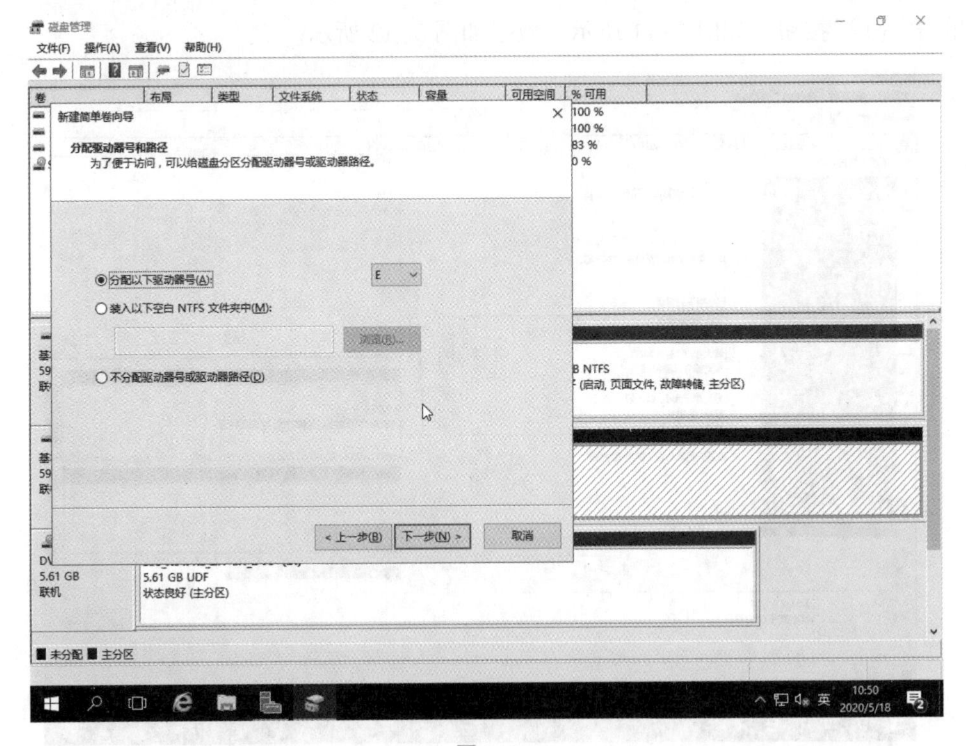
磁盘管理
文件(F)　操作(A)　查看(V)　帮助(H)
新建简单卷向导
分配驱动器号和路径
为了便于访问，可以给磁盘分区分配驱动器号或驱动器路径。
分配以下驱动器号(A):　E
装入以下空白 NTFS 文件夹中(M):
浏览(R)...
不分配驱动器号或驱动器路径(D)
< 上一步(B)　下一步(N) >　取消
5.61 GB UDF
状态良好 (主分区)
未分配　主分区
10:50
2020/5/18

图 3-9

输入卷标并选择文件系统为 NTFS，如图 3-10 所示。

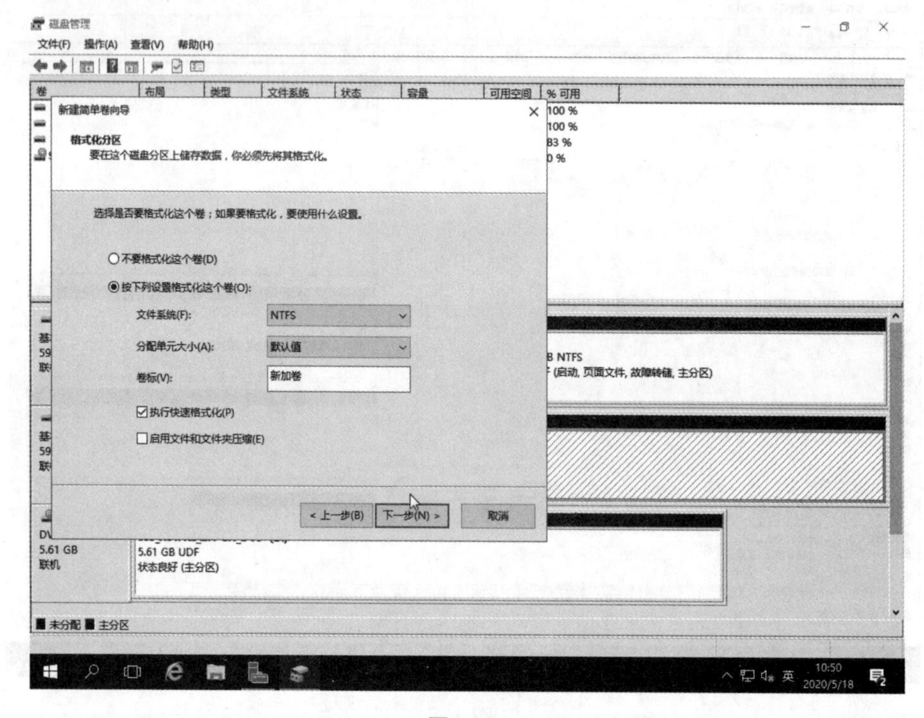

图 3-10

单击“完成”按钮，如图 3-11 所示，效果如图 3-12 所示。

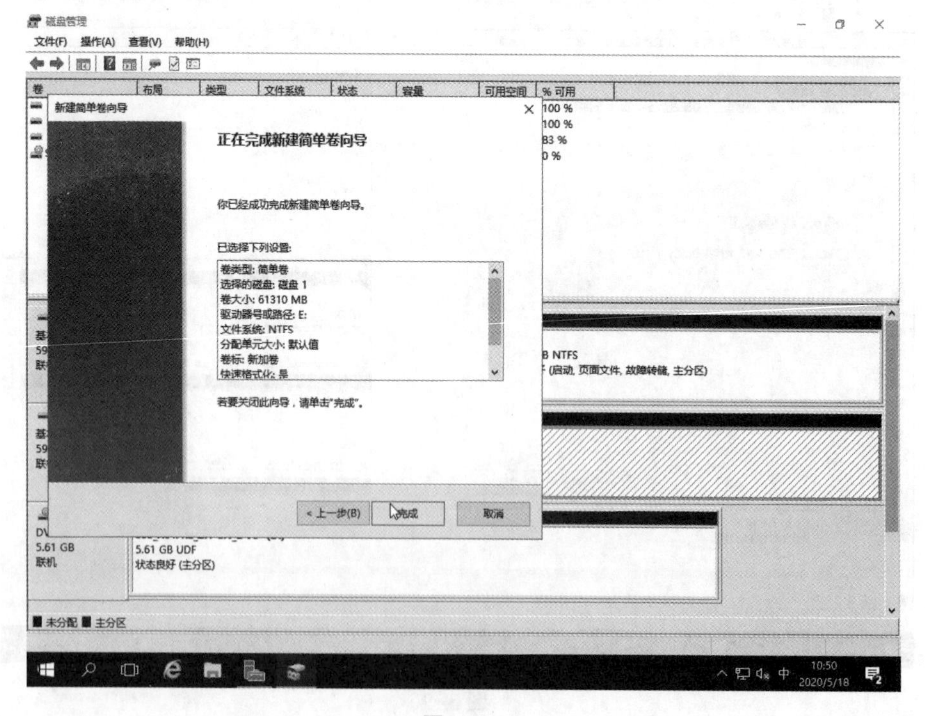

图 3-11

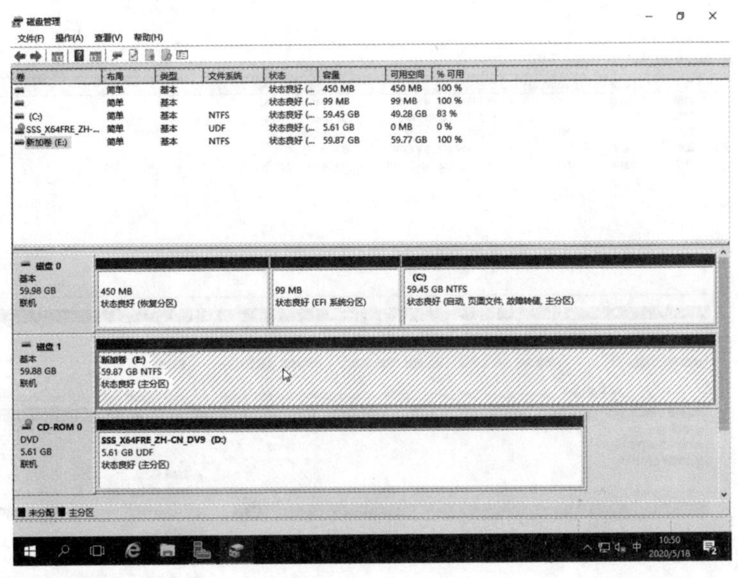

图 3-12

(2)跨区卷

跨区卷是由多个位于不同的磁盘的未分配空间组成的一个逻辑卷，也就是说，可以将多个磁盘内的未分配空间合并成一个跨区卷，并赋予一个共同的驱动器号。跨区卷具备以下特性：

①可以将动态磁盘内多个剩余的，容量较小的未分配空间合并成一个容量大的跨区卷，便于利用磁盘空间。

②组成卷分区的每个成员，不可以包含系统卷与启动卷。

③跨区卷不具备提高磁盘访问效率的功能。

图 3-13 和图 3-14 所示是创建跨区卷的操作。

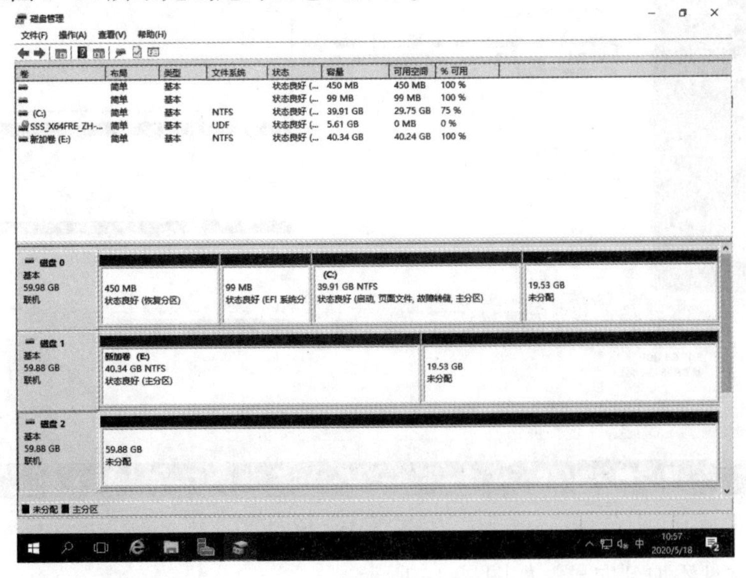

图 3-13

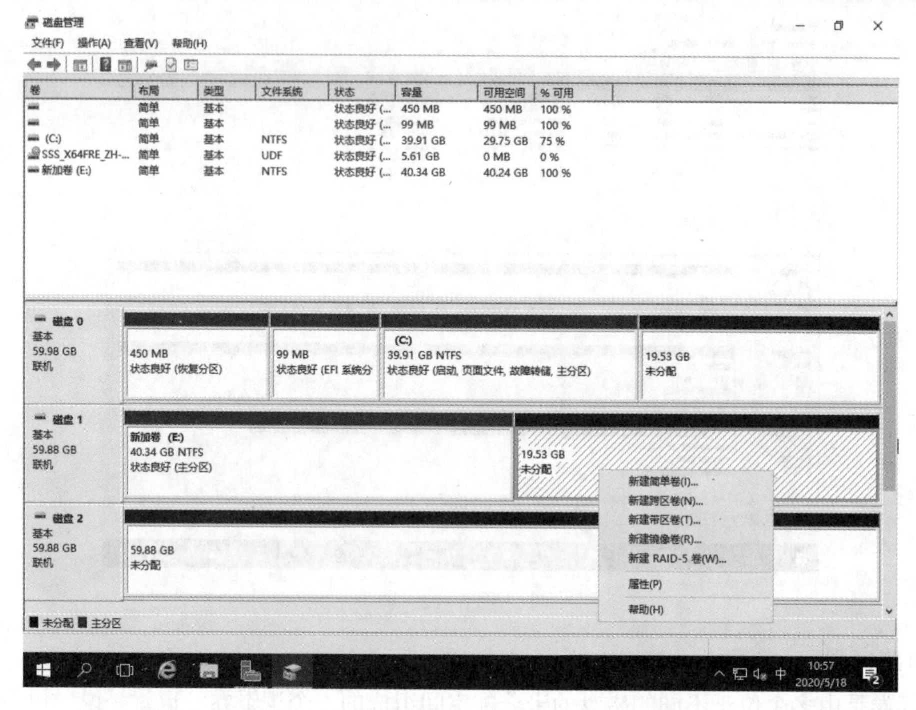

图 3-14

单击“下一步”按钮，如图 3-15 所示。

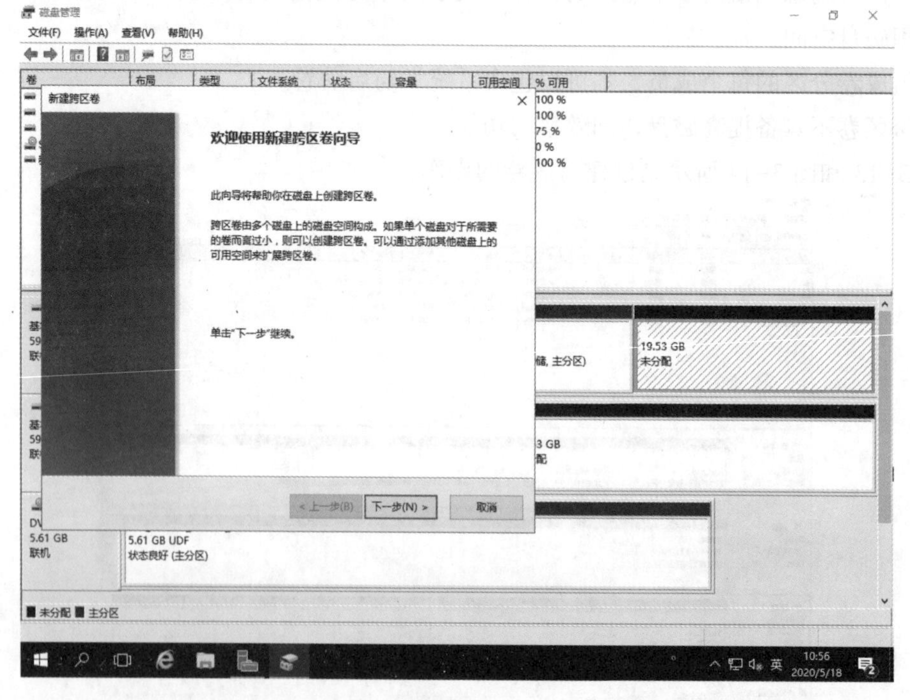

图 3-15

将现有的磁盘添加到向导，如图 3-16 所示。

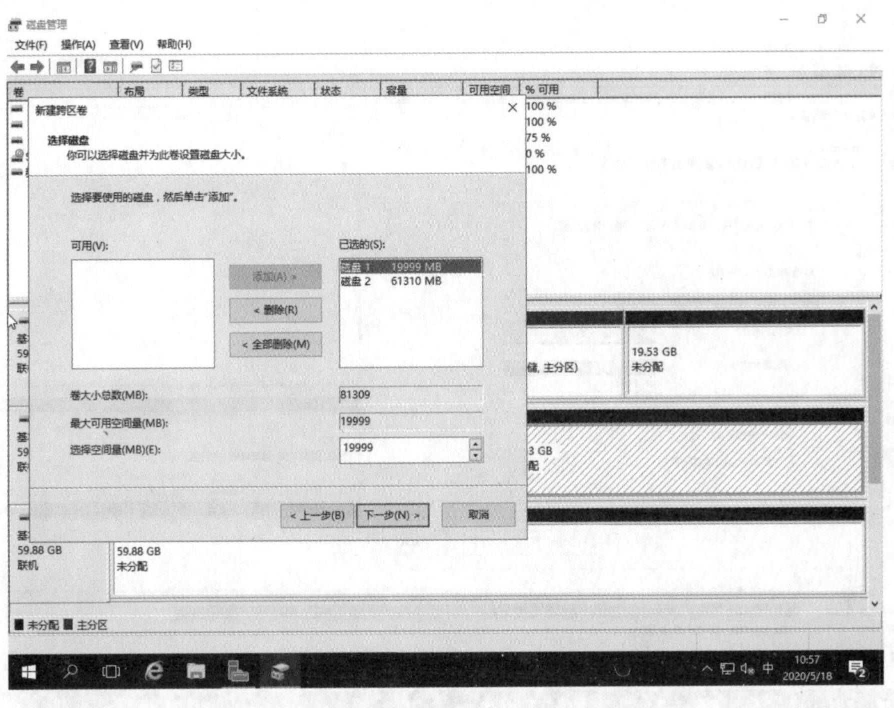

图 3-16

分配驱动器卷标，如图 3-17 所示。

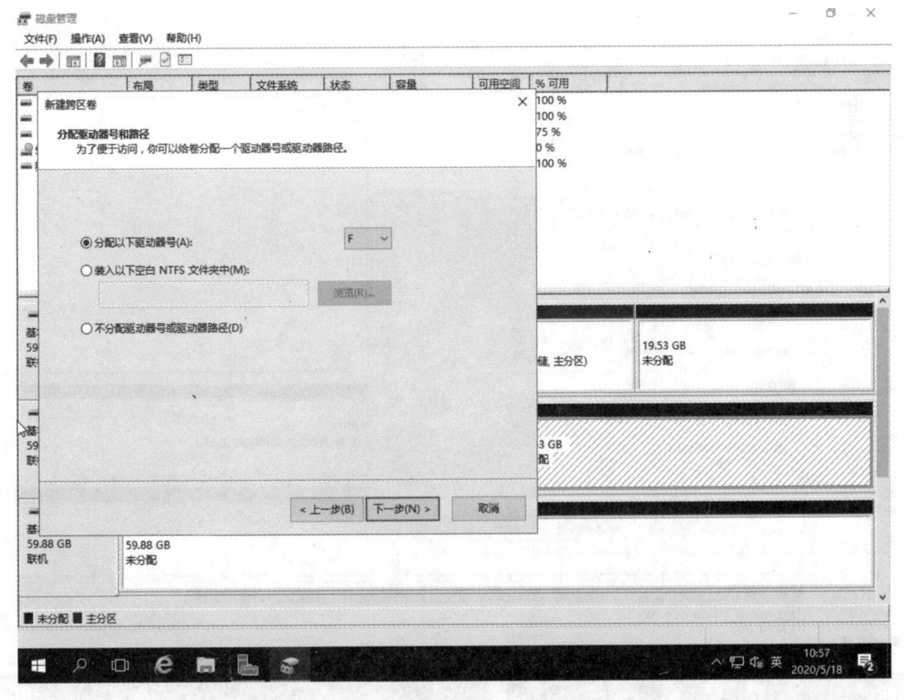

图 3-17

分配卷标名称，选择文件系统格式，如图 3-18 和图 3-19 所示。

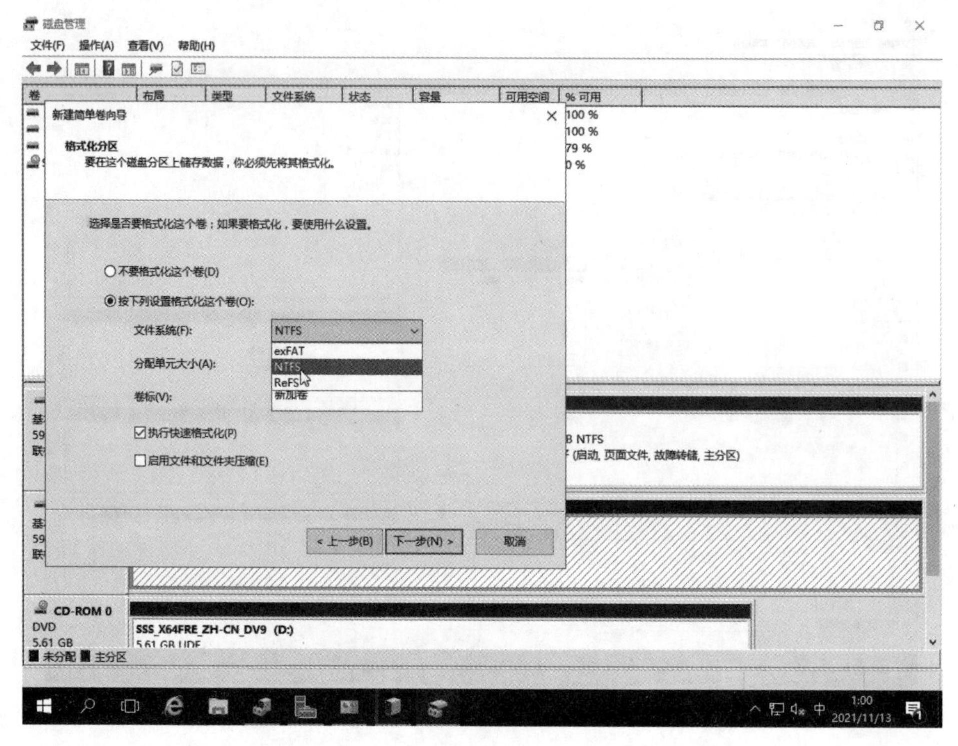
磁盘管理
文件(F) 操作(A) 查看(V) 帮助(H)
卷 布局 类型 文件系统 状态 容量 可用空间 % 可用
新建简单卷向导
格式化分区
要在这个磁盘分区上储存数据，你必须先将其格式化。
选择是否要格式化这个卷；如果要格式化，要使用什么设置。
不要格式化这个卷(D)
按下列设置格式化这个卷(O):
文件系统(F): NTFS
exFAT
NTFS
ReFS
分配单元大小(A):
卷标(V):
执行快速格式化(P)
启用文件和文件夹压缩(E)
< 上一步(B) 下一步(N) > 取消
100 %
100 %
79 %
0 %
B NTFS
(启动, 页面文件, 故障转储, 主分区)
CD-ROM 0
DVD
5.61 GB
SSS_X64FRE_ZH-CN_DV9 (D:)
未分配 主分区
1:00
2021/11/13

图 3-18

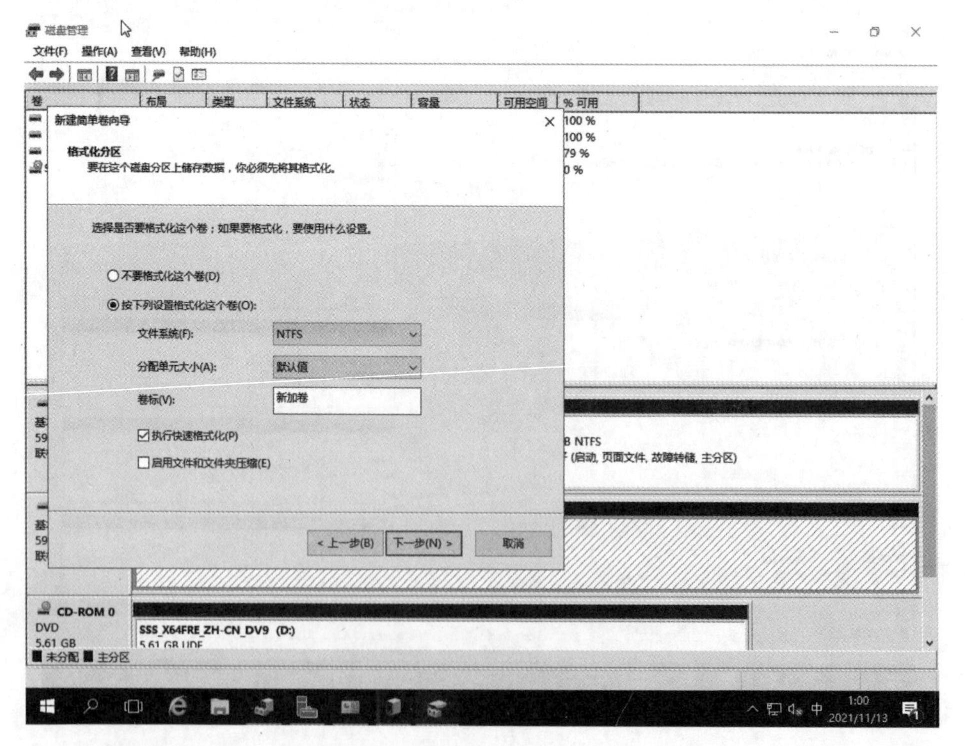
磁盘管理
文件(F) 操作(A) 查看(V) 帮助(H)
卷 布局 类型 文件系统 状态 容量 可用空间 % 可用
新建简单卷向导
格式化分区
要在这个磁盘分区上储存数据，你必须先将其格式化。
选择是否要格式化这个卷；如果要格式化，要使用什么设置。
不要格式化这个卷(D)
按下列设置格式化这个卷(O):
文件系统(F): NTFS
分配单元大小(A): 默认值
卷标(V): 新加卷
执行快速格式化(P)
启用文件和文件夹压缩(E)
< 上一步(B) 下一步(N) > 取消
100 %
100 %
79 %
0 %
B NTFS
(启动, 页面文件, 故障转储, 主分区)
CD-ROM 0
DVD
5.61 GB
SSS_X64FRE_ZH-CN_DV9 (D:)
未分配 主分区
1:00
2021/11/13

图 3-19

结束新建向导，如图 3-20 所示。

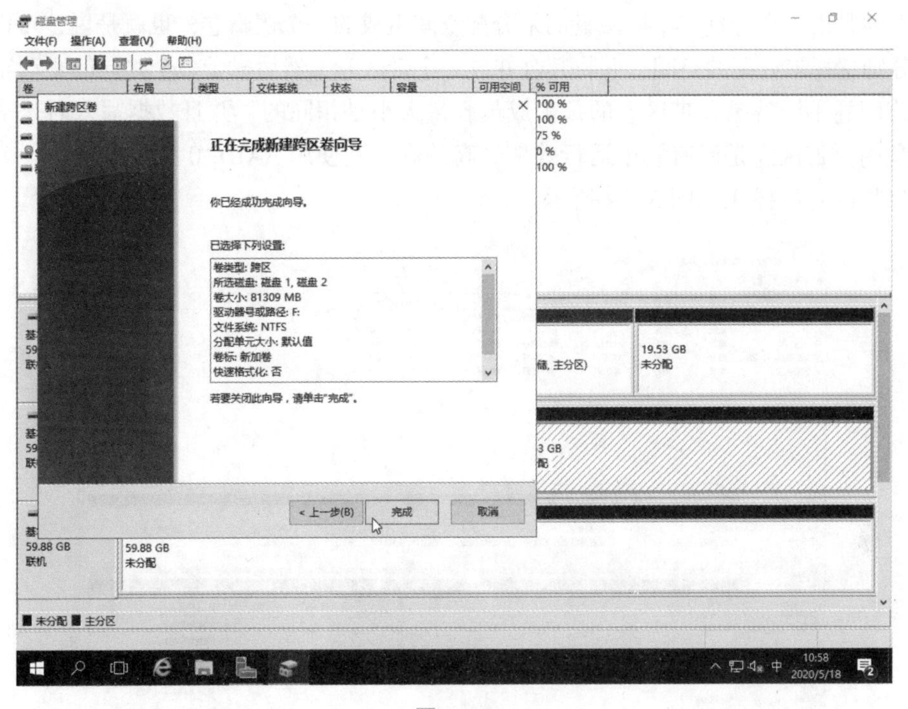

图 3-20

效果如图 3-21 所示。

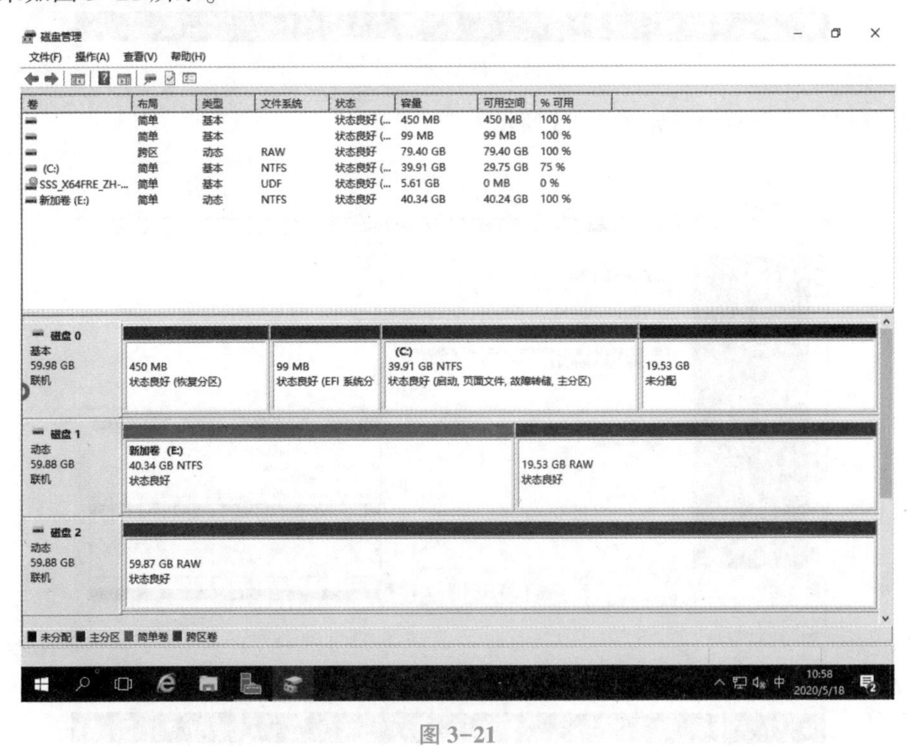

图 3-21

(3)带区卷

带区卷是由多个分别在不同磁盘的未分配空间组成的一个逻辑卷，也就是说，可以从多个磁盘内分别选择未分配的空间，并将其合并成一个带区卷，然后赋予一个共同的驱动器号。

与跨区卷不同的是，带区卷的每个成员容量大小是相同的，并且数据写入时是平均写到每个磁盘内。带区卷是所有卷中运行效率最高的卷，其使用 RAID-0 技术。

创建带区卷的操作如图 3-22 所示。

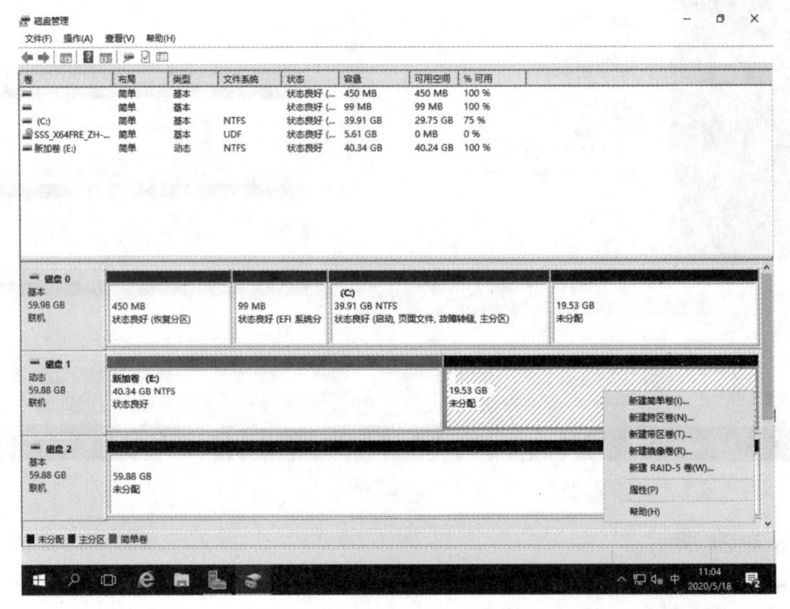

图 3-22

启动新建带区卷向导，如图 3-23 所示。

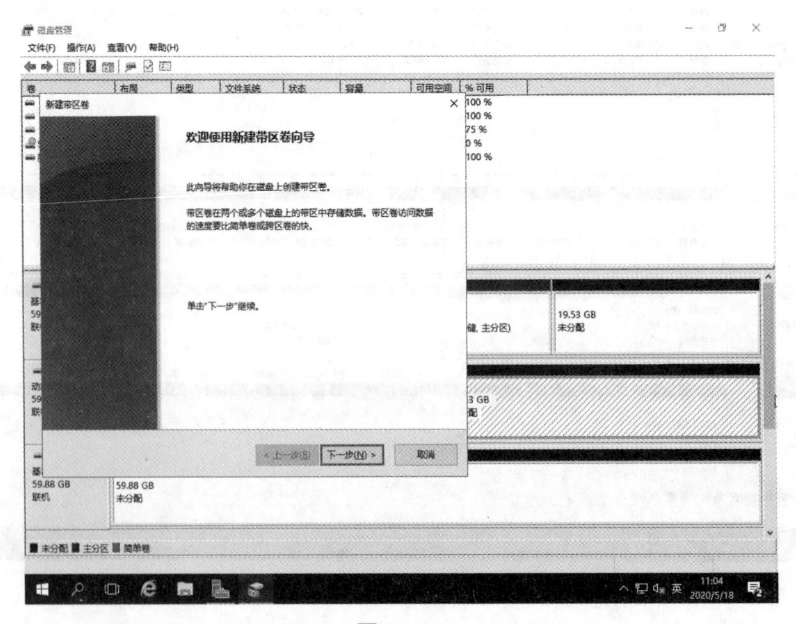

图 3-23

将现有的磁盘添加进向导，单击“下一步”按钮，如图 3-24 所示。

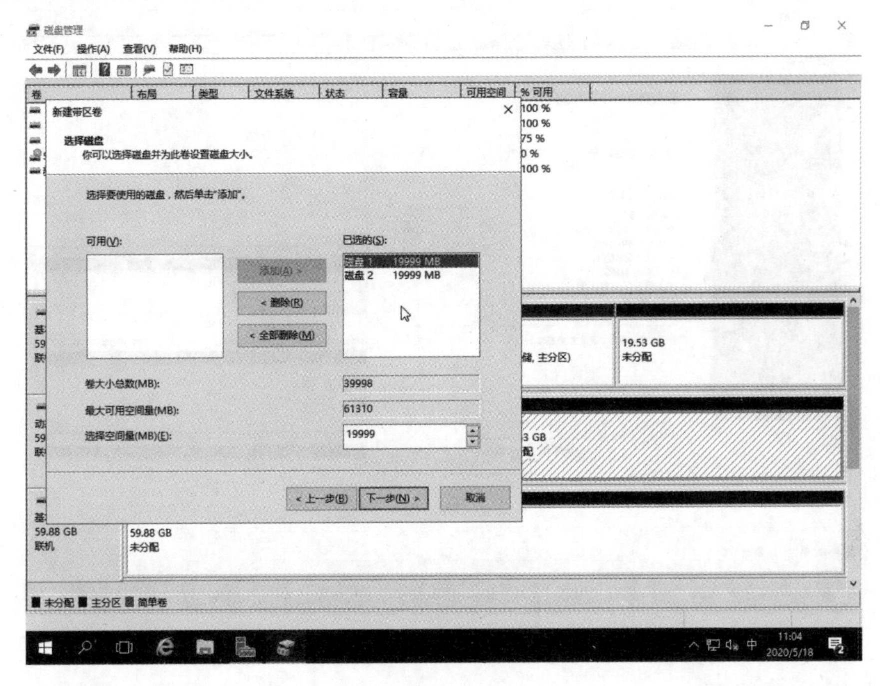

图 3-24

分配驱动器号到该卷，单击“下一步”按钮，如图 3-25 所示。

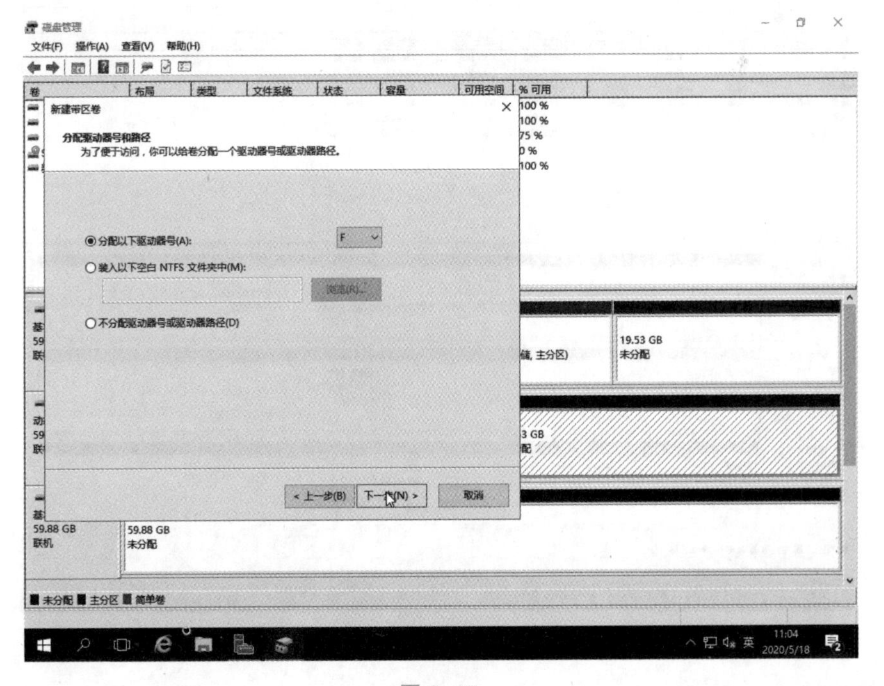

图 3-25

结束新建向导，如图 3-26 所示。

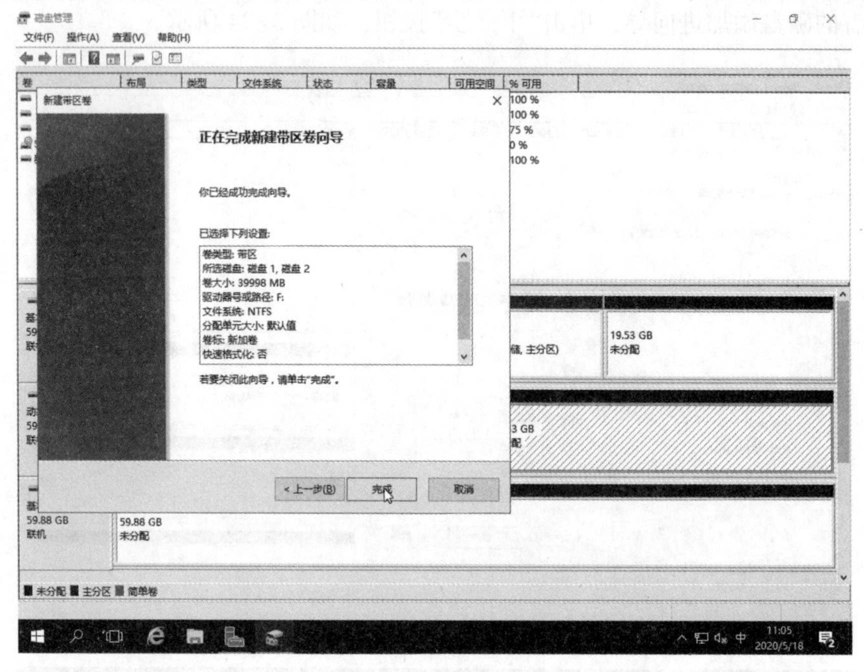

图 3-26

效果如图 3-27 所示。

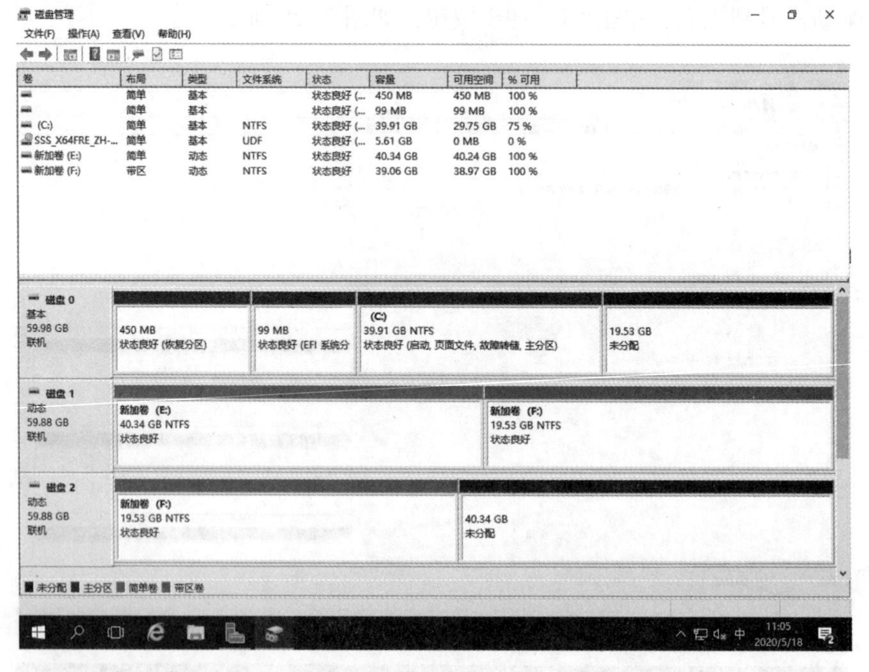

图 3-27

(4)镜像卷

镜像卷具备排错功能，可以将一个简单卷与另外一个未分配的磁盘空间组成一个镜像卷，或者将两个未分配的空间组成一个镜像卷，然后给予一个逻辑驱动器号。这两个磁盘内保存完全相同的数据，当一个磁盘出现故障时，系统仍然可以使用另外一个正常磁盘中的数据，因此它具备排错的能力。创建镜像卷的操作如图 3-28 和图 3-29 所示。

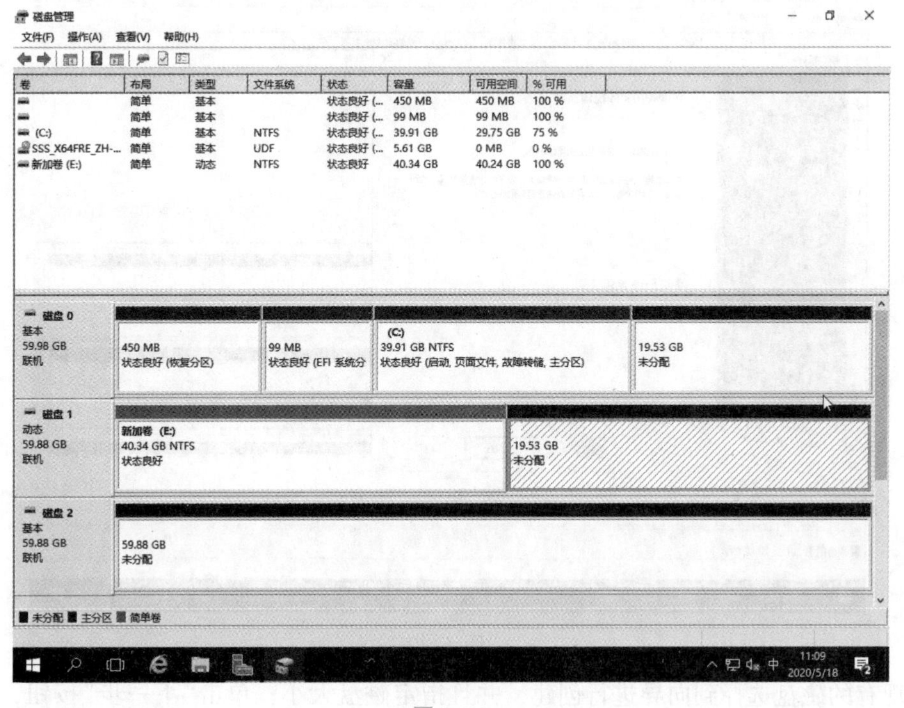

图 3-28

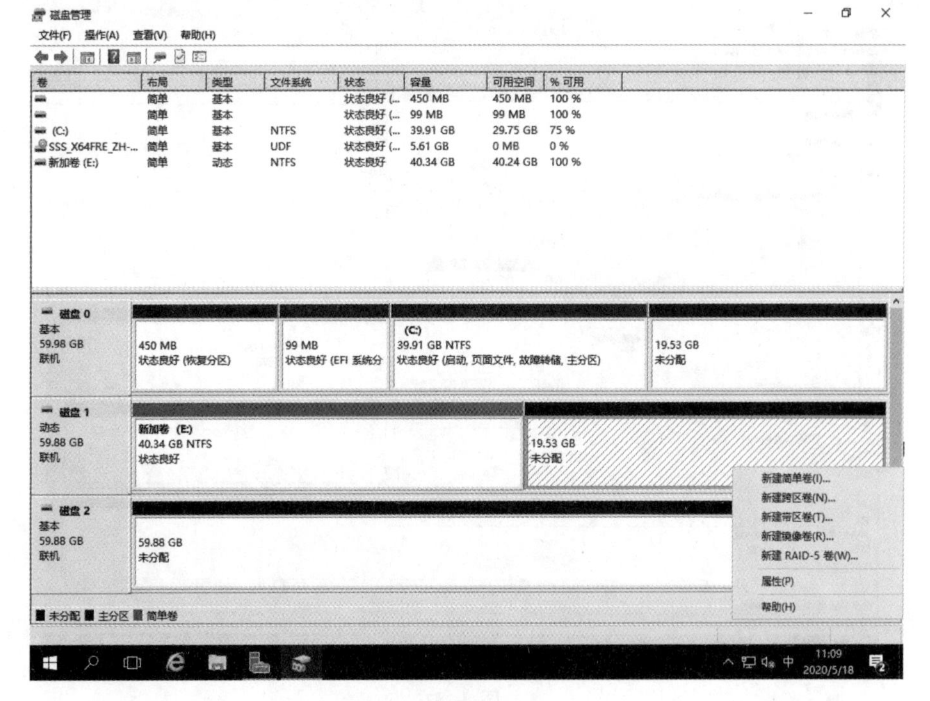

图 3-29

启动创建向导，单击“下一步”按钮，如图 3-30 所示。

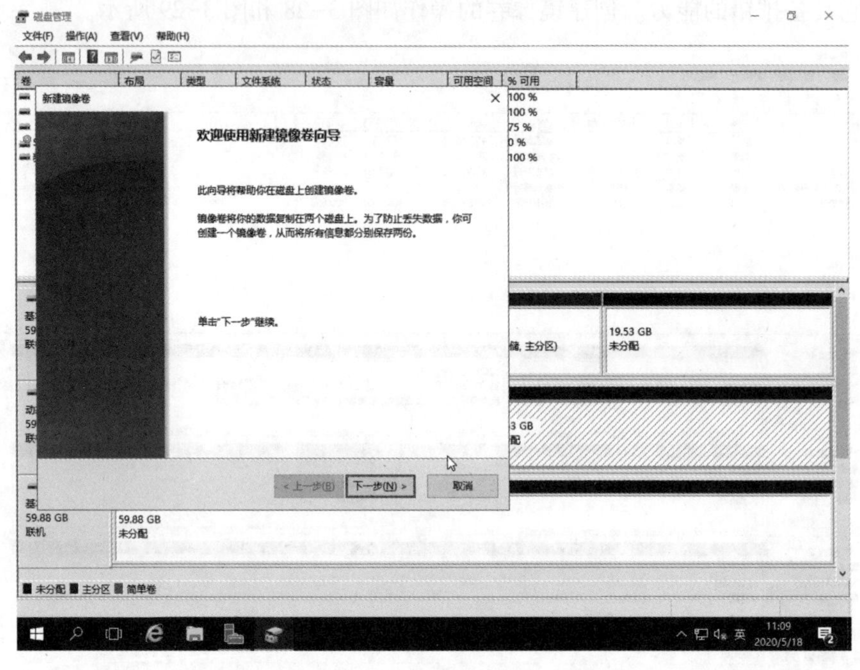

图 3-30

将现有的磁盘选择到向导进行创建，并且指定磁盘大小，单击“下一步”按钮，如图 3-31 所示。

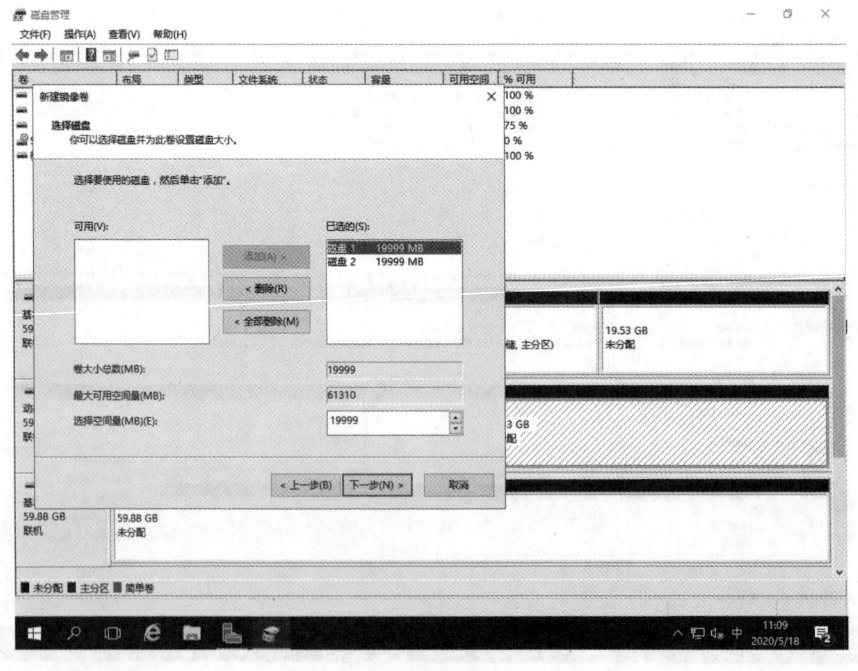

图 3-31

分配驱动器号，单击“下一步”按钮，如图 3-32 所示。

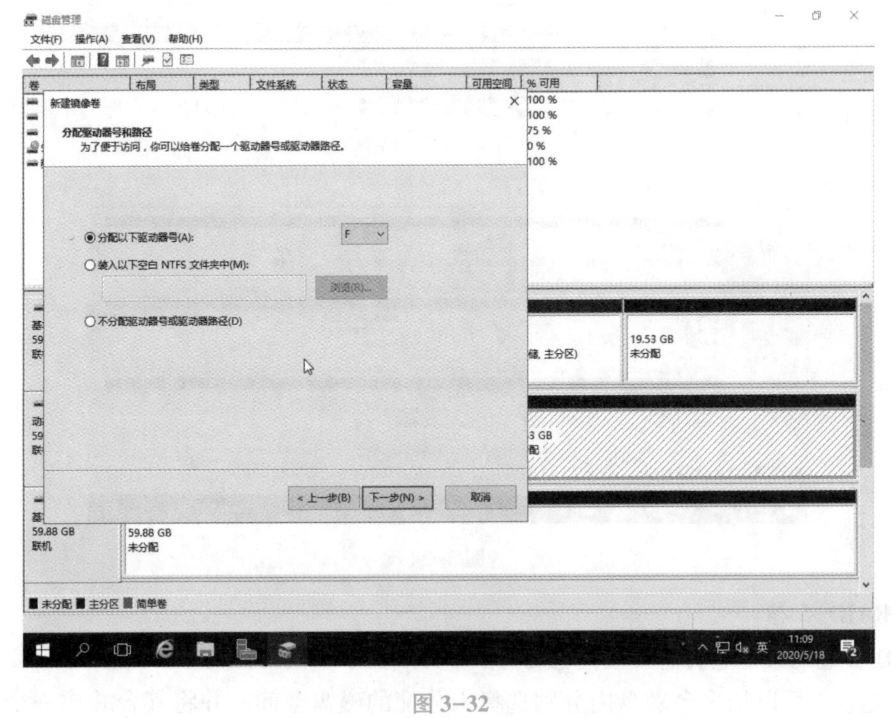

图 3-32

指定文件系统格式，单击“下一步”按钮，如图 3-33 所示。

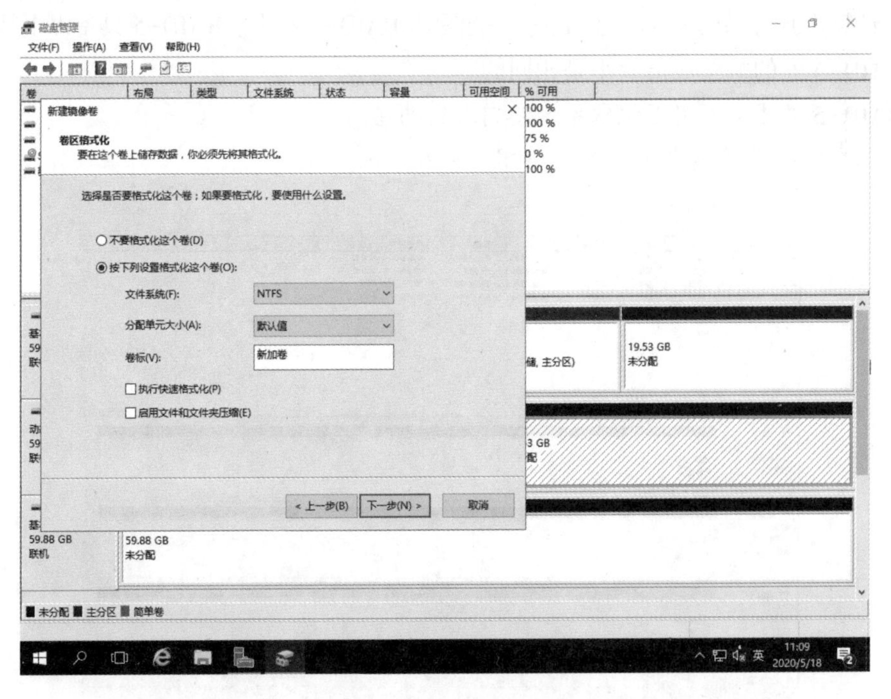

图 3-33

完成效果如图 3-34 所示。

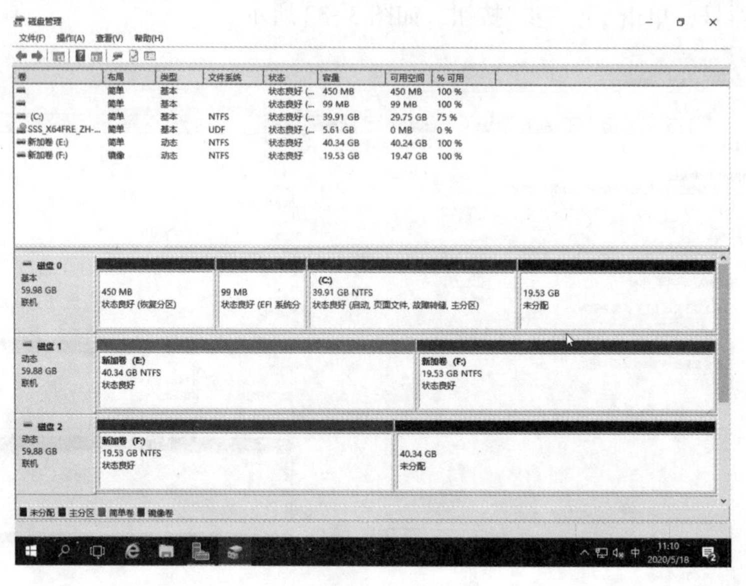

图 3-34

（5）RAID-5 卷

RAID-5 卷与带区卷有些类似，它是将多个分别位于不同磁盘的未分配空间组成一个逻辑卷，也就是说，可以从多台磁盘内分别选择未分配的磁盘空间，并将其合并成一个 RAID-5 卷，然后赋予一个共同的驱动器号。与带区卷不同的是，RAID-5 在保存数据时，会另外根据数据内容计算出其奇偶校验并将奇偶校验一起写入 RAID-5 卷内。RAID-5 具备以下特性：

①RAID-5 卷的每个成员大小是相同的。

②RAID-5 的成员不可以包含系统卷内的启动卷。

创建 RAID-5 卷的操作如图 3-35 和图 3-36 所示。

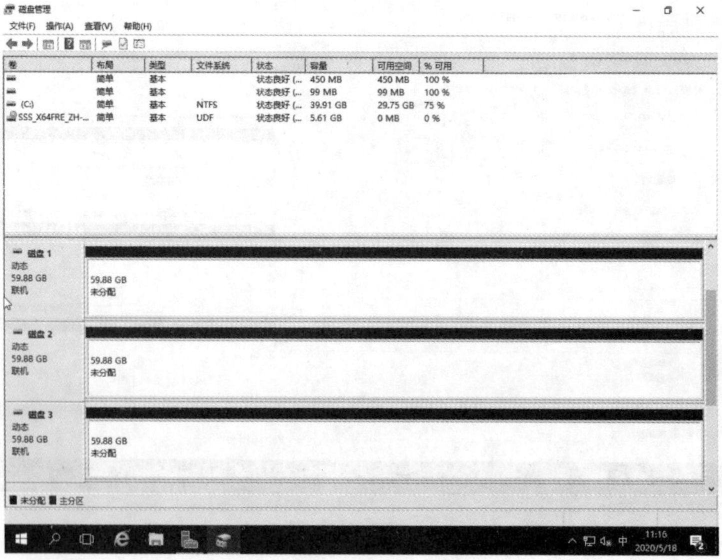

图 3-35

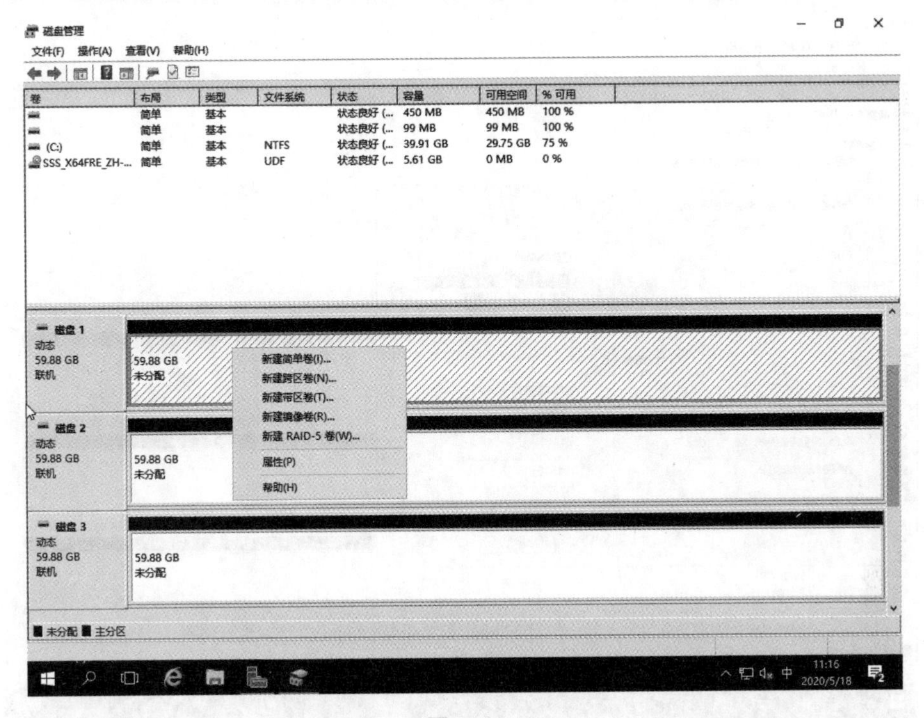

图 3-36

启动新建向导，单击“下一步”按钮，如图 3-37 所示。

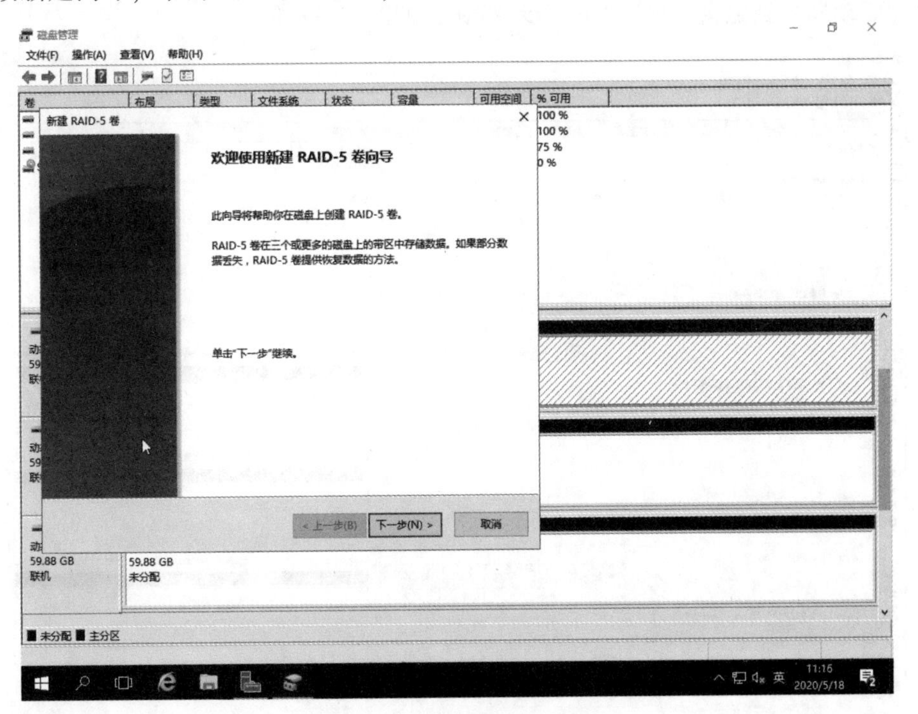

图 3-37

将磁盘添加到向导中，单击“下一步”按钮，如图 3-38 所示。

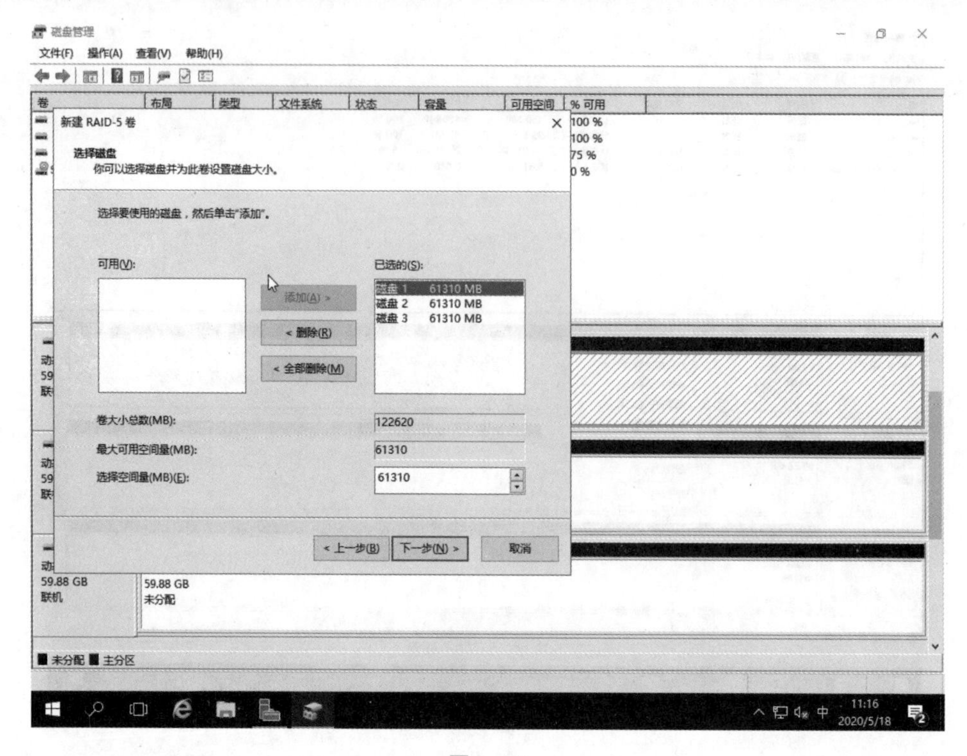

图 3-38

分配驱动器号到磁盘，单击“下一步”按钮，如图 3-39 所示。

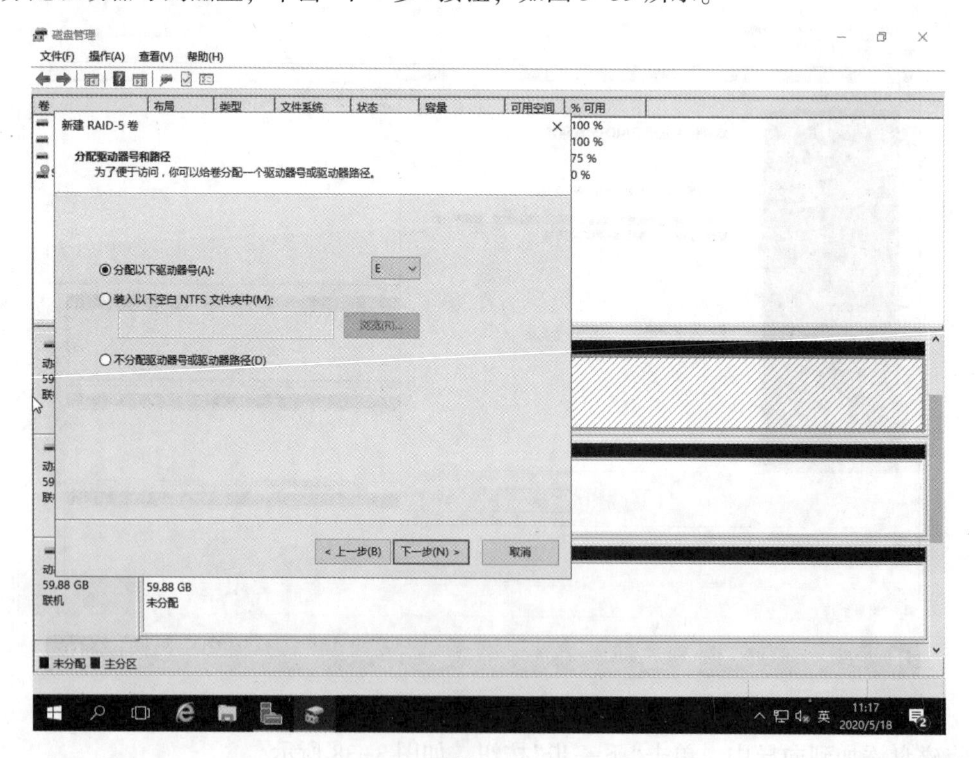

图 3-39

选择文件系统格式，单击“下一步”按钮，如图 3-40 所示。

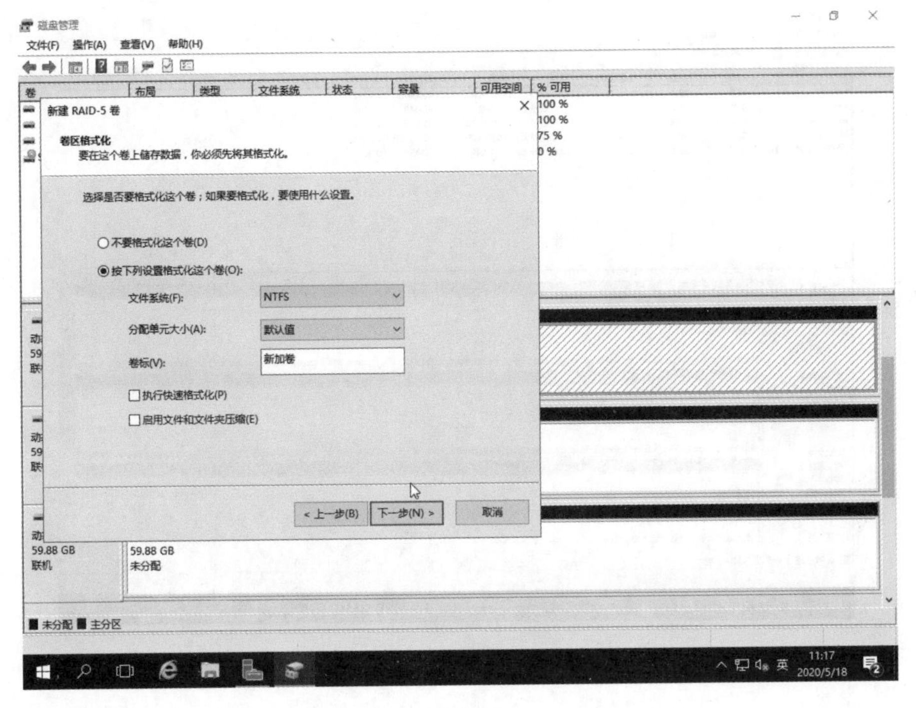

图 3-40

单击“完成”按钮，如图 3-41 所示。

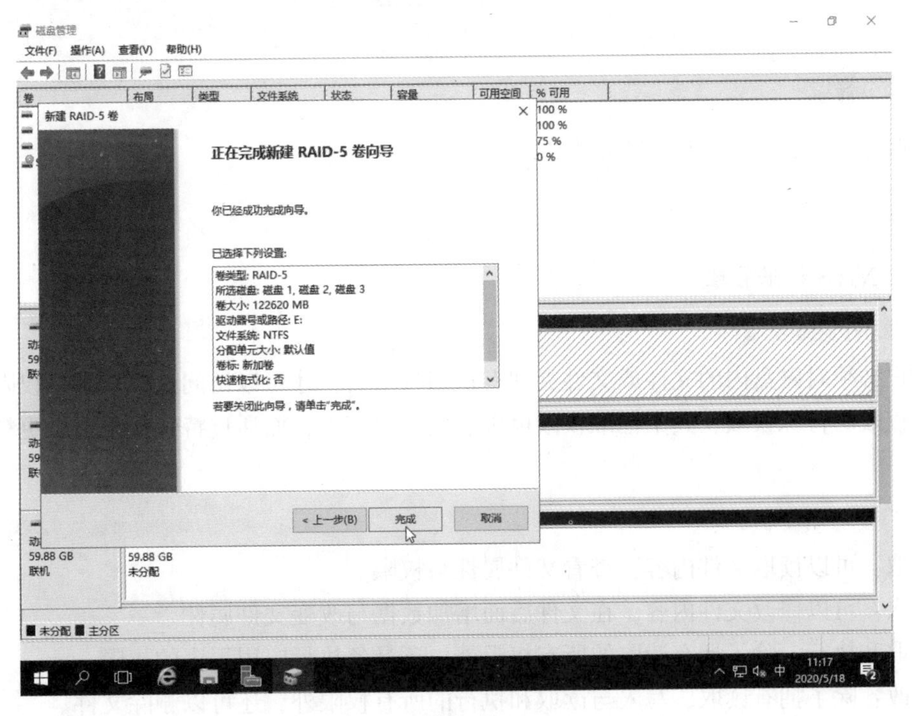

图 3-41

最终效果如图 3-42 所示。

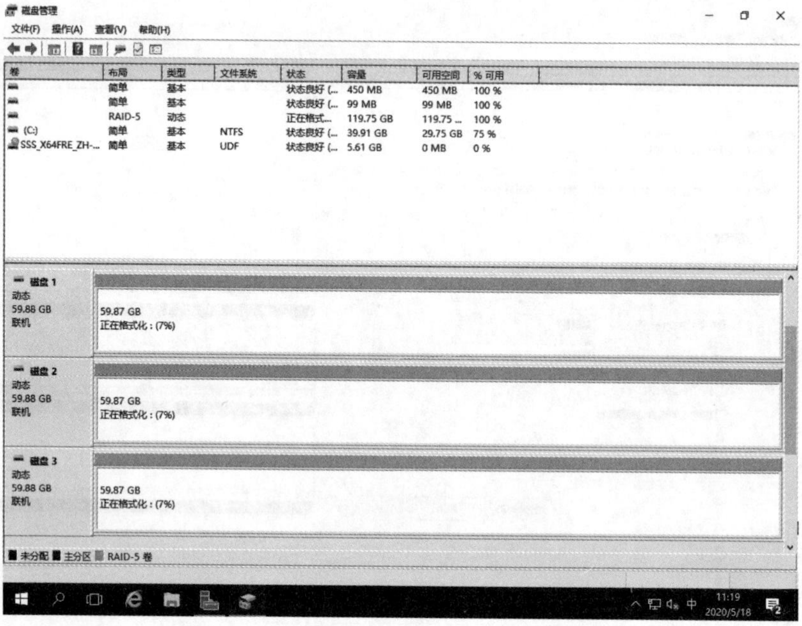

图 3-42

任务 2　NTFS 磁盘的安全与管理

任务描述

在配置卷后，进行 NTFS 磁盘管理。

任务目标

掌握 NTFS 权限管理。

1. 权限的概念

用户必须对磁盘内的文件或文件夹拥有适当权限后，才可以访问这些资源。权限可以分为标准权限与特殊权限，其中标准权限可以满足一般需求，而通过特殊权限可以更精准地分配权限。

2. NTFS 权限的分类

读取：可以读取文件内容，查看文件属性与权限。

写入：可以修改文件内容，在文件后面增加数据与改变文件属性。

读取和执行：除了拥有读取的所有权限外，还具备执行应用程序的权限。

修改：除了拥有读取、写入与读取和执行的所有权限外，还可以删除文件。

完全控制：拥有前述所有权限，再加上更改权限与取得所有权的特殊权限。

3. NTFS 的权限配置

可以在“文件属性”中进行 NTFS 权限的更改。选择需要更改的盘，右击，选择“属性”。单击“高级”按钮，如图 3-43 所示。

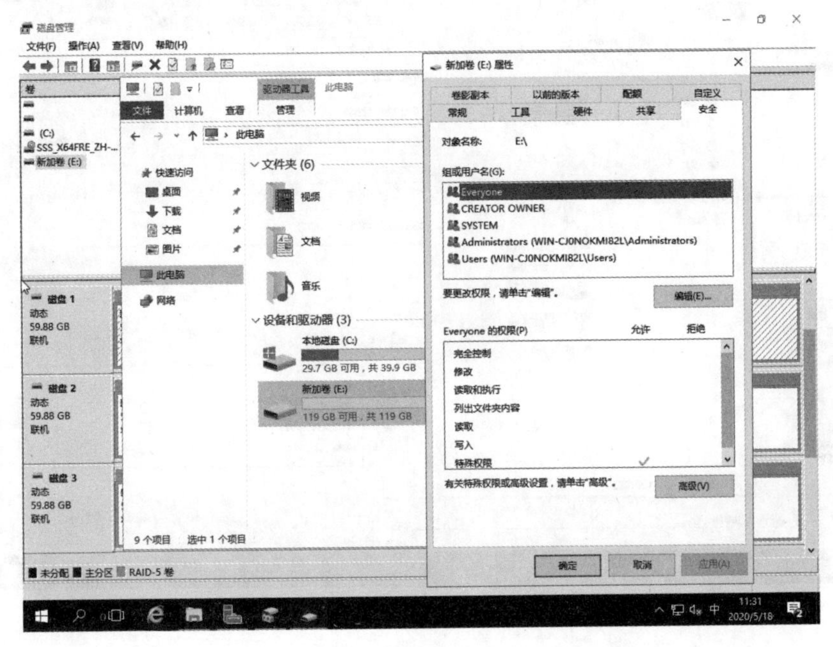

图 3-43

单击“添加”按钮，如图 3-44 所示。

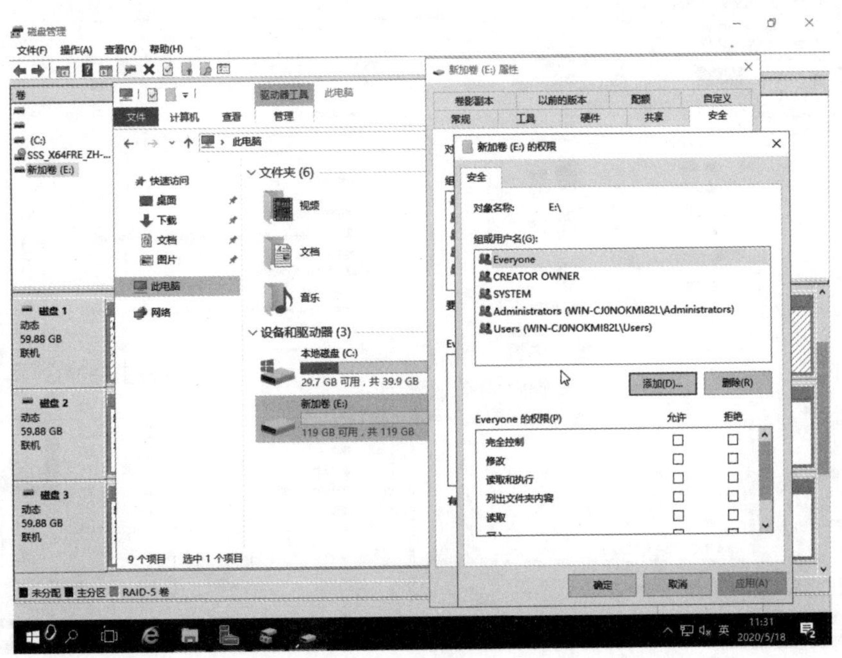

图 3-44

输入任意账户，单击“确定”按钮，如图 3-45 所示。

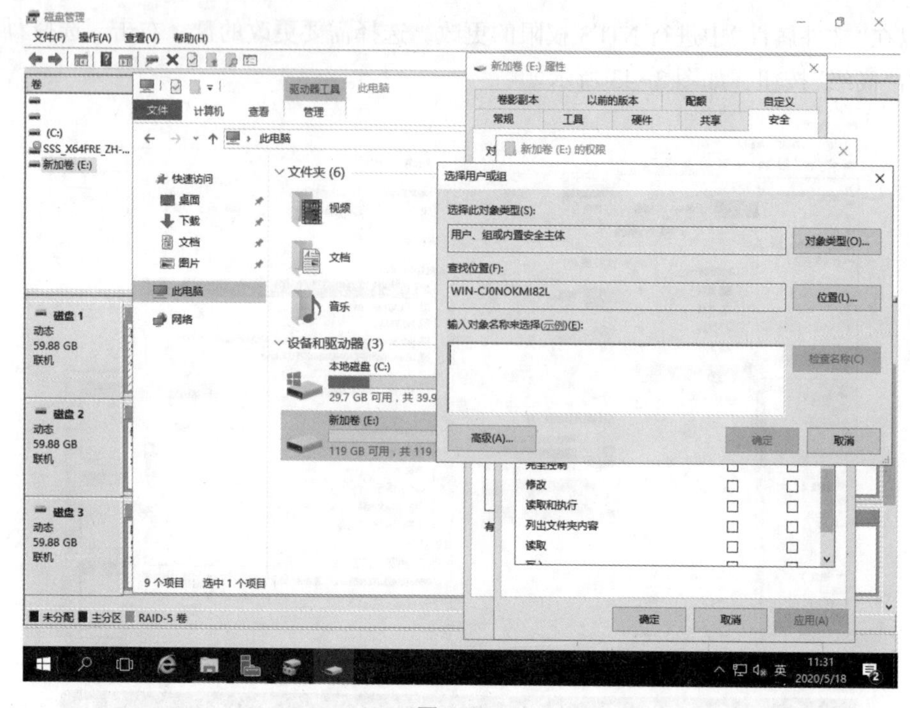

图 3-45

选择对应的权限，单击“确定”按钮，如图 3-46 所示。

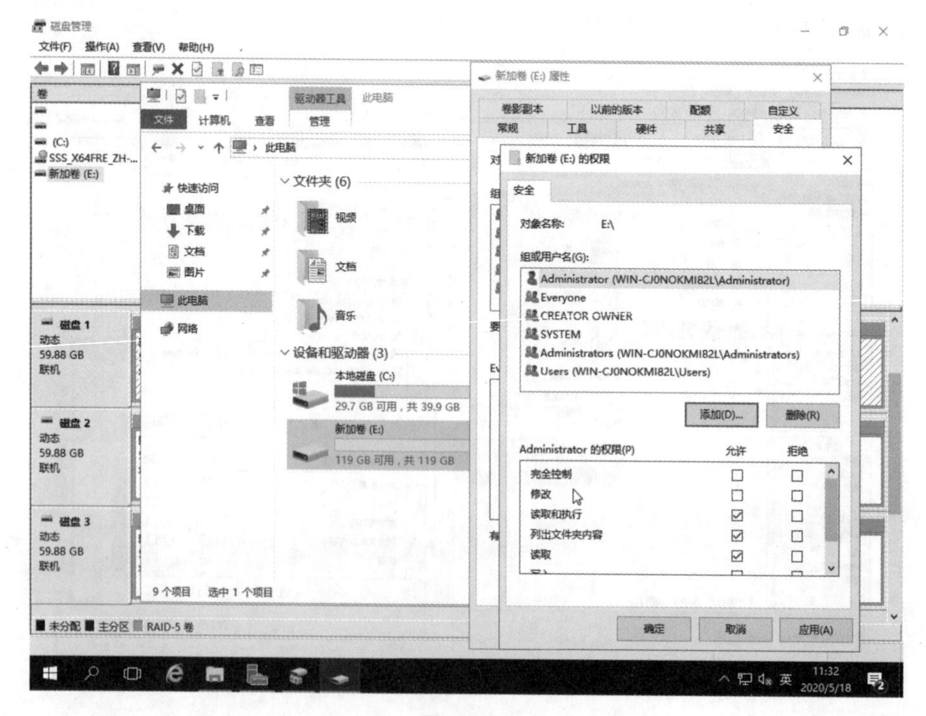

图 3-46

结果如图 3-47 所示。

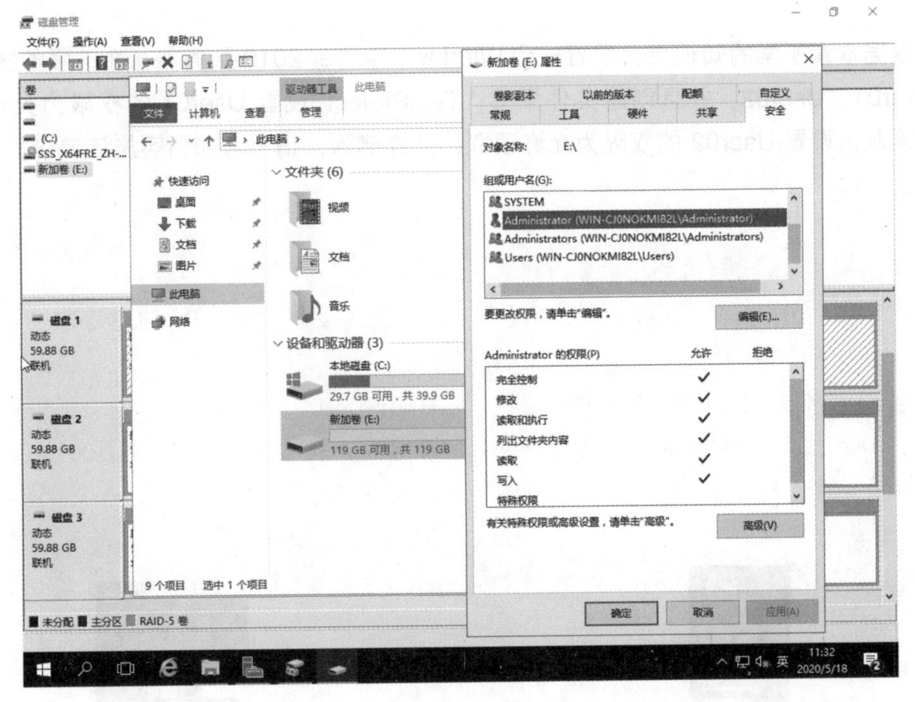

图 3-47

4. NTFS 与 FAT32 对比

FAT 表示文件分配表，FAT32 表示数据以 32 位块存储的扩展名。这些是目前不常用的较旧类型的文件系统。FAT32 在当今时代并没有被广泛使用，并且在 exFAT(扩展文件分配表)文件系统中找到了它的替代品。事实上，许多操作系统和存储设备使用它比使用 NTFS 更多。

磁盘分区大小对比：

NTFS 可以支持的分区(如果采用动态磁盘则称为卷)大小可以达到 2 TB(2 048 GB)，而 FAT32 支持的分区大小最大为 32 GB。

安全性对比：

在 FAT32 中，将不得不依靠共享权限来实现安全性。这意味着它们在网络中可以很好地控制访问，但在本地它们很脆弱。另外，NTFS 允许设置本地文件和文件夹的权限。可以针对电脑用户对该格式下所有的文件夹、文件进行加密、修改、运行、读取目录及写入权限的设置。

项目任务总结

本项目任务主要完成 Windows Server 2016 的磁盘管理、卷的使用、NTFS 权限配置。

项目拓展

请根据本章所学的知识点，配置一台 Windows Server 2016 服务器，在该服务器中添加用户 User01、User02，并且创建文件夹 C:\TestProject，设置 User01 的权限为允许写入、不允许读取，设置 User02 的权限为允许读取、允许删除，请思考如何实施该要求。

拓展练习

1. 根据图 3-48 所示拓扑图配置主机名及 IP 地址。

2. 在 SERVER1 上新增 3 块 5 GB 的磁盘，将这 3 块磁盘创建为 Raid5 阵列组，并使用盘符 D 作为磁盘的盘符。

3. 在 SERVER1 上批量创建 100 个用户：user001～user100。

4. 在 D 盘创建文件夹 share，并进行共享，要求用户拥有以下权限：user001～user005 的用户拥有完全控制权，user006～user050 的用户能读写但是不能进行删除，user051～user100 的用户仅能进行读取。

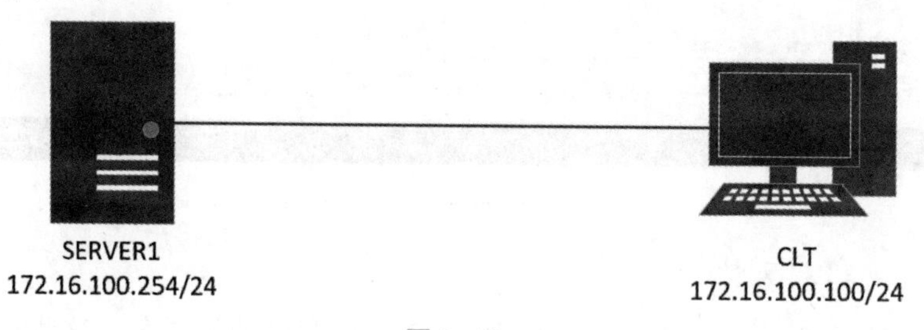

图 3-48

项目 4
Windows 子系统与应用

【项目学习目标】

1. 了解 Windows 子系统的概念。
2. 选择合适的 Windows 子系统。
3. 掌握 Windows 子系统的安装方法。
4. 配置 Windows 子系统的远程管理。

【学习难点】

1. WSL 的安装方法。
2. 配置 WSL 的远程管理。

【项目任务描述】

某公司需要配置一个基于 Windows Server 的子操作系统，这是 Windows Server 的新增技术，称为 WSL 技术。需要进行一些 Linux 子系统的基础配置操作。

任务 1　Windows 子系统的概念与子系统发行版

任务描述

在进行本项目之前，首先要对 Windows 子系统的概念有所了解和掌握，并且选择合适的子系统发行版进行下载，以准备后续的安装。

任务目标

掌握 Windows 子系统的概念。

1. Windows 子系统的概念

Windows 子系统也叫 Windows SubSystem for Linux(WSL)，是一个在 Windows 10 上能够

运行原生 Linux 二进制可执行文件(ELF 格式)的兼容层。它由微软与 Canonical 公司合作开发，其目标是使纯正的 Ubuntu 14.04“Trusty Tahr”映像能下载和解压到用户的本地计算机，并且映像内的工具和实用工具能在此子系统上原生运行。

WSL 提供了一个微软开发的 Linux 兼容内核接口(不包含 Linux 代码)，来自 Ubuntu 的用户模式二进制文件在其上运行。

该子系统不能运行所有 Linux 软件，例如那些图形用户界面，以及不需要依赖 Linux 内核服务的软件类。不过，这可以使用在外部 X 服务器上运行的图形 X-window 系统缓解。

此系统起源于命运多舛的 Astoria 项目，其目的是允许 Android 应用运行在 Windows 10 Mobile 上。此功能组件从 Windows 10 Insider Preview Build 14316 开始可用。

2. WSL 发行版的选择与下载

微软官方提供了一些子系统发行版的安装包在网站用于下载。在许多情况下，你可能无法通过 Microsoft Store 安装 WSL Linux 发行版。具体而言，可能正在运行不支持 Microsoft Store 的 Windows Server 或长期服务(LTSC)桌面操作系统 SKU，或者公司网络策略和/或管理员不允许在你的环境中使用 Microsoft Store。

在这些情况下，虽然 WSL 本身可用，但如果无法访问应用商店，可以使用如下方法下载 WSL。

(1)通过命令行下载发行版

若要使用 PowerShell 下载发行版，则使用“Invoke-WebRequest cmdlet”命令。图 4-1 所示是用于下载 Ubuntu 16.04 的示例说明。

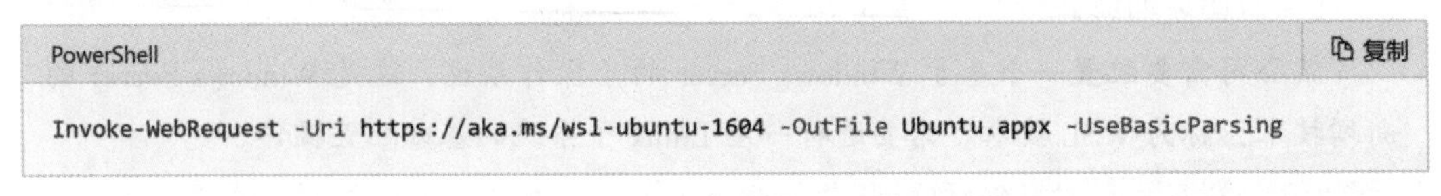

图 4-1

(2)通过 curl.exe 下载

Windows 10 Spring 2018 更新(或更高版本)包括了流行的 curl 命令行实用程序，可以使用它从命令行调用 Web 请求(即 HTTP GET、POST、PUT 等命令)。可以使用 curl.exe 下载上述发行版，如图 4-2 所示。

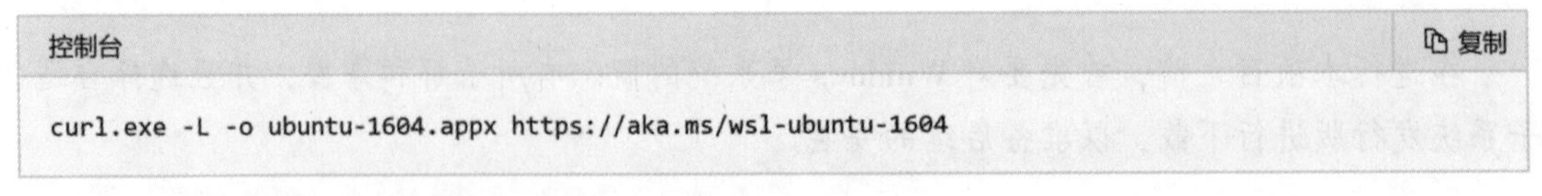

图 4-2

任务2 安装 WSL 与 WSL 管理

任务描述

在任务 1 中，已经下载好了 WSL 的安装包，本任务进行 WSL 的安装。安装完毕之后，将使用 SSH 工具管理 WSL 系统。

1. WSL 的安装

打开命令行，并且切换到下载的压缩包路径，使用命令进行解压缩及启用 WSL 功能。如果遇到启用 WSL 出现服务未知的情况，则输入以下命令检查所用的 Windows 版本是否为 17.09 以上。安装方法如图 4-3 所示。

```
Powershell->Enable-WindowsOptionalFeature-Online-FeatureName Microsoft-Windows-Subsys-
tem-Linux
Expand-Archive ~ /ubuntu.zip ~ /Ubuntu
```

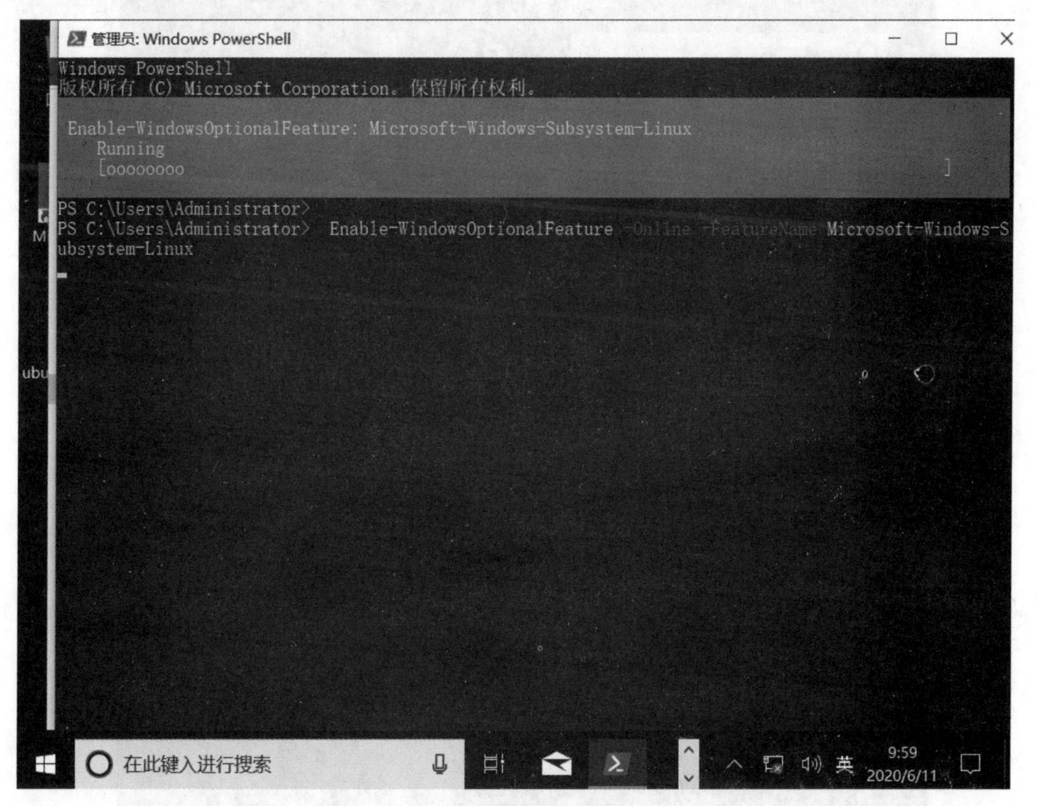

图 4-3

下载完毕后，可以使用解压命令将 ubuntu.zip 进行解压，如图 4-4 所示。执行 Ubuntu.exe 后，需要等待数分钟的安装过程，效果如图 4-5 所示。

管理员: Windows PowerShell
Mode LastWriteTime Length Name
d----- 2018/9/15 15:33 PerfLogs
d-r--- 2020/6/11 9:53 Program Files
d-r--- 2018/9/16 0:06 Program Files (x86)
d-r--- 2020/6/11 9:38 Users
d----- 2020/6/11 9:45 Windows
-a---- 2020/3/31 14:25 224629284 ubuntu.zip
PS C:\> Expand-Archive .\ubuntu.zip
PS C:\> ls .\ubuntu\
目录: C:\ubuntu
Mode LastWriteTime Length Name
d----- 2020/6/11 10:01 AppxMetadata
d----- 2020/6/11 10:01 Assets
-a---- 2018/8/17 3:15 212438 AppxBlockMap.xml
-a---- 2018/8/17 3:15 3835 AppxManifest.xml
-a---- 2018/8/17 3:17 11112 AppxSignature.p7x
-a---- 2018/8/17 3:15 223983209 install.tar.gz
-a---- 2018/8/17 3:15 5400 resources.pri
-a---- 2018/8/17 3:15 211968 ubuntu1804.exe
-a---- 2018/8/17 3:15 744 [Content_Types].xml
PS C:\>
在此键入进行搜索
英
10:01
2020/6/11
图 4-4

Ubuntu 18.04
PS C:\ubuntu>
PS C:\ubuntu> ls
目录: C:\ubuntu
Mode LastWriteTime Length Name
d----- 2020/6/11 10:01 AppxMetadata
d----- 2020/6/11 10:01 Assets
-a---- 2018/8/17 3:15 212438 AppxBlockMap.xml
-a---- 2018/8/17 3:15 3835 AppxManifest.xml
-a---- 2018/8/17 3:17 11112 AppxSignature.p7x
-a---- 2018/8/17 3:15 223983209 install.tar.gz
-a---- 2018/8/17 3:15 5400 resources.pri
-a---- 2018/8/17 3:15 211968 ubuntu1804.exe
-a---- 2018/8/17 3:15 744 [Content_Types].xml
PS C:\ubuntu> .\ubuntu1804.exe
Installing, this may take a few minutes...
在此键入进行搜索
英
10:02
2020/6/11
图 4-5

2. WSL 的管理

创建一个 Linux 账户，并且输入密码，如图 4-6 所示。

图 4-6

配置 SSH 服务，以便使用 Windows 的 SSH 客户端进行管理，生成 RSA 文件，如图 4-7 所示。

图 4-7

配置启用允许 root 登录及允许使用密码认证，在命令行输入以下命令，结果如图 4-8 所示。

```
PasswordAuthentication yes
PermitRootLogin yes
```

图 4-8

测试 SSH 连接，在命令行输入以下命令，如图 4-9 所示。

```
ssh test@ localhost
```

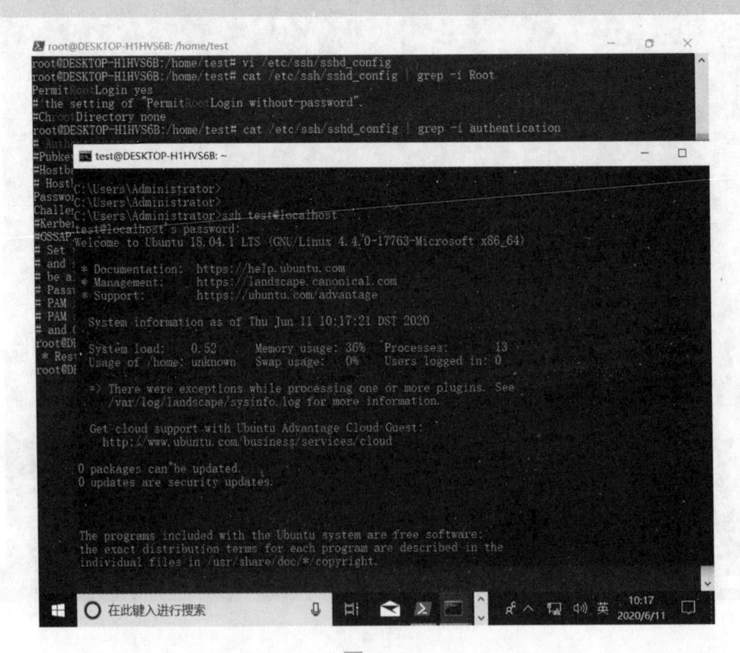

图 4-9

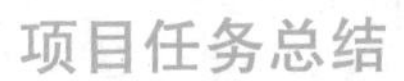

项目任务总结

本项目任务主要要求掌握 WSL 的概念及 WSL 的安装方法。

项目拓展

请在 WSL 中启动 Apache 服务，用于代替 IIS 的工作。

拓展练习

1. 根据图 4-10 所示拓扑图配置主机名及 IP 地址。
2. 将安装 Ubuntu 1804 Subsystem 在 SERVER1 中。
3. CLT 能够通过 SSH 客户端进行远程管理和使用 Subsystem。

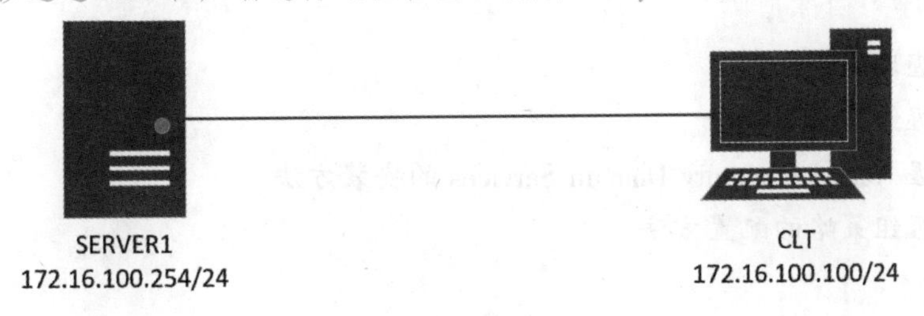

图 4-10

项目5
域与组策略配置

【项目学习目标】

1. 掌握域的概念。
2. 掌握组策略的概念。
3. 掌握 Active Directory Domain Services 的安装方法。
4. 掌握组策略的配置方法。

【学习难点】

1. AD DS 概念的理解。
2. 组策略配置。

【项目任务描述】

某公司网络环境新增了多台 Windows Server，公司决定使用集体环境管理，计划使用 Windows 的 AD 架构，将所有的计算机使用 AD 域模式进行管理，并且计划通过组策略批量管理这些计算机。

任务1　认知网络操作系统

任务描述

理解 AD DS 的服务概念，并且掌握 AD DS 的安装方法。

任务目标

掌握 AD DS 的安装方法。

1. 活动目录介绍

AD 活动目录是一种分层结构，用于存储有关网络中对象的信息。目录服务(如 Active Directory 域服务(AD DS))提供了用于存储目录数据及使这些数据可供网络用户和管理员使用的方法。例如，AD DS 存储有关用户账户的信息，例如姓名、密码、电话号码等，并允许同一网络上的其他授权用户访问此信息。

Active Directory 存储有关网络中对象的信息，并使管理员和用户可以轻松找到并使用这些信息。Active Directory 使用结构化数据存储作为目录信息的逻辑分层结构的基础。此数据存储(也称为目录)包含有关 Active Directory 对象的信息。这些对象通常包括共享资源，如服务器、卷、打印机及网络用户和计算机账户。

登录验证功能和对目录中的对象的访问控制功能是与 Active Directory 集成的。通过单一网络登录，管理员可以管理其网络中的目录数据和组织，并且授权的网络用户可以访问网络上的任何位置的资源。基于策略的管理可以简化最复杂网络的管理。

2. 域控制器介绍

域控制器是运行 Windows Server 2000 或更高版本的 Windows 操作系统并承载 Active Directory 的计算机。域控制器运行 KDC 服务，该服务负责验证域用户登录。域控制器存储目录分区。

目录分区(也称为 naming contexts)对应于作为每个域控制器所要求的复制内容，逻辑分布的 Active Directory 分段。这些段对应于以下目录分区：

①一个域，其中在特定的林(目录)中可以有许多域。

②目录模式，在特定的目录林中有一个目录模式。

③配置容器，其中有一个在特定的林(目录)中。

除了存储的域目录分区以外，每个域控制器还存储架构目录分区和配置目录分区的副本。

域可以部署多个域控制器，并且所有域控制器都可以接受 Active Directory 更改。早期版本的 Windows NT 使用多个域控制器，其中只有一个被允许更新目录数据库。该单主方案要求将所有更改从主域控制器复制到备份域控制器。

在 Windows 2000 中，每个域控制器都可以接受更改，并将更改复制到所有其他域控制器中。与管理用户、组和计算机相关的日常操作通常是多主操作，即可以在任何域控制器上对这些对象进行更改。但是，有些操作不能作为多主操作执行，因为它们必须只发生在一个地点和时间。对于这些操作，有专门指定的域控制器单独管理操作。

大多数操作都可以在任何域控制器上进行，并且这些操作的效果(例如，删除用户对象)被复制到存储发生更改的同一目录分区副本的所有其他域控制器。但是，某些操作只能在一个域控制器上发生。

单主机操作包括以下内容：

①相对 ID 池分配：每个域的一个域控制器负责将相对标识符的“池”分配给该域中的其他域控制器。相对标识符(也称为 RID)是与域标识符关联使用，以构成 Active Directory 中创建的每个安全主体的安全标识符(也称为 SID)的标识符。为确保域中的唯一性，单个域控制器具有相对的 ID 主控角色。相对 ID 主机从该域的这些标识符的单个池中分配相对标识符。

②架构修改：对不同域控制器上相同架构对象的更改可能导致目录架构不一致和数据损坏。由于这个原因，林中的单个域控制器具有架构主控角色。架构主机负责对架构目录分区

的所有更改。

③主域控制器仿真：为了使基于 Windows NT 3. 51 的服务器和基于 Windows NT 4. 0 的服务器兼容，它们可以在混合模式 Windows 2000 域中作为备份域控制器运行，但仍需要主域控制器(也称为 PDC)分配一个特定的基于 Windows 2000 的域控制器(PDC 模拟器)，以模拟主域控制器的角色。基于 Windows NT 3. 51 和 Windows NT 4. 0 的服务器将此域控制器视为 主域控制器。在 Windows 2000 域中，一个域控制器被分配为 PDC 模拟器并执行主域控制器的角色。

④某些基础架构更改：移动或删除对象时，每个域的一个域控制器即基础架构主控负责更新该域中跨域对象引用中的安全标识符和专有名称。

⑤域名命名：每个林的单个域控制器(域名称主服务器)被分配负责确保域名在森林中是唯一的，并且维护与外部目录的交叉引用对象。

3. 域控制器里的角色介绍

(1)全局编录服务器

每个域控制器都存储它所在域的对象。但是，指定为全局编录服务器的域控制器会存储来自林中所有域的对象。对于不在全局编录服务器作为域控制器授权的域中的每个对象，将有限的一组属性存储在域的部分副本中。因此，全局编录服务器会存储其自己的完整的可写域副本(所有对象和所有属性)及林中其他域的部分只读副本。全局编录由 AD DS 复制系统自动构建和更新。复制到全局编录服务器的对象属性最有可能用于在 AD DS 中搜索对象的属性。复制到全局编录的属性在架构中标识为部分属性集(PAS)，并由 Microsoft 默认定义。但是，为了优化搜索，可以通过添加或删除存储在全局编录中的属性来编辑模式。

全局编录使得客户可以搜索 AD DS，而无须从服务器到服务器进行参考，直到找到具有存储请求对象的域目录分区的域控制器。默认情况下，AD DS 搜索定向到全局编录服务器。

林中的第一个域控制器会自动创建为全局编录服务器。之后，如果需要，可以指定其他域控制器为全局编录服务器。

(2)五大操纵主机

AD DS 定义了五个操作主角色：架构主机、域命名主机、相关标识符(RID)主机、主域控制器(PDC)仿真器和基础架构主机。

以下操作主控执行必须在域中的一个域控制器上发生的操作：

①主域控制器(PDC)仿真器。

②基础架构主机。

③相对标识符(RID)主机。

4. 根域、树、林介绍

(1)根域

网络中创建的第一个域就是根域，一个域林中只能有一个根域，根域在整个域林中处于重要地位，对其他域具备最高管理权限。

(2)域树

域树由多个域组成，这些域共享同一存储结构和配置，形成一个连续的名称空间。域树中的域通过信任关系连接。

(3)域林

域林由一个或多个没有形成连续名字空间的域树组成。它与域树最明显的区别就是域林之间没有形成连续的名字空间，而域树则由一些具有连续名字空间的域组成。域林中的所有域树仍共享同一个表结构、配置和全局目录，如图 5-1 所示。

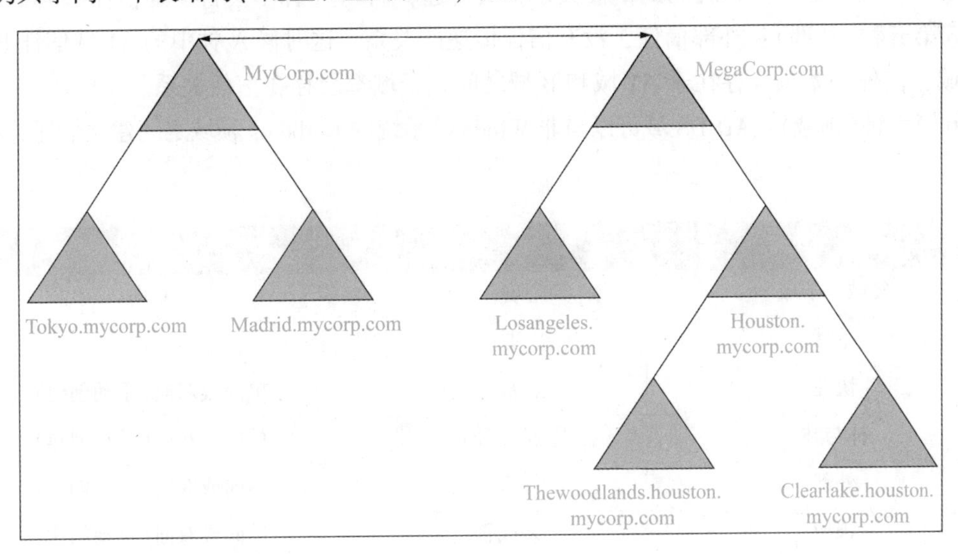

图 5-1

(4)域功能级别和林功能级别

在 Active Directory 域服务(AD DS)，域控制器可以运行在不同版本的 Windows 服务器操作系统。活动目录域服务的域功能级别、活动目录域服务的林功能级别取决于其 Windows Server 操作系统的版本在域或目录的活动目录林中的域控制器上运行。其先进的功能的结构域或林控制的功能级别在域或林中可用。

理想情况下，组织中的所有服务器都可以运行最新版本的 Windows，并采取所有的高级功能。但组织经常有不同级别系统的混合，通常运行不同版本的操作系统，这可以通过迁移技术将旧的操作系统升级为最新版本用于支持高级别的林、域功能。

(5)域信任关系(表 5-1)

域或林之间的信任可以是单向的，也可以是双向的。当 A 域信任 B 域时(单向信任)，A 域被称为信任域，B 域被称为受信任域。这时 B 域的用户可以登录到 A 域中，并且可以访问 A 域上的资源(只要用户权限满足文件访问要求)。但是 A 域的用户不能登录到 B 域，因为 B 并没有信任 A 域。B 域只是受信任域。

①第一种(子域、父域)：父域和子域，子域是在父域的基础上创建的，所以信任关系是默认就存在的。

②第二种(单林)：也就是这两个域是在同一个林下的，相当于一棵树上的不同枝丫，所以它们之间的信任也是默认的，并且是双向的。

③第三种(快捷)：快捷信任可选的有单向信任或者双向信任。快捷信任在两个域之间

直接信任，不需要走信任路径进行授权。快捷信任只会影响信任域的子域，对父域不产生影响。

④第四种(林与林)：林与林之间的信任会让子域受益。A 林信任 B 林之后，A1 域也会自动地信任 B1 域。林之间的信任不会扩展到第三个林。也就是 A 林会信任 B 林，同时 B 林信任 C 林，但是这时候林之间的信任关系不会传递，所以 A 林不会自动地信任 C 林。

⑤第五种(外部)：外部信任，没有信任传递的关系，这时候 A 林中的 A1 域信任 B 林中的 B 域，信任关系只会存在于 A1 域和 B 域之间。子域都会存在信任关系。

⑥第六种(领域)：AD DS 域可以与非 Windows 系统的 Kerberos 领域之间建立信任关系。

表 5-1

信任类型名称	传递性	单向或双向
父域、子域	是	双向
单林	是	双向
快捷	是(部分)	单向或双向(手动创建)
林与林	是(部分)	单向或双向(手动创建)
外部	否	单向或双向(手动创建)
领域	是或否	单向或双向(手动创建)

5. AD 域的安装，域控制器提升

通过图形化界面部署 AD DS，提前设置好 IP 地址、子网、DNS 地址，如图 5-2 所示。

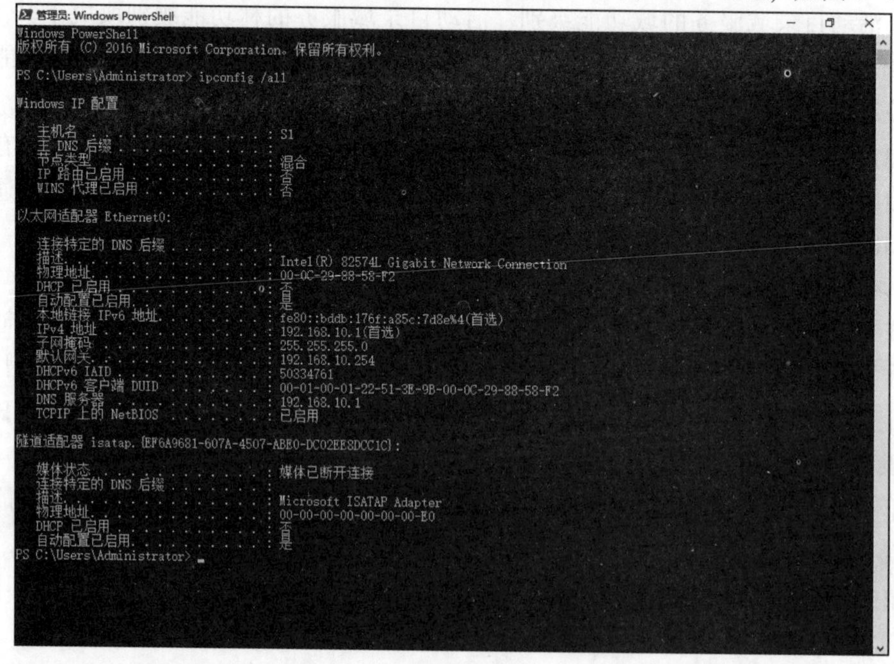

图 5-2

选择“基于角色或基于功能的安装”，单击“下一步”按钮，如图 5-3 所示。

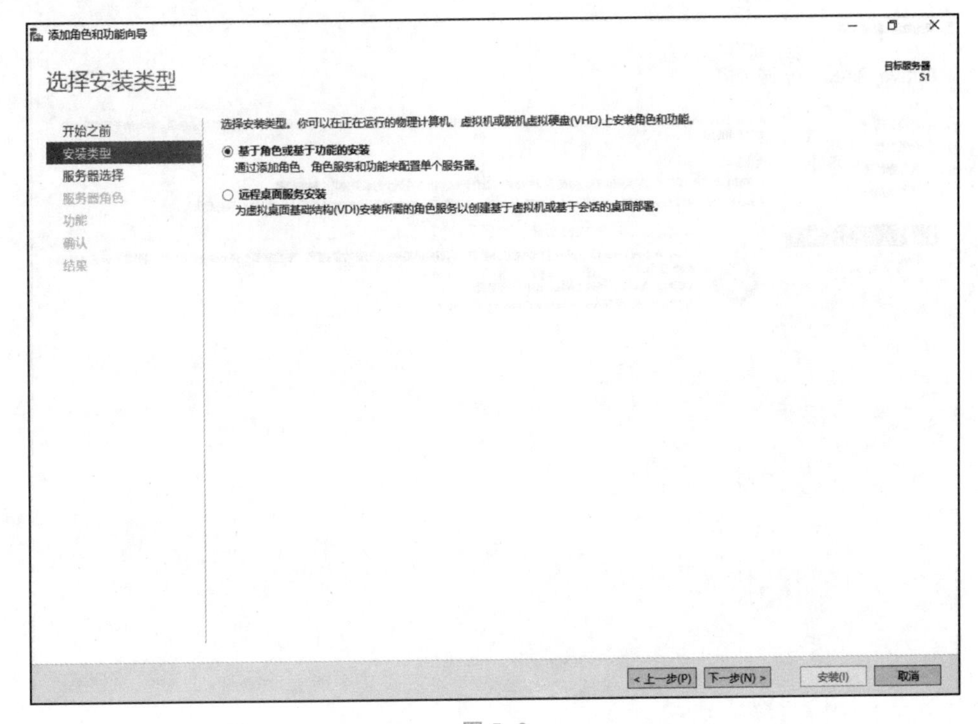

图 5-3

选择“Activate Directory 域服务”，单击“下一步”按钮，如图 5-4 所示。

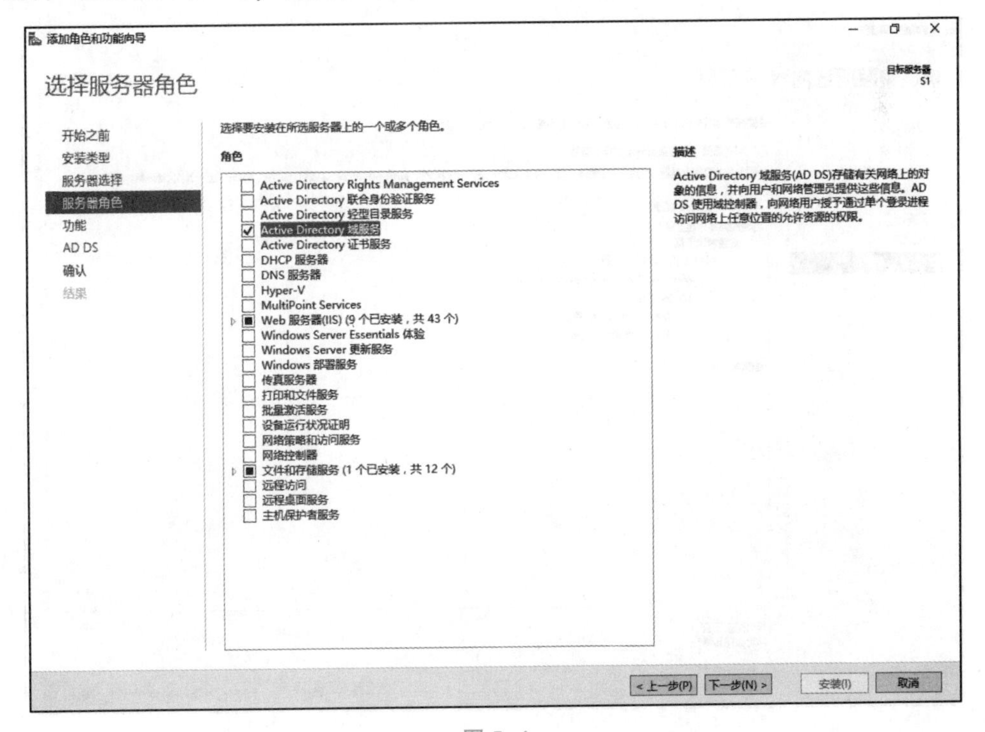

图 5-4

单击“下一步”按钮，如图 5-5 所示。

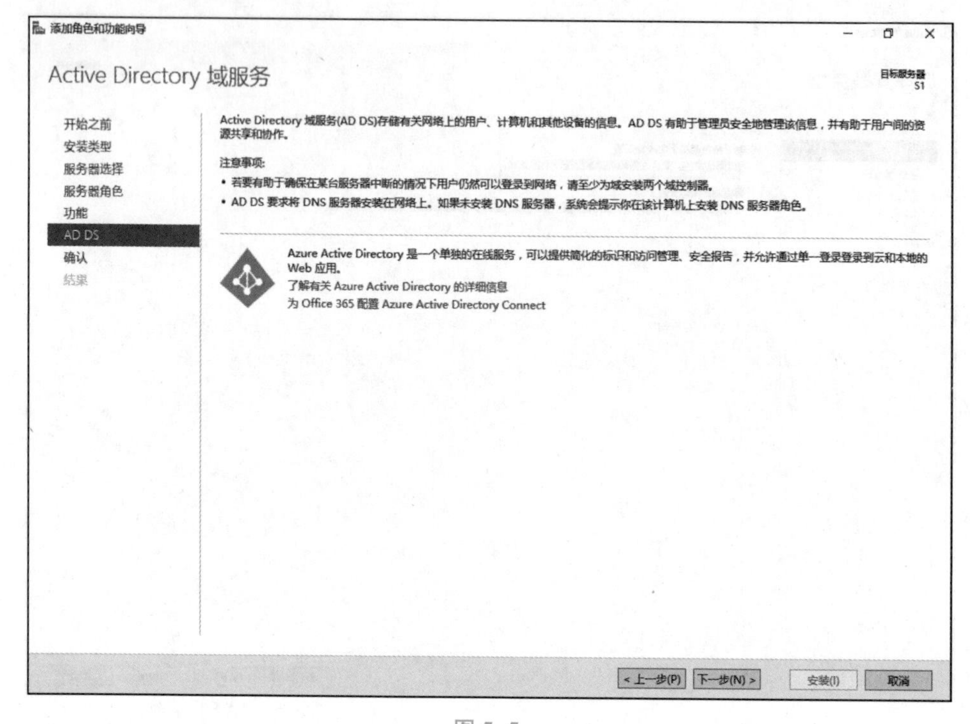

图 5-5

单击“安装”按钮，如图 5-6 所示。

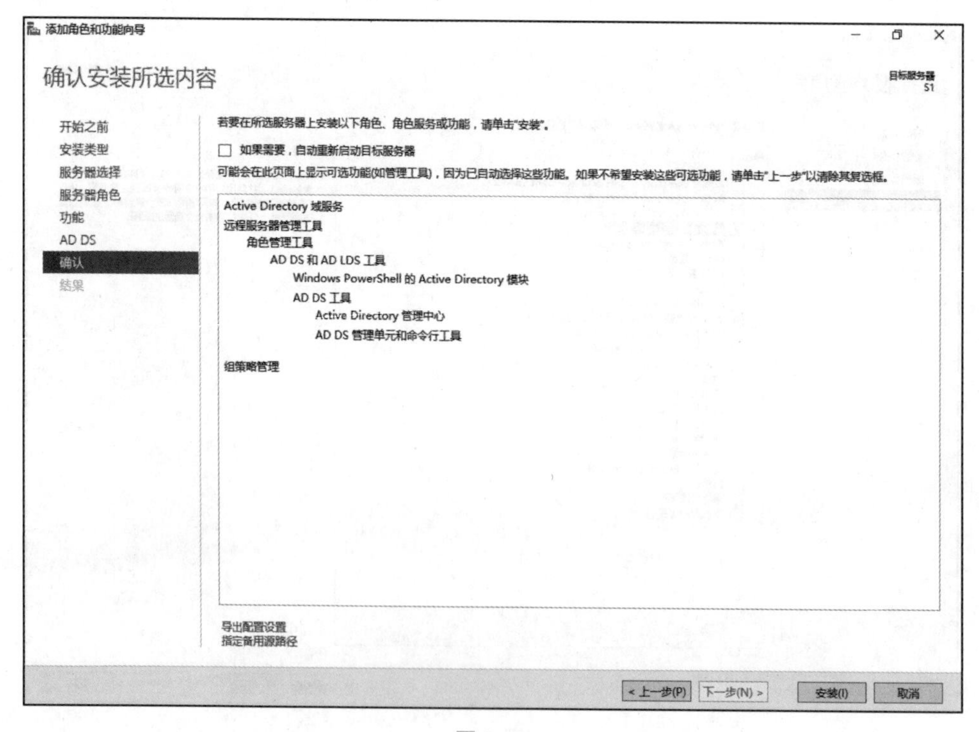

图 5-6

单击“将此服务器提升为域控制器”，如图 5-7 所示。

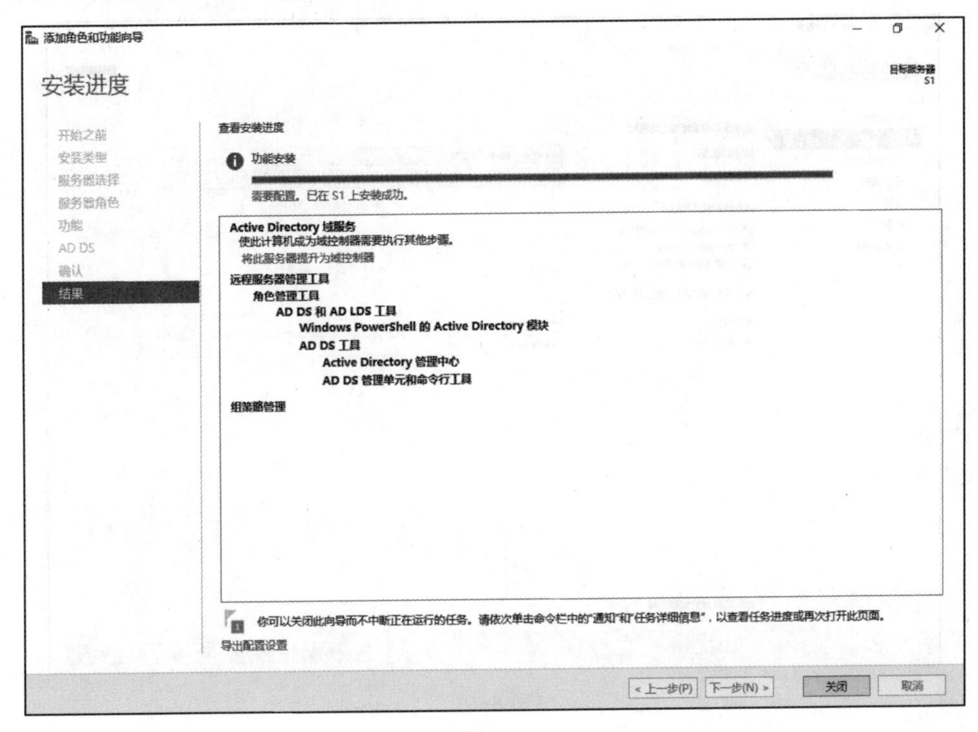

图 5-7

输入根域名，单击“下一步”按钮，如图 5-8 所示。

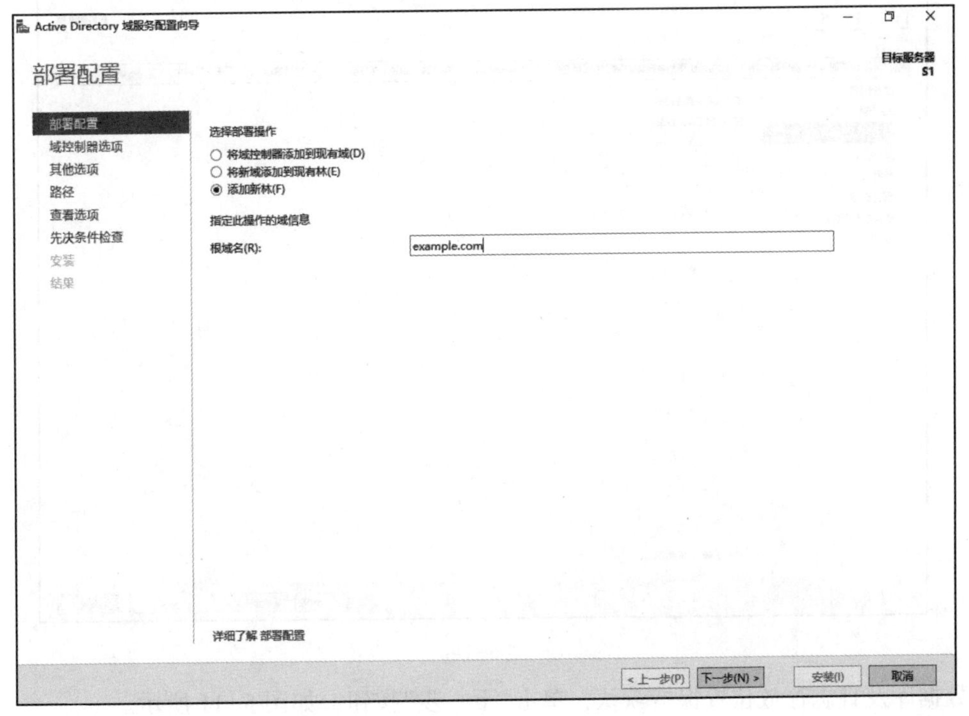

图 5-8

输入 DSRM 密码，选择林/域功能级别，单击“下一步”按钮，如图 5-9 所示。

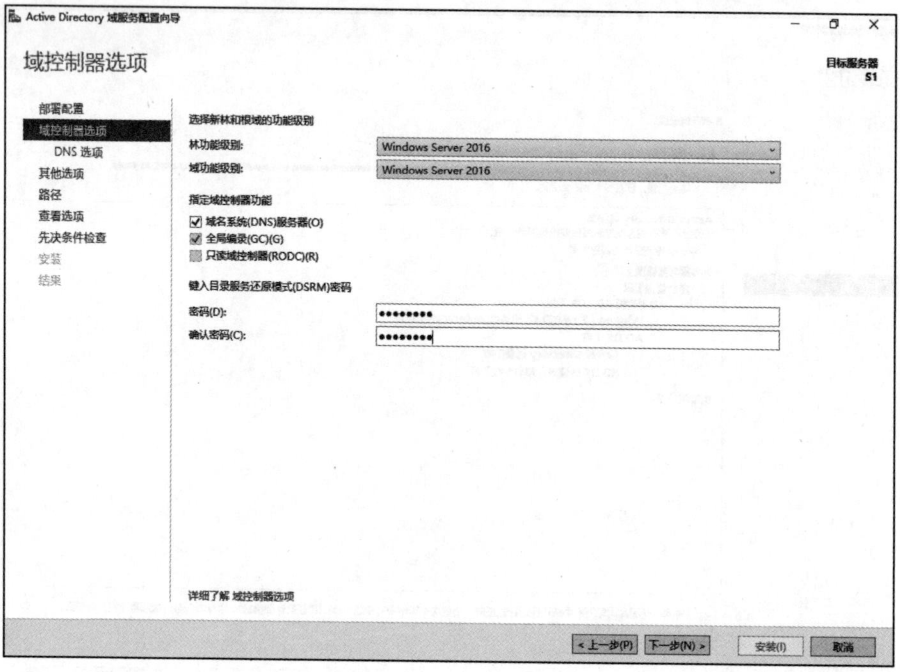

图 5-9

因为是第一台 DC，所以并不能创建 DNS 委派，直接单击“下一步”按钮，如图 5-10 所示。

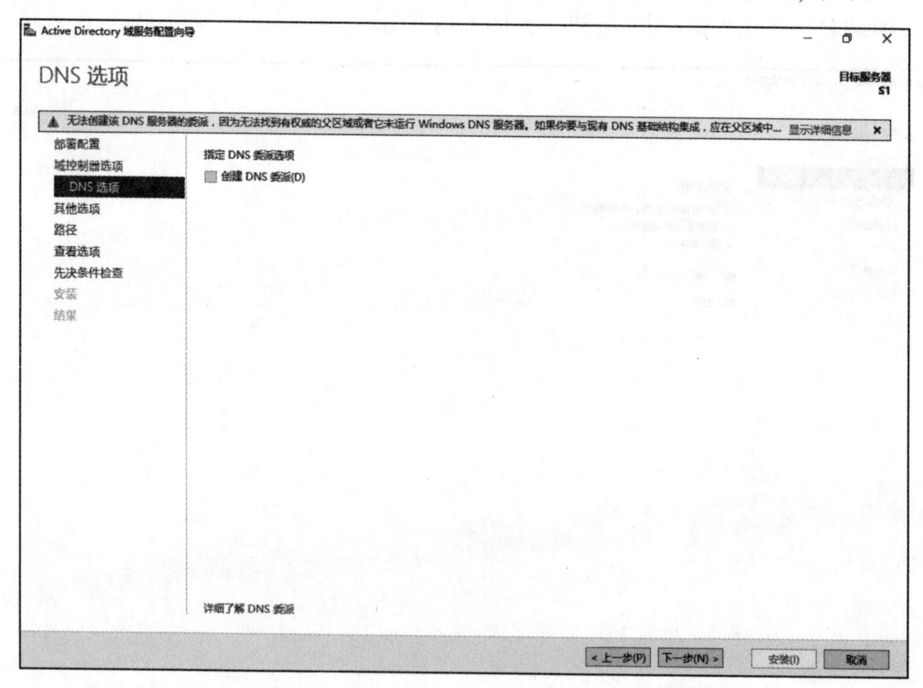

图 5-10

数据库及日志存放位置保持默认，单击“下一步”按钮，如图 5-11 所示。

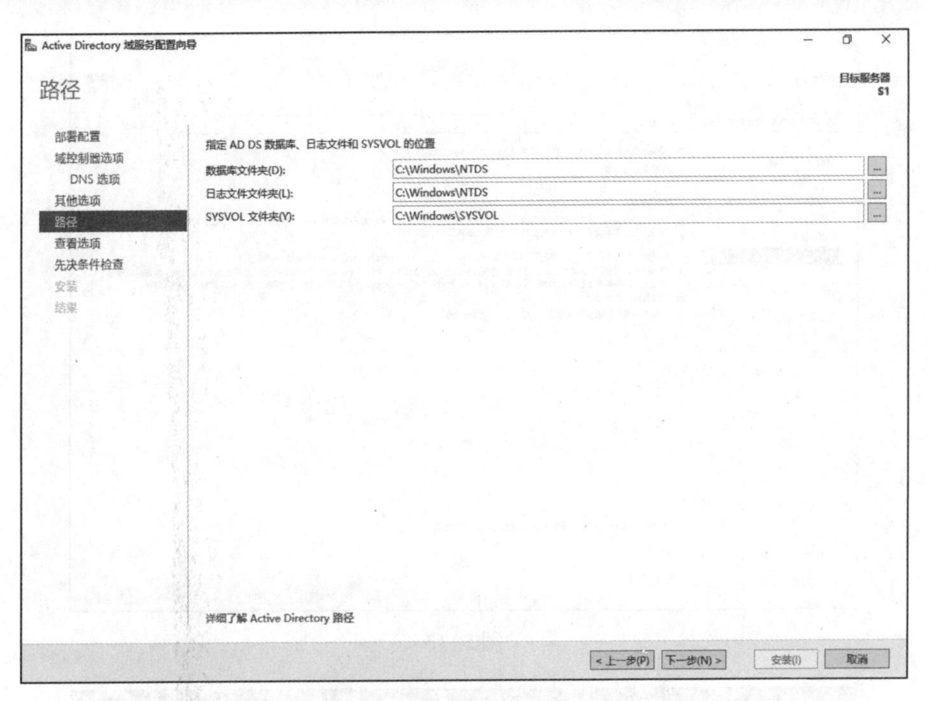

图 5-11

做最后确认，单击“下一步”按钮，如图 5-12 所示。

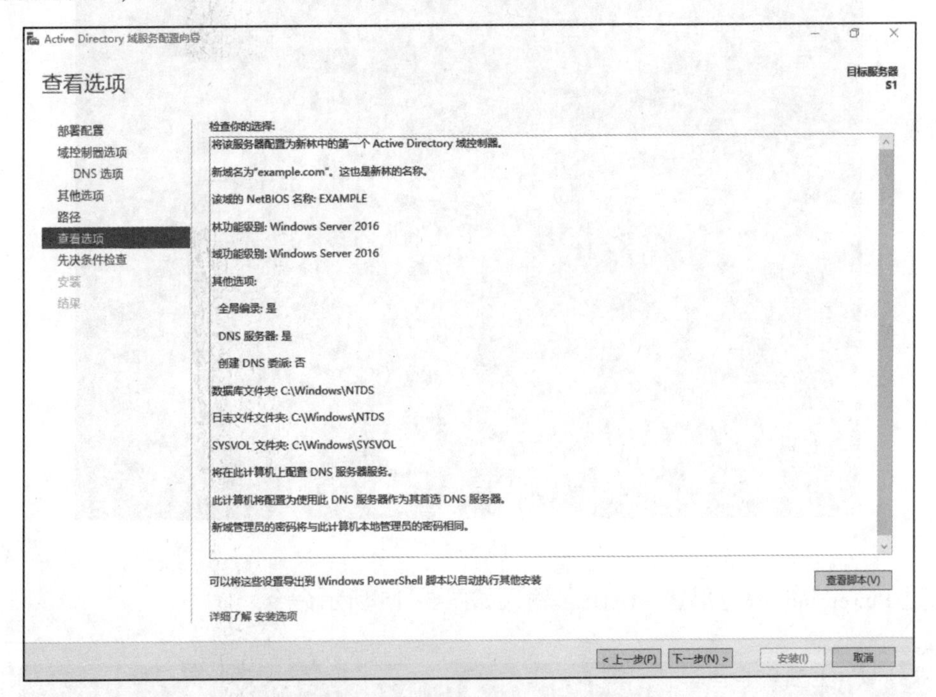

图 5-12

已完成先决条件检查，单击“安装”按钮，等待数分钟后会自动重启，完成安装，如图 5-13和图 5-14 所示。

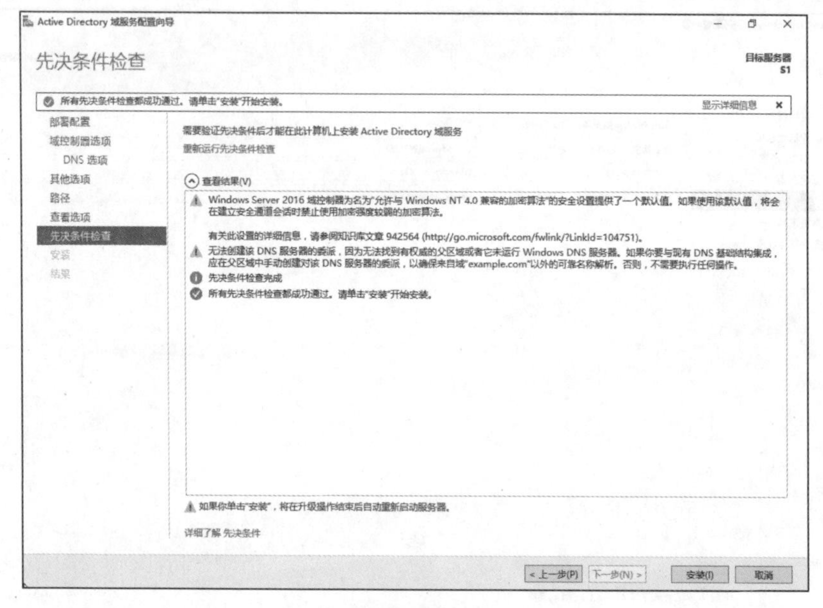

图 5-13

图 5-14

通过 PowerShell 快速部署 AD DS，输入如图 5-15 所示命令。

图 5-15

在安装 AD DS 之前，更改需要提升为域控制器主机的主机名，更改网卡设置，配置网卡首选 DNS 服务为自身 IP 地址，如图 5-16 和图 5-17 所示。

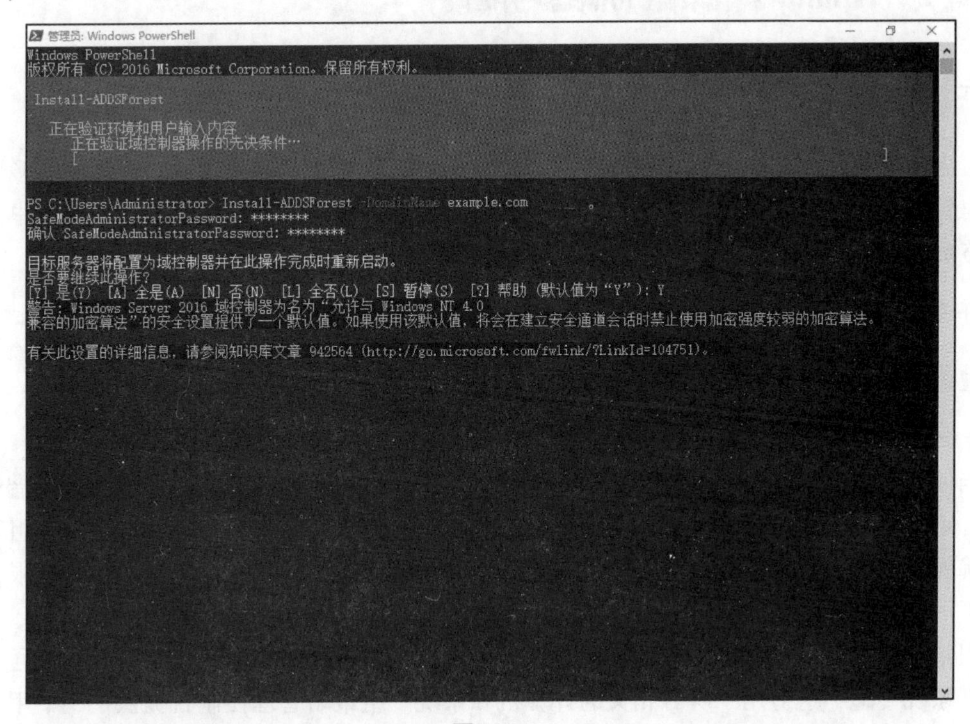

图 5-16

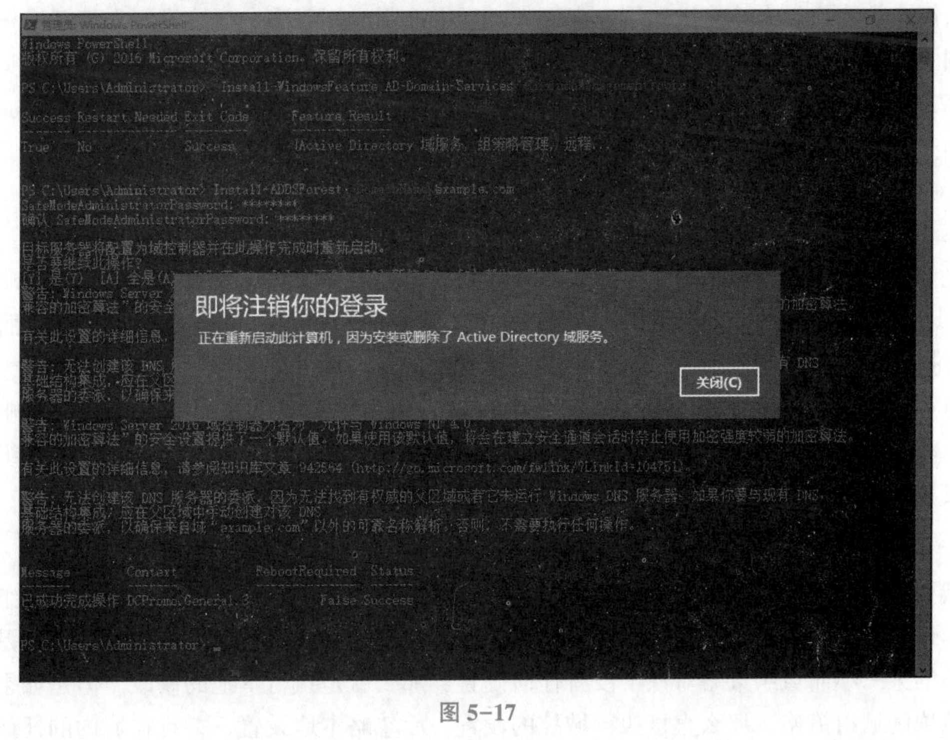

图 5-17

任务2　Windows组策略的概念与配置

任务描述

在完成域架构的转移后，已经将所有的计算机加入域中，此时可以通过组策略的形式统一管理计算机，比如统一的密码策略，统一的桌面背景用于展示企业文化，在本任务中进行组策略的配置。

任务目标

理解组策略的概念，并且掌握组策略的配置方法。

1. 组策略描述

当使用Active Directory环境时，企业如果想实现用户和计算机的统一管理，需要借助组策略。组策略是管理员为计算机和用户定义的一系列管理机制。在域环境下通过部署组策略可以确保用户拥有一个符合组织要求的工作环境。同时，可以通过它来限制用户的权限，这样可以简化管理员的管理负担。

组策略对象可以包含密码强度设置，这需要用户设置一致的强密码。组策略对象通过策略刷新系统传递；这适用于所有相关的计算机和系统。组策略管理控制台提供了一个用于控制和更改组策略的单一门户。

组策略是管理员为计算机和用户定义的，用来控制应用程序、系统设置和管理模板的一种机制。通俗一点说，是介于控制面板和注册表之间的一种修改系统、设置程序的工具。微软自Windows NT 4.0开始便采用了组策略这一机制，经过Windows 2000发展到Windows XP已相当完善。利用组策略可以修改Windows的桌面、“开始”菜单、登录方式、组件、网络及IE浏览器等许多设置。

系统、外观、网络等可通过控制面板进行设置，但是控制面板能修改的内容太少；也可以通过修改注册表的方法来设置，但注册表涉及内容太多，修改起来也不方便。组策略正好介于二者之间，涉及的内容比控制面板中的多，安全性和控制面板的一样非常高，而条理性、可操作性则比注册表强。

组策略对象是组策略的一个组件，可以在Microsoft系统中用作资源来控制用户账户和用户活动。根据各种组策略设置(包括本地设置、站点范围设置、域级设置和应用于组织单位的设置)，组策略对象在Active Directory系统中实施。

2. 本地策略和域策略的区别

域控制器都是有修改组策略功能的。域的组策略权限高于本地组策略，无论是域组策略还是本地组策略，修改的都是相同内容，只是域的组策略优先执行而已。如果修改的是本地组策略的某一项而域组策略对该项没有任何设置，那么就是执行本地的修改。但是如果域管做了该项的域组策略，那么直接执行域控的设置，而忽略本地设置，并且在域内的任何一个

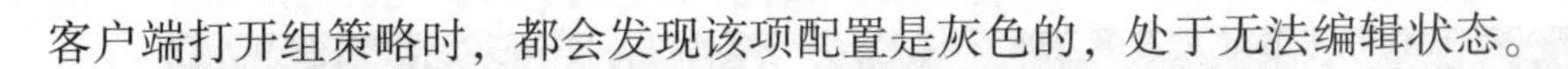

客户端打开组策略时，都会发现该项配置是灰色的，处于无法编辑状态。

3. 组策略应用优先级

通过下面四个实验，分别将登录 Banner 提示信息应用于本地策略、站点策略、域策略和 OU 策略上。

配置登录 Banner 提示信息，应用于本地策略，如图 5-18 所示。

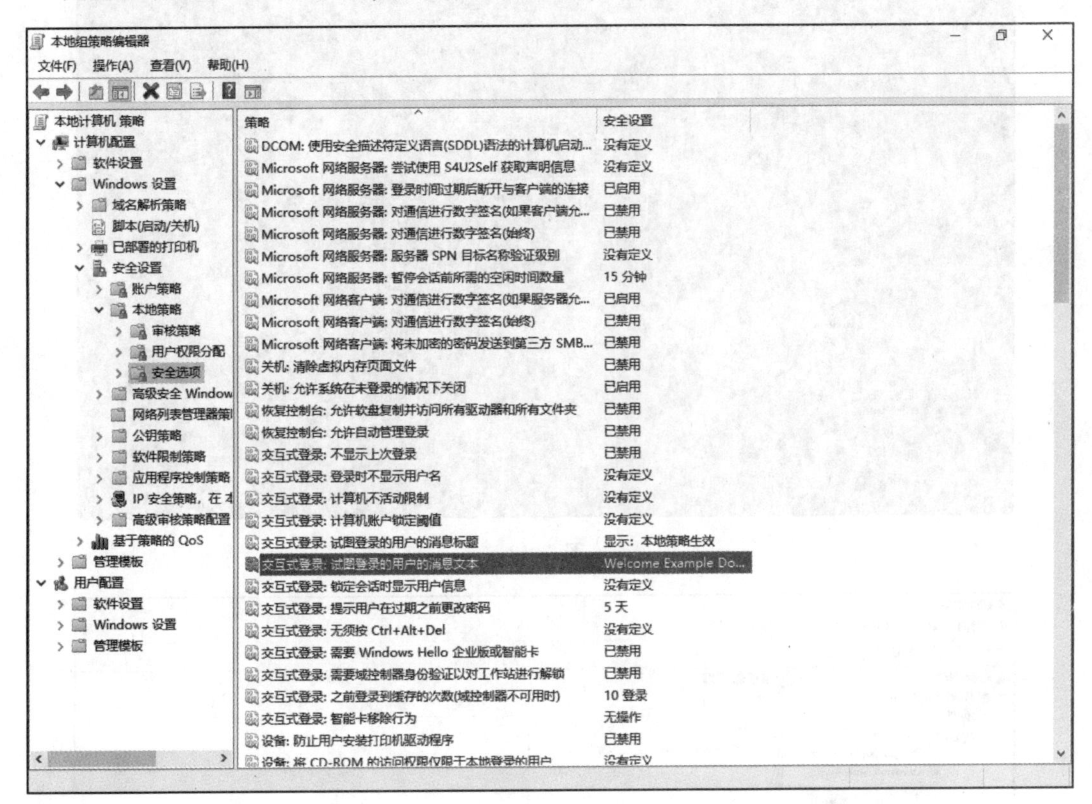

图 5-18

配置效果如图 5-19 所示。

配置登录 Banner 提示信息，应用于站点策略。

新建策略，如图 5-20 所示。

显示：本地策略生效
Welcome Example Domain
确定

图 5-19

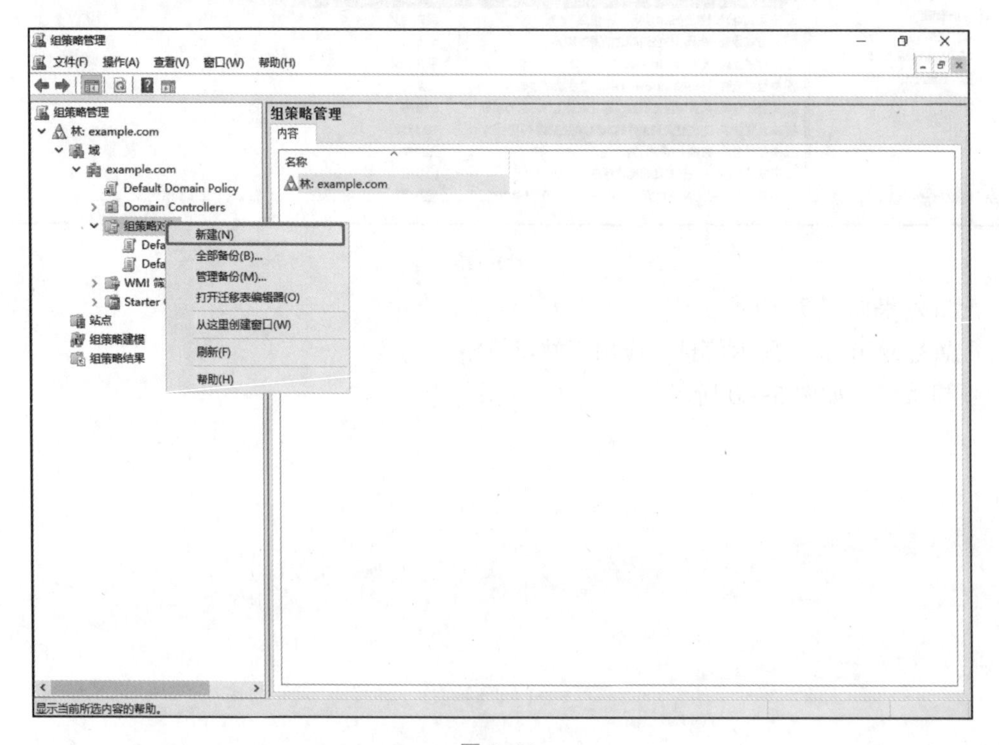
组策略管理
文件(F) 操作(A) 查看(V) 窗口(W) 帮助(H)
组策略管理
林: example.com
域
example.com
Default Domain Policy
Domain Controllers
新建(N)
全部备份(B)...
管理备份(M)...
打开迁移表编辑器(O)
从这里创建窗口(W)
刷新(F)
帮助(H)
站点
组策略建模
组策略结果
内容
名称
林: example.com
显示当前所选内容的帮助。

图 5-20

编辑新建的站点测试策略，如图 5-21 所示。

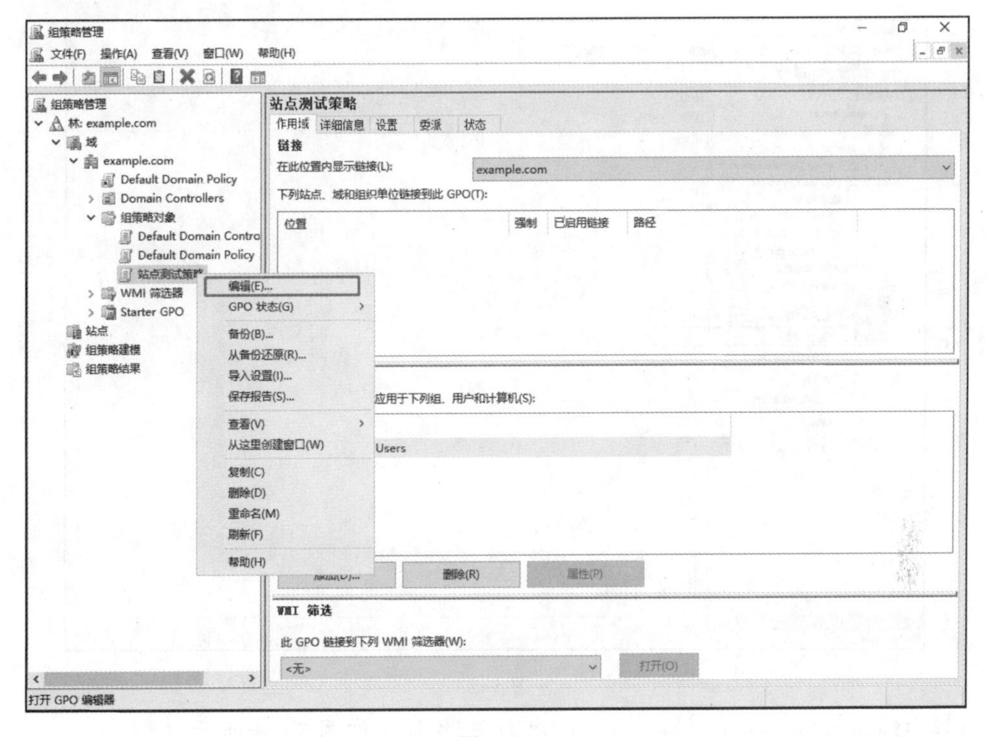

图 5-21

配置对应的策略，如图 5-22 所示。

图 5-22

选择“显示站点”，如图 5-23 所示。

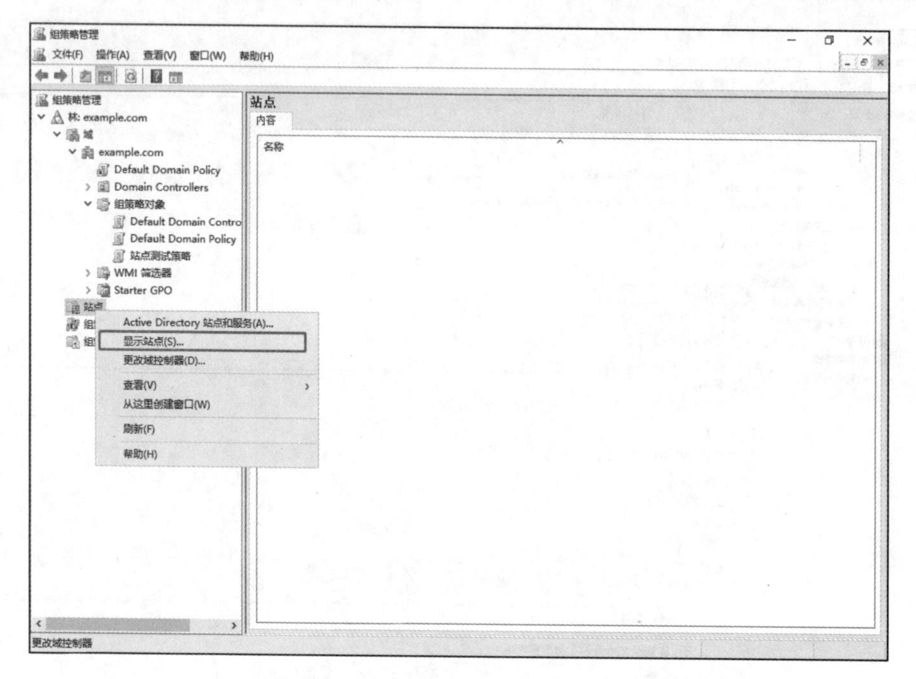

图 5-23

选择“Default-First-Site-Name”，单击“确定”按钮，如图 5-24 所示。

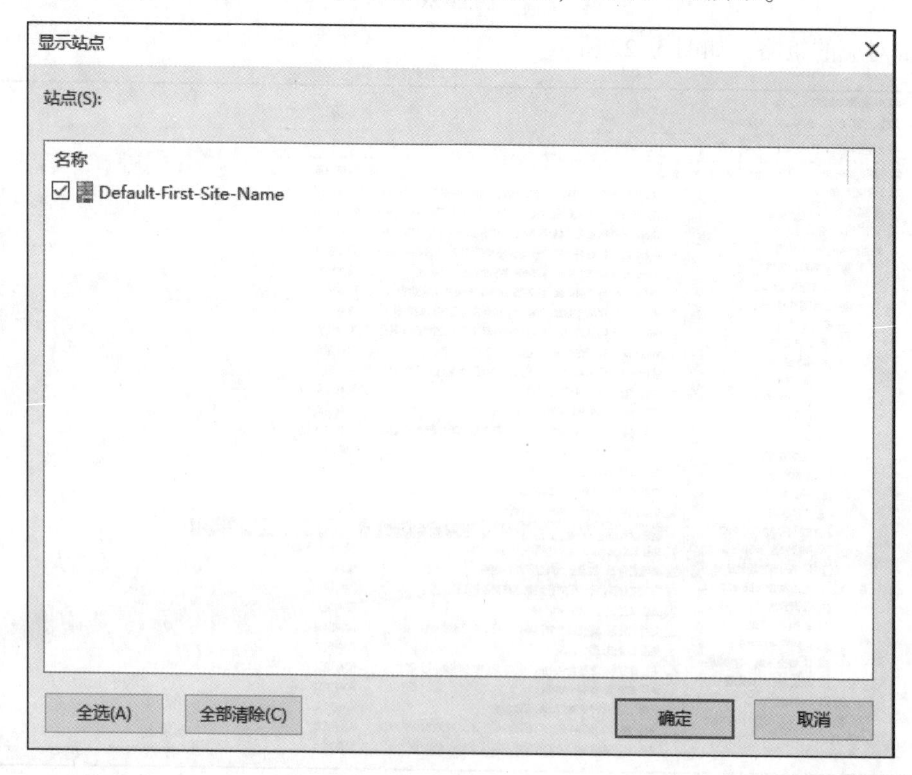

图 5-24

右击“Default-First-Site-Name”，选择“链接现有 GPO”，如图 5-25 所示。

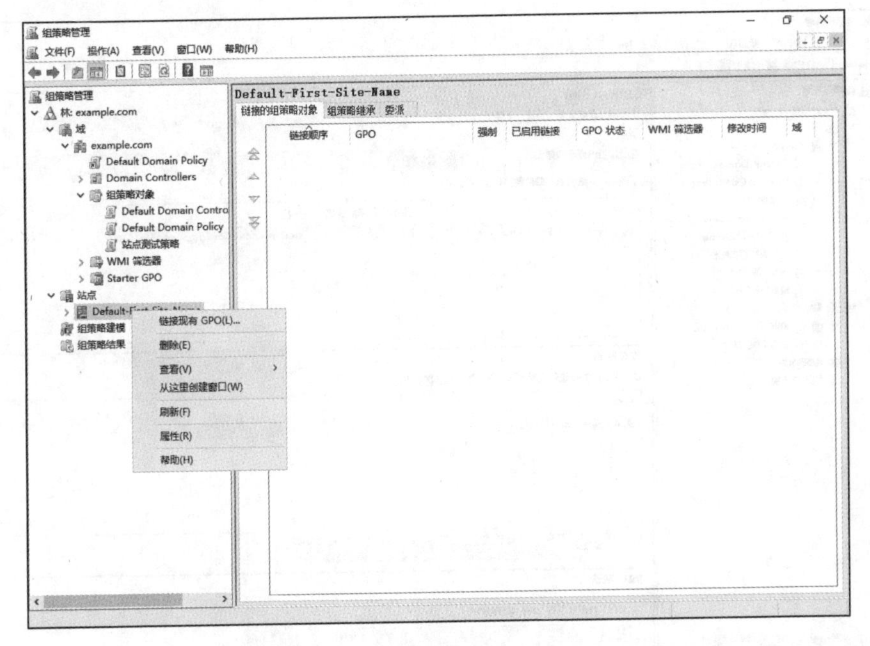

图 5-25

选择“站点测试策略”，单击“确定”按钮，如图 5-26 所示。

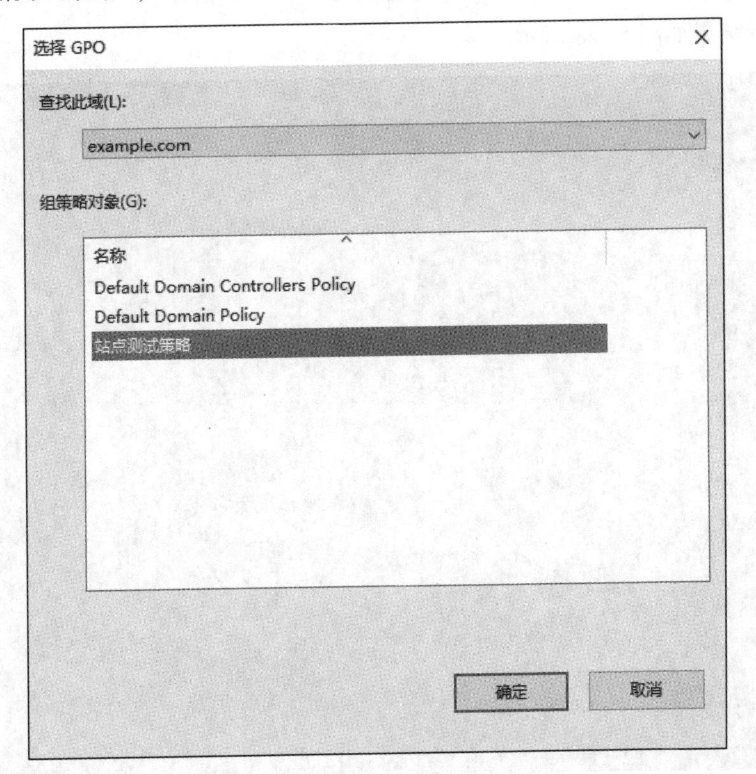

图 5-26

配置情况如图 5-27 所示。

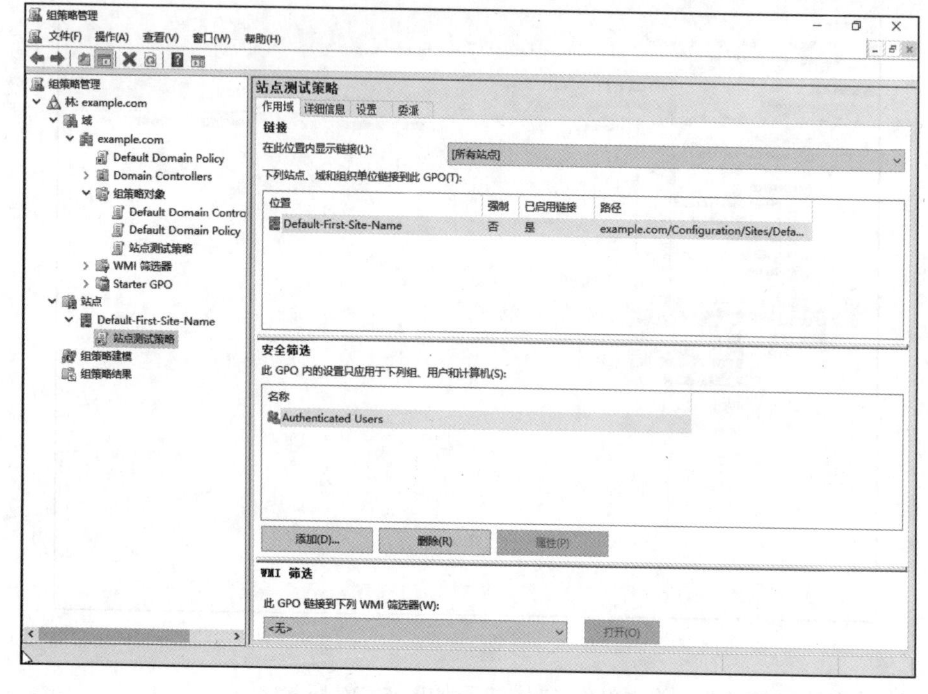

图 5-27

策略执行结果如图 5-28 所示。

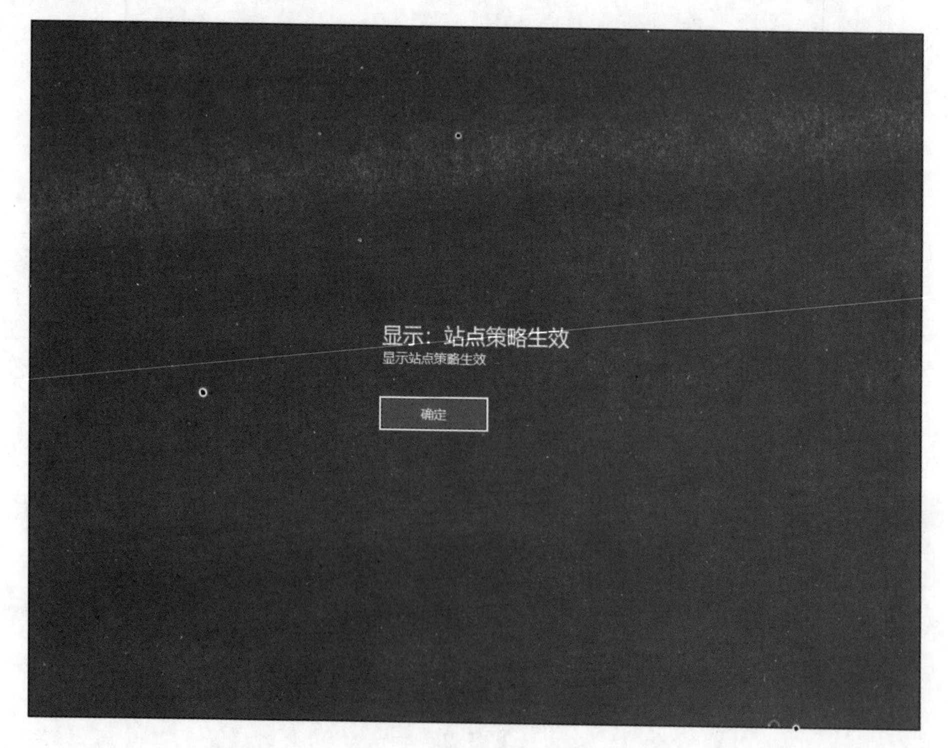

图 5-28

配置登录 Banner 提示信息，应用于域策略。

选择“在这个域中创建 GPO 并在此处链接”，如图 5-29 所示。

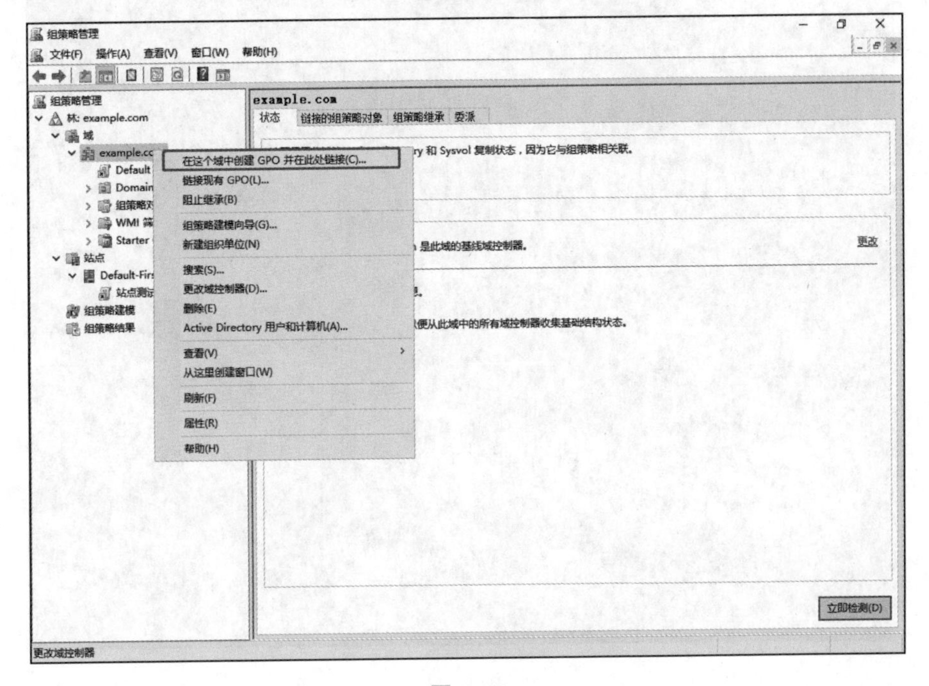

图 5-29

选择具体的策略，如图 5-30 所示。

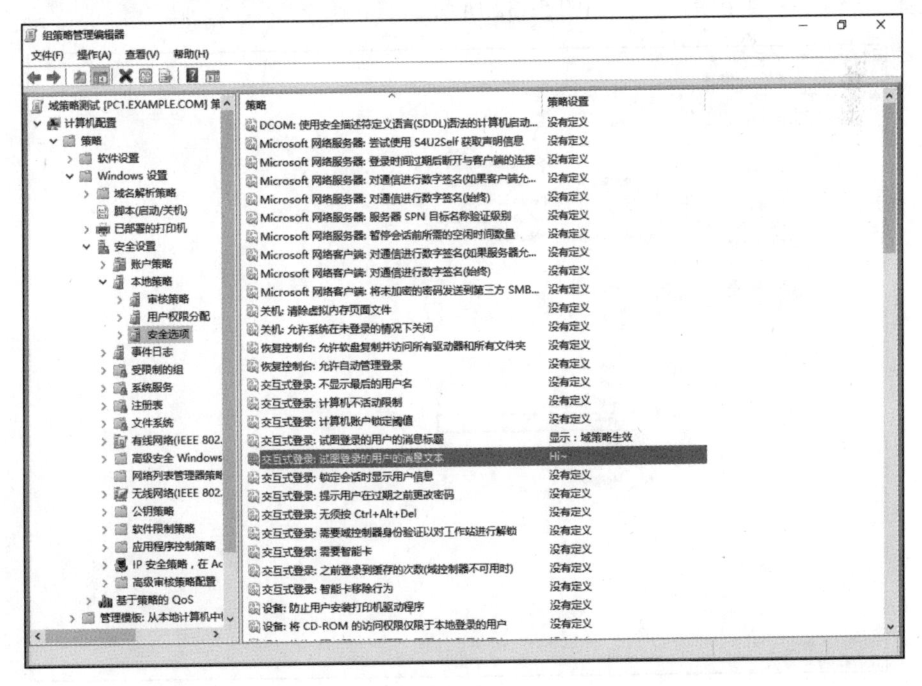

图 5-30

策略执行结果如图 5-31 所示。

图 5-31

配置登录 Banner 提示信息，应用于 OU 策略。

选择“新建”→“组织单位”，如图 5-32 所示。

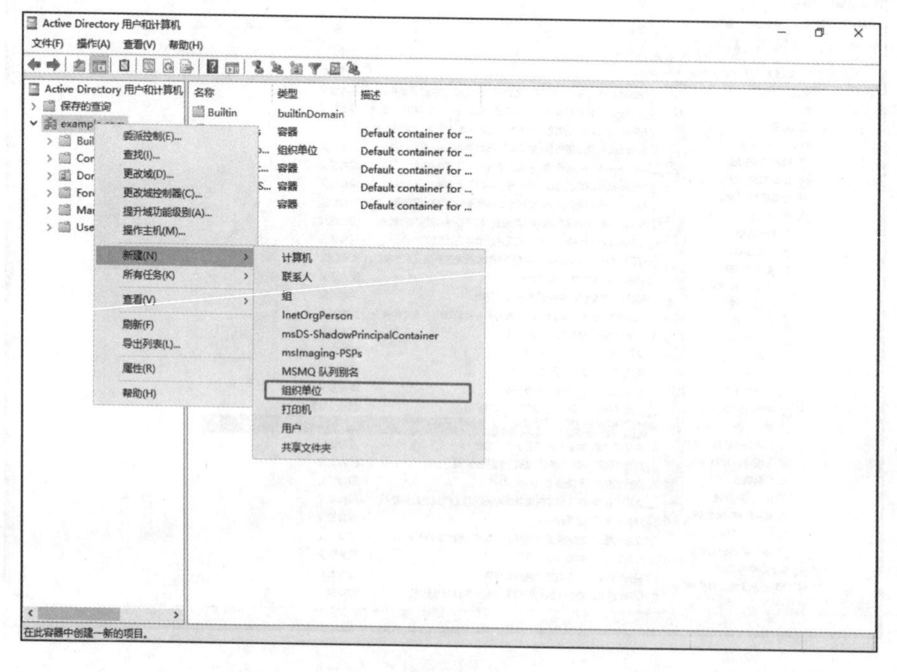

图 5-32

在“名称”处键入“Test OU”，单击“确定”按钮，如图 5-33 所示。

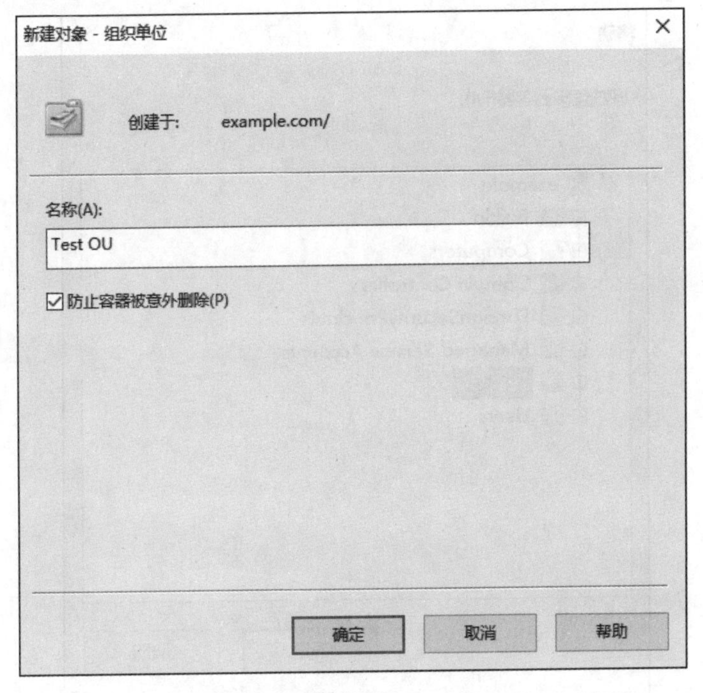

图 5-33

右击“TEST-PC”，如图 5-34 所示。

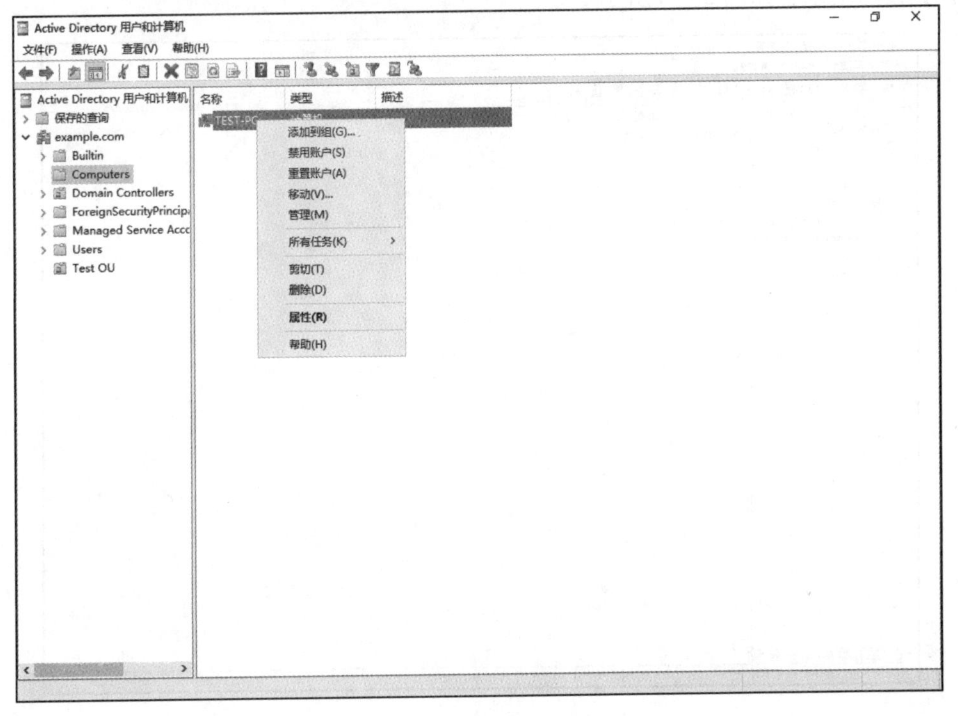

图 5-34

选择移动的 OU，单击“确定”按钮，如图 5-35 所示。

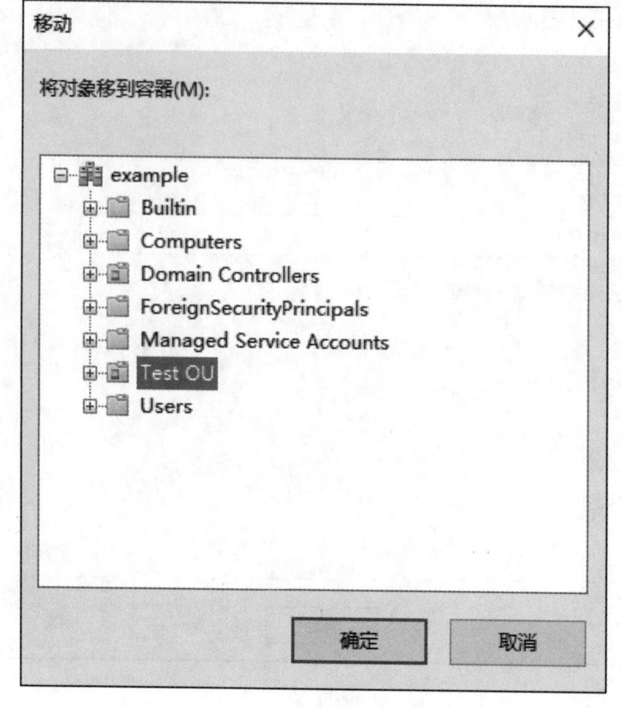

图 5-35

查看移动结果，如图 5-36 所示。

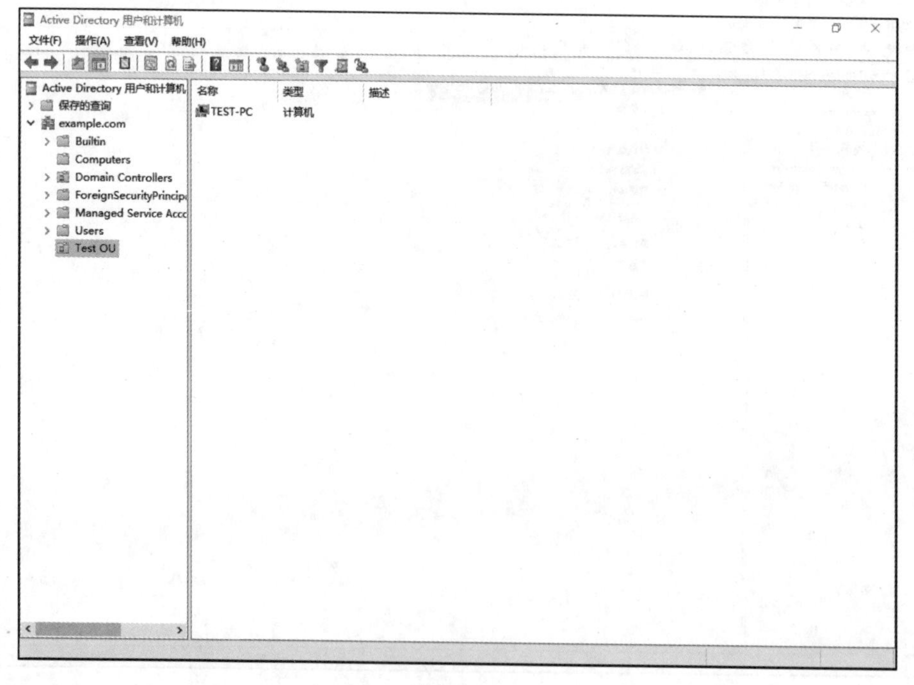

图 5-36

选择“在这个域中创建 GPO 并在此处链接”，如图 5-37 所示。

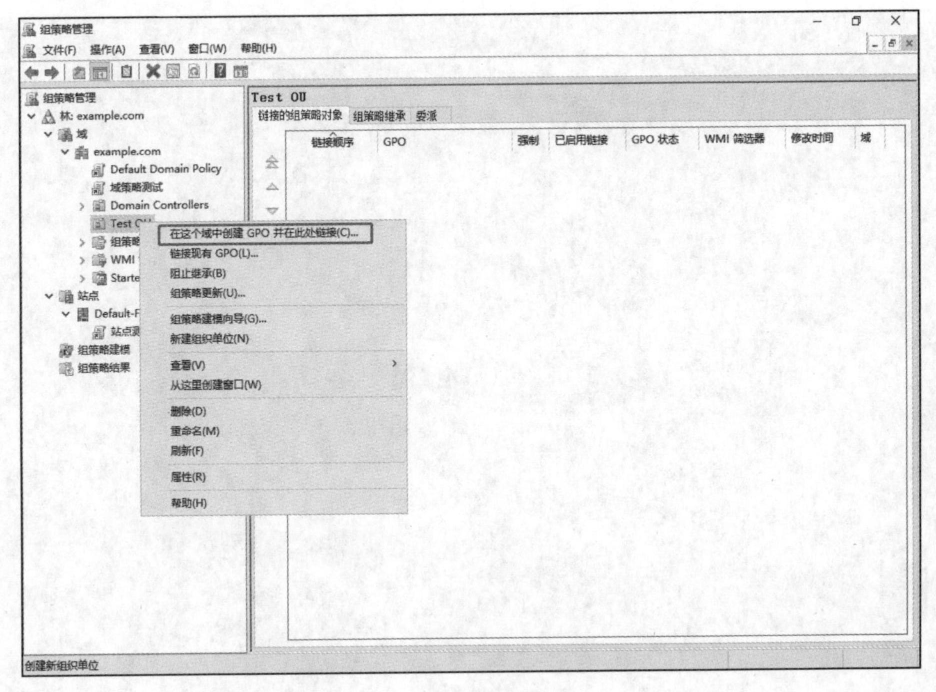

图 5-37

选择具体的策略，选择“交互式登录：试图登录的用户的消息文本”，如图 5-38 所示。

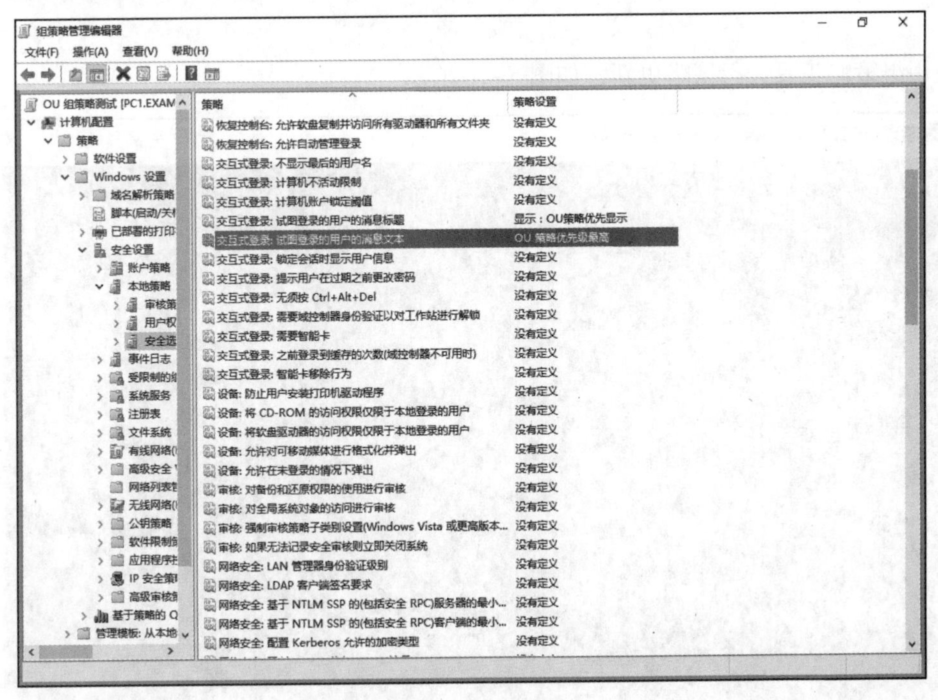

图 5-38

策略执行效果如图 5-39 所示。

图 5-39

使用组策略工具进行策略更新，如图 5-40 所示。

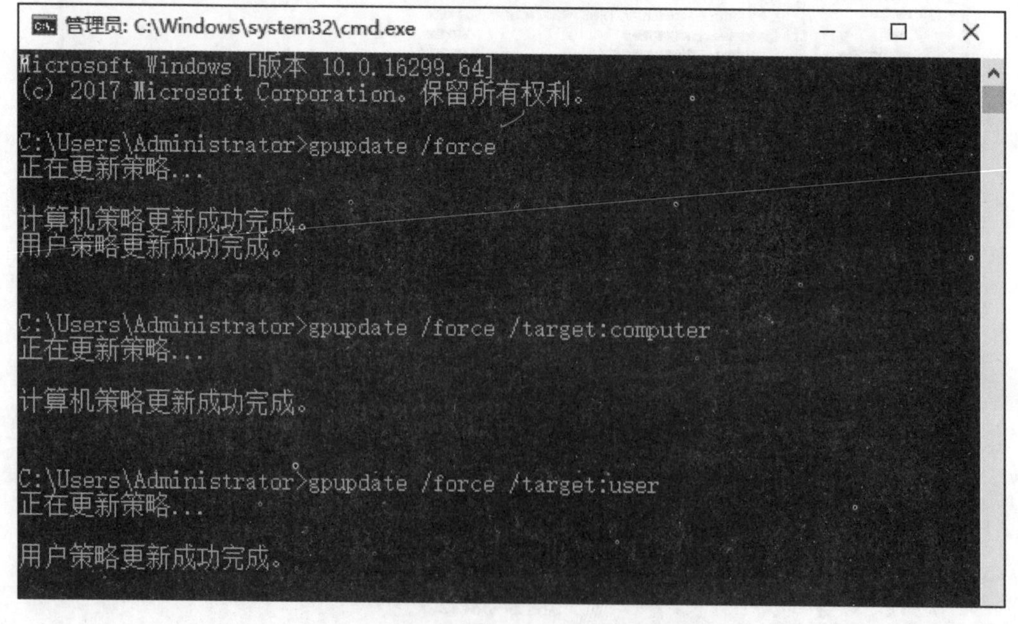

图 5-40

通过 gpresult 查看生效的策略，如图 5-41 所示。

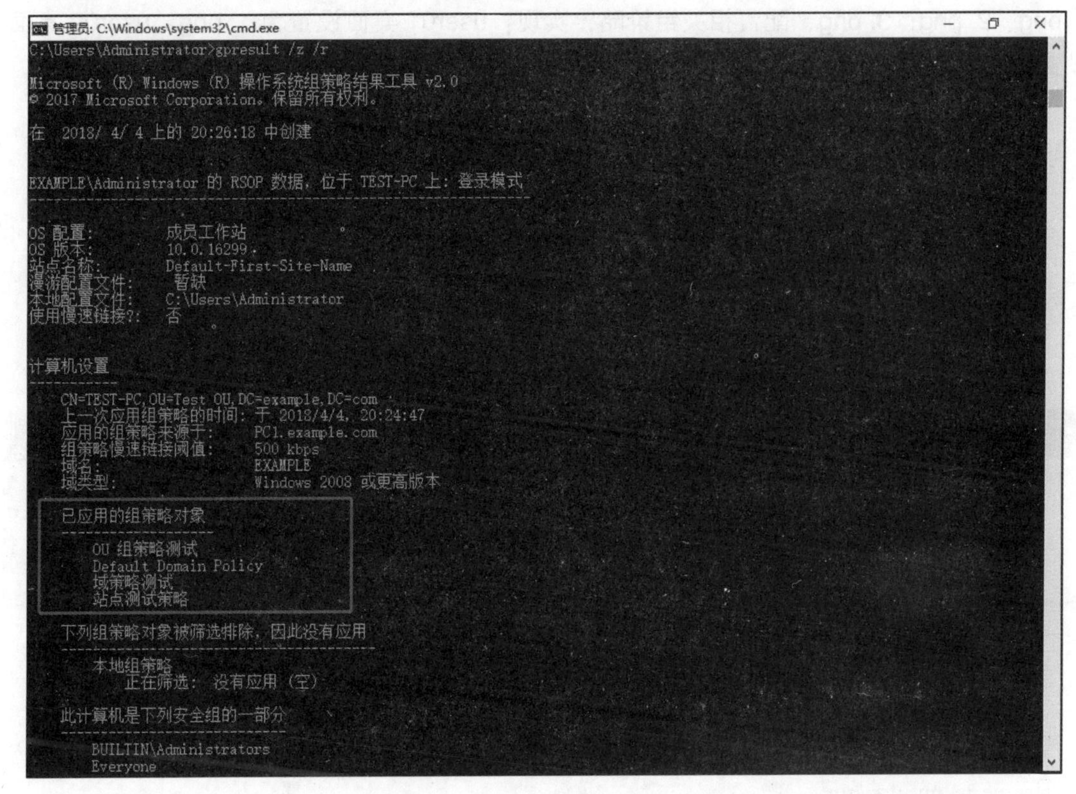

图 5-41

4. 组策略生效优先级

组策略的应用次序是“本地策略”→“站点策略”→“域策略”→“OU 策略”，如果策略有冲突，则后应用的生效。因为 Default Domain Controller Policy 是 OU 策略，所以它会覆盖 Default Domain Policy 的设定，最终生效的是 OU 上的策略。

5. 组策略和首选项策略

组策略带有一定的强制性，一旦应用，用户设置将不可以自行更改。首选项是提供给用户的一些默认值。在应用首选项后，用户可以自行更改相应的功能和内容，但是某些策略在应用了首选项策略后，当用户重启计算机后，会恢复为默认值。

如果组策略和首选项策略的内容相冲突，策略优先于首选项。

项目任务总结

本项目任务主要要求了解 Windows AD 架构的概念及 AD DS 的安装，并且学习使用组策略进行统一管理。

项目拓展

新建一台 Windows Server 2016，并且将其提升为域控制器，创建用户 user01、

user02、user03，准备 3 张图片，图片分别写入 Red、Bule、Black 并且将其分别存储为 1. png、2. png、3. png，配置相关组策略，实现：user01 桌面设置为 1. png，user02 桌面设置为 2. png，user03 桌面设置为 3. png。请根据需求，思考如何实施该方案。

拓展练习

1. 根据图 5-42 所示拓扑图配置主机名及 IP 地址。
2. 在 SERVER1 上安装 AD 域，域名为 contoso. com。
3. 将 SERVER2 和 CLT 都加入 AD 域。
4. 在 AD 域中创建表 5-2 所列用户。

表 5-2　在 AD 域中创建用户

Group	User	Password
ITs	it001 ~ it100	P@ ssw0rd
Managers	mana001 ~ mana002	Skills39
Vsts	vst001 ~ vst100	空密码

5. 允许 Managers 的用户登录域控。
6. 设置在 SERVER2 上登录时无须按 Ctrl+Alt+Del 组合键。
7. ITs 组的用户在登录时会显示自定义消息，标题为“comtoso company”，消息文本为“welcome to my domain”。

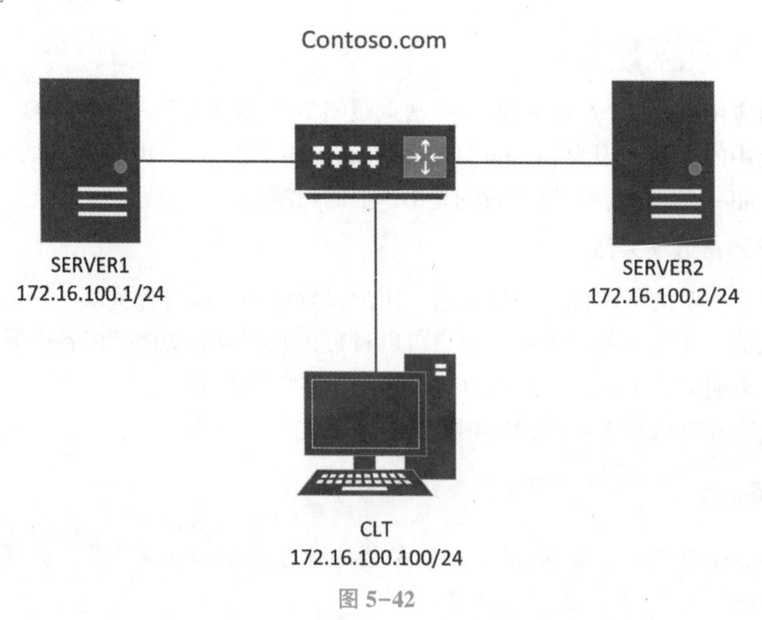

图 5-42

项目6 用户、用户组的概念及用户创建、导入方法

【项目学习目标】

1. 掌握用户的创建方法。
2. 掌握用户的管理方法。

【学习难点】

用户的管理。

【项目任务描述】

在上一个项目中，成功地组件了一个AD架构，并且配置了对应的组策略。在AD架构中，一切皆为对象，在对象里面最重要的组成部分就是用户，本项目将进行用户的创建及用户的管理，在现有的基础上进行用户的导入。

任务1　用户概念

任务描述

理解AD用户及用户组的类型。

任务目标

掌握AD用户概念、用户组的概念。

1. 用户的概念

在Windows中，所有用户都是由系统进行统一管理的。在工作组环境下，Windows用户是独立的，这个用户只能在该计算机中使用；在AD环境下，Windows用户在整个域内的所有计算机上通用，如果没有做安全限制，用户能够在任何一台计算机上登录。

2. 用户组的概念

在 Windows 系统中，为了控制不同的权限，使用了用户组进行管理，将不同的用户加入不同的用户组，并且对用户组进行赋权，这样做的目的是优化管理权限。系统默认为用户分了 7 个组，并且给每个组赋予了不同的操作权限，分别为管理员组（Administrators）、高权限用户组（Power Users）、普通用户组（Users）、备份操作组（Backup Operators）、文件复制组（Replicator）、来宾用户组（Guests）、身份验证用户组（Ahthenticated Users）。

- 管理员组

属于该管理员组内的用户，都具备系统管理员的权限，他们拥有对这台计算机最大的控制权限，可以执行整台计算机的管理任务。内置的系统管理员账号 Administrator 就是本地组的成员，而且无法将它从该组删除。

如果这台计算机已加入域，则域的 Domain Admins 会自动加入该计算机的管理员组内。也就是说，域上的系统管理员在这台计算机上也具备系统管理员的权限。

- 备份操作组

在该组内的成员，不论他们是否有权访问这台计算机中的文件夹或文件，都可以通过“开始”→“所有程序”→“附件”→“系统工具”→“备份”的途径，备份和还原这些文件夹与文件。

- 来宾用户组

该组供没有用户账户，但是需要访问本地计算机内资源的用户使用。该组的成员无法永久地改变其桌面的工作环境。该组默认成员为 Guest。

- 网络配置操作员

该组内的用户可以在客户端执行一般的网络设置任务，例如更改 IP 地址，但是不可以安装/删除驱动程序与服务，也不可以执行与网络服务器设置有关的任务，例如 DNS 服务器、DHCP 服务器的设置。

- 高权限用户组

该组内的用户具备比普通用户组更多的权利，但是比管理员组拥有的权利更少一些。例如，可以：

①创建、删除、更改本地用户账户。

②创建、删除、管理本地计算机内的共享文件夹与共享打印机。

③自定义系统设置，例如更改计算机时间、关闭计算机等。

但是不可以更改管理员组与备份操作组、无法夺取文件的所有权、无法备份和还原文件、无法安装删除与删除设备驱动程序、无法管理安全与审核日志。

- 远程桌面用户

该组的成员可以通过远程计算机登录，例如，利用终端服务器从远程计算机登录。

- 普通用户组

该组员只拥有一些基本的权利，例如运行应用程序，但是他们不能修改操作系统的设置、不能更改其他用户的数据、不能关闭服务器级的计算机。

所有添加的本地用户账户者自动属于该组。如果这台计算机已经加入域，则域的 Domain Users 会自动被加入该计算机的普通用户组中。

任务2　用户创建

任务描述

在本任务中进行用户的创建及用户的批量管理。

任务目标

掌握用户的创建方法。

1. AD 域用户导入方法

准备 CSV 文件，如图 6-1 所示。

First Name	Last Name	User logon name	Group Member	Phone	Job Title	Region
Bruna	Fernandes	it01	ITs	(886) 832-9474	Title-ITs	China
Diego	Gomes	it02	ITs	(481) 679-4797	Title-ITs	China
Samuel	Silva	it03	ITs	(388) 377-2055	Title-ITs	China
Fernanda	Ferreira	it04	ITs	(354) 273-5132	Title-ITs	China
Luan	Araujo	it05	ITs	(989) 346-6390	Title-ITs	China
Vitria	Pinto	it06	ITs	(124) 906-6686	Title-ITs	China
Joao	Ferreira	it07	ITs	(186) 190-6000	Title-ITs	China
Kau	Sousa	it08	ITs	(944) 459-3432	Title-ITs	China
Letcia	Alves	it09	ITs	(286) 364-5364	Title-ITs	China
Giovanna	Costa	it10	ITs	(734) 737-7003	Title-ITs	China
Igor	Ferreira	acct01	ACCT	(541) 928-9933	Title-Acct	China
Erick	Souza	acct02	ACCT	(393) 761-0667	Title-Acct	China
Vinicius	Cardoso	acct03	ACCT	(132) 899-8531	Title-Acct	China

图 6-1

使用用户数据填充 CSV 文件，并确保在 OU 字段中输入组织单位的专有名称。

检查 OU 专有名称的格式：启动 Active Directory 用户和计算机控制台，从“视图”菜单中选择“高级”功能，右击一个 OU，选择“属性”，在“属性编辑器”选项卡中查找“distinguishedName”。

确认信息后，使用 PowerShell 导入。图 6-2 所示是对 PowerShell 导入的过程说明。

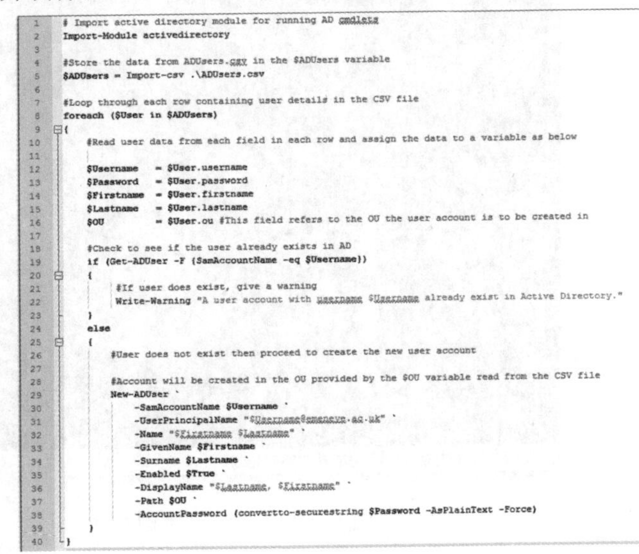

```
# Import active directory module for running AD cmdlets
Import-Module activedirectory

#Store the data from ADUsers.csv in the $ADUsers variable
$ADUsers = Import-csv .\ADUsers.csv

#Loop through each row containing user details in the CSV file
foreach ($User in $ADUsers)
{
    #Read user data from each field in each row and assign the data to a variable as below

    $Username    = $User.username
    $Password    = $User.password
    $Firstname   = $User.firstname
    $Lastname    = $User.lastname
    $OU          = $User.ou #This field refers to the OU the user account is to be created in

    #Check to see if the user already exists in AD
    if (Get-ADUser -F {SamAccountName -eq $Username})
    {
        #If user does exist, give a warning
        Write-Warning "A user account with username $Username already exist in Active Directory."
    }
    else
    {
        #User does not exist then proceed to create the new user account

        #Account will be created in the OU provided by the $OU variable read from the CSV file
        New-ADUser `
            -SamAccountName $Username `
            -UserPrincipalName "$Username@emensys.ac.uk" `
            -Name "$Firstname $Lastname" `
            -GivenName $Firstname `
            -Surname $Lastname `
            -Enabled $True `
            -DisplayName "$Lastname, $Firstname" `
            -Path $OU `
            -AccountPassword (convertto-securestring $Password -AsPlainText -Force)
    }
}
```

图 6-2

2. 批量创建用户方法

使用 for 循环结合 net user 工具进行批量创建账户。例如，创建 100 个账号，密码设置成 Skills39，如图 6-3 和图 6-4 所示。

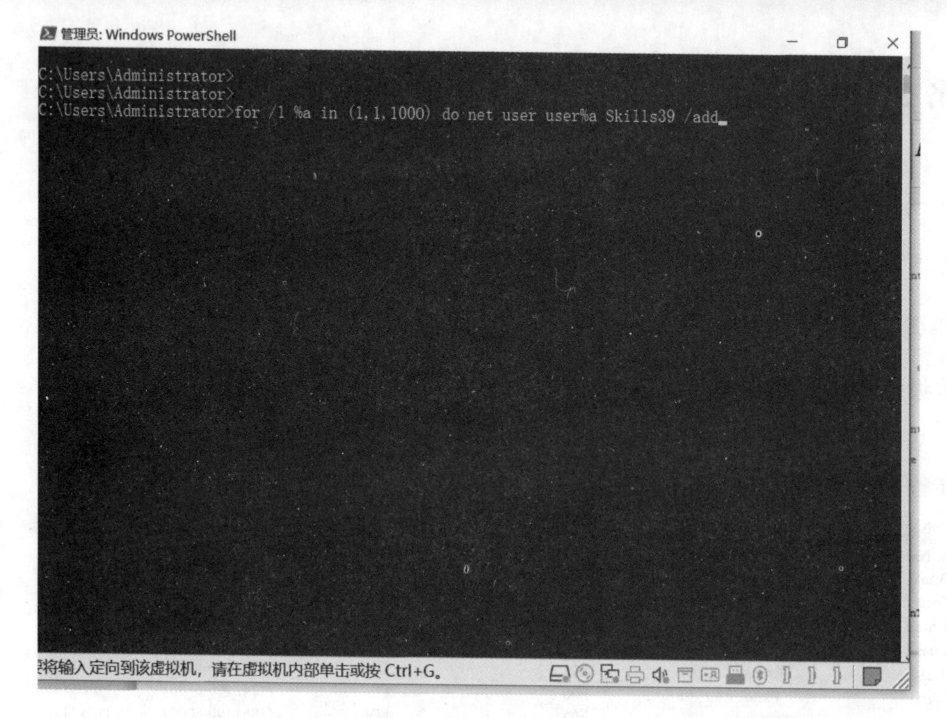
管理员: Windows PowerShell
C:\Users\Administrator>
C:\Users\Administrator>
C:\Users\Administrator>for /l %a in (1,1,1000) do net user user%a Skills39 /add
将输入定向到该虚拟机，请在虚拟机内部单击或按 Ctrl+G。

图 6-3

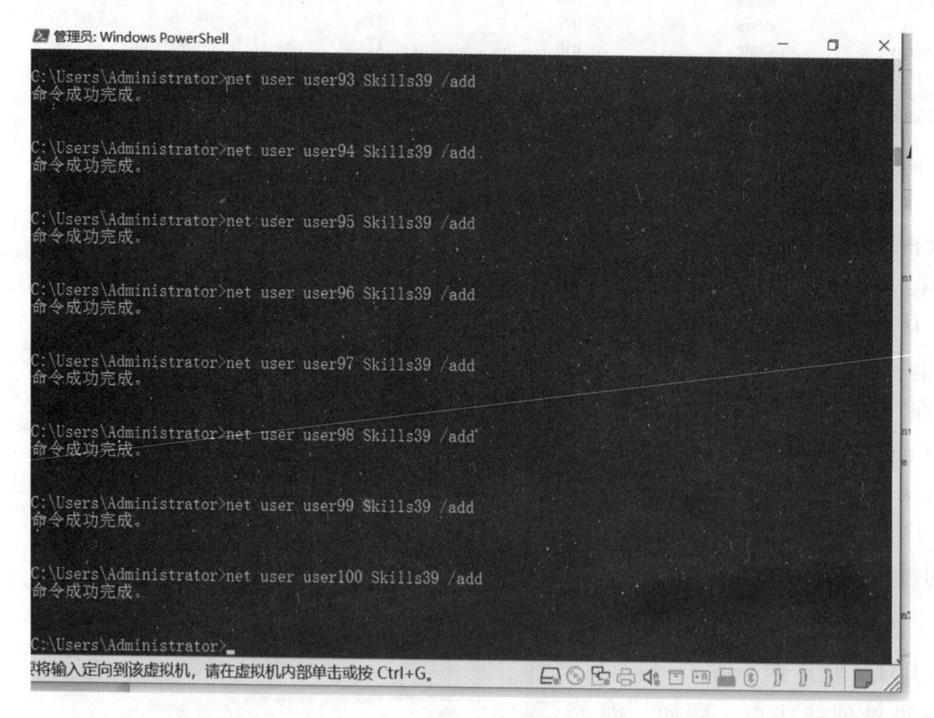
管理员: Windows PowerShell
C:\Users\Administrator>net user user93 Skills39 /add
命令成功完成。
C:\Users\Administrator>net user user94 Skills39 /add
命令成功完成。
C:\Users\Administrator>net user user95 Skills39 /add
命令成功完成。
C:\Users\Administrator>net user user96 Skills39 /add
命令成功完成。
C:\Users\Administrator>net user user97 Skills39 /add
命令成功完成。
C:\Users\Administrator>net user user98 Skills39 /add
命令成功完成。
C:\Users\Administrator>net user user99 Skills39 /add
命令成功完成。
C:\Users\Administrator>net user user100 Skills39 /add
命令成功完成。
C:\Users\Administrator>
将输入定向到该虚拟机，请在虚拟机内部单击或按 Ctrl+G。

图 6-4

项目任务总结

本项目任务主要要求掌握用户及用户组的概念、用户创建与导入的方法。

项目拓展

将一个域的用户导入另一个域。

项目 7
建立 DHCP 服务器

【项目学习目标】

1. 掌握 DHCP 协议的概念。
2. 掌握 DHCP 服务器的配置方法。

【学习难点】

DHCP 服务器的搭建。

【项目任务描述】

某高校组建了校园网，需要架设一台 DHCP 服务器在学校信息中心使用，该 DHCP 为信息中心的部分服务器提供地址分配工作。

任务 1　DHCP 协议的概念与原理

任务描述

通过该任务，能够对 DHCP 的协议及实施原理进行解释。

任务目标

掌握 DHCP 协议及 DHCP 实施原理。

1. DHCP 协议介绍

动态主机配置协议(DHCP)是一种客户端/服务器协议，可自动为 Internet 协议(IP)主机提供 IP 地址和其他相关配置信息，例如子网掩码、默认网关和 DNS 服务器地址。RFC 2131 和 RFC 2132 将 DHCP 定义为基于 Bootstrap 协议(BOOTP)的 Internet 工程任务组(IETF)标准，该协议与 DHCP 共享许多实现细节。DHCP 允许主机从 DHCP 服务器获取必要的 TCP/IP 配置信息。

Microsoft Windows Server 2003 操作系统包含 DHCP 服务器服务，该服务是可选的网络组件。所有基于 Windows 的客户端都将 DHCP 客户端作为 TCP/IP 的一部分，包括 Windows

Server 2003、Microsoft Windows XP、Windows 2000、Windows NT 4.0、Windows Millennium Edition(Windows Me)和Windows 98。

DHCP 客户端通过和 DHCP 服务器的交互通信来获得 IP 地址租约。为了从 DHCP 服务器获得一个 IP 地址，在标准情况下 DHCP 客户端和 DHCP 服务器之间会进行四次通信。DHCP 协议通信使用端口 UDP 67(服务器端)和 UDP 68(客户端)，UDP68 端口用于客户端请求，UDP67 用于服务器响应，并且大部分 DHCP 协议通信使用广播进行。

2. DHCP 工作过程实施原理(图 7-1)

DHCP 在系统启动时分配 IP 地址，例如：

用户使用 DHCP 客户端打开计算机。

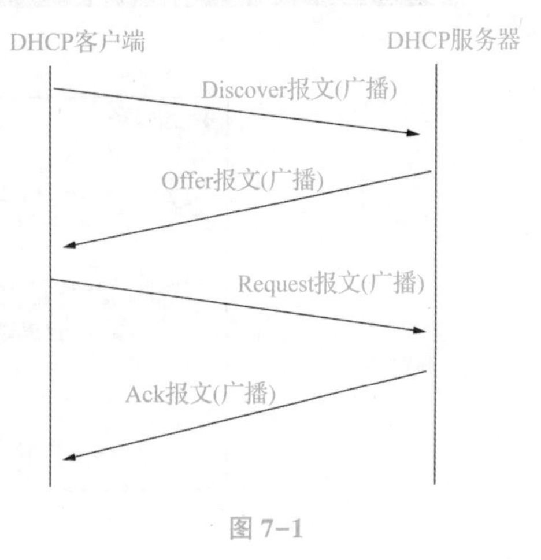

图 7-1

客户端计算机发送一个广播请求(称为 Discover 或 DHCPDiscover)，寻找 DHCP 服务器来回答。

该路由器引导 Discover 数据包到正确的 DHCP 服务器。

服务器接收 Discover 数据包。根据服务器上设置的可用性和使用策略，服务器确定要提供给客户端的适当地址(如果有)。然后服务器暂时为客户端预留该地址，并使用该地址信息向客户端发回 Offer(或 DHCPOffer)数据包。服务器还配置客户端的 DNS 服务器、WINS 服务器、NTP 服务器，有时还配置其他服务。

客户端发送 Request(或 DHCPRequest)数据包，让服务器知道它打算使用该地址。

服务器发送 Ack(或 DHCPAck)数据包，确认客户端已经在服务器指定的时间段内获得了该地址的租约。

任务 2　DHCP 服务器架设

任务描述

本任务展示 DHCP 的搭建过程。

任务目标

掌握 DHCP 服务器的搭建方法。

安装 DHCP 服务器(使用 PowerShell 进行安装)，如图 7-2 所示。

使用“dhcpmgmt.msc”打开 DHCP 管理控制器，如图 7-3 所示。

查看 DHCP 监听情况，如果存在两张以上网卡，需要针对接口添加监听，如图 7-4 和图 7-5 所示。

管理员: Windows PowerShell
Windows PowerShell
版权所有 (C) 2016 Microsoft Corporation。保留所有权利。
PS C:\Users\Administrator>
PS C:\Users\Administrator> Install-WindowsFeature DHCP -IncludeManagementTools
Success Restart Needed Exit Code Feature Result
True No Success {DHCP 服务器, 远程服务器管理工具, DHCP 服...
PS C:\Users\Administrator>

图 7-2

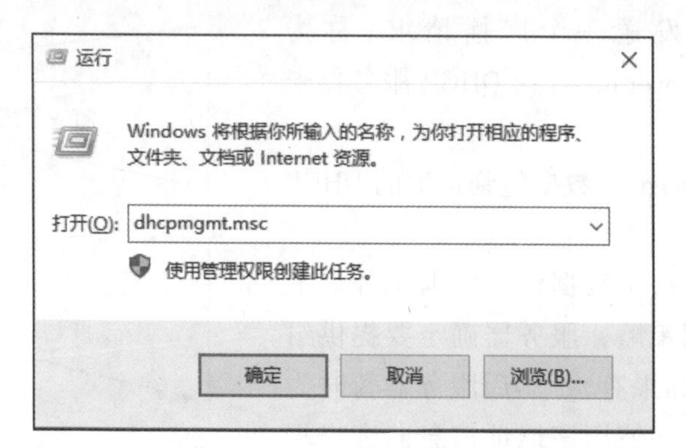
运行
Windows 将根据你所输入的名称，为你打开相应的程序、文件夹、文档或 Internet 资源。
打开(O):
dhcpmgmt.msc
使用管理权限创建此任务。
确定
取消
浏览(B)...

图 7-3

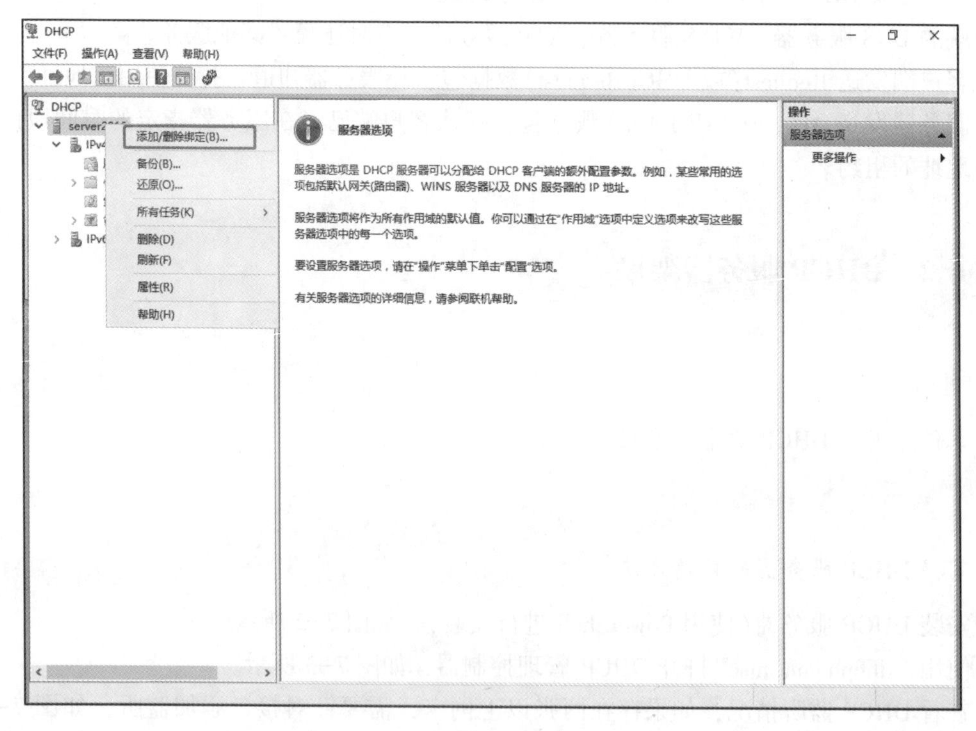
DHCP
文件(F) 操作(A) 查看(V) 帮助(H)
添加/删除绑定(B)...
备份(B)...
还原(O)...
所有任务(K)
删除(D)
刷新(F)
属性(R)
帮助(H)
服务器选项
服务器选项是 DHCP 服务器可以分配给 DHCP 客户端的额外配置参数。例如，某些常用的选项包括默认网关(路由器)、WINS 服务器以及 DNS 服务器的 IP 地址。
服务器选项将作为所有作用域的默认值。你可以通过在"作用域"选项中定义选项来改写这些服务器选项中的每一个选项。
要设置服务器选项，请在"操作"菜单下单击"配置"选项。
有关服务器选项的详细信息，请参阅联机帮助。
操作
服务器选项
更多操作

图 7-4

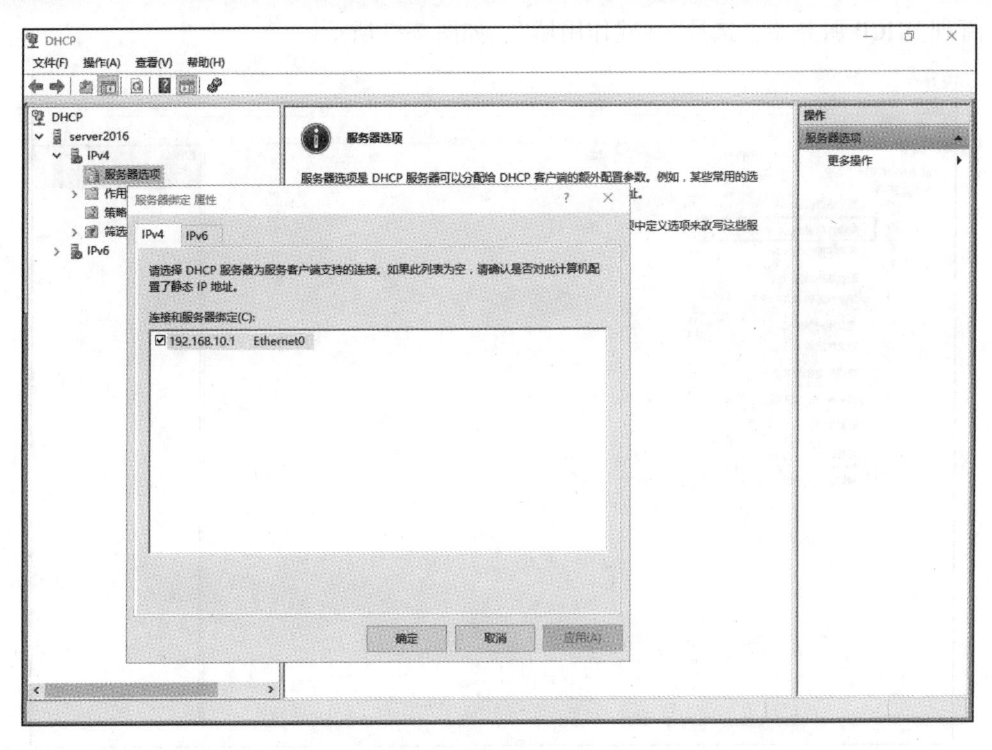

图 7-5

管理 DHCP 服务器运行状态，如图 7-6 所示。

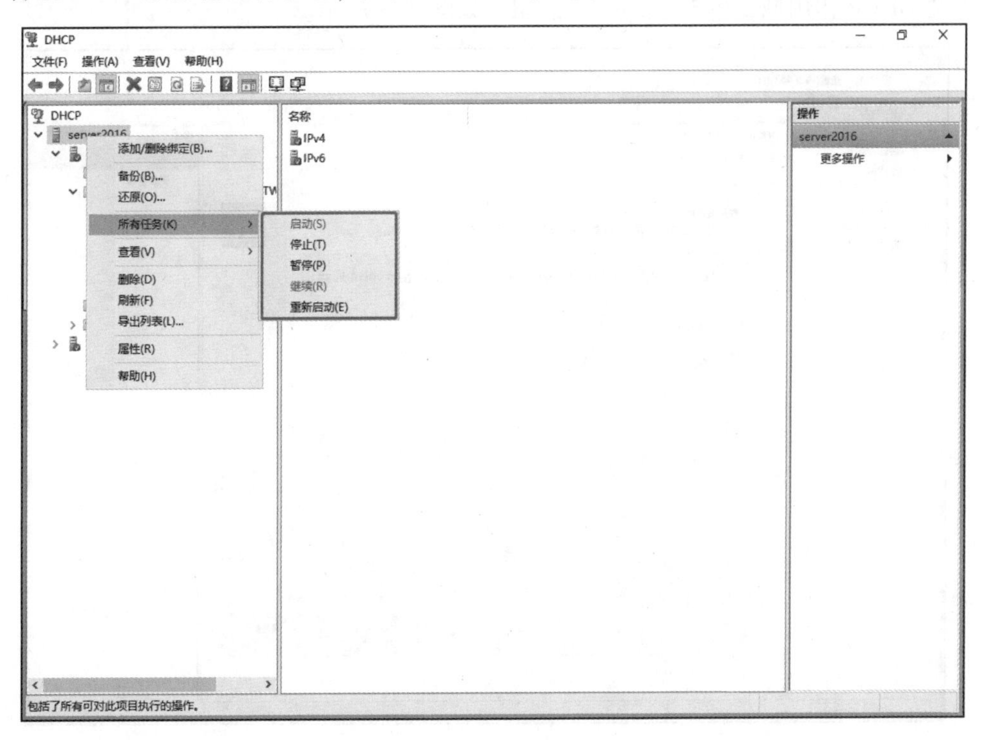

图 7-6

管理 DHCP 服务器，选择“新建作用域”，如图 7-7 所示。

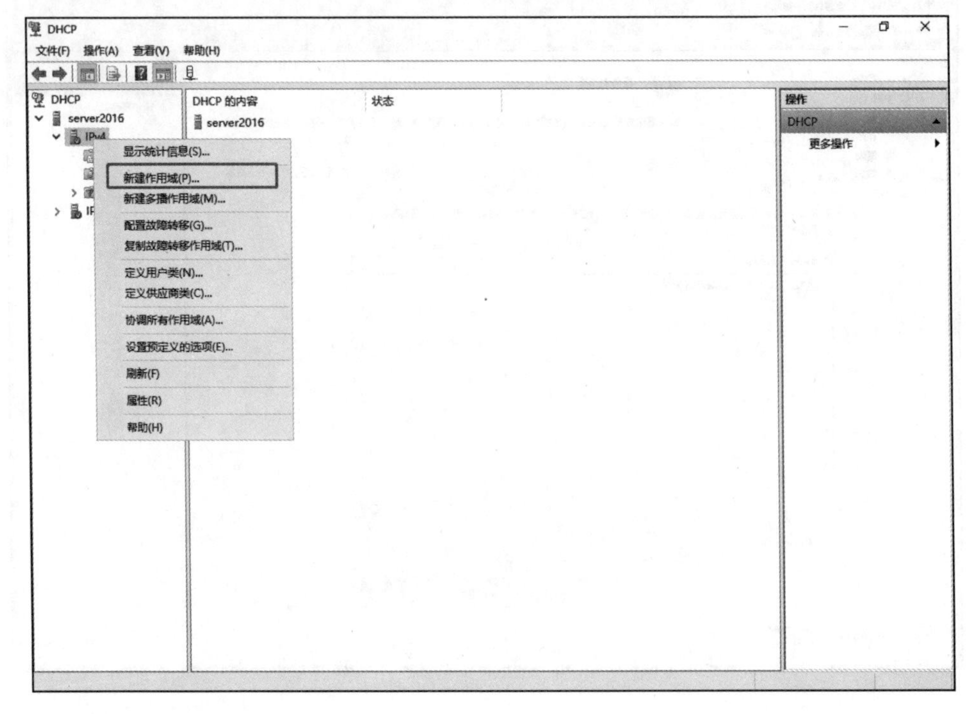

图 7-7

新建 DHCP 作用域，单击“下一步”按钮，如图 7-8 所示。

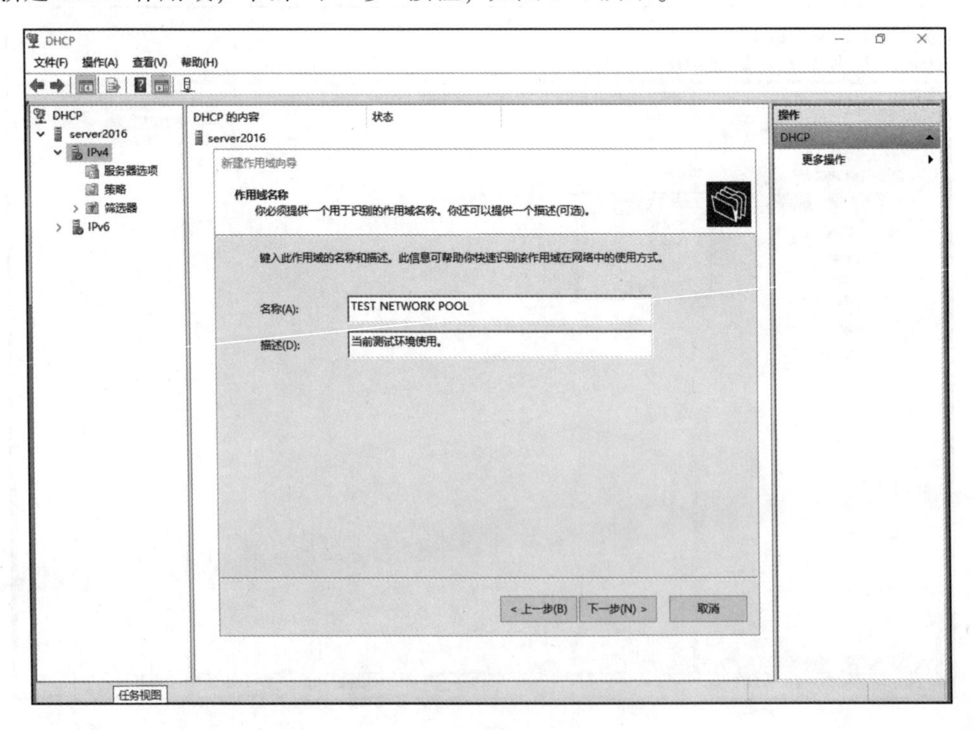

图 7-8

新建作用域向导，输入起始 IP 地址、结束 IP 地址，单击“下一步”按钮，如图 7-9 所示。

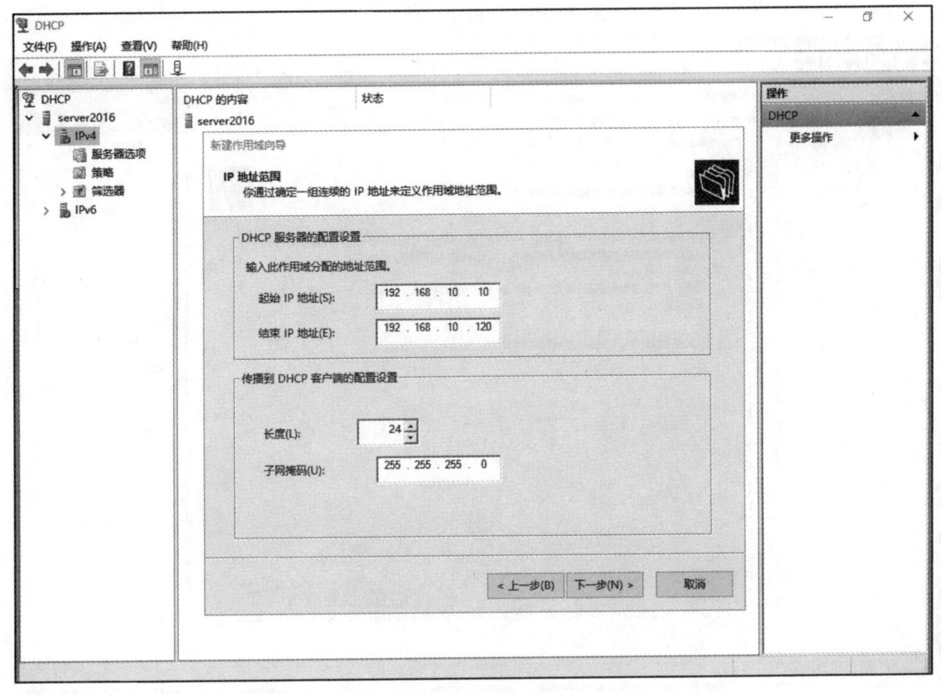

图 7-9

设置排除的地址范围，单击“下一步”按钮，如图 7-10 所示。

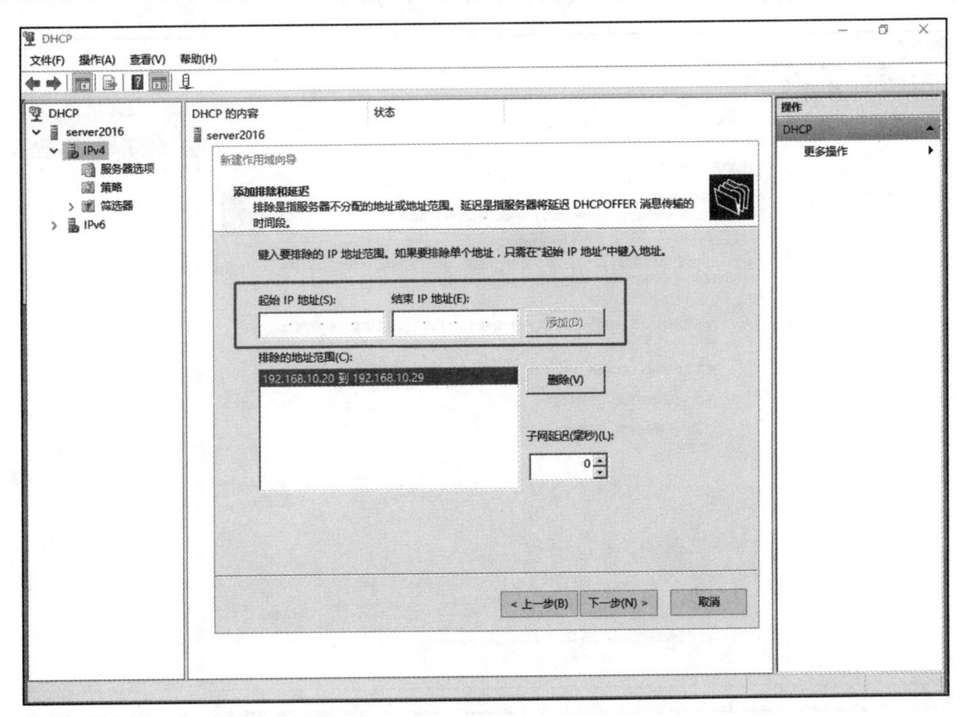

图 7-10

设置租用期限，单击“下一步”按钮，如图 7-11 所示。

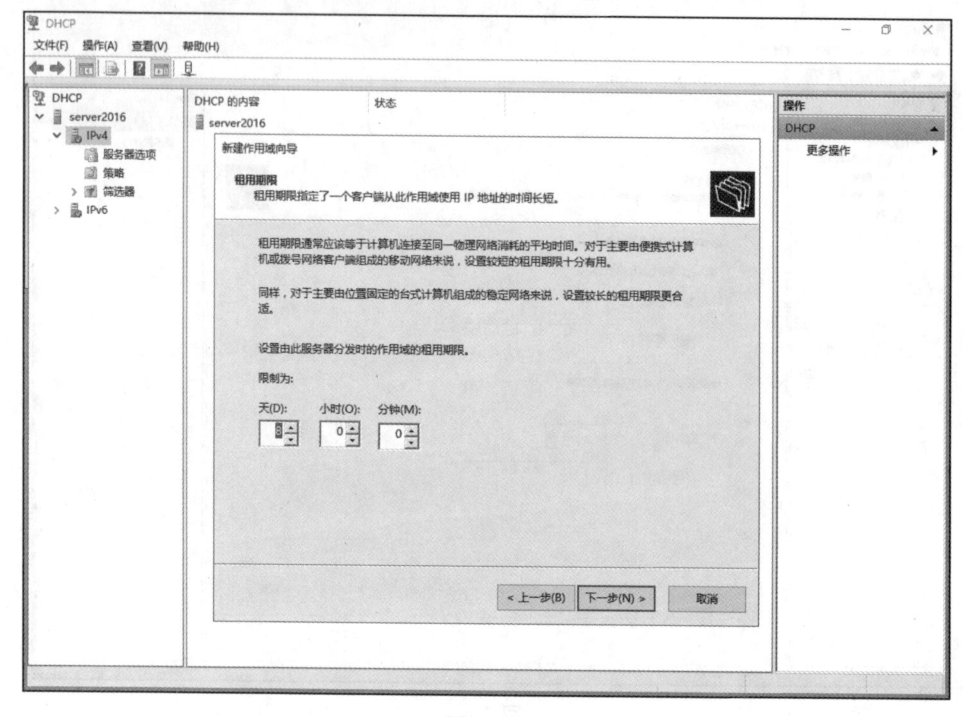

图 7-11

设置 DHCP 选项，单击“下一步”按钮，如图 7-12 所示。

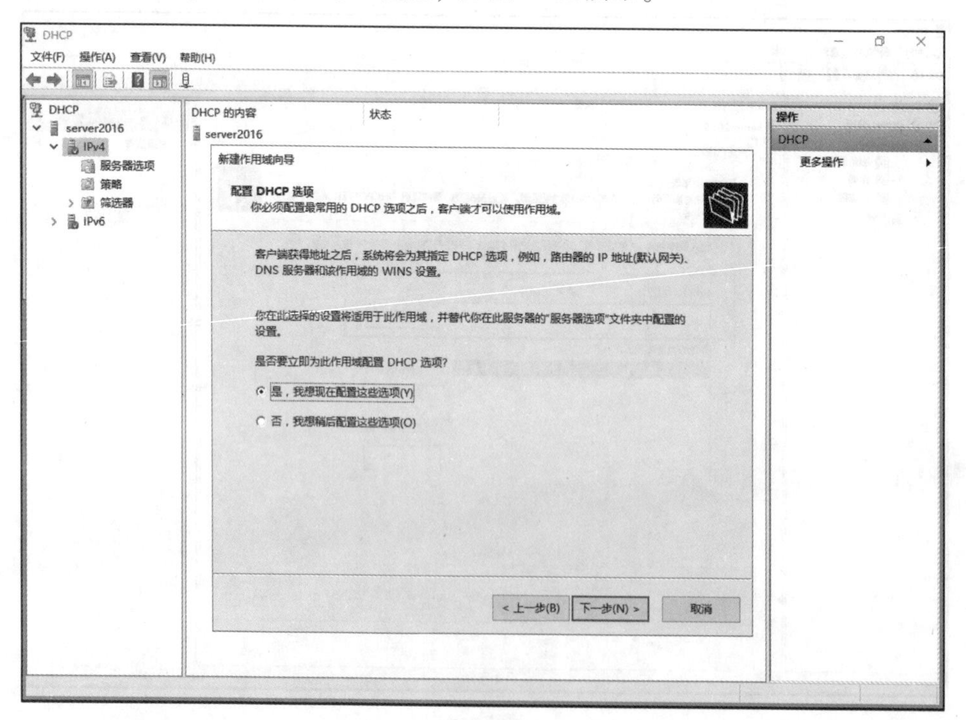

图 7-12

设置路由器(默认网关)IP 地址，单击“下一步”按钮，如图 7-13 所示。

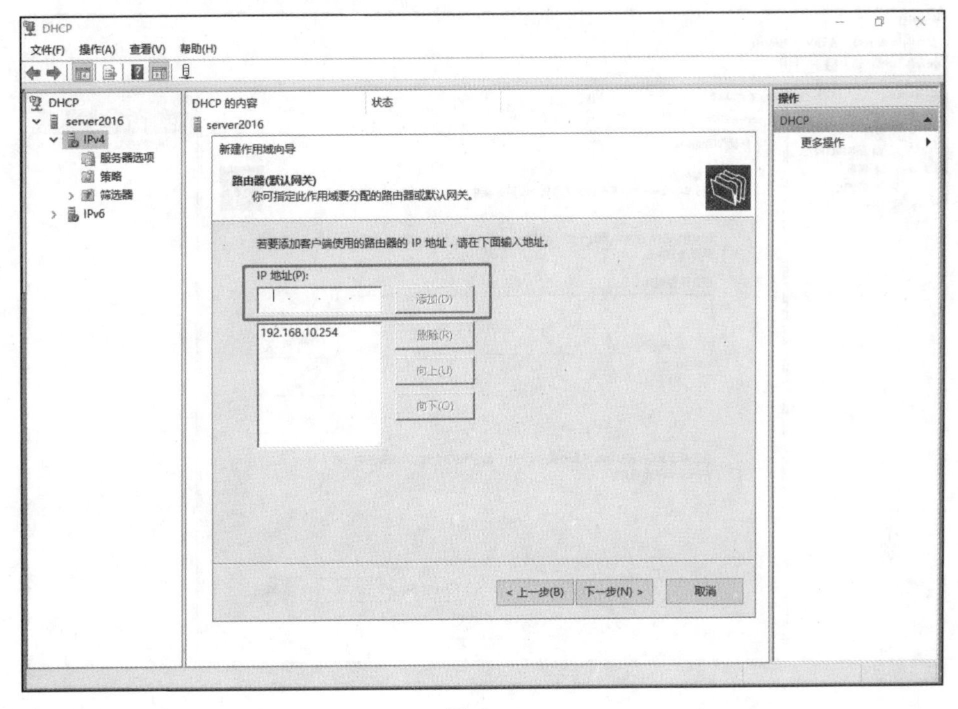

图 7-13

设置域名称和 DNS 服务器，单击“下一步”按钮，如图 7-14 所示。

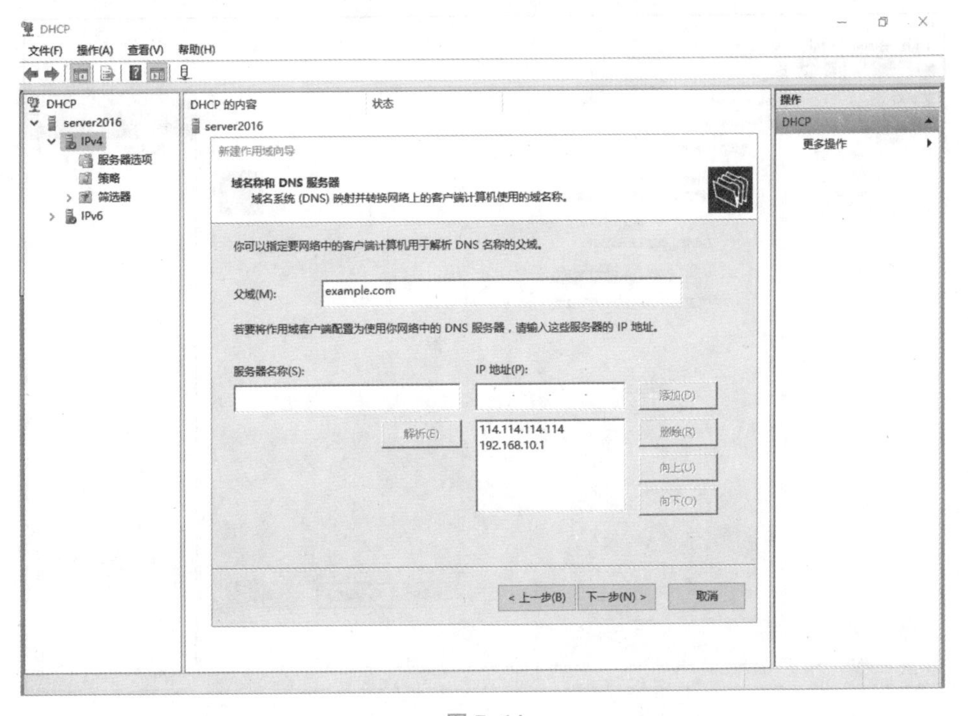

图 7-14

WINS 服务器已经由 DNS 接任，这里保持默认，单击“下一步”按钮，如图 7-15 所示。

图 7-15

激活作用域，单击“下一步”按钮，如图 7-16 所示。

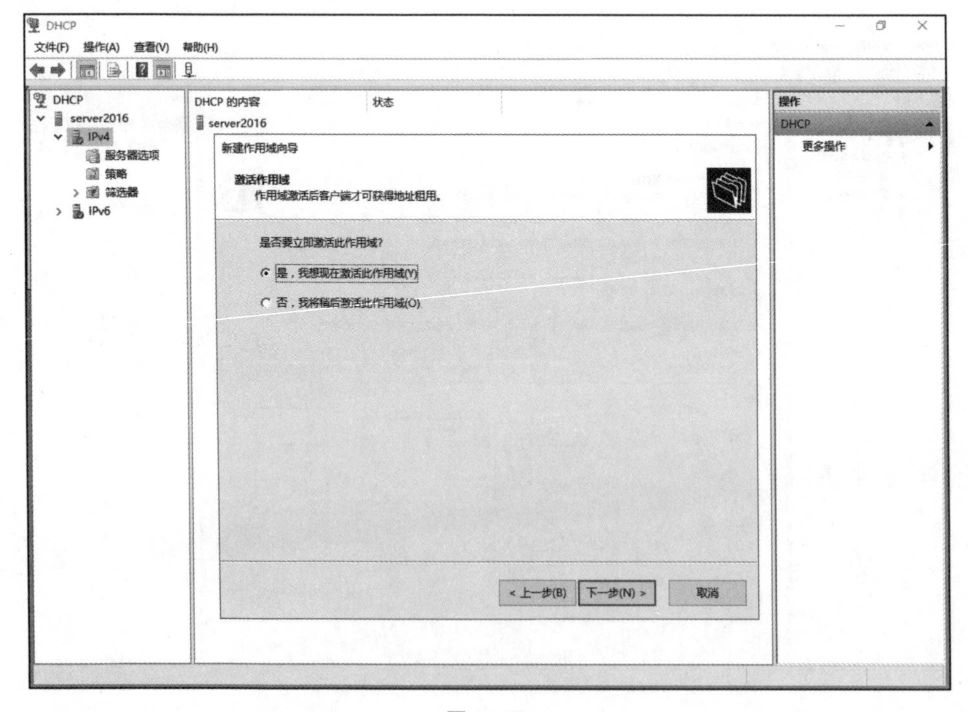

图 7-16

安装完成，单击“完成”按钮，如图 7-17 所示。

图 7-17

修改作用域选项，选择“配置选项”，如图 7-18 所示。

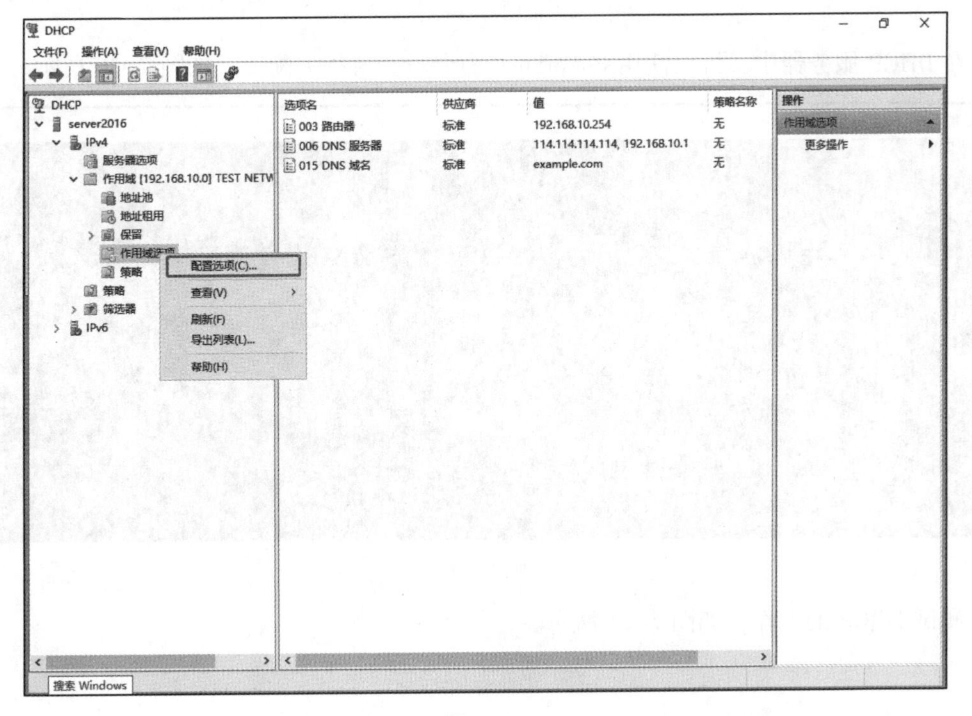

图 7-18

设置 NTP 服务器地址(042)，单击“应用”按钮，如图 7-19 所示。

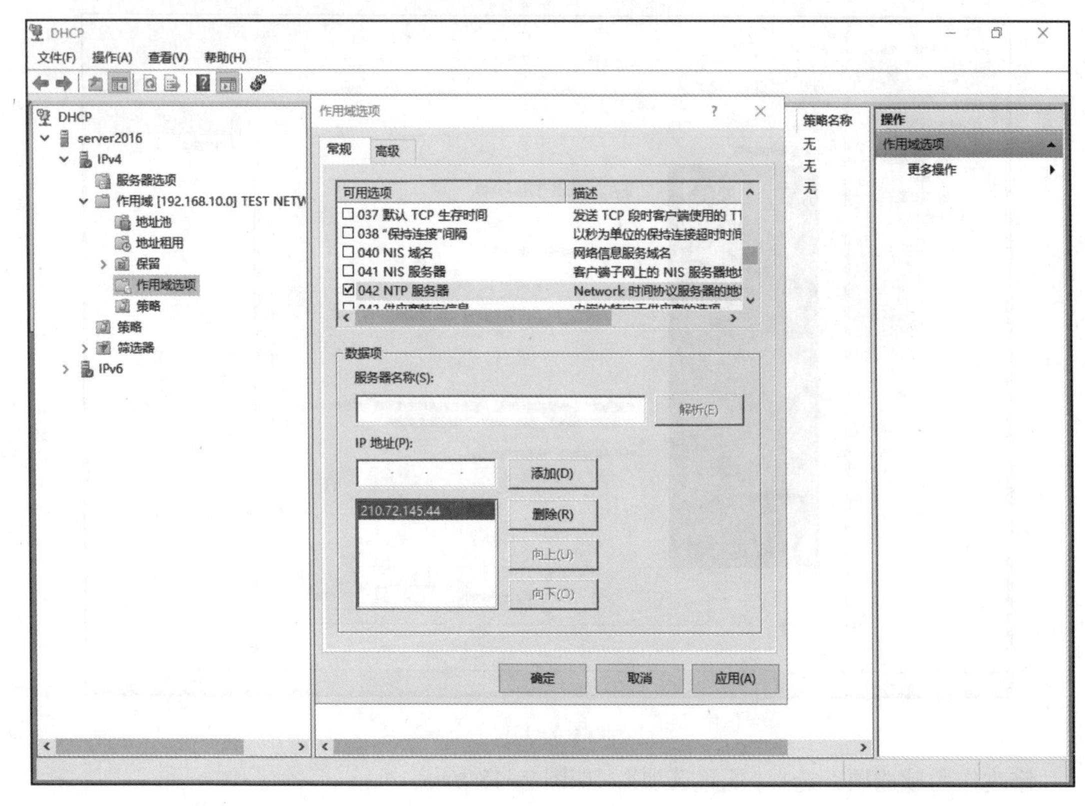

图 7-19

在 DHCP 服务器中，可以使用 PowerShell 命令行查看相关配置，如图 7-20 所示。

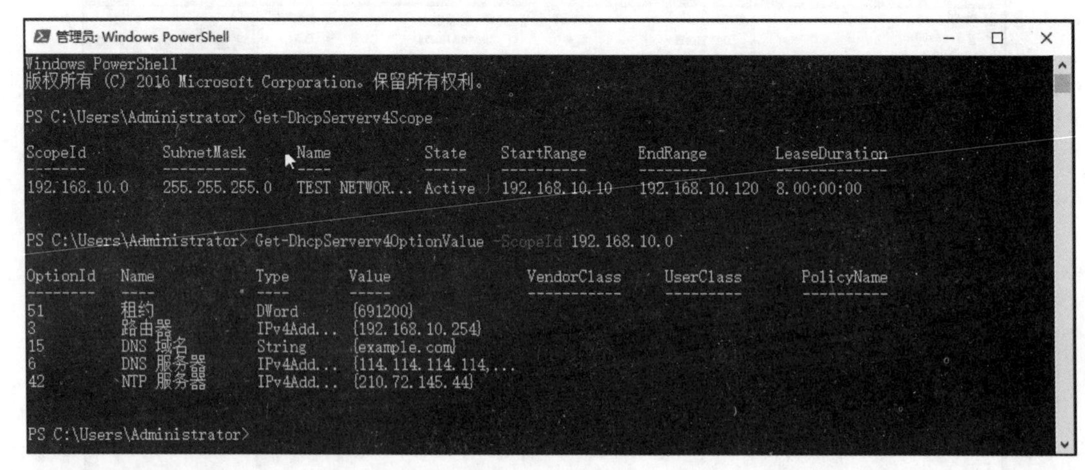

图 7-20

测试 DHCP 的工作，如图 7-21 所示。

图 7-21

项目任务总结

本项目任务主要要求了解 Windows Server 2016 DHCP 服务器的安装与配置。

项目拓展

如何快速地使现有的 DHCP 服务器具备高可用架构?

拓展练习

如图 7-22 所示，在 SERVER1 服务器与 SERVER2 服务器上安装 DHCP 服务，在 SERVER1 与 SERVER2 之间配置故障转移群集功能，使 SERVER1 与 SERVER2 的 DHCP 服务支持热备功能，设定匹配密钥为 helloserver，设定 CLT 自动获取 DHCP 地址。

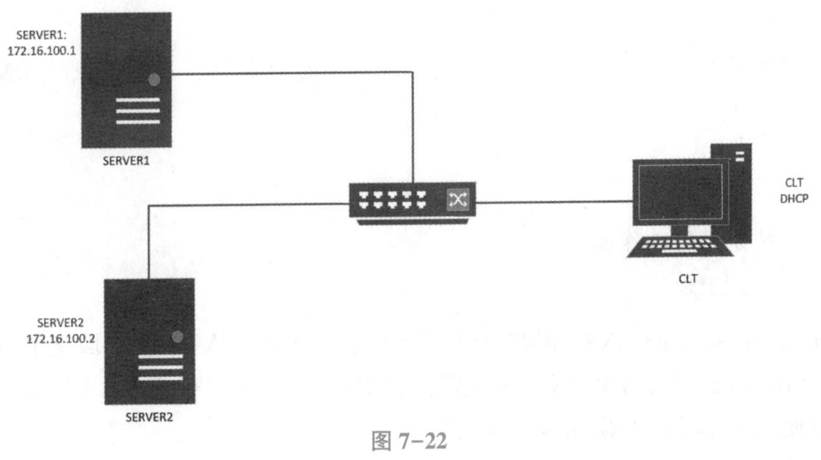

图 7-22

项目 8
建立 DNS 服务器

【项目学习目标】

1. 掌握 DNS 服务器的工作原理。
2. 掌握 DNS 服务器的配置方法。

【学习难点】

DNS 服务器搭建。

【项目任务描述】

某高校组建了校园网，需要架设一台域名解析服务器，现有网络中的 Windows Server 2016 恰好可以担任此工作，请使用 Windows Server 2016 构建一台 DNS 服务器用于学校内部的解析。

任务 1　DNS 服务器的工作原理

任务描述

在搭建 DNS 服务器之前，先对其工作过程及原理进行解释，这样有利于 DNS 服务的故障排查。

任务目标

掌握 DNS 服务器的工作原理。

1. DNS 服务的概念

Domain Name System (DNS) 相当于互联网的电话簿。人们通过域名访问信息，如 baidu. com 或 qq. com。网络浏览器通过互联网协议(IP)地址进行交互。DNS 将域名转换为 IP 地址，以便浏览器可以加载 Internet 资源。

连接到互联网的每台设备都有唯一的 IP 地址，其他机器用来查找设备。DNS 服务器不需要人类记忆 IP 地址，例如 192.168.1.1(在 IPv4 中)，或者更复杂的更新的字母数字 IP 地址，例如 2400:cb00:2048:1::c629:d7a2(在 IPv6 中)。

DNS 解析过程涉及将主机名(例如 www.example.com)转换为计算机 IP 地址(例如 192.168.1.1)。给互联网上的每个设备分配一个 IP 地址，并且该地址对于找到适当的互联网设备是必要的，就像街道地址被用来寻找特定的家庭一样。当用户想要加载网页时，必须在用户输入网页浏览器(example.com)和查找 example.com 网页所需的机器友好地址之间进行翻译。

对于网络浏览器的应用场景，DNS 查找是在“幕后”进行的，除了初始请求之外，不需要用户计算机进行交互。为了方便记忆，网站都注册了一个域名，通过域名来访问网站。访问网站内容，实际是通过访问 IP 地址实现的，所以在域名和 IP 之间存在一种对应关系，而域名解析服务器即 DNS 服务器则完成将域名翻译成 IP 地址的任务。对于用户来说，永远不需要关心访问的 IP 地址是多少，只需要输入域名即可，所以，当 IP 发生变化时，对用户没有一点儿影响，这就是动态域名解析。域名服务器承载着 IP 与域名的管理工作和解析工作，当域名对应的 IP 出现变化时，域名服务器需要重新进行配置。

2. DNS 服务器工作原理

查询过程如图 8-1 所示。

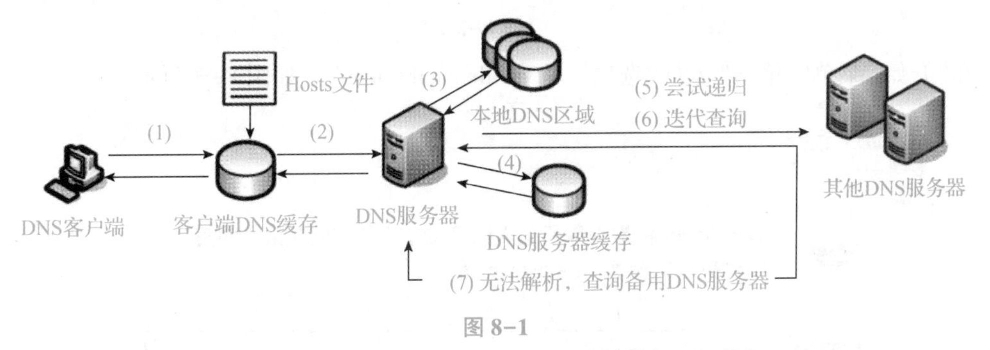

图 8-1

首先，检查当前主机客户端 DNS 缓存，如果缓存区域存在该 IP-域名对应表，就直接采用该对应表的结果进行访问。

如果缓存数据库中没有对应的查询列表，就会检查本机的 Hosts 文件。

当 Hosts 文件中并没有需要查询的条目时，才会进行 DNS 查询，这时查询请求来到 DNS 服务器上。

如果 DNS 服务器上的 DNS 数据库有当前查询域名对应的条目，则会直接使用当前数据库中对应的信息进行回复，并且回复是权威的。

如果本地 DNS 不存在该查询条目的 DNS 数据库，则会查询当前 DNS 服务器缓存，如果缓存中有该域名查询过的记录和信息，DNS 服务会使用缓存条目回复客户端。如果条目不存在，则进行递归或者迭代查询。

以上查询结果都失败的情况下，会使用备用 DNS 服务进行二次查询。

任务 2 DNS 服务器架设

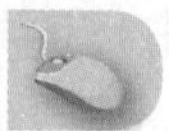

任务描述

本任务中将进行 DNS 服务器的安装。

任务目标

掌握 DNS 服务器的搭建方法。

1. 进行 DNS 服务器的安装(图 8-2)

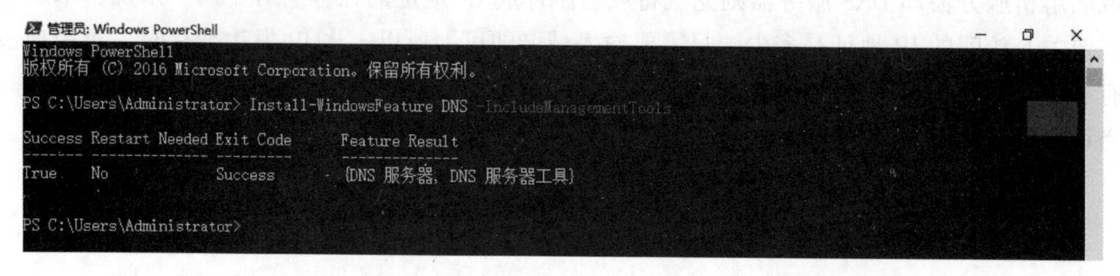

图 8-2

在“开始”菜单中单击“运行”选项，输入“dnsmgmt. msc”，如图 8-3 所示。

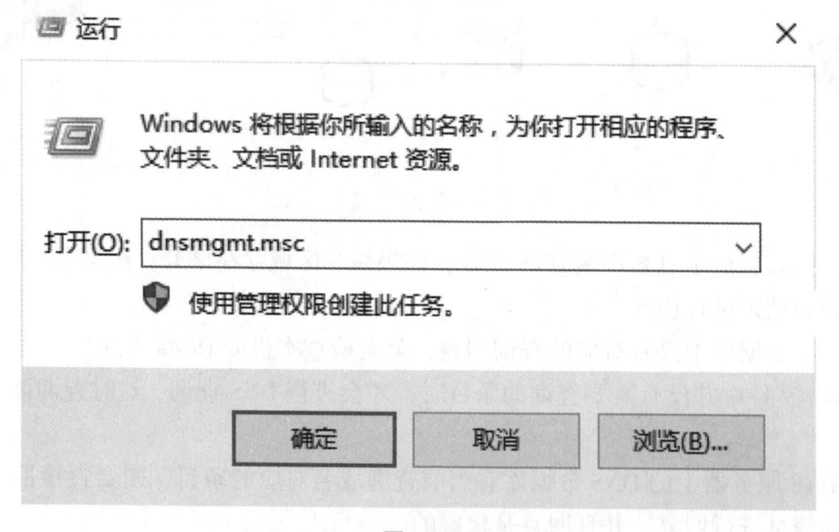

图 8-3

打开 DNS 管理器，右击服务器，选择“属性”，如图 8-4 所示。

查看绑定的 IP 地址，单击“确定”按钮，如图 8-5 所示。

选择“新建区域”，如图 8-6 所示。

单击“新建区域向导”，单击“下一步”按钮，如图 8-7 所示。

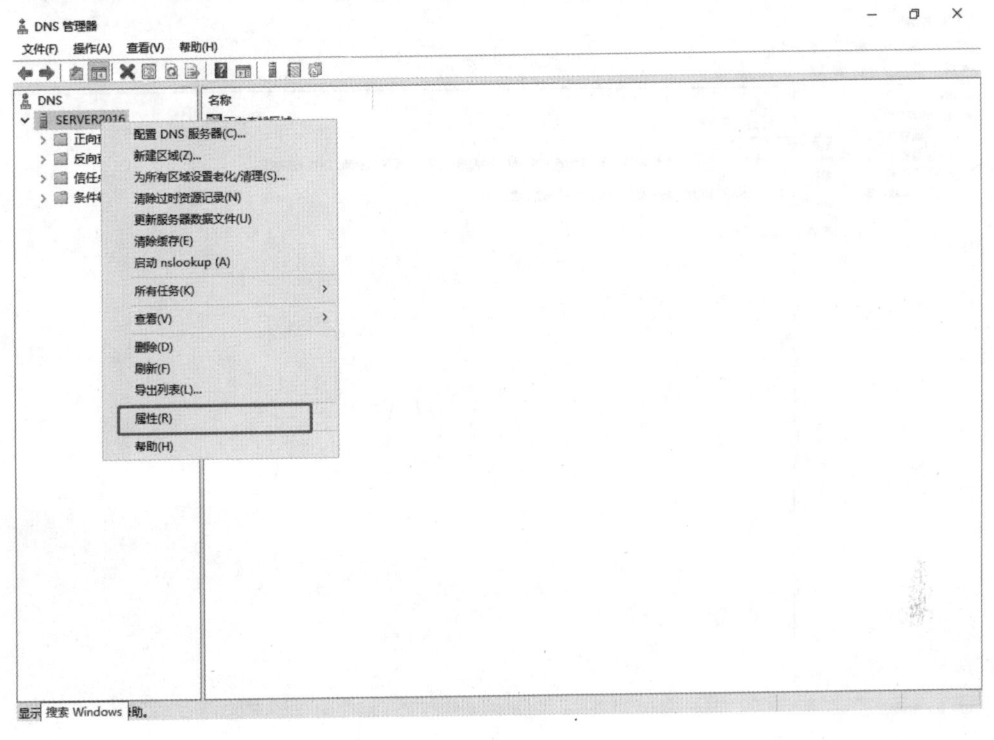
DNS 管理器
文件(F) 操作(A) 查看(V) 帮助(H)
DNS
SERVER2016
名称
配置 DNS 服务器(C)...
新建区域(Z)...
为所有区域设置老化/清理(S)...
清除过时资源记录(N)
更新服务器数据文件(U)
清除缓存(E)
启动 nslookup (A)
所有任务(K)
查看(V)
删除(D)
刷新(F)
导出列表(L)...
属性(R)
帮助(H)

图 8-4

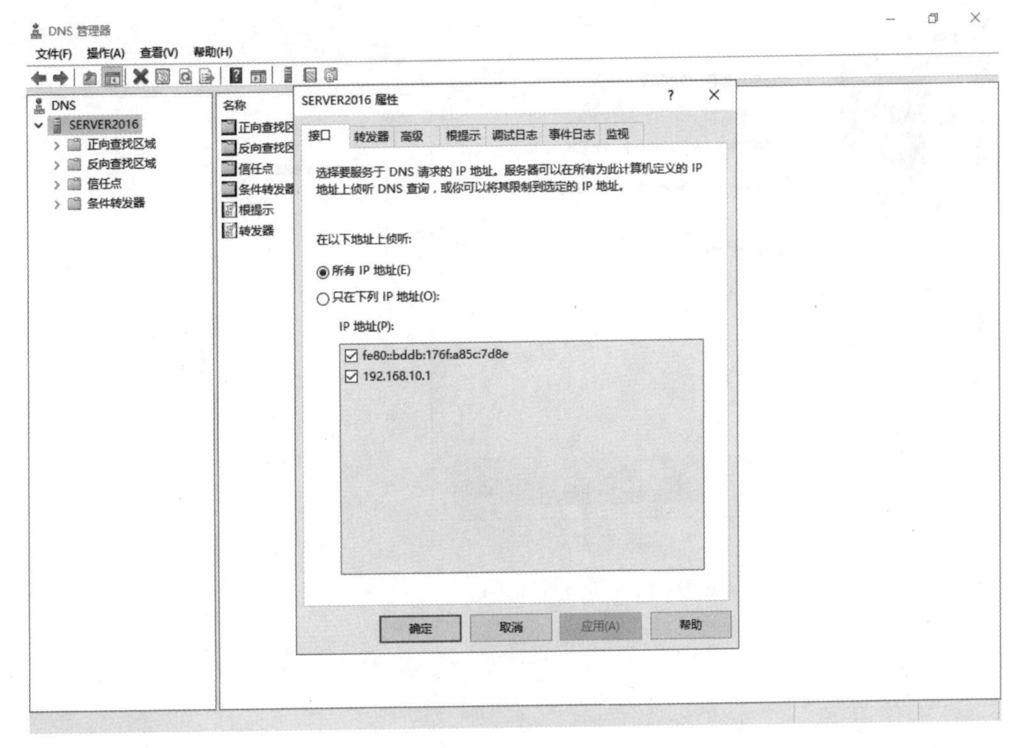
DNS 管理器
文件(F) 操作(A) 查看(V) 帮助(H)
DNS
SERVER2016
正向查找区域
反向查找区域
信任点
条件转发器
名称
根提示
转发器
SERVER2016 属性
接口
转发器
高级
根提示
调试日志
事件日志
监视
选择要服务于 DNS 请求的 IP 地址。服务器可以在所有为此计算机定义的 IP 地址上侦听 DNS 查询，或你可以将其限制到选定的 IP 地址。
在以下地址上侦听:
所有 IP 地址(E)
只在下列 IP 地址(O):
IP 地址(P):
fe80::bddb:176f:a85c:7d8e
192.168.10.1
确定
取消
应用(A)
帮助

图 8-5

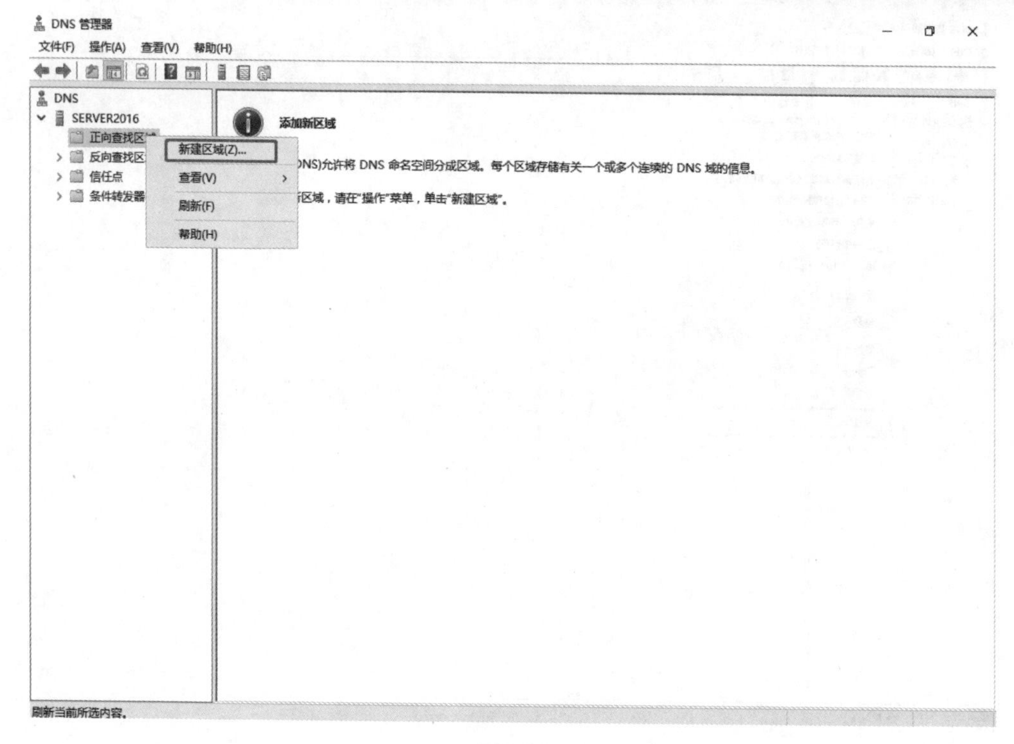
DNS 管理器
文件(F) 操作(A) 查看(V) 帮助(H)
DNS
SERVER2016
正向查找区
反向查找区
信任点
条件转发器
新建区域(Z)...
查看(V)
刷新(F)
帮助(H)
添加新区域
NS)允许将 DNS 命名空间分成区域。每个区域存储有关一个或多个连续的 DNS 域的信息。
区域，请在"操作"菜单，单击"新建区域"。
刷新当前所选内容。

图 8-6

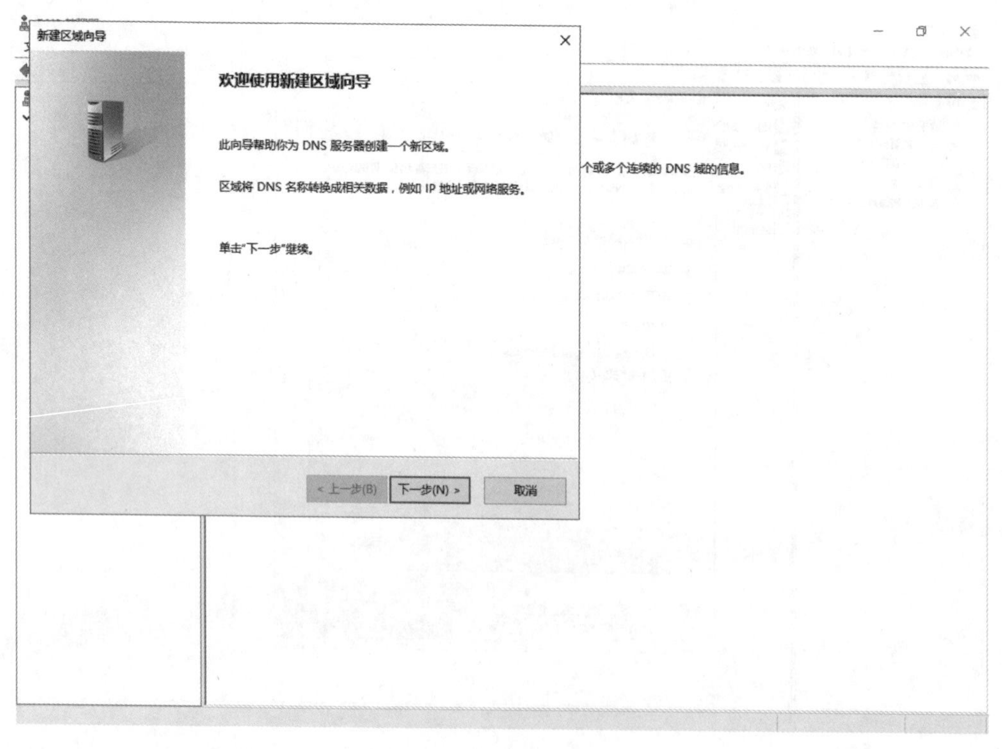
新建区域向导
欢迎使用新建区域向导
此向导帮助你为 DNS 服务器创建一个新区域。
区域将 DNS 名称转换成相关数据，例如 IP 地址或网络服务。
单击"下一步"继续。
< 上一步(B)
下一步(N) >
取消
个或多个连续的 DNS 域的信息。

图 8-7

选择“主要区域”，单击“下一步”按钮，如图 8-8 所示。

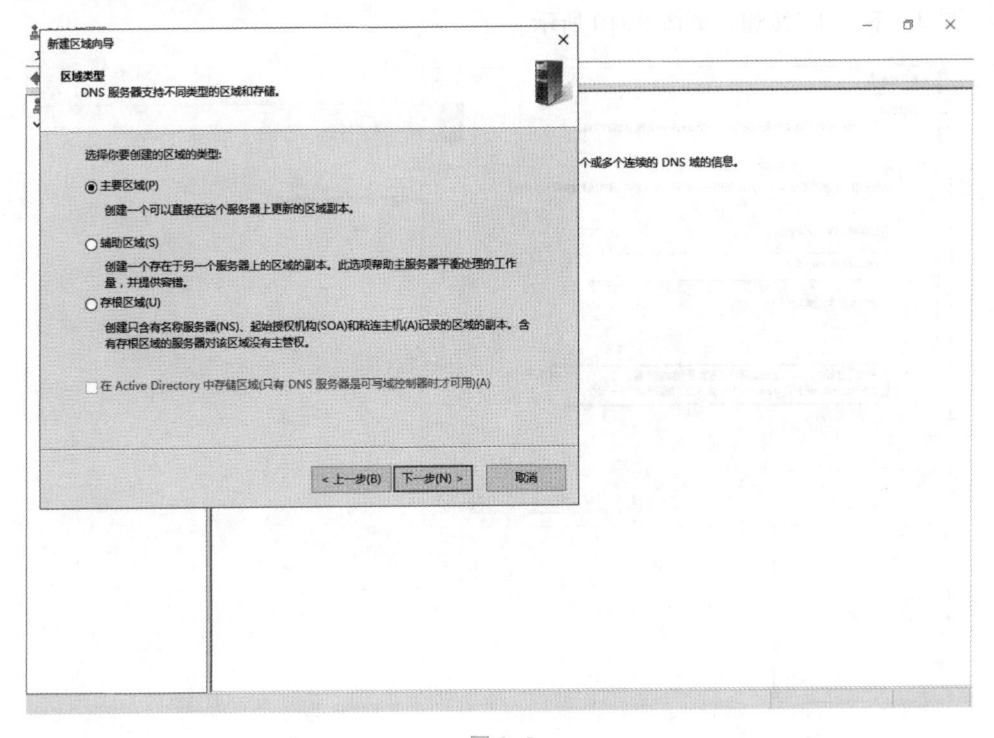

图 8-8

输入区域名称，单击“下一步”按钮，如图 8-9 所示。

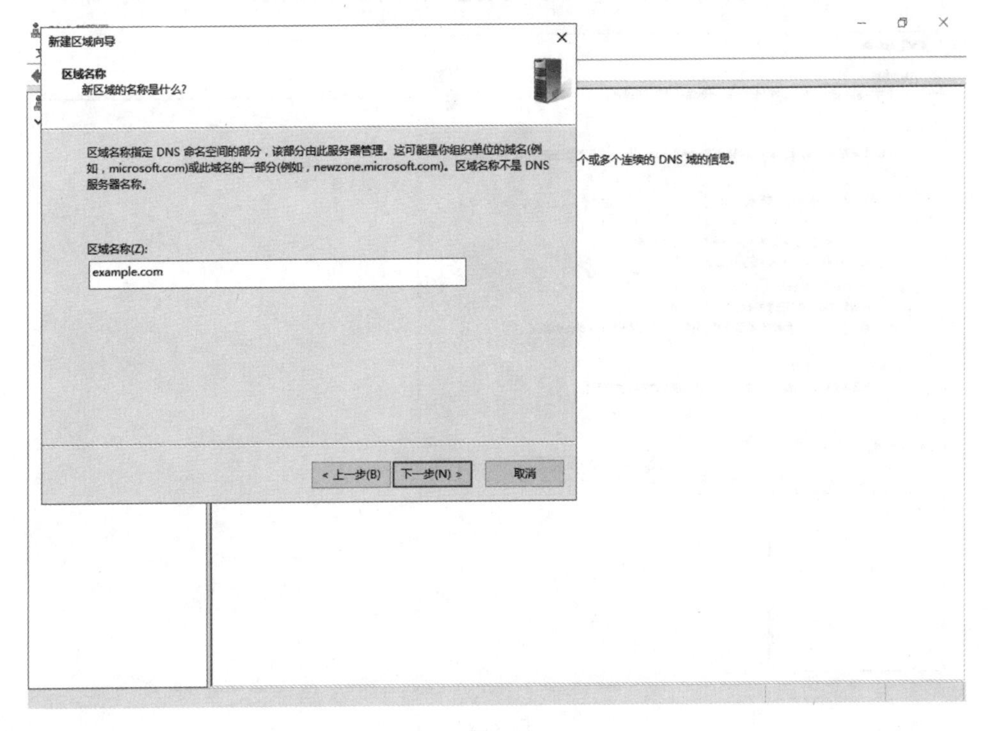

图 8-9

确认区域文件的名字，默认情况下，区域文件存储在%SystemRoot%\system32\dns 文件夹内，单击“下一步”按钮，如图 8-10 所示。

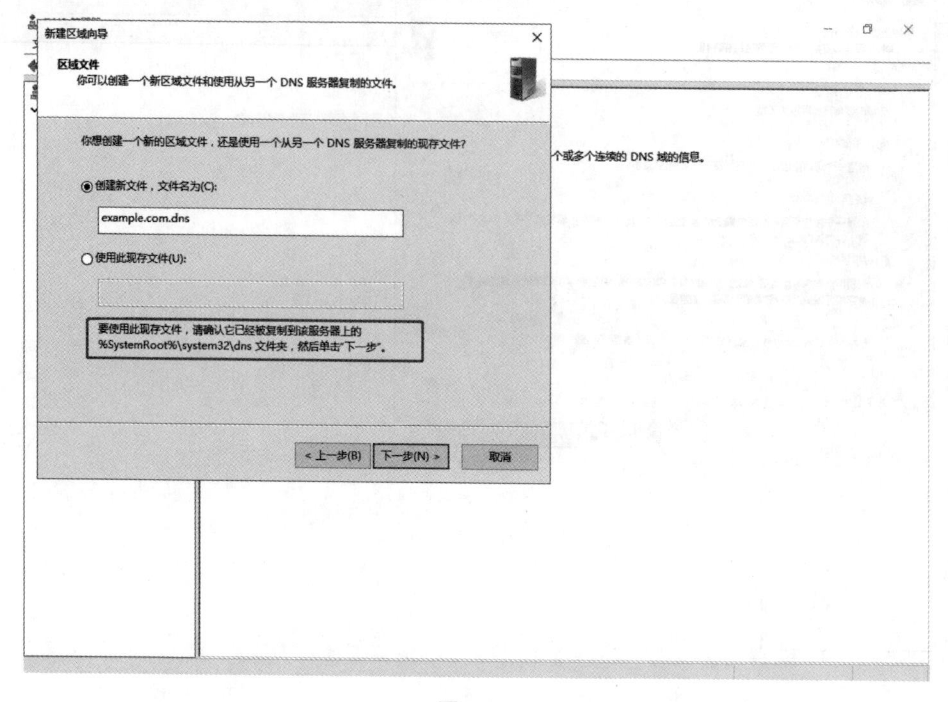

图 8-10

选择“不允许动态更新”，单击“下一步”按钮，如图 8-11 所示。

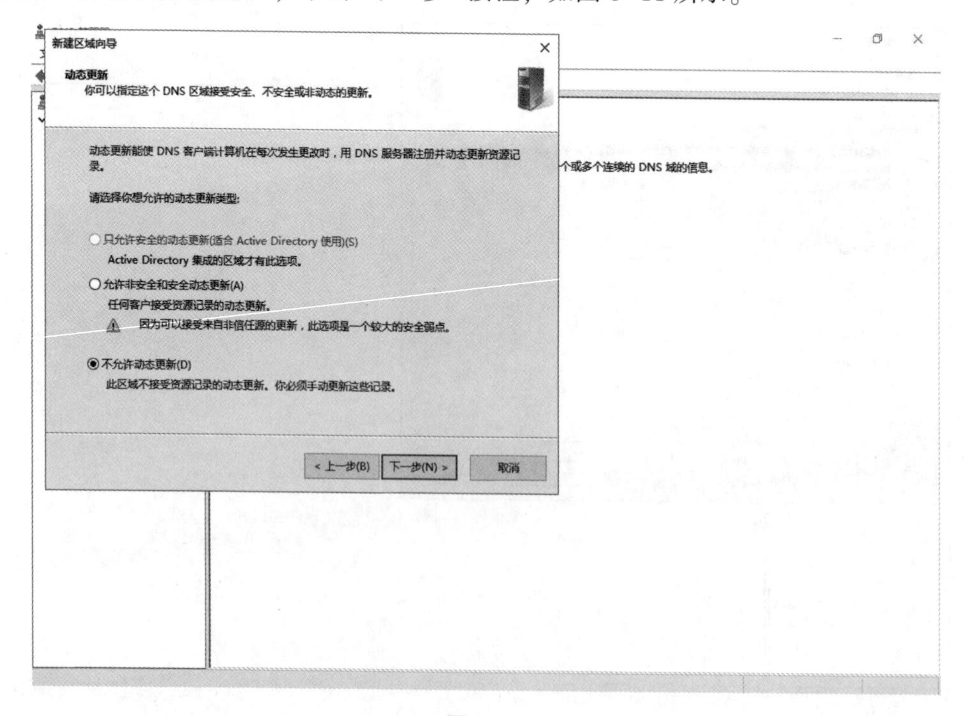

图 8-11

完成向导，单击“完成”按钮，如图 8-12 所示。

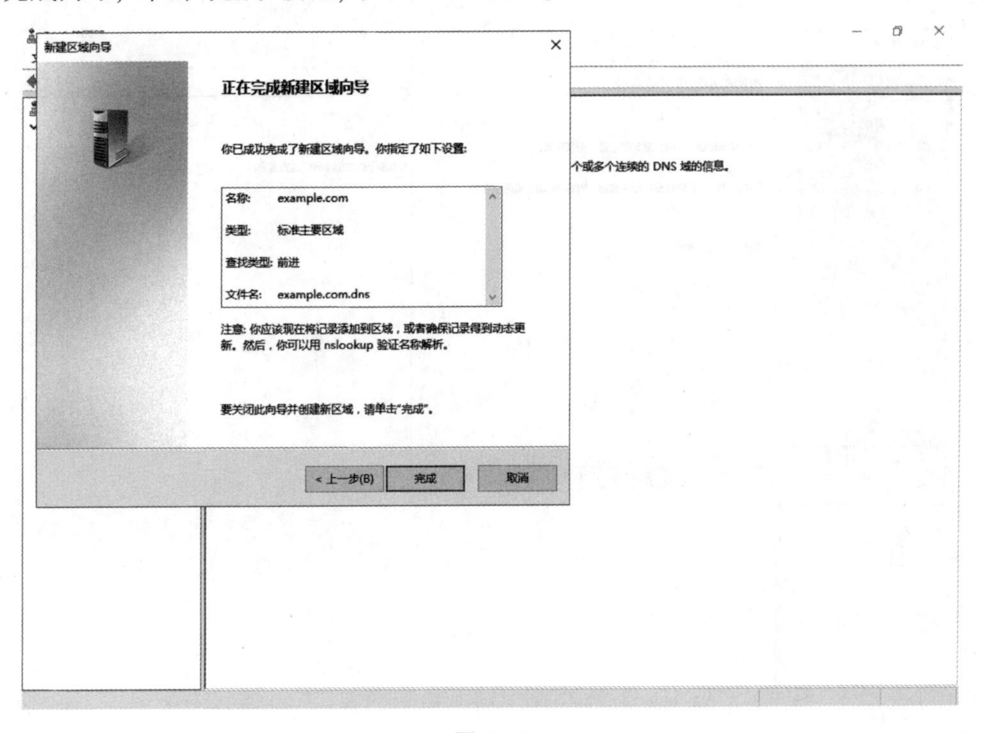

图 8-12

选择“新建区域”，如图 8-13 所示。

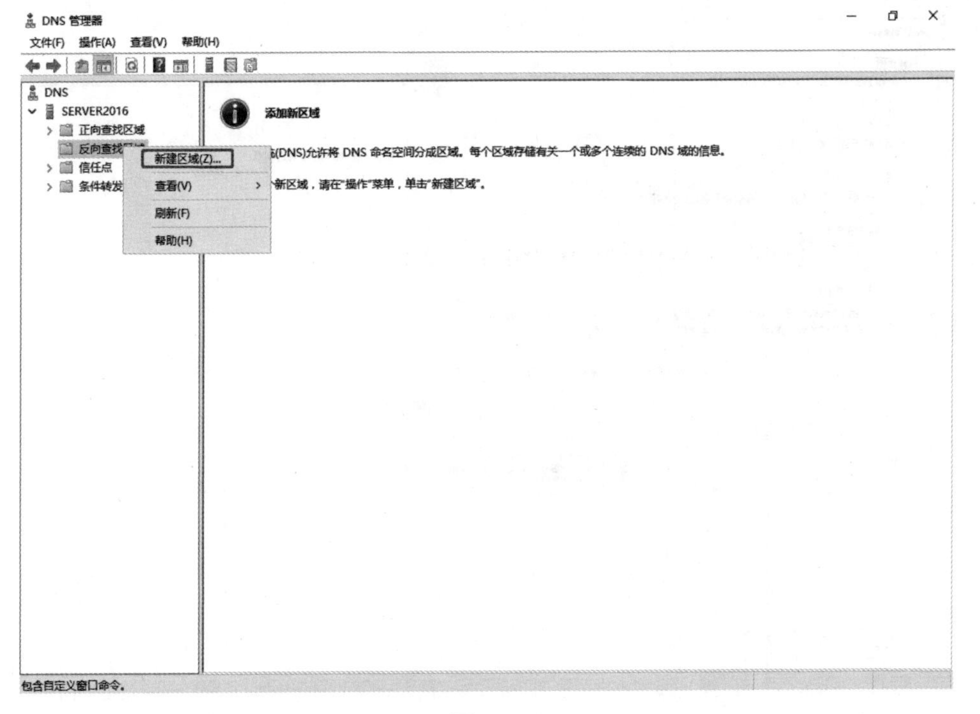

图 8-13

单击“下一步”按钮，如图 8-14 所示。

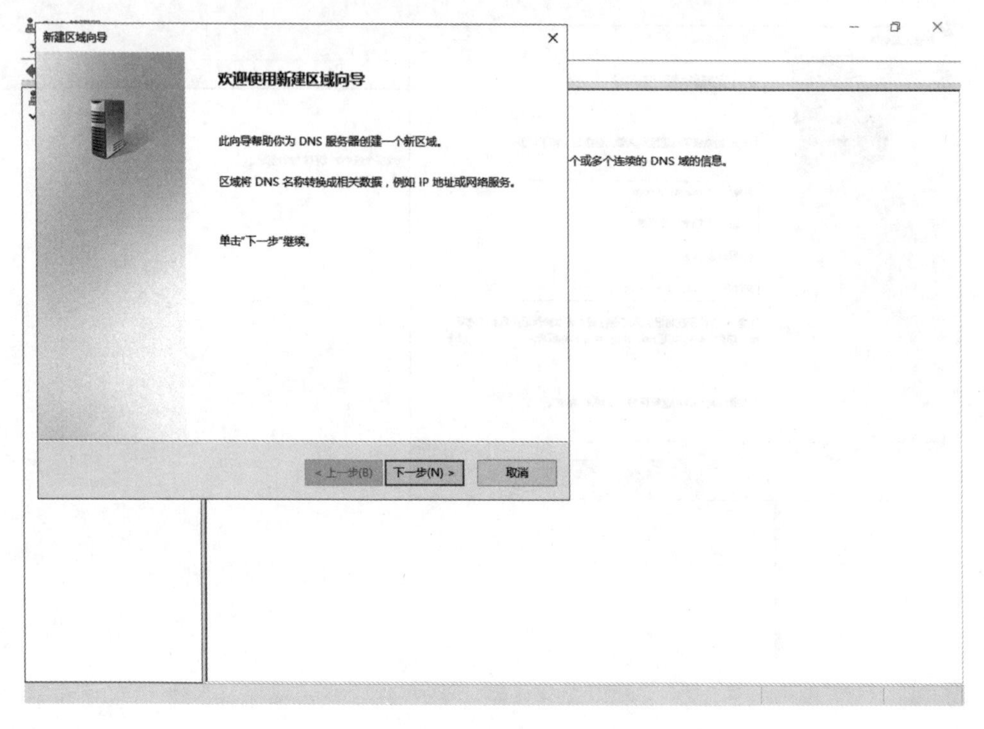

图 8-14

选择“主要区域”，单击“下一步”按钮，如图 8-15 所示。

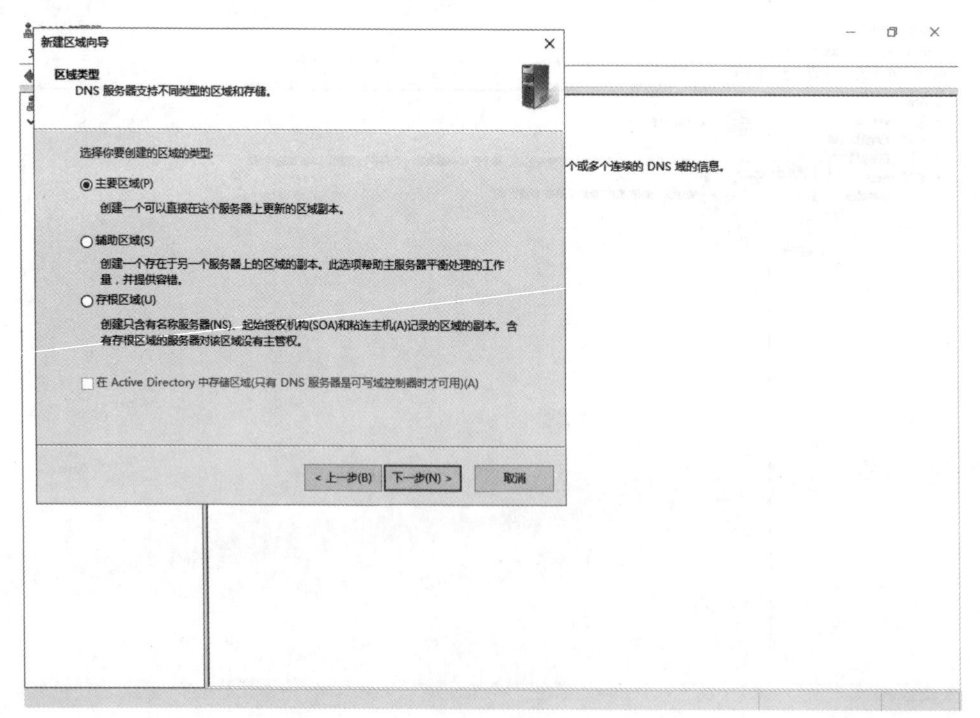

图 8-15

选择“IPv4 反向查找区域”，单击“下一步”按钮，如图 8-16 所示。

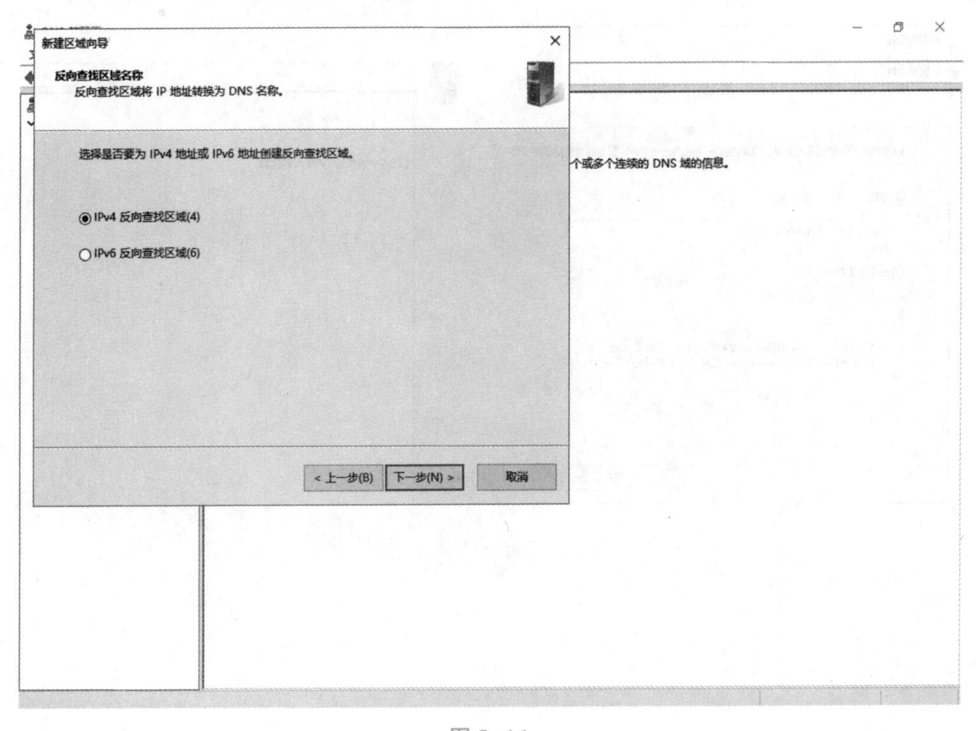

图 8-16

输入网络 ID，单击“下一步”按钮，如图 8-17 所示。

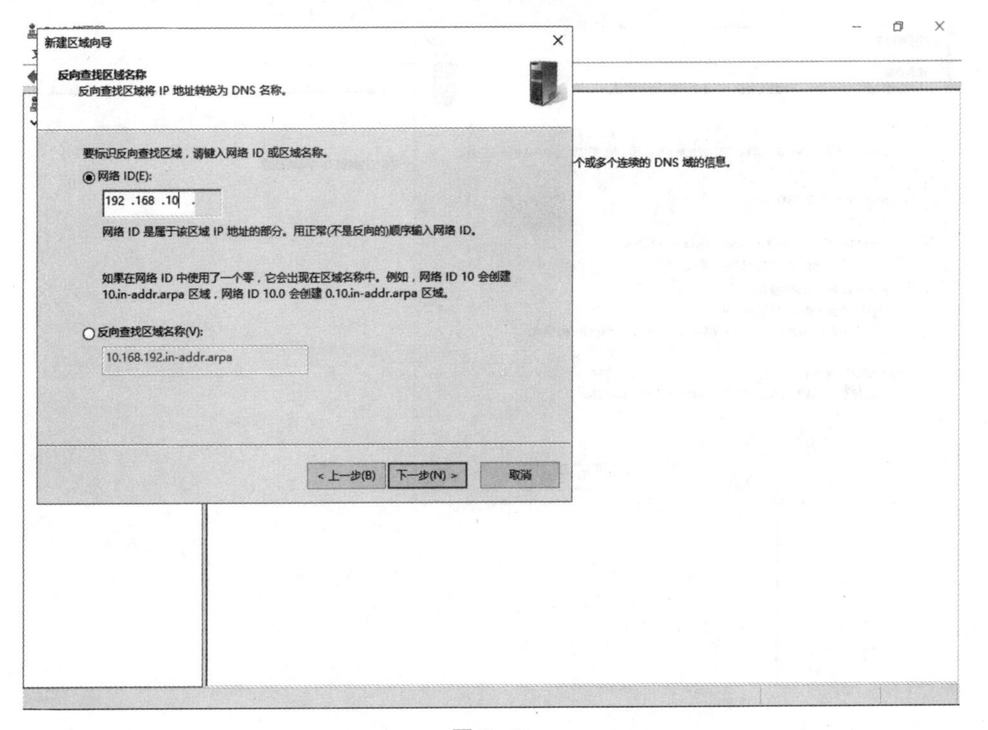

图 8-17

设置区域文件名称，单击“下一步”按钮，如图 8-18 所示。

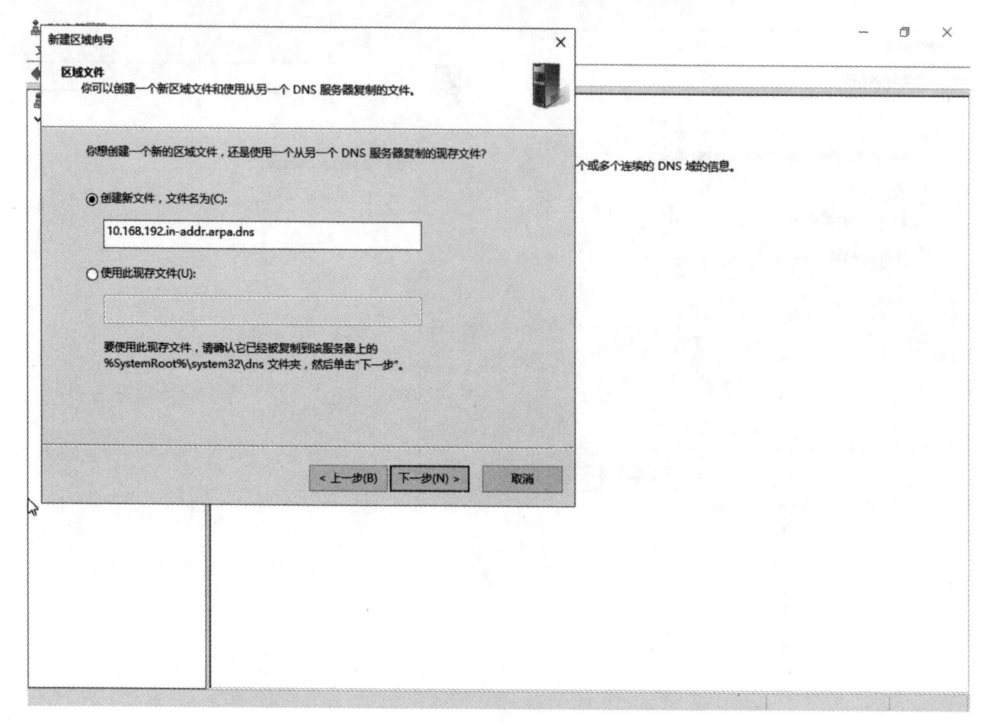

图 8-18

选择“不允许动态更新”，单击“下一步”按钮，如图 8-19 所示。

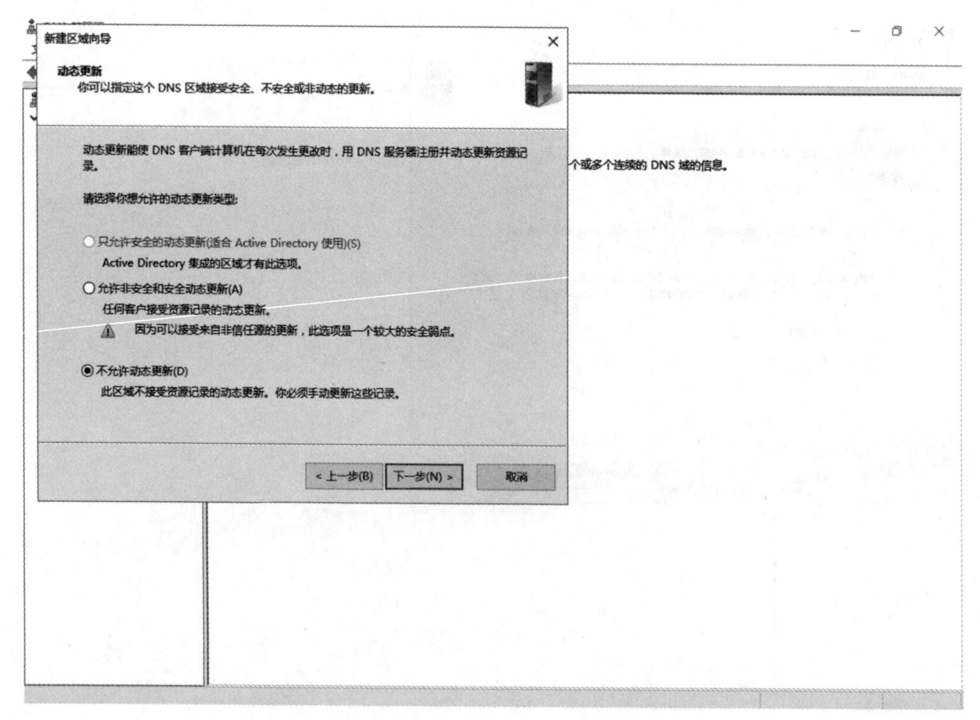

图 8-19

单击“完成”按钮，如图 8-20 所示。

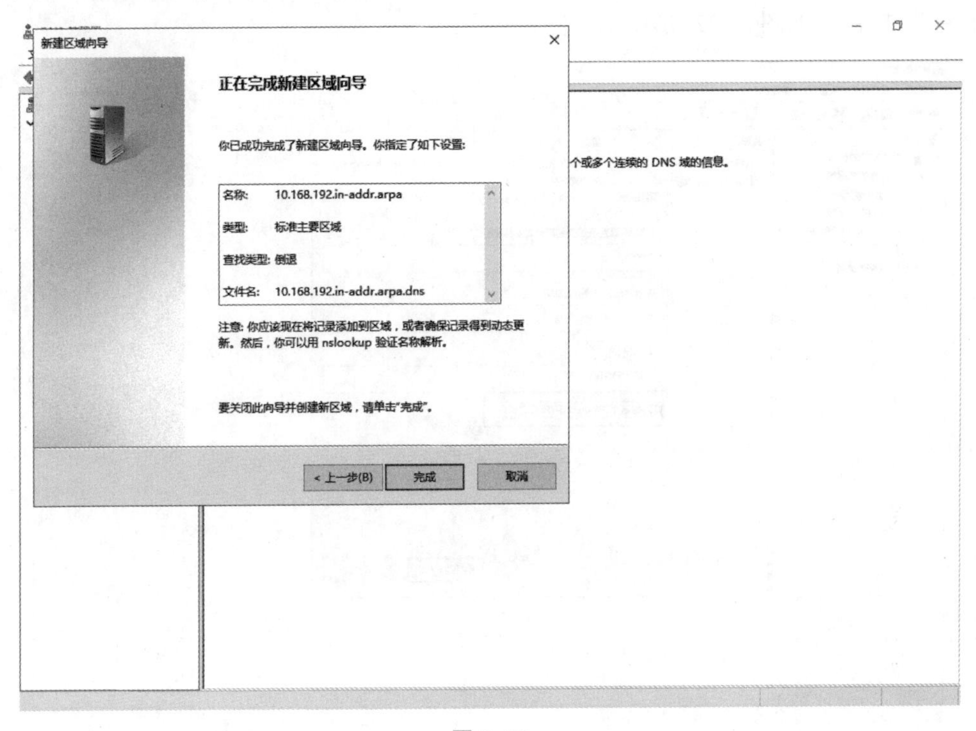

图 8-20

选择“新建主机”，如图 8-21 所示。

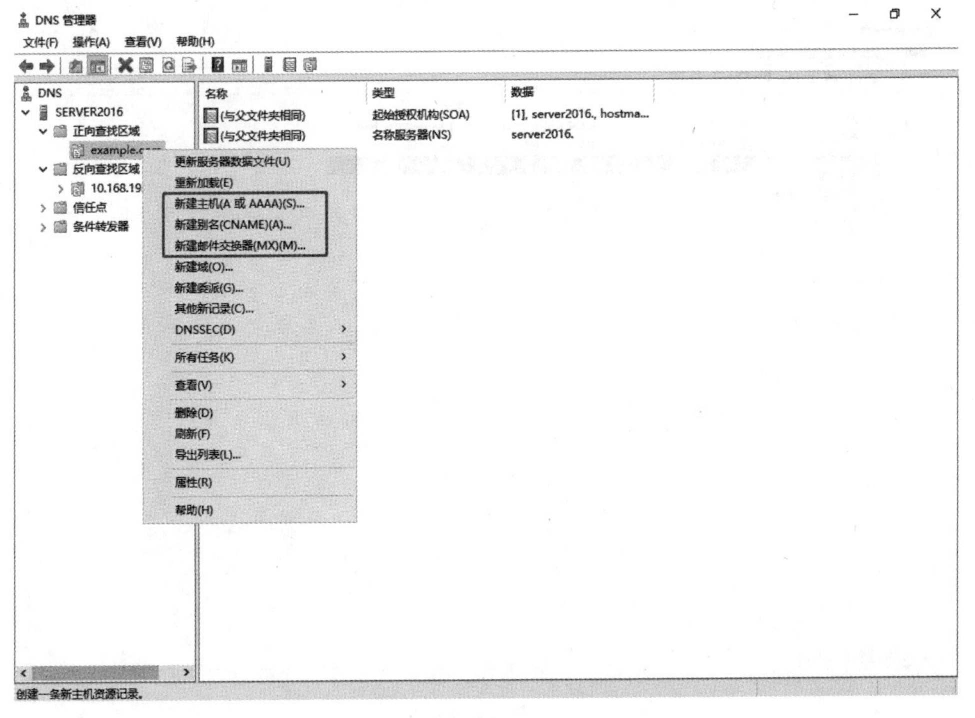

图 8-21

输入名称、IP 地址，创建相关的指针记录，选择“创建相关的指针(PTR)记录”，单击“添加主机”按钮，如图 8-22 所示。

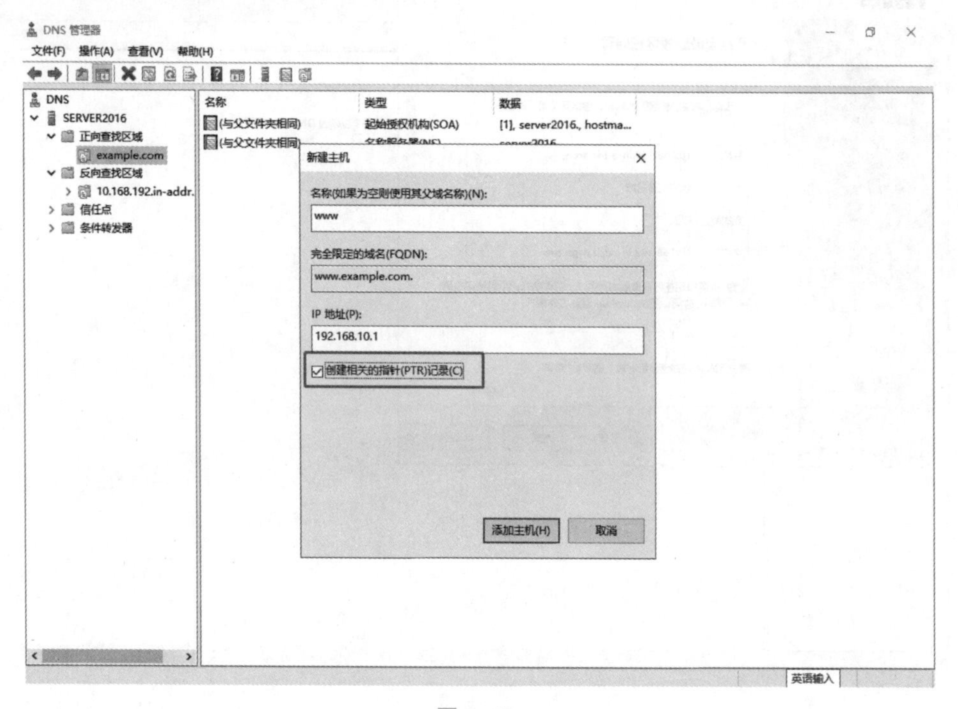

图 8-22

查看 PTR，如图 8-23 所示。

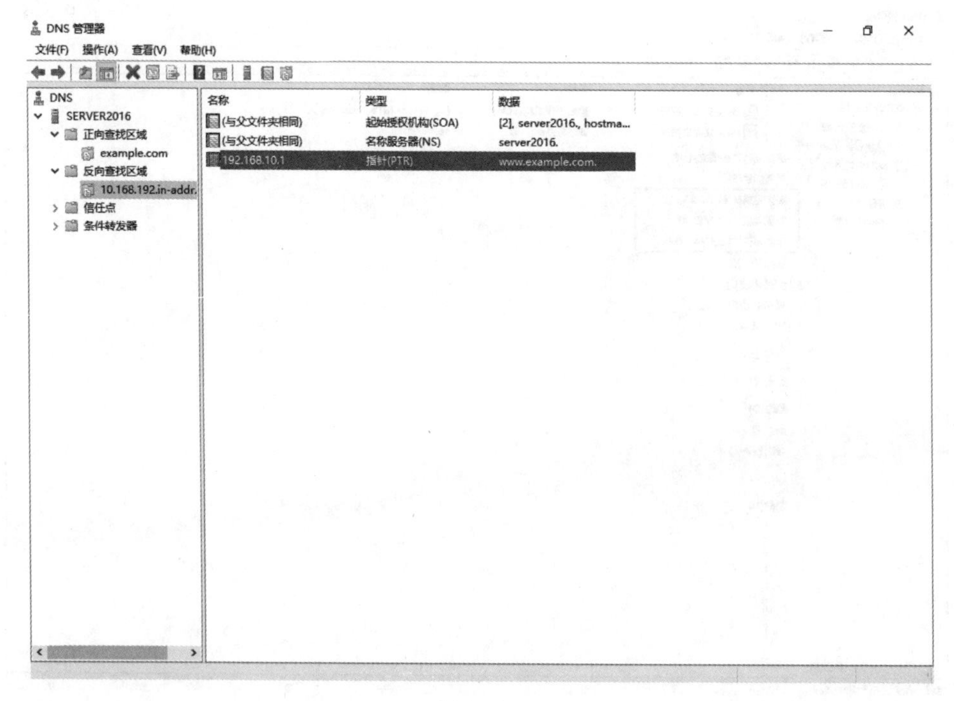

图 8-23

进行解析测试，如图 8-24 所示。

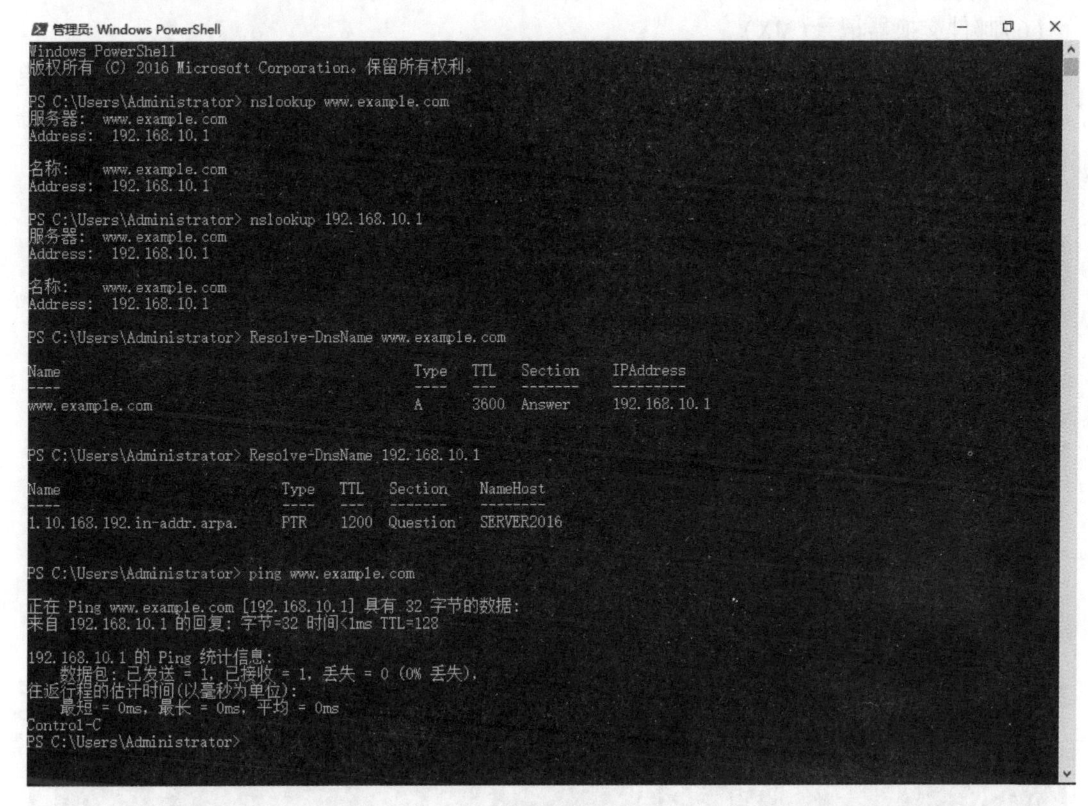

图 8-24

2. DNS 记录类型解析

(1)地址映射记录(A)

A 记录指定给定主机的 IP 地址(IPv4)。A 记录用于将域名转换为相应的 IP 地址。

(2)IP 版本 6 地址记录(AAAA)

AAAA 记录(也是 quad-A 记录)指定给定主机的 IPv6 地址。因此，它与 A 记录的工作方式相同，区别在于 IP 地址的类型。

(3)规范名称记录(CNAME)

CNAME 记录指定了为解析原始 DNS 查询而必须查询的域名。因此，CNAME 记录用于创建域名的别名。当想将域名别名解析到外部的域名时，CNAME 记录是非常有用的。在其他情况下，可以删除 CNAME 记录并将其替换为 A 记录，甚至可以降低性能开销。

(4)主机信息记录(HINFO)

HINFO 记录用于获取有关主机的一般信息。该记录指定了 CPU 和 OS 的类型。当两台主机想要通信时，HINFO 记录数据提供了使用操作系统特定协议的可能性。出于安全原因，HINFO 记录通常不在公共服务器上使用。

(5)综合业务数字网络记录(ISDN)

ISDN 记录指定主机的 ISDN 地址。ISDN 地址是由国家代码、国内目的地代码、ISDN 用户号码和可选的 ISDN 子地址组成的电话号码。该记录的功能只是 A 记录功能的变体。

(6)邮件交换器记录(MX)

MX 记录指定 DNS 域名的邮件交换服务器。简单邮件传输协议(SMTP)使用该信息将电子邮件路由到正确的主机。通常 DNS 域有多个邮件交换服务器，并且每个邮件交换服务器都设置了优先级，如图 8-25 所示。

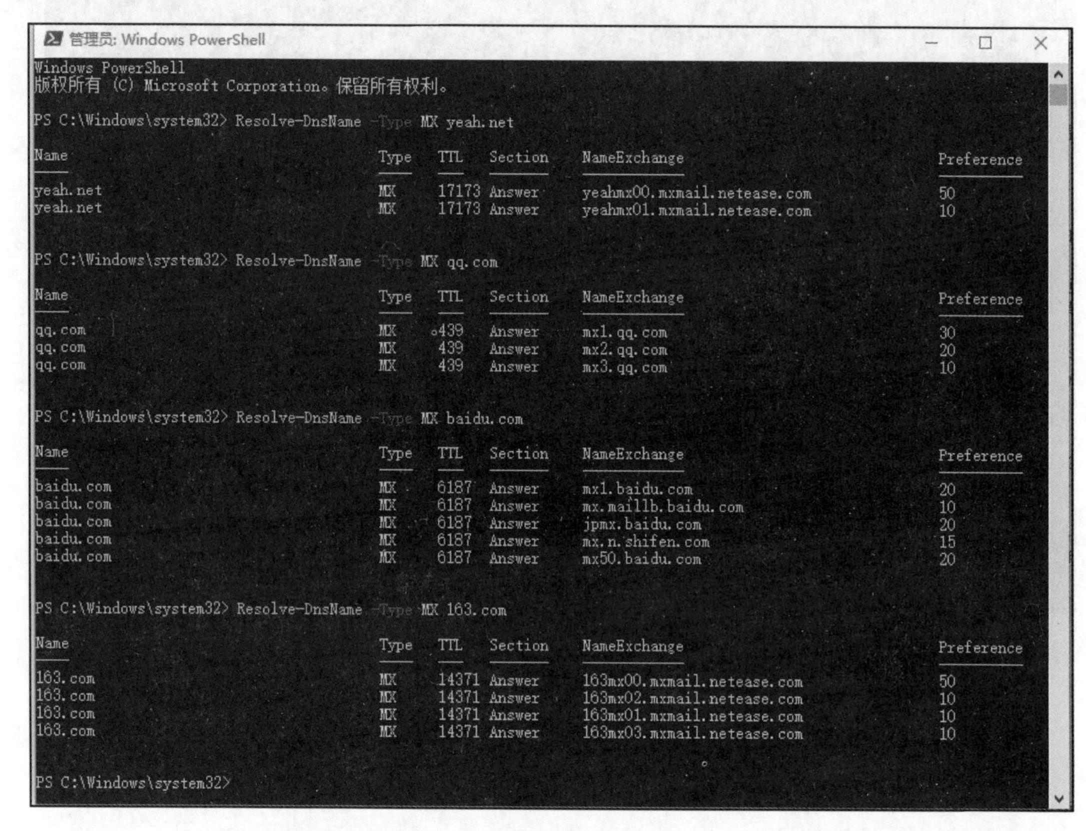

图 8-25

(7)名称服务器记录(NS)

NS 记录为给定主机指定了权威名称服务器。

(8)反向查找指针记录(PTR)

与转发 DNS 解析(A 和 AAAA 的 DNS 记录)相反，PTR 记录用于根据 IP 地址查找域名。

(9)权限记录开始(SOA)

该记录指定了有关 DNS 区域的核心信息，包括主名称服务器、域管理员的电子邮件、域序列号及与刷新区域有关的多个定时器。

(10)文本记录(TXT)

文本记录可以保存任意非格式的文本字符串。通常情况下，发件人策略框架(SPF)使用该记录来防止虚假电子邮件被发送。

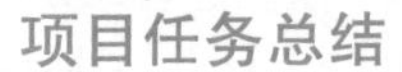

项目任务总结

本项目任务主要要求了解 Windows Server 2016 的 DNS 服务器的搭建与配置。

项目拓展

构建一个区域级解析的 DNS 服务器。

拓展练习

1. 根据图 8-26 所示拓扑图配置主机名及 IP 地址。

2. 将 DNS 服务器安装在 SERVER1 上，此服务器作为根域，能够解析所有的域名，所有域名均解析为 100. 100. 100. 100。

3. 将 DNS 服务器安装在 SERVER2 上，在 SERVER1 上所做的记录的修改，在 SERVER2 上能立即进行同步，并且不能进行增加和删除。

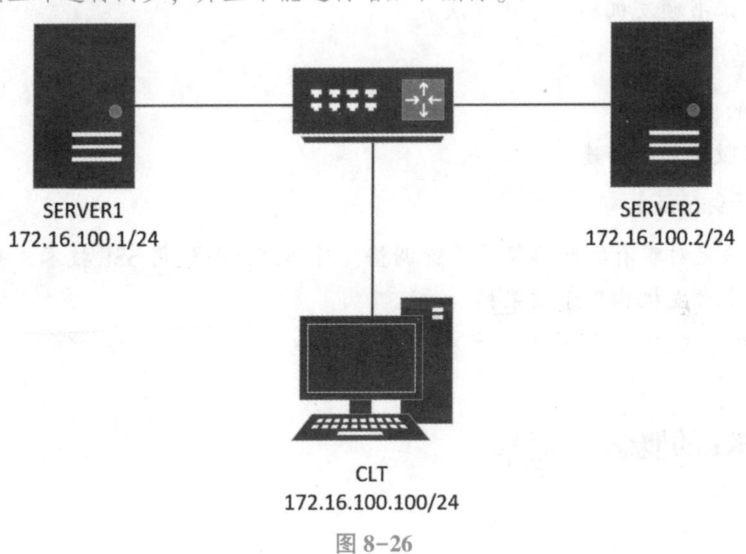

图 8-26

项目 9 建立证书服务器

【项目学习目标】

1. 掌握 PKI 的概念。
2. 掌握证书颁发机构的搭建方法。

【学习难点】

1. PKI 的概念。
2. 证书服务器的搭建。

【项目任务描述】

某公司决定对现有的网络架构进行调整，对部分业务使用 SSL 技术，并且构建公司专有的证书颁发机构用于该架构。

任务 1 PKI 的概念

任务描述

掌握 PKI 系统的概念；能够理解证书服务器的工作过程。

任务目标

掌握 PKI 系统的概念。

1. PKI 系统介绍

公钥基础设施是一个包括硬件、软件、人员、策略和规程的集合，用来实现基于公钥密码体制的密钥和证书的产生、管理、存储、分发和撤销等功能。

PKI 体系是计算机软硬件、权威机构及应用系统的结合。它为实施电子商务、电子政务、办公自动化等提供了基本的安全服务，从而使那些彼此不认识或距离很远的用户能通过信任链安全地交流。

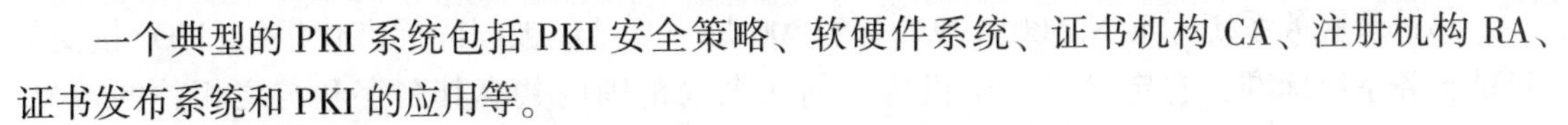

一个典型的PKI系统包括PKI安全策略、软硬件系统、证书机构CA、注册机构RA、证书发布系统和PKI的应用等。

(1)PKI安全策略

建立和定义了一个组织信息安全方面的指导方针，同时也定义了密码系统使用的处理方法和原则。它包括一个组织怎样处理密钥和有价值的信息，根据风险的级别定义安全控制的级别。

(2)证书机构CA

证书机构CA是PKI的信任基础，它管理公钥的整个生命周期，其作用包括：发放证书、规定证书的有效期和通过发布证书废除列表(CRL)确保必要时可以废除证书。

(3)注册机构RA

注册机构RA提供用户和CA之间的一个接口，它获取并认证用户的身份，向CA提出证书请求。它主要完成收集用户信息和确认用户身份的功能。这里所说的用户，是指将要向认证中心(即CA)申请数字证书的客户，可以是个人，也可以是集团或团体、某政府机构等。注册管理一般由一个独立的注册机构(即RA)来承担。它接受用户的注册申请，审查用户的申请资格，并决定是否同意CA给其签发数字证书。注册机构并不给用户签发证书，而只是对用户进行资格审查。因此，RA可以设置在直接面对客户的业务部门，如银行的营业部、机构认识部门等。当然，对于一个规模较小的PKI应用系统来说，可把注册管理的职能由认证中心CA来完成，而不设立独立运行的RA。但这并不是取消了PKI的注册功能，而只是将其作为CA的一项功能而已。PKI国际标准推荐由一个独立的RA来完成注册管理的任务，可以增强应用系统的安全。

(4)证书发布系统

证书发布系统负责证书的发放，如可以通过用户自己或是通过目录服务器发放。目录服务器可以是一个组织中现存的，也可以是PKI方案中提供的。

(5)PKI的应用

PKI的应用非常广泛，包括应用在Web服务器和浏览器之间的通信、电子邮件、电子数据交换(EDI)，以及在Internet上的信用卡交易和虚拟私有网(VPN)等。

通常来说，CA是证书的签发机构，它是PKI的核心。众所周知，构建密码服务系统的核心内容是实现密钥管理。公钥体制涉及一对密钥(即私钥和公钥)，私钥只由用户独立掌握，无须在网上传输，而公钥则是公开的，需要在网上传送，故公钥体制的密钥管理主要是针对公钥的管理问题，较好的方案是使用数字证书机制。

PKI的标准可分为两类：一类用于定义PKI，而另一类用于PKI的应用，下面主要介绍定义PKI的标准。

①描述在网络上传输信息格式的标准方法ASN.1。它有两部分：第一部分(ISO 8824/ITU X.208)描述信息内的数据、数据类型及序列格式(即数据的语法)；第二部分(ISO 8825/ITU X.209)描述如何将各部分数据组成消息，也就是数据的基本编码规则。这两个协议除了在PKI体系中被应用外，还被广泛应用于通信和计算机的其他领域。

②目录服务系统标准 X. 500(1993)。X. 500 是一套已经被国际标准化组织(ISO)接受的目录服务系统标准，它定义了一个机构如何在全局范围内共享其名字和与之相关的对象。X. 500 是层次性的，其中的管理域(机构、分支、部门和工作组)可以提供这些域内的用户和资源信息。在 PKI 体系中，X. 500 被用来唯一标识一个实体，该实体可以是机构、组织、个人或一台服务器。X. 500 被认为是实现目录服务的最佳途径，但 X. 500 的实现需要较大的投资，并且比其他方式速度慢；但其优势是具有信息模型、多功能和开放性。

③IDAP 轻量级目录访问协议 IDAP V3。LDAP 规范(RFCl487)简化了笨重的 X. 500 目录访问协议，并且在功能性、数据表示、编码和传输方面都进行了相应的修改，1997 年，LDAP 第 3 版本成为互联网标准。IDAP V3 已经在 PKI 体系中被广泛应用于证书信息发布、CRI 信息发布、CA 政策及与信息发布相关的各个方面。

④数字证书标准 X. 509(1993)。X. 509 是国际电信联盟(ITU-T)制定的数字证书标准。在 X. 500 确保用户名称唯一性的基础上，X. 509 为 X. 500 用户名称提供了通信实体的鉴别机制并规定了实体鉴别过程中广泛适用的证书语法和数据接口。X. 509 的最初版本公布于 1988 年，由用户公开密钥和用户标识符组成。此外，还包括版本号、证书序列号、CA 标识符、签名算法标识、签发者名称、证书有效期等信息。这一标准的最新版本是 X. 509 V3，该版数字证书提供了一个扩展信息字段，用来提供更多的灵活性及特殊应用环境下所需的信息传送。

⑤OCSP 在线证书状态协议。OCSP(Online Certificate Status Protocol)是 IETF 颁布的用于检查数字证书在某一交易时刻是否仍然有效的标准。该标准提供给 PKI 用户一条方便快捷的数字证书状态查询通道，使 PKI 体系能够更有效、更安全地在各个领域中被广泛应用。

⑥PKCS 系列标准。PKCS 是南美 RSA 数据安全公司及其合作伙伴制定的一组公钥密码学标准，其中包括证书申请、证书更新、证书作废表发布、扩展证书内容及数字签名、数字信封的格式等方面的一系列相关协议。

2. 证书颁发机构的概念

Microsoft Active Directory 证书服务(AD CS)是一个平台，提供用于发布和管理公共密钥基础结构(PKI)证书的服务。这些数字证书用于保护 HTTPS 连接，验证网络上的设备和用户等。此服务已在 Windows Server 2000 中引入，并且自 Windows Server 2008 R2 起，AD CS 在服务器管理器中可用作服务器。

任务 2 安装证书颁发机构

任务描述

掌握 Windows 证书颁发机构的安装方法，在现有的 AD 环境中进行架设。

任务目标

掌握 AD CS 的配置方法。

Windows Server 2016 中文版的证书颁发机构偶尔会出现不稳定的情况，建议使用英文版本进行安装 CA。

在服务器管理器中，单击“管理”菜单，然后单击“添加角色和功能”按钮。

在“选择服务器角色”向导中，选择“Active Directory 证书服务”，如图 9-1 所示。

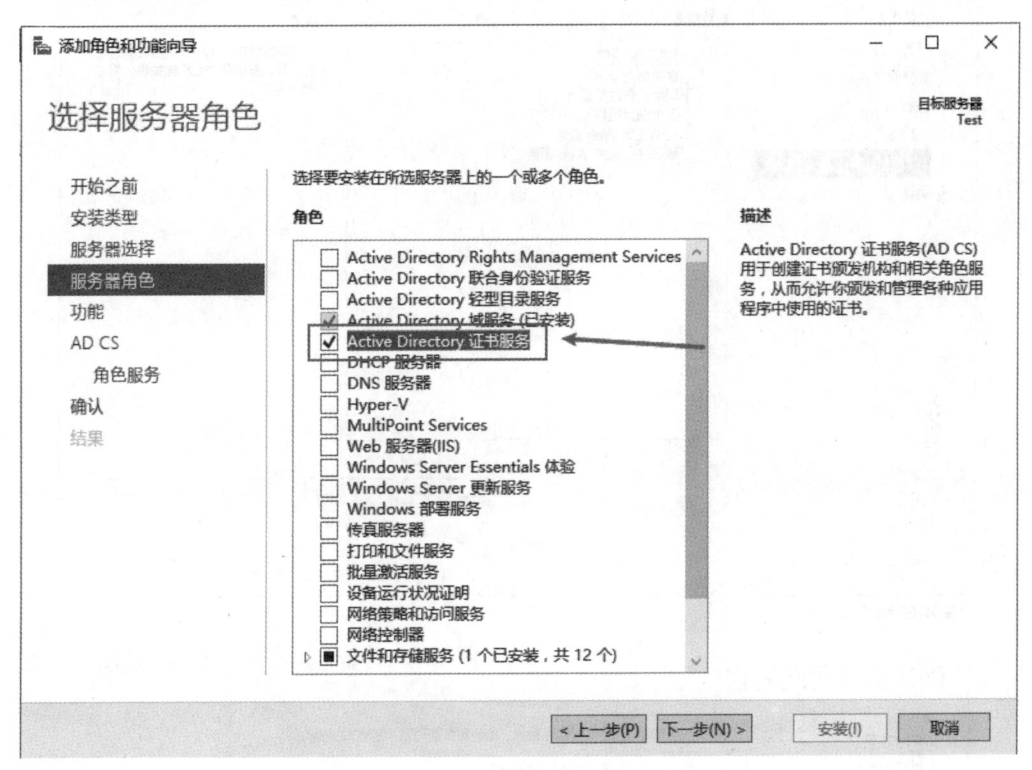

图 9-1

在“选择功能”选项中，保持默认选项，单击“下一步”按钮。

阅读“Active Directory 证书服务”页面中的信息，然后单击“下一步”按钮。

在“角色服务”中，选择“证书颁发机构”，然后单击“下一步”按钮，如图 9-2 所示。

注意：使用不同角色的服务如下，可以根据需要选择其中一项或多项功能。

证书颁发机构：用于向用户、计算机和服务颁发证书，以及管理证书的有效性。

证书注册策略 Web 服务：允许用户和计算机检索有关其证书注册策略的信息。

证书注册 Web 服务：允许不属于域网络的外部客户端通过 Web 浏览器连接到 CA 以请求证书。

网络设备注册服务：允许没有域账户的路由器和其他网络设备获取证书。

联机响应程序：接收并处理有关证书状态的请求，并发回包含请求的证书状态信息的签名响应。

在“确认安装所选内容”页面中，单击“安装”按钮，以在服务器上安装角色、角色服务或功能，如图 9-3 所示。

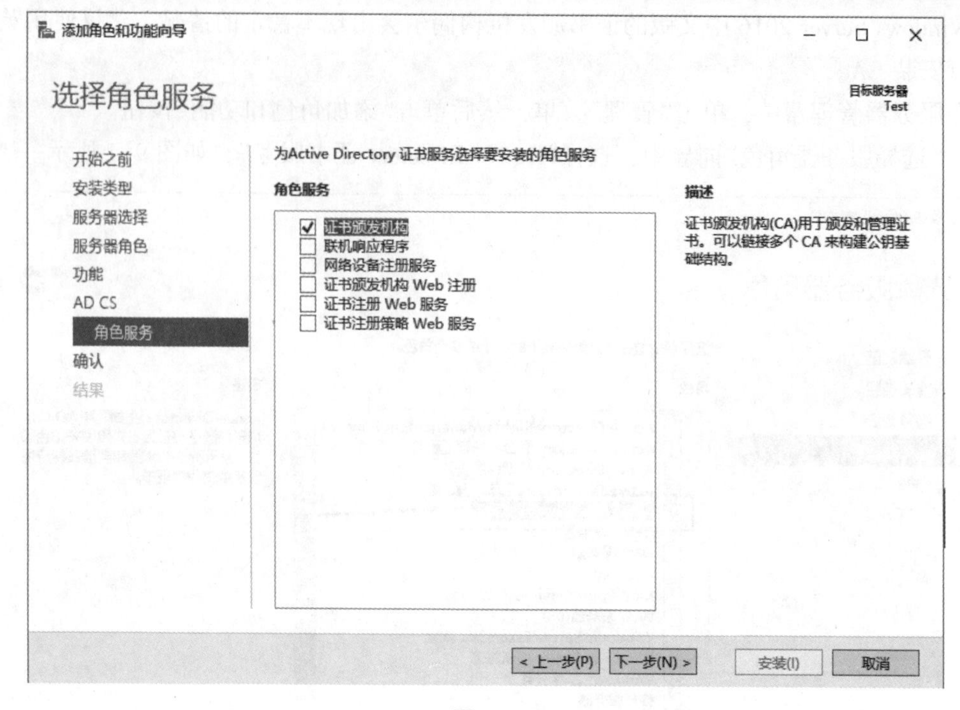

图 9-2

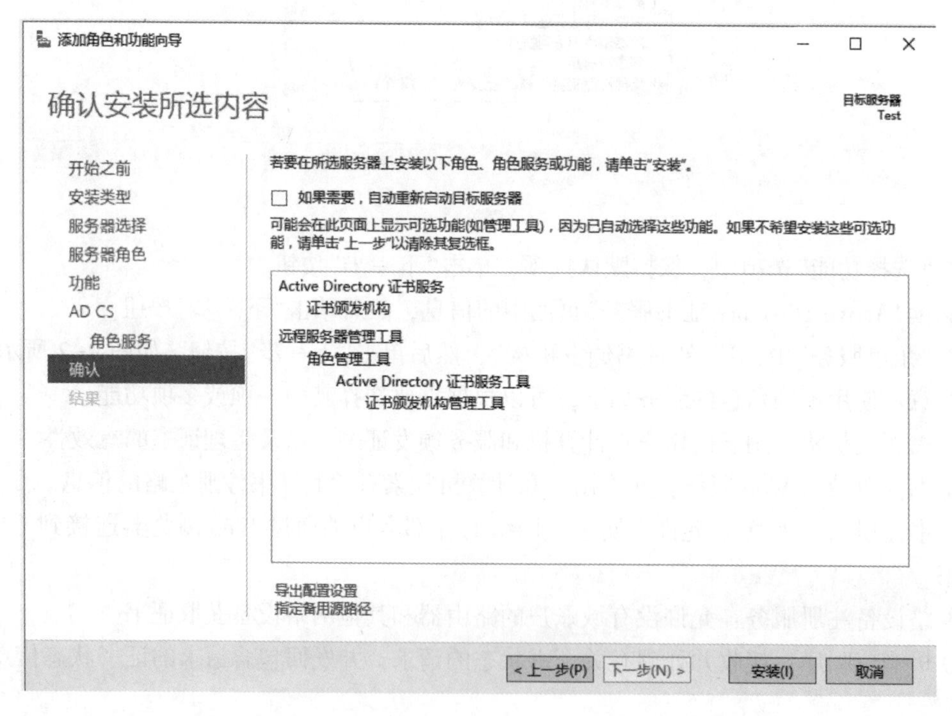

图 9-3

安装完成后，单击链接配置目标服务器上的"Active Directory 证书服务"，如图 9-4 所示。

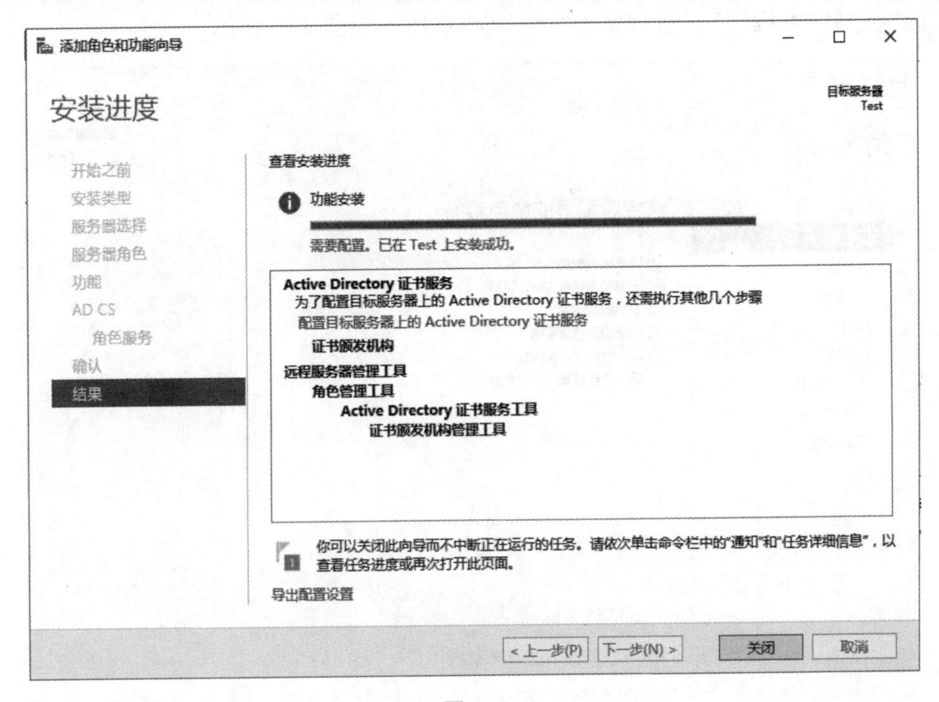

图 9-4

打开“AD CS 配置”向导后，读取凭据信息，并在需要时插入 Enterprise Admins 组成员账户的凭据。然后单击“下一步”按钮，如图 9-5 所示。

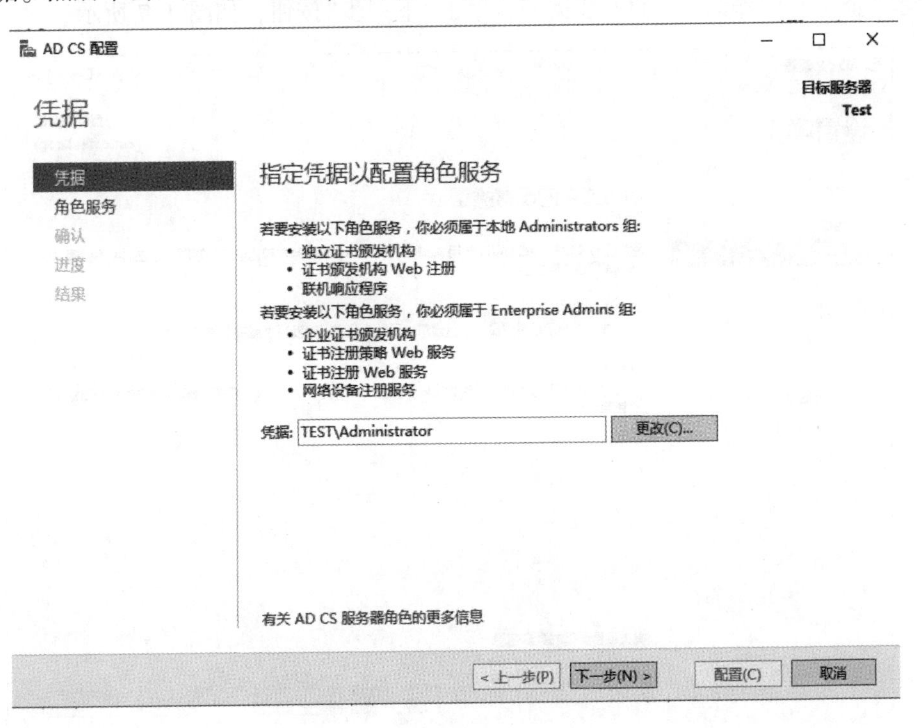

图 9-5

勾选“证书颁发机构”，然后单击“下一步”按钮，如图 9-6 所示。

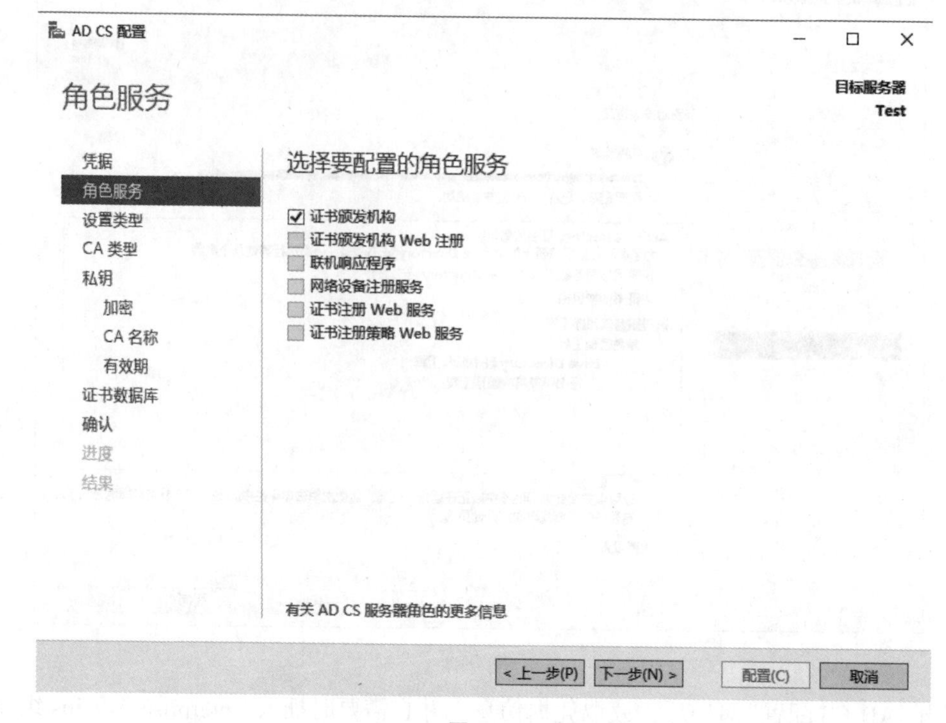

图 9-6

选择“企业 CA”作为 CA 的安装类型，单击“下一步”按钮，如图 9-7 所示。

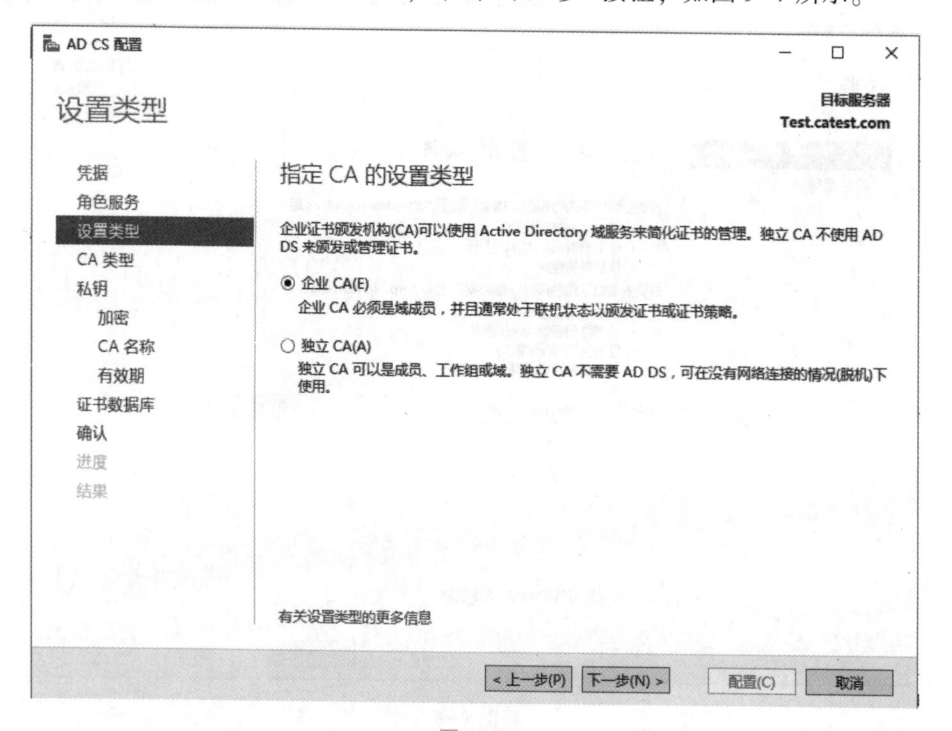

图 9-7

选择“根CA”作为CA的类型，单击“下一步”按钮，如图9-8所示。

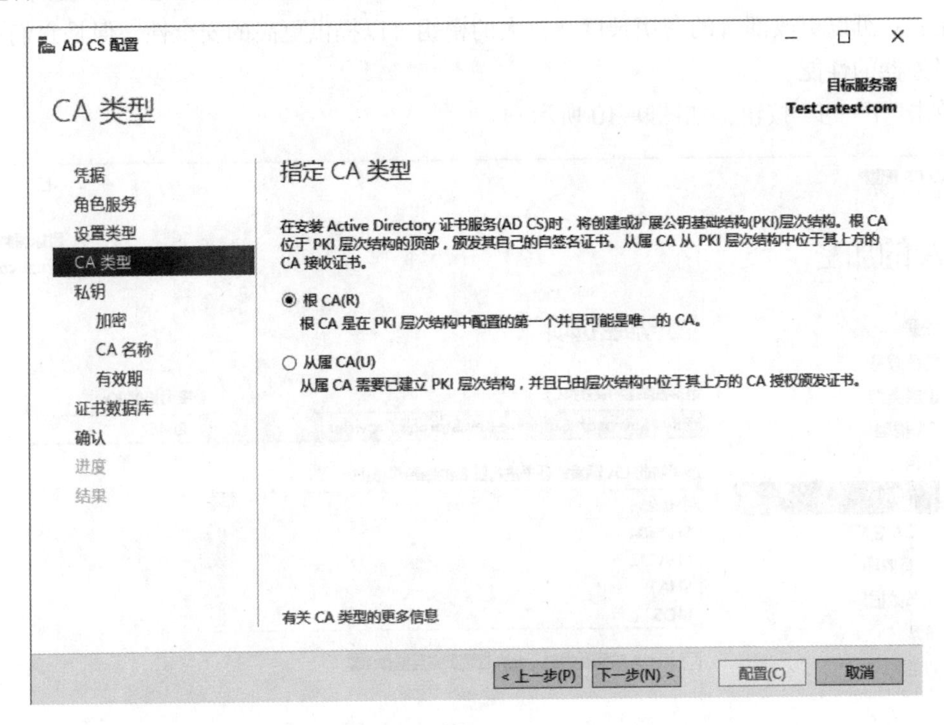

图9-8

选择“创建新的私钥”，单击“下一步”按钮，如图9-9所示。

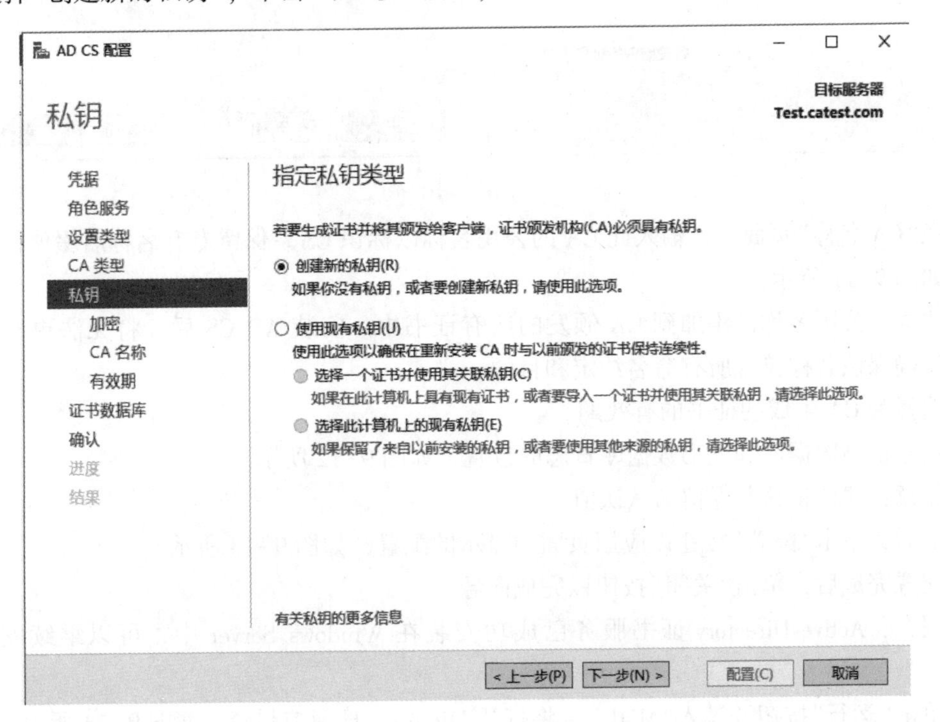

图9-9

在“CA 的加密”页面上，保留密码提供程序、密钥长度和哈希算法的默认设置。

注意：可以更改部署的密钥长度。较大的密钥可以提供更高的安全性，但是它们可能会影响服务器的性能。

单击“下一步”按钮，如图 9-10 所示。

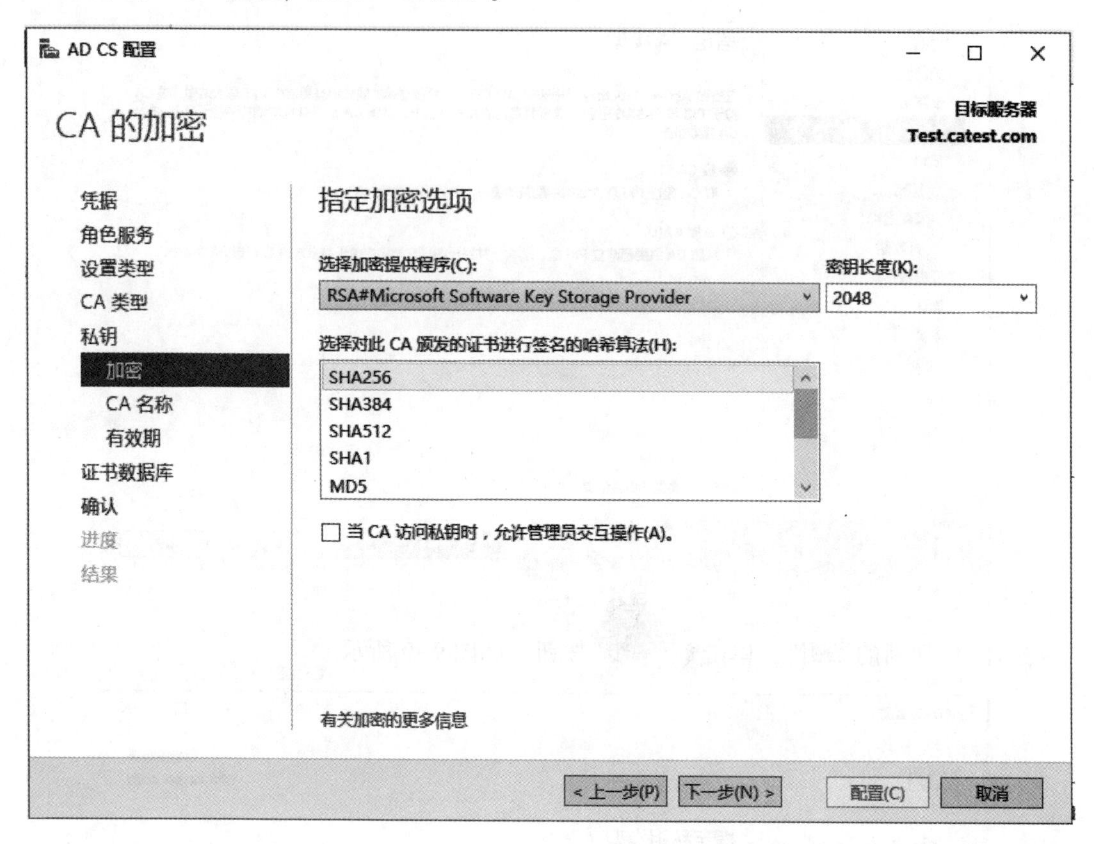

图 9-10

在“CA 名称”页面上，输入此 CA 的公用名称以标识 CA。保留专有名称后缀值作为默认值，如图 9-11 所示。

注意：公用名称已添加到 CA 颁发的所有证书中。安装 AD CS 后，将无法更改它。因此，需确保该名称符合所有命名约定和目的。

选择为 CA 生成的证书的有效期。

指定证书数据库和证书数据库日志的位置，如图 9-12 所示。

注意：建议将这些保留为默认值。

最后，单击“配置”按钮以应用页面中显示的配置，如图 9-13 所示。

配置完成后，单击“关闭”按钮以完成向导。

现在，Active Directory 证书服务已成功安装在 Windows Server 中，可以继续安装 SSL 证书。

单击“运行”按钮并键入“MMC”，将打开 Microsoft 管理控制台，如图 9-14 所示。

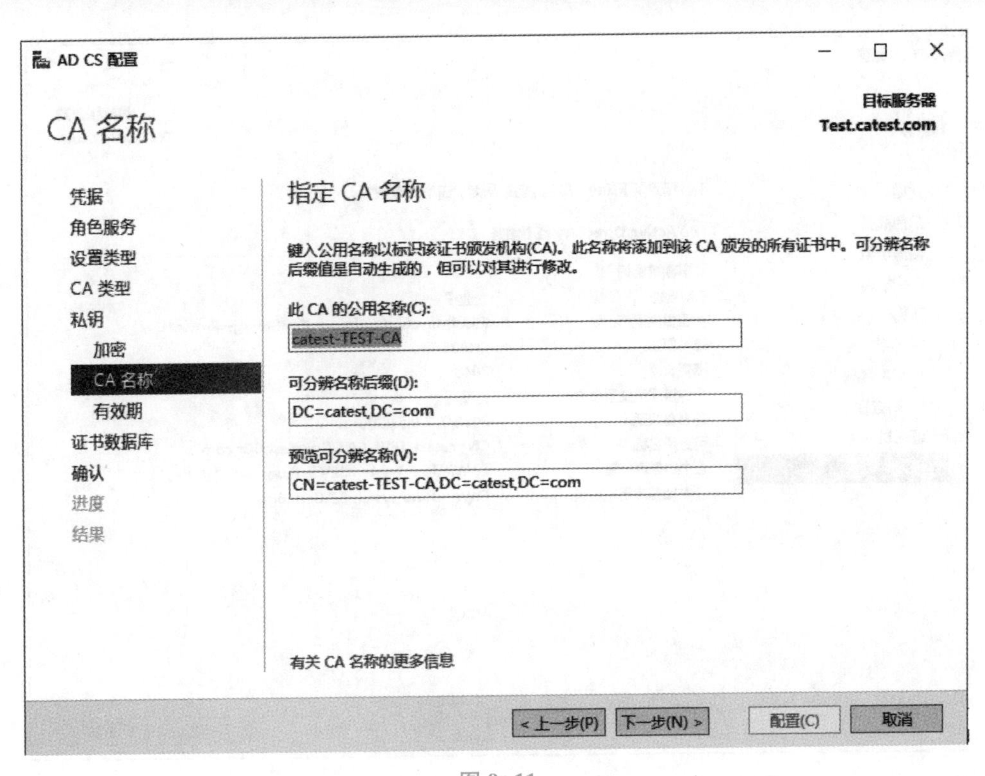
AD CS 配置
CA 名称
目标服务器
Test.catest.com
凭据
角色服务
设置类型
CA 类型
私钥
加密
CA 名称
有效期
证书数据库
确认
进度
结果
指定 CA 名称
键入公用名称以标识该证书颁发机构(CA)。此名称将添加到该 CA 颁发的所有证书中。可分辨名称后缀值是自动生成的，但可以对其进行修改。
此 CA 的公用名称(C):
catest-TEST-CA
可分辨名称后缀(D):
DC=catest,DC=com
预览可分辨名称(V):
CN=catest-TEST-CA,DC=catest,DC=com
有关 CA 名称的更多信息
< 上一步(P)
下一步(N) >
配置(C)
取消

图 9-11

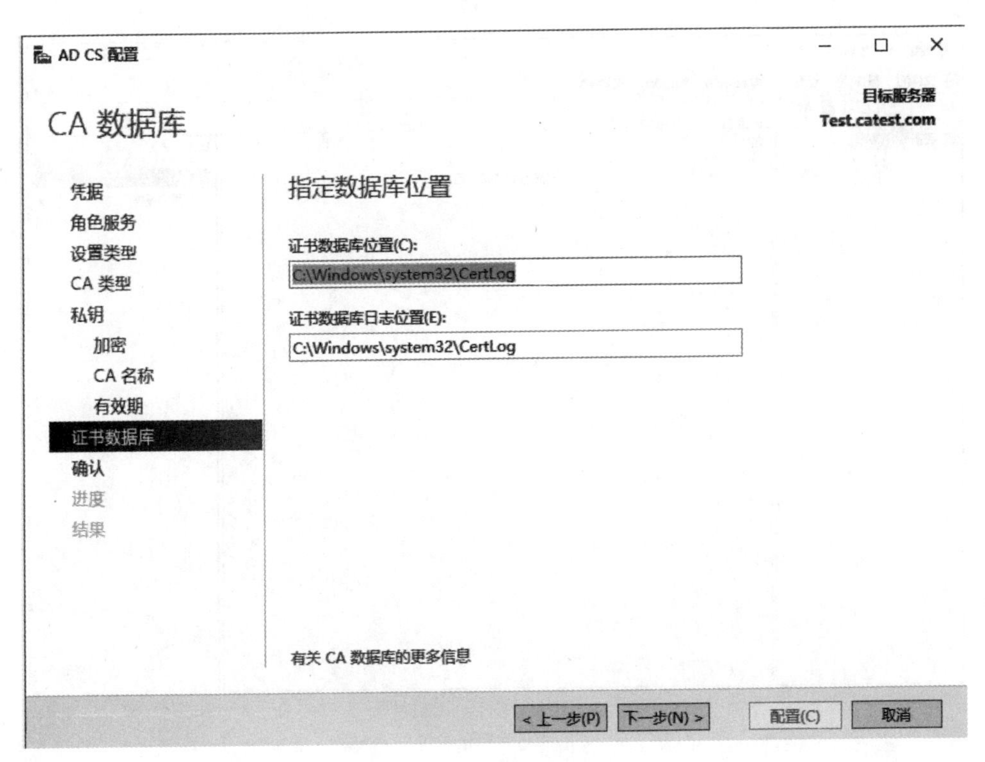
AD CS 配置
CA 数据库
目标服务器
Test.catest.com
凭据
角色服务
设置类型
CA 类型
私钥
加密
CA 名称
有效期
证书数据库
确认
进度
结果
指定数据库位置
证书数据库位置(C):
C:\Windows\system32\CertLog
证书数据库日志位置(E):
C:\Windows\system32\CertLog
有关 CA 数据库的更多信息
< 上一步(P)
下一步(N) >
配置(C)
取消

图 9-12

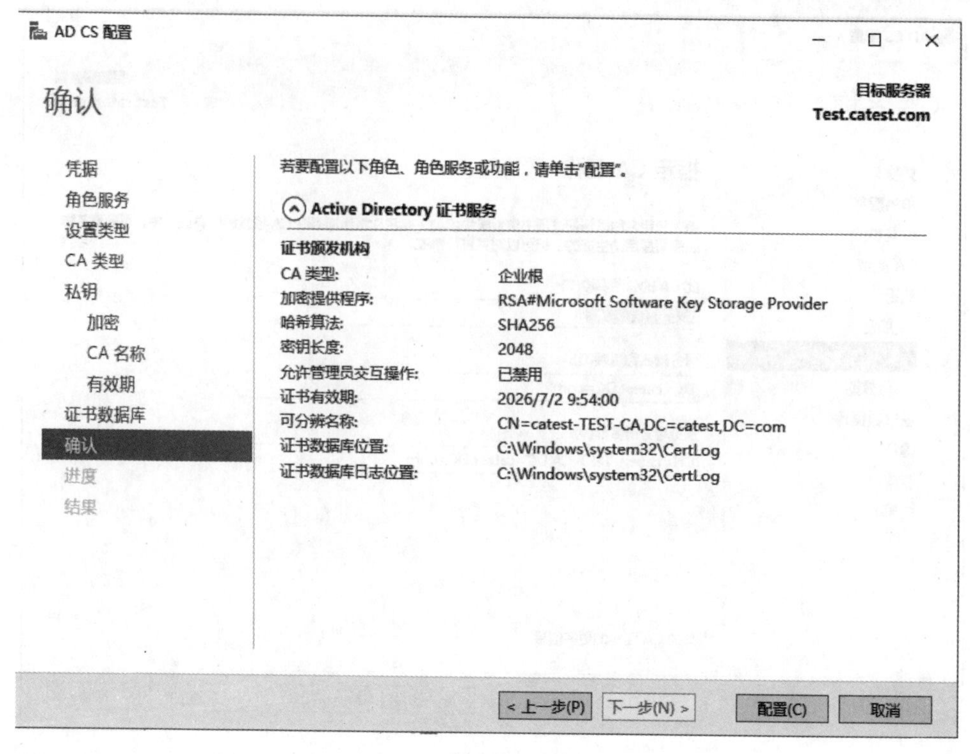

图 9-13

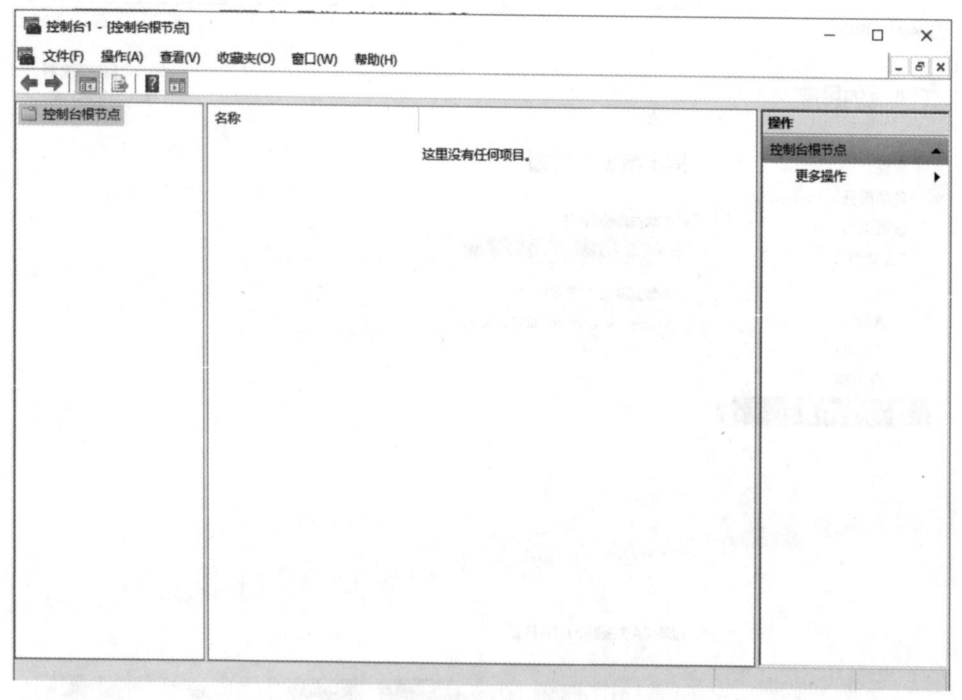

图 9-14

在 MMC 控制台中，单击“文件”菜单，选择“添加/删除管理单元”，如图 9-15 所示。

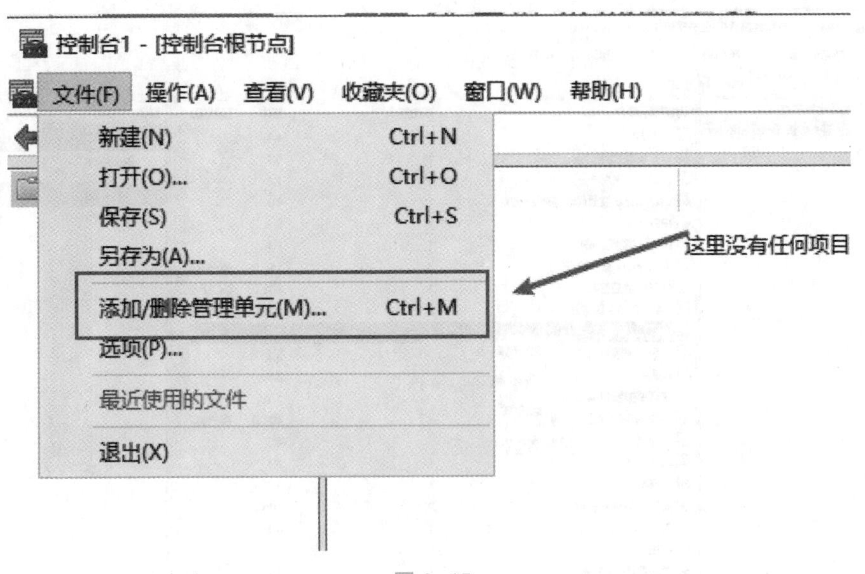

图 9-15

选择“证书模板”，然后单击“添加”按钮，单击“确定”按钮，如图 9-16 所示。

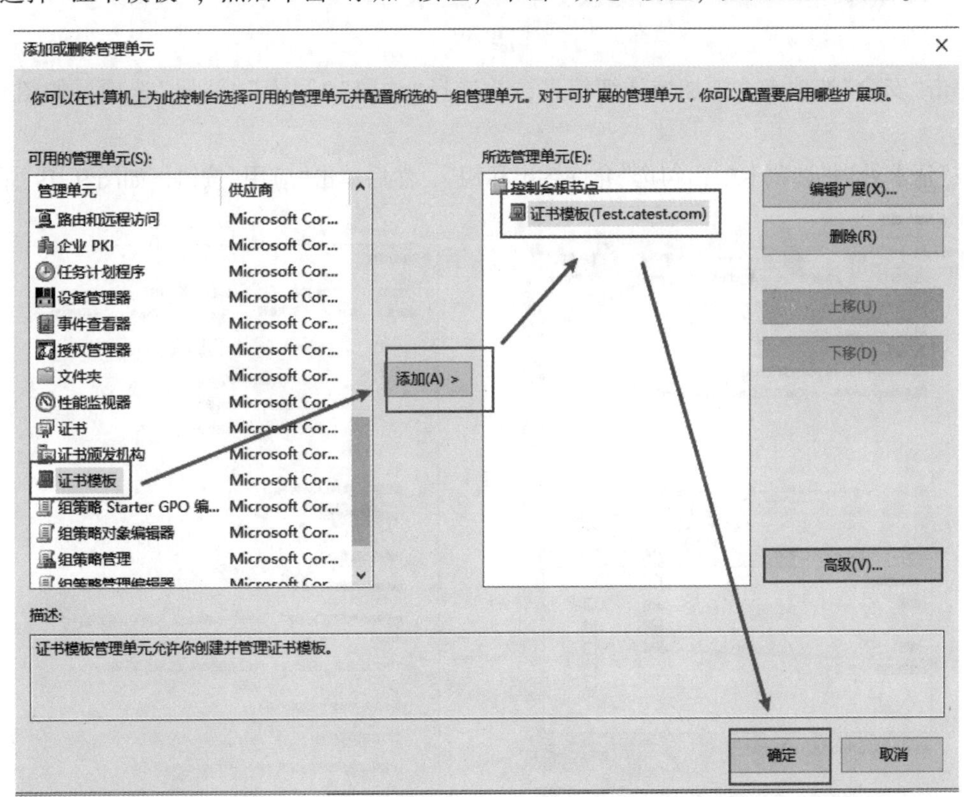

图 9-16

控制台屏幕显示证书模板。在屏幕的右侧右击“Web 服务器”，选择“复制模板”，如图 9-17 所示。新模板的属性将出现。

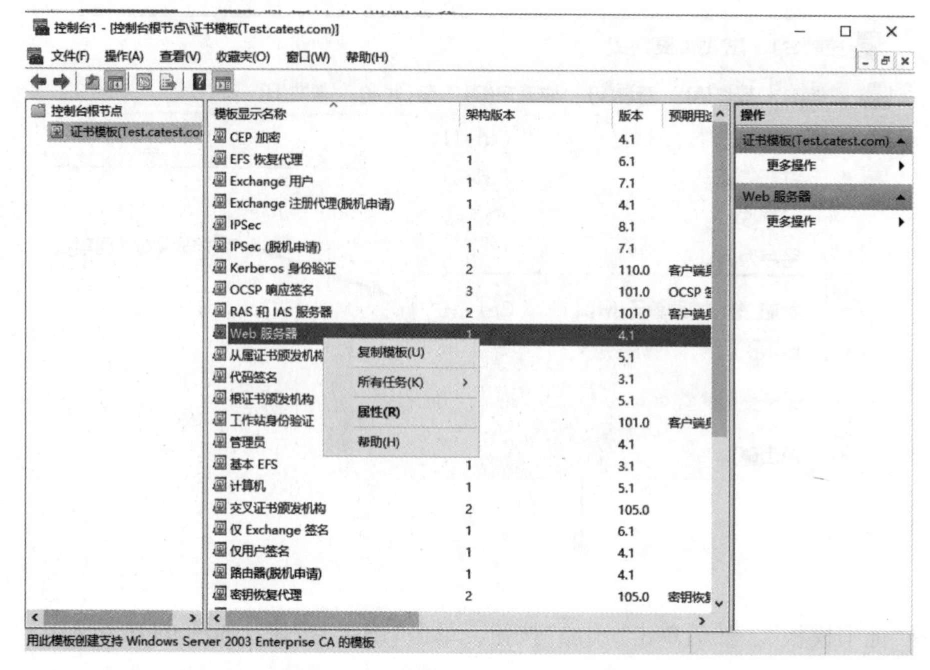

图 9-17

单击“安全”选项卡，添加域详细信息，并选择“读取”“写入”“注册”选项，如图 9-18 所示。

在“请求处理”选项卡中，勾选“允许导出私钥”，然后单击“应用”按钮，如图 9-19 所示。

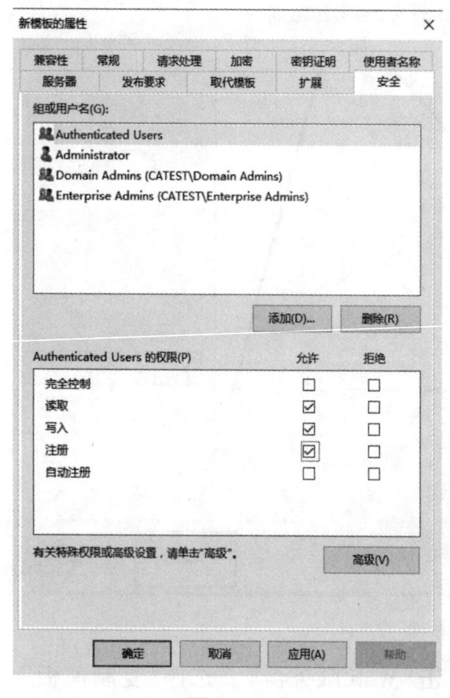

图 9-18

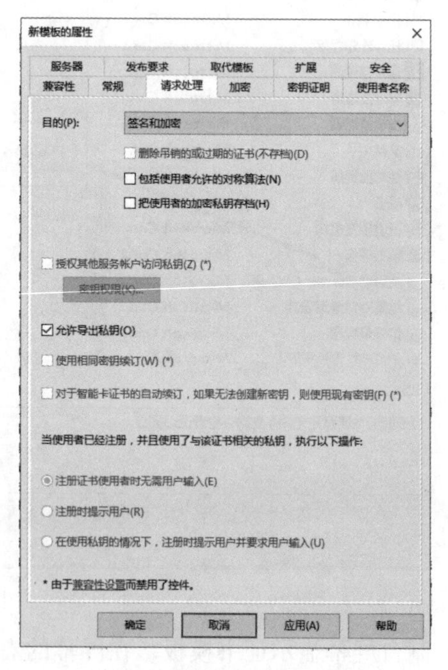

图 9-19

模板名称可以根据要求进行更改。将模板名称更改为“vembuadfs”，如图 9-20 所示。

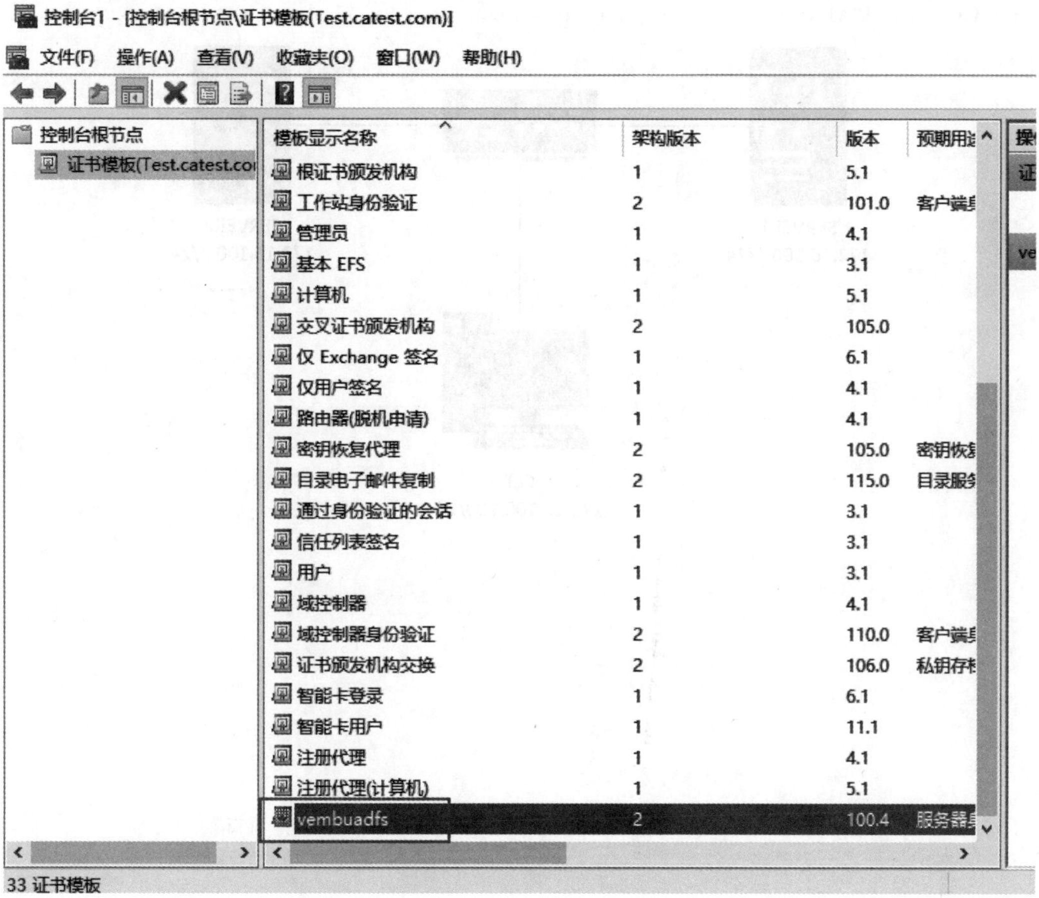

控制台1 - [控制台根节点\证书模板(Test.catest.com)]

文件(F)　操作(A)　查看(V)　收藏夹(O)　窗口(W)　帮助(H)

控制台根节点
证书模板(Test.catest.co

模板显示名称	架构版本	版本	预期用途
根证书颁发机构	1	5.1	
工作站身份验证	2	101.0	客户端身
管理员	1	4.1	
基本 EFS	1	3.1	
计算机	1	5.1	
交叉证书颁发机构	2	105.0	
仅 Exchange 签名	1	6.1	
仅用户签名	1	4.1	
路由器(脱机申请)	1	4.1	
密钥恢复代理	2	105.0	密钥恢复
目录电子邮件复制	2	115.0	目录服务
通过身份验证的会话	1	3.1	
信任列表签名	1	3.1	
用户	1	3.1	
域控制器	1	4.1	
域控制器身份验证	2	110.0	客户端身
证书颁发机构交换	2	106.0	私钥存档
智能卡登录	1	6.1	
智能卡用户	1	11.1	
注册代理	1	4.1	
注册代理(计算机)	1	5.1	
vembuadfs	2	100.4	服务器身

33 证书模板

图 9-20

至此，SSL 证书安装完成。

项目任务总结

本项目任务主要要求了解 Windows Server 2016 的证书颁发机构安装，以及理解 PKI。

项目拓展

构建一个 Web 形式的证书颁发机构。

拓展练习

1. 根据图 9-21 所示的拓扑图配置主机名及 IP 地址。
2. 将 AD 域安装在 SERVER1 上，域名为 contoso. com。
3. 将 CLT 加入域 contoso. com，SERVER2 为工作组。
4. 在 SERVER1 和 SERVER2 上安装证书颁发机构供 CLT 注册证书，SERVER1 通过证书模板的方式注册证书，SERVER2 通过 Web 的方式注册证书。

5. CLT 注册的证书公用名分别为 enterprise. contoso. com 和 standalone. workgroup. cn。

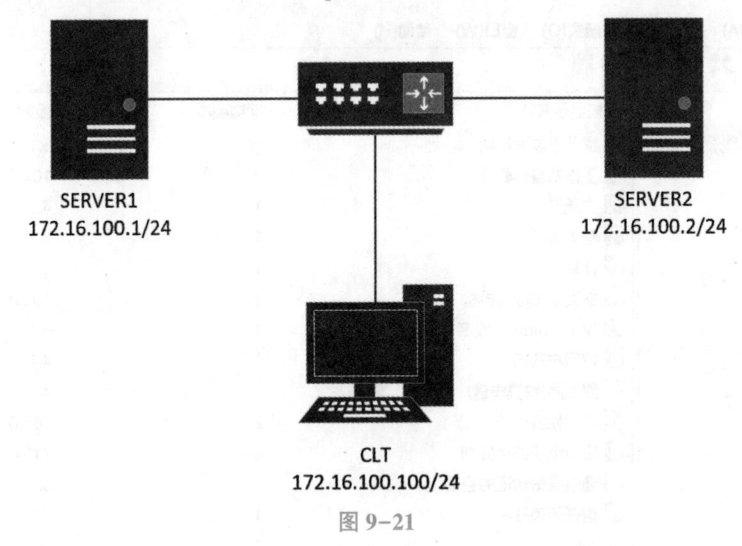

图 9-21

项目 10
建立 Web 服务器

【项目学习目标】

1. 掌握 HTTP 与 HTTPS 的区别。
2. 掌握 Web 服务器的构建。
3. 掌握 WebDAV 的配置。

【学习难点】

Web 服务器的构建。

【项目任务描述】

某公司业务需要拓展到 Web，现在计划构建一个安全、稳定的 Web 服务器，并且启用 WebDAV 功能，完成 Web 配置要求，掌握 Web 的安全加固。

任务 1　Web 服务器构建与介绍

任务描述

了解 IIS 的一些特性，掌握 IIS-Web 的配置方法。

任务目标

掌握 Web 服务器的配置。

1. IIS 介绍

Internet Information Services(IIS)，以前称为 Internet Information Server，是由 Microsoft 研发的 Web 服务器。IIS 与 Microsoft Windows 操作系统一起使用，以 Apache 作为竞争对手，Apache是基于 UNIX/Linux 系统的最流行的网络服务器。

IIS 随 Microsoft Windows 一起发展。Windows 的早期版本的 IIS 1.0 与 Windows NT 3.51

一起出现。IIS 4.0与Windows NT 4.0一起发行。Windows 2000附带的是IIS 5.0。微软将IIS 6.0添加到Windows Server 2003中。IIS 7.0对Windows Server 2008进行了重大设计(IIS 7.5在Windows Server 2008 R2中)。IIS 8.0附带Windows Server 2012(Windows Server 2012 R2使用IIS 8.5)。IIS 10与Windows Server 2016及Windows 10一起发布。

与HTTP 1.1相比，IIS 10增加了对HTTP/2协议的支持，以提供更高效的资源使用和更低的延迟。IIS 10可在Windows Server 2016下的最小服务器部署模型Nano Server上运行，并可在Nano Server上的IIS上运行ASP.NET Core、Apache Tomcat和PHP工作负载。IIS 10在容器和虚拟机中工作，因此，开发人员和管理员在部署选择方面具有更大的灵活性，并且密度适应各种Web应用程序。

2. HTTP与HTTPS

超文本传输协议(HTTP)主要用于万维网上的应用层协议。HTTP使用客户端-服务器模型，其中Web浏览器是客户端，并与托管网站的Web服务器进行通信。浏览器使用HTTP，它通过TCP/IP传送到服务器并为用户检索Web内容。

HTTP是一种广泛使用的协议，并且由于其简单而在互联网上被迅速采用。这是一种无状态和无连接的协议。虽然HTTP的简单性是其最大的优势，但也是它的主要缺点。超文本传输协议下一代(HTTP-NG)项目试图取代HTTP。HTTP-NG承诺提供更高的性能和附加功能，以支持高效的商业应用程序，并简化HTTP的安全性和身份验证功能。HTTP-NG的一些目标已经在HTTP 1.1中实现，其中包含对原始版本HTTP 1.0的性能、安全性和其他功能的改进。

基本的HTTP请求包含以下步骤：

①打开HTTP服务器的连接。

②一个请求被发送到服务器。

③一些处理由服务器完成。

④来自服务器的响应被发回。

⑤连接关闭。

HTTP和HTTPS的区别：

① HTTPS是加密传输协议，HTTP是明文传输协议。

② HTTPS需要用到SSL证书，而HTTP不用。

③ HTTPS比HTTP更加安全，对搜索引擎更友好，利于SEO(搜索引擎优化)。

④ HTTPS标准端口是443，HTTP标准端口是80。

⑤ HTTPS基于传输层，HTTP基于应用层。

3. URL与URI

URL是Uniform Resource Location的缩写，译为“统一资源定位符”。

URI是Uniform Resource Identifier的缩写，译为“统一资源标识符”，是一个用于标识某一互联网资源名称的字符串。

以 http://www. baidu. com:80/index. html 为例深入解读 URL，该 URL 分为以下几个部分：

协议：HTTP 或 HTTPS(http://)。

主机：Domain Name 或 IP address(www. baidu. com)。

端口：1~65 535(:80)。

请求文件(URI)：Web 服务器站点路径文件(/index. html)。

4. 安装 Web 服务(IIS)

进入安装向导，单击“下一步”按钮，如图 10-1 所示。

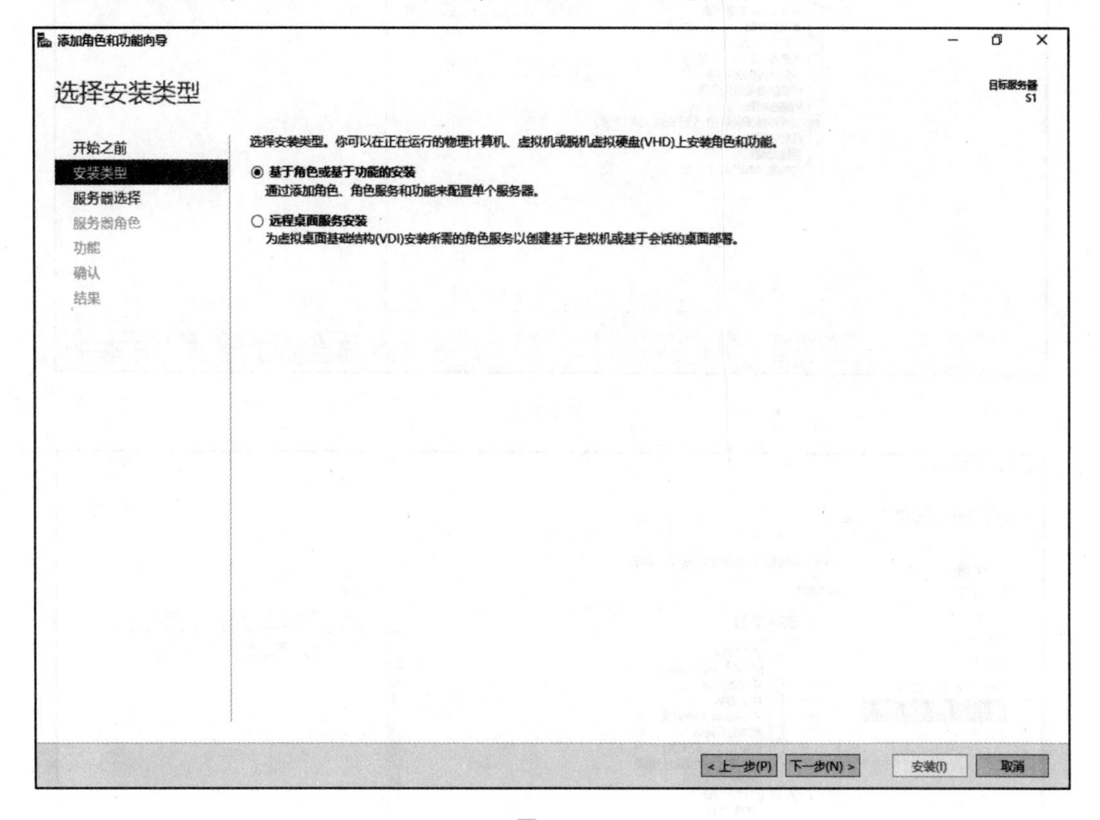

图 10-1

选择“Web 服务器”，单击“下一步”按钮，如图 10-2 所示。

选择角色服务，单击“下一步”按钮，如图 10-3 所示。

等待安装完成，如图 10-4 所示。

通过运行“inetmgr”打开 IIS 管理控制台。IIS 控制台如图 10-5 所示。

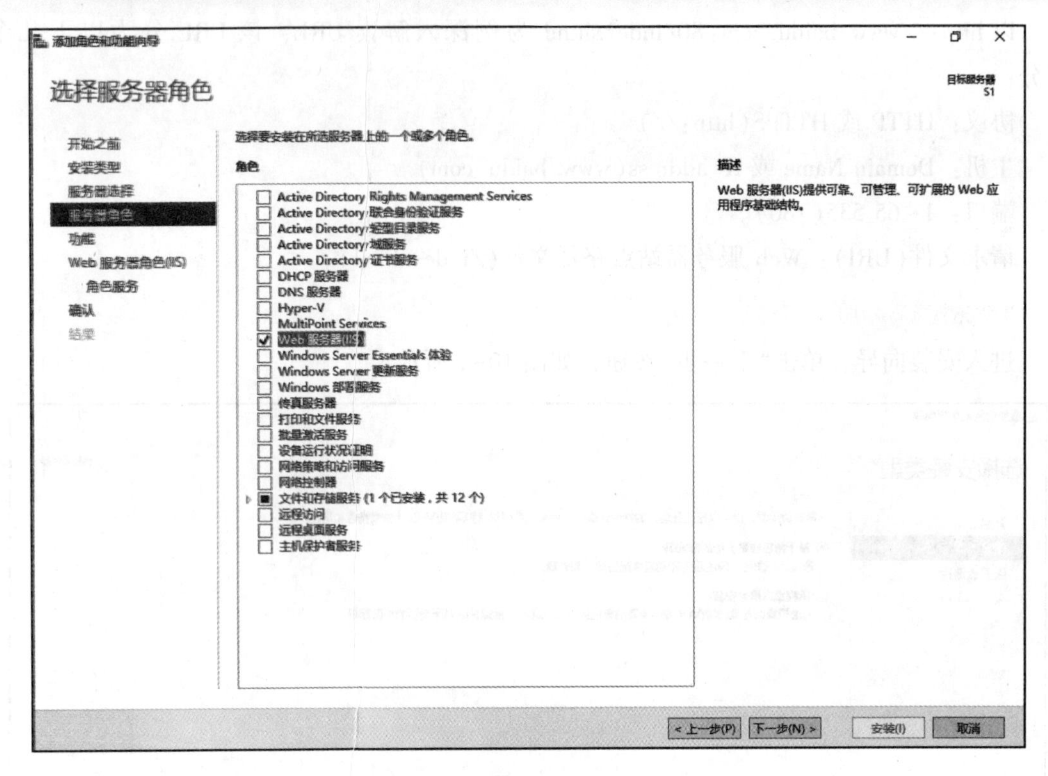
添加角色和功能向导
选择服务器角色
目标服务器
S1
开始之前
安装类型
服务器选择
服务器角色
功能
Web 服务器角色(IIS)
角色服务
确认
结果
选择要安装在所选服务器上的一个或多个角色。
角色
Active Directory Rights Management Services
Active Directory 联合身份验证服务
Active Directory 轻型目录服务
Active Directory 域服务
Active Directory 证书服务
DHCP 服务器
DNS 服务器
Hyper-V
MultiPoint Services
Web 服务器(IIS)
Windows Server Essentials 体验
Windows Server 更新服务
Windows 部署服务
传真服务器
打印和文件服务
批量激活服务
设备运行状况证明
网络策略和访问服务
网络控制器
文件和存储服务 (1 个已安装，共 12 个)
远程访问
远程桌面服务
主机保护者服务
描述
Web 服务器(IIS)提供可靠、可管理、可扩展的 Web 应用程序基础结构。
< 上一步(P)
下一步(N) >
安装(I)
取消

图 10-2

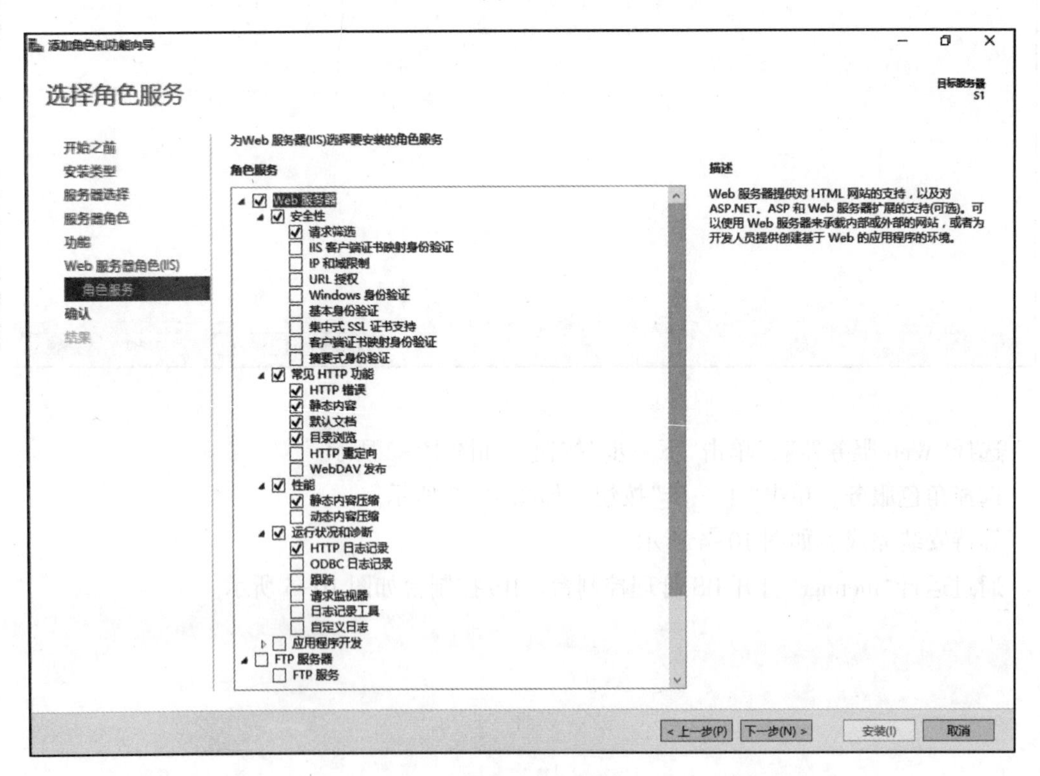
添加角色和功能向导
选择角色服务
目标服务器
S1
开始之前
安装类型
服务器选择
服务器角色
功能
Web 服务器角色(IIS)
角色服务
确认
结果
为Web 服务器(IIS)选择要安装的角色服务
角色服务
Web 服务器
安全性
请求筛选
IIS 客户端证书映射身份验证
IP 和域限制
URL 授权
Windows 身份验证
基本身份验证
集中式 SSL 证书支持
客户端证书映射身份验证
摘要式身份验证
常见 HTTP 功能
HTTP 错误
静态内容
默认文档
目录浏览
HTTP 重定向
WebDAV 发布
性能
静态内容压缩
动态内容压缩
运行状况和诊断
HTTP 日志记录
ODBC 日志记录
跟踪
请求监视器
日志记录工具
自定义日志
应用程序开发
FTP 服务器
FTP 服务
描述
Web 服务器提供对 HTML 网站的支持，以及对 ASP.NET、ASP 和 Web 服务器扩展的支持(可选)。可以使用 Web 服务器来承载内部或外部的网站，或者为开发人员提供创建基于 Web 的应用程序的环境。
< 上一步(P)
下一步(N) >
安装(I)
取消

图 10-3

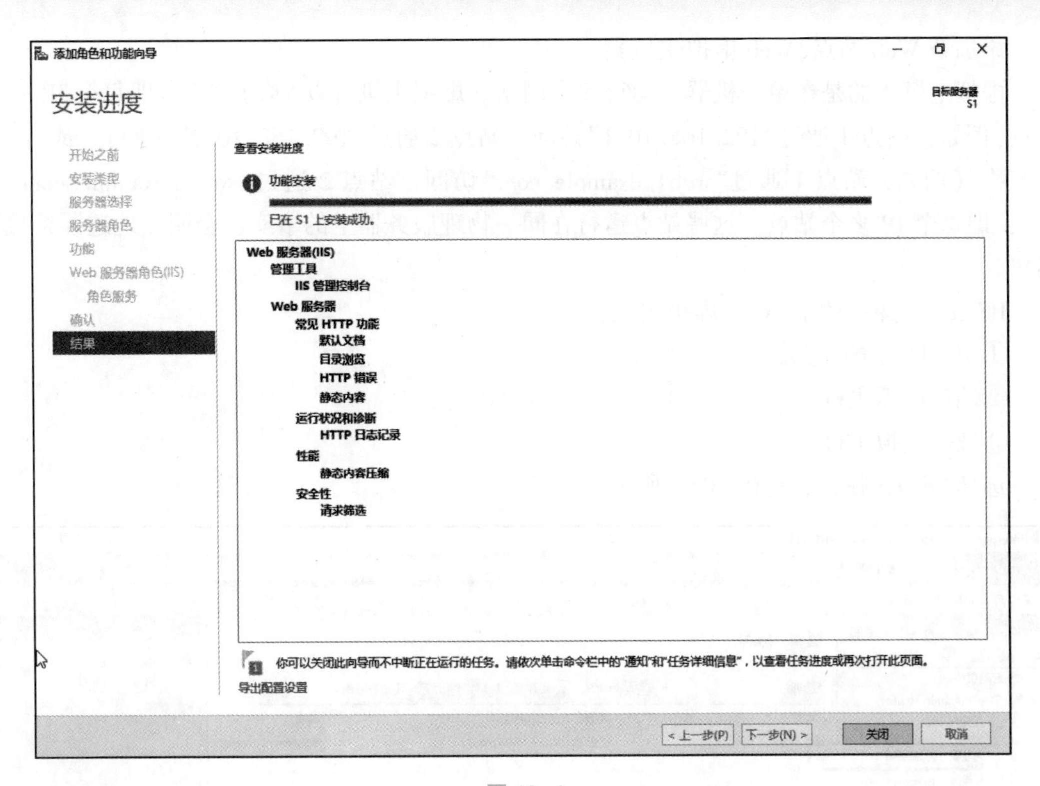
添加角色和功能向导
安装进度
目标服务器
S1
开始之前
安装类型
服务器选择
服务器角色
功能
Web 服务器角色(IIS)
角色服务
确认
结果
查看安装进度
功能安装
已在 S1 上安装成功。
Web 服务器(IIS)
管理工具
IIS 管理控制台
Web 服务器
常见 HTTP 功能
默认文档
目录浏览
HTTP 错误
静态内容
运行状况和诊断
HTTP 日志记录
性能
静态内容压缩
安全性
请求筛选
你可以关闭此向导而不中断正在运行的任务。请依次单击命令栏中的"通知"和"任务详细信息"，以查看任务进度或再次打开此页面。
导出配置设置
< 上一步(P)
下一步(N) >
关闭
取消

图 10-4

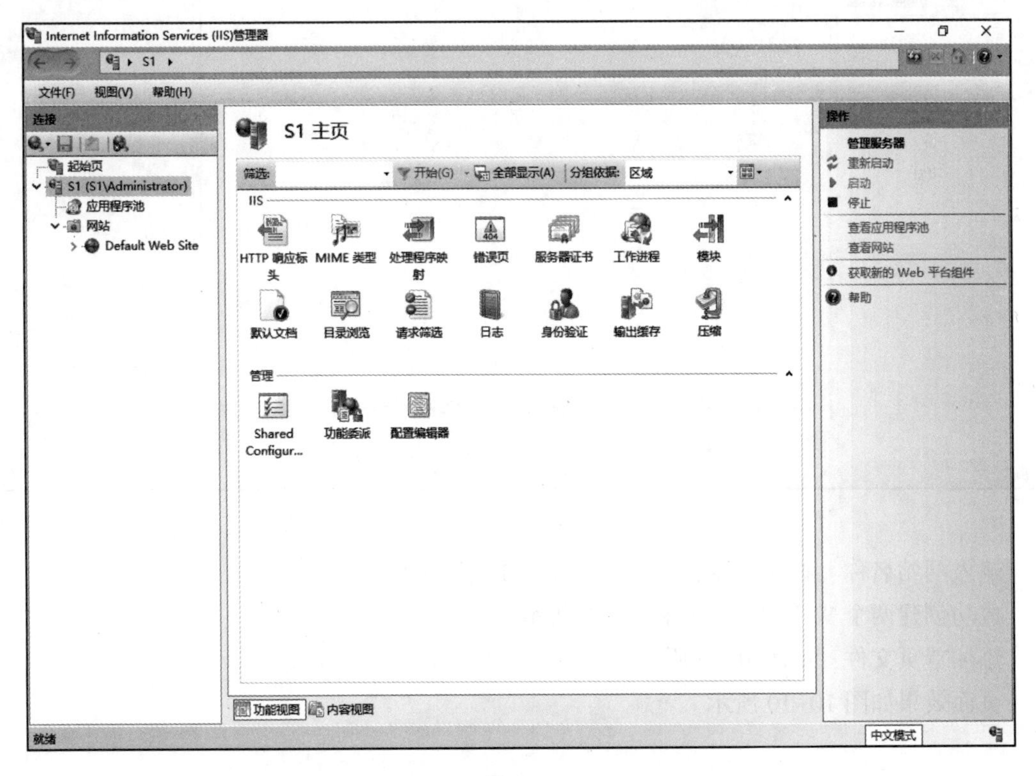
Internet Information Services (IIS)管理器
S1
文件(F)
视图(V)
帮助(H)
连接
起始页
S1 (S1\Administrator)
应用程序池
网站
Default Web Site
S1 主页
筛选:
开始(G)
全部显示(A)
分组依据:
区域
IIS
HTTP 响应标头
MIME 类型
处理程序映射
错误页
服务器证书
工作进程
模块
默认文档
目录浏览
请求筛选
日志
身份验证
输出缓存
压缩
管理
Shared Configur...
功能委派
配置编辑器
功能视图
内容视图
操作
管理服务器
重新启动
启动
停止
查看应用程序池
查看网站
获取新的 Web 平台组件
帮助
就绪
中文模式

图 10-5

添加新 Web 站点(Web 虚拟主机)：

虚拟主机指的是在单一机器上运行多个网站。虚拟主机可以“基于 IP”，即每个 IP 一个站点(例如，站点 1 通过“192.168.10.1”访问，站点 2 通过“192.168.10.2”访问)；或者“基于名称”(例如，站点 1 通过“web1.example.com”访问，站点 2 通过“web2.example.com”访问)，即每个 IP 多个站点。这些站点运行在同一物理服务器上的事实不会明显地透漏给最终用户。

IIS 支持三种类型的 Web 虚拟主机：

① IP 地址虚拟主机。

②端口虚拟主机。

③域名虚拟主机。

选择“添加网站”，如图 10-6 所示。

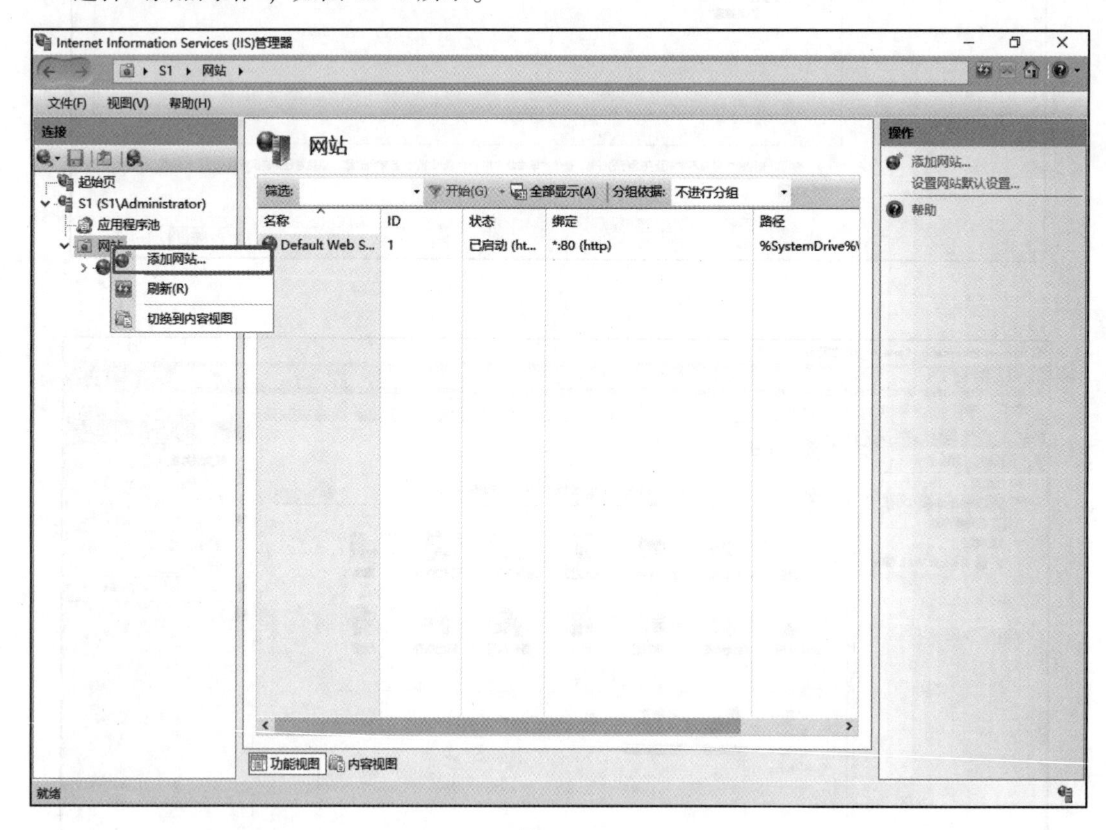

图 10-6

输入网站名称、物理路径、主机名，如图 10-7 所示。

成功创建两个 Web 站点，如图 10-8 所示。

添加首页文件，如图 10-9 所示。

页面效果如图 10-10 所示。

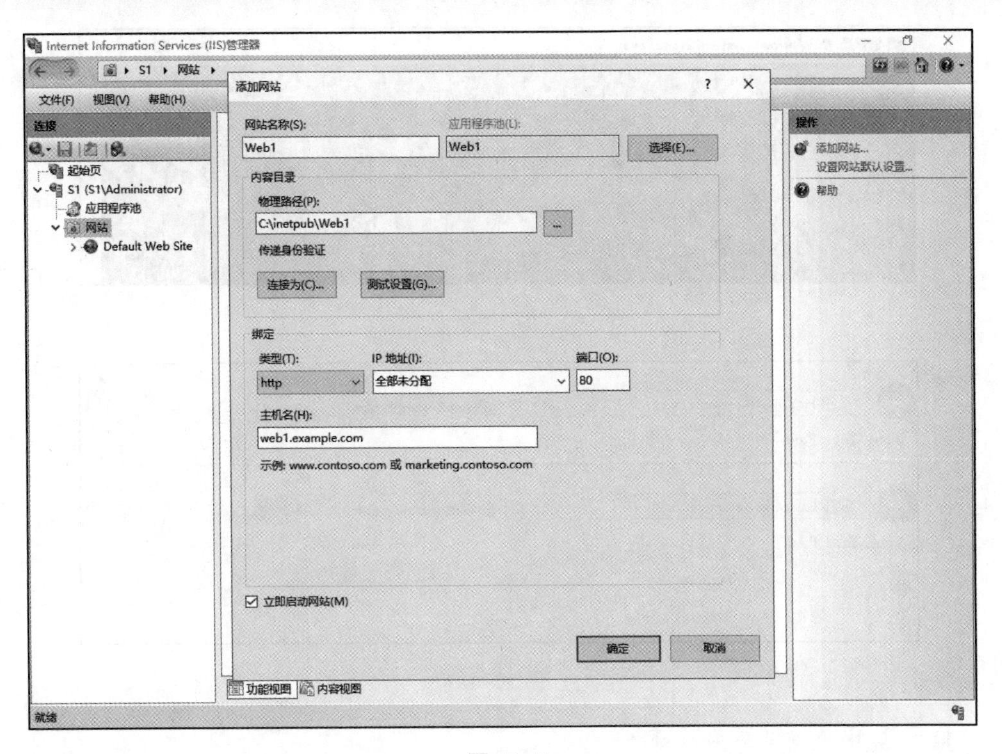
Internet Information Services (IIS)管理器
S1 ▸ 网站 ▸
文件(F) 视图(V) 帮助(H)
连接
起始页
S1 (S1\Administrator)
应用程序池
网站
Default Web Site
添加网站
网站名称(S):
Web1
应用程序池(L):
Web1
选择(E)...
内容目录
物理路径(P):
C:\inetpub\Web1
传递身份验证
连接为(C)...
测试设置(G)...
绑定
类型(T):
http
IP 地址(I):
全部未分配
端口(O):
80
主机名(H):
web1.example.com
示例: www.contoso.com 或 marketing.contoso.com
立即启动网站(M)
确定
取消
操作
添加网站...
设置网站默认设置...
帮助
功能视图
内容视图
就绪

图 10-7

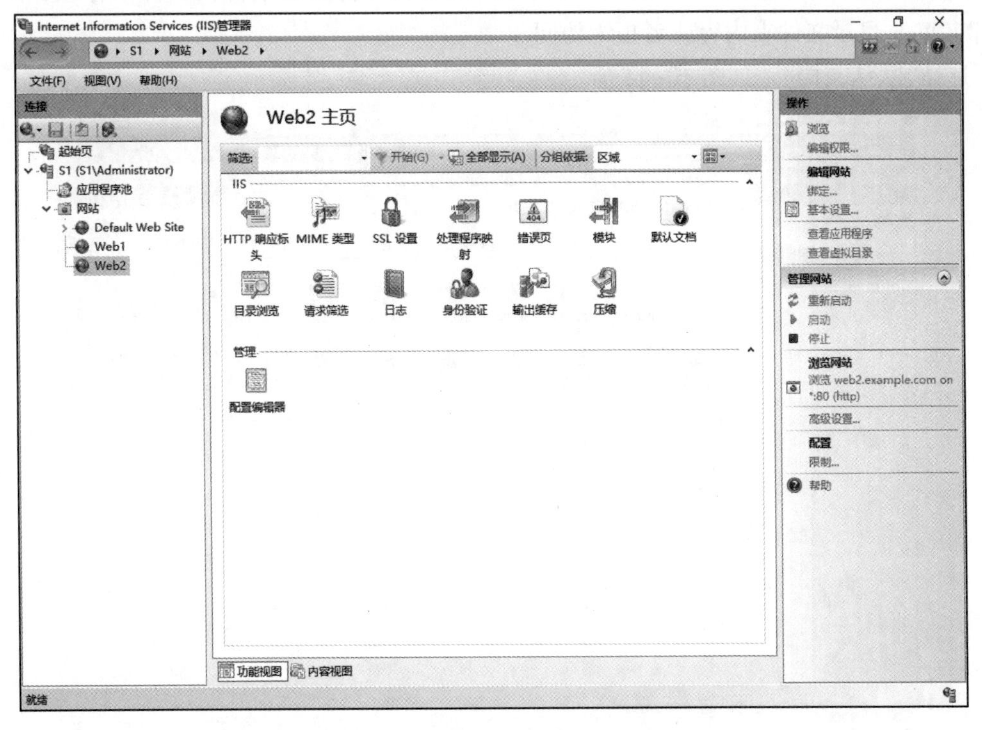
Internet Information Services (IIS)管理器
S1 ▸ 网站 ▸ Web2 ▸
文件(F) 视图(V) 帮助(H)
连接
起始页
S1 (S1\Administrator)
应用程序池
网站
Default Web Site
Web1
Web2
Web2 主页
筛选:
开始(G)
全部显示(A)
分组依据:
区域
IIS
HTTP 响应标头
MIME 类型
SSL 设置
处理程序映射
错误页
模块
默认文档
目录浏览
请求筛选
日志
身份验证
输出缓存
压缩
管理
配置编辑器
操作
浏览
编辑权限...
编辑网站
绑定...
基本设置...
查看应用程序
查看虚拟目录
管理网站
重新启动
启动
停止
浏览网站
浏览 web2.example.com on *:80 (http)
高级设置...
配置
限制...
帮助
功能视图
内容视图
就绪

图 10-8

图 10-9

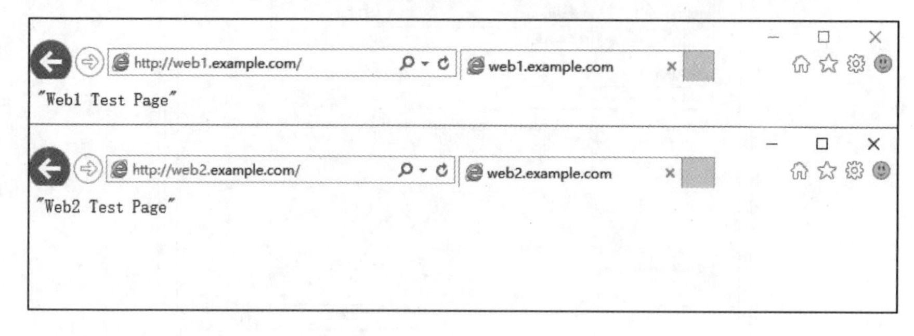

图 10-10

5. 自定义 Web Site 首页文件

当用户访问 Web 站点的时候，会自动访问该首页文件。如果首页文件不存在，则会列出当前 Web 目录文件夹内容或者拒绝访问。

选择“默认文档”，如图 10-11 所示。

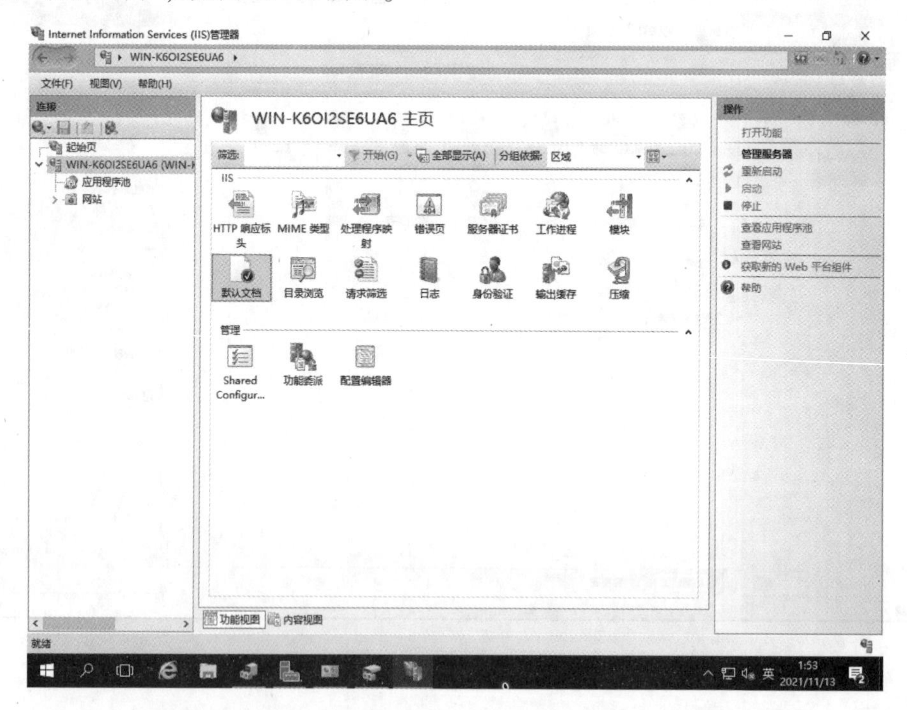

图 10-11

Windows IIS 首页文件支持自定义设置，越排在前面，优先级越高，如果在默认文档中定义的首页文件无法在目录中找到，则 Web 服务会将整个目录列出，单击“添加”选项，如图 10-12 所示。

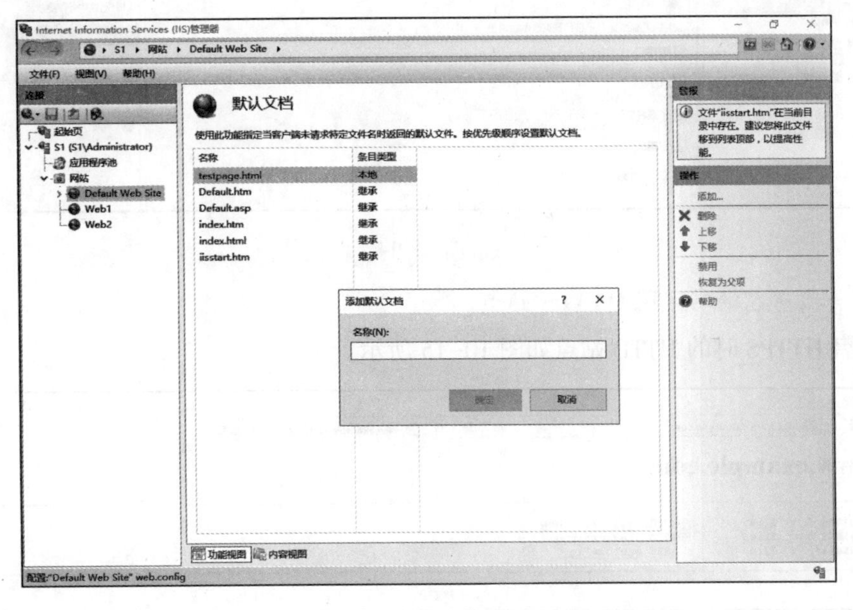

图 10-12

默认 IIS 目录浏览功能没有启用，因此需要将目录浏览功能启用，才能将整个 Web 目录列出在页面上，否则，将如图 10-13 所示。

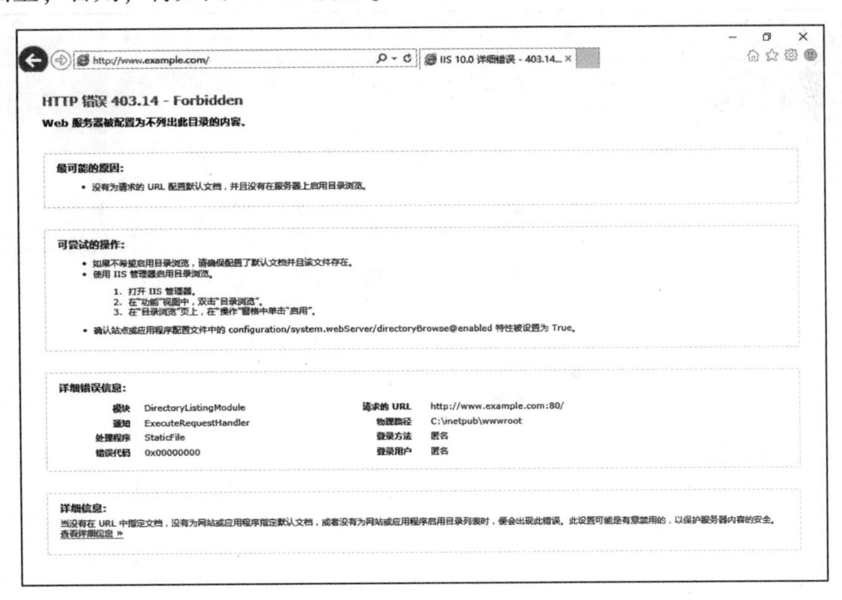

图 10-13

6. 启用目录浏览功能

选择站点，单击“启用”命令，如图 10-14 所示。

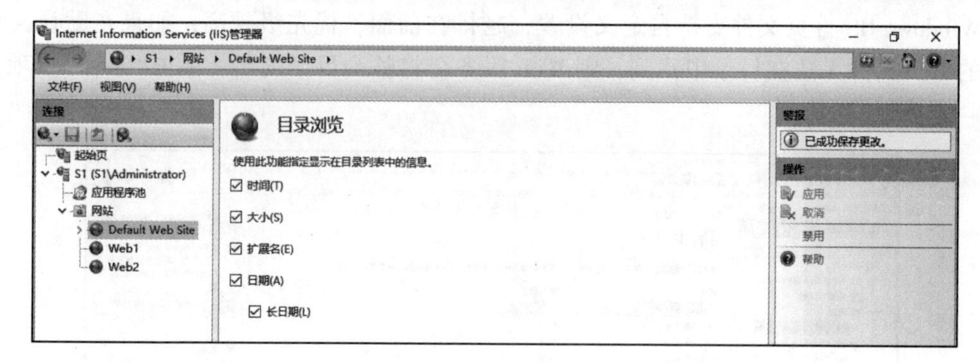

图 10-14

7. 基于自签名证书启用 HTTPS 站点

未开启 HTTPS 时的 HTTP 站点如图 10-15 所示。

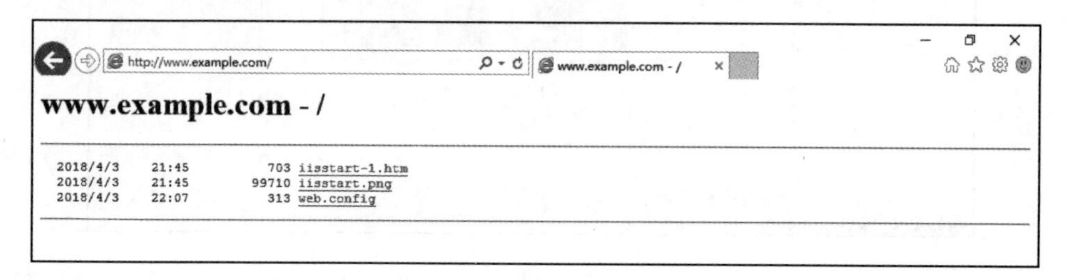

图 10-15

启用 HTTPS 功能，打开 IIS 管理器，选择“服务器证书”，如图 10-16 所示。

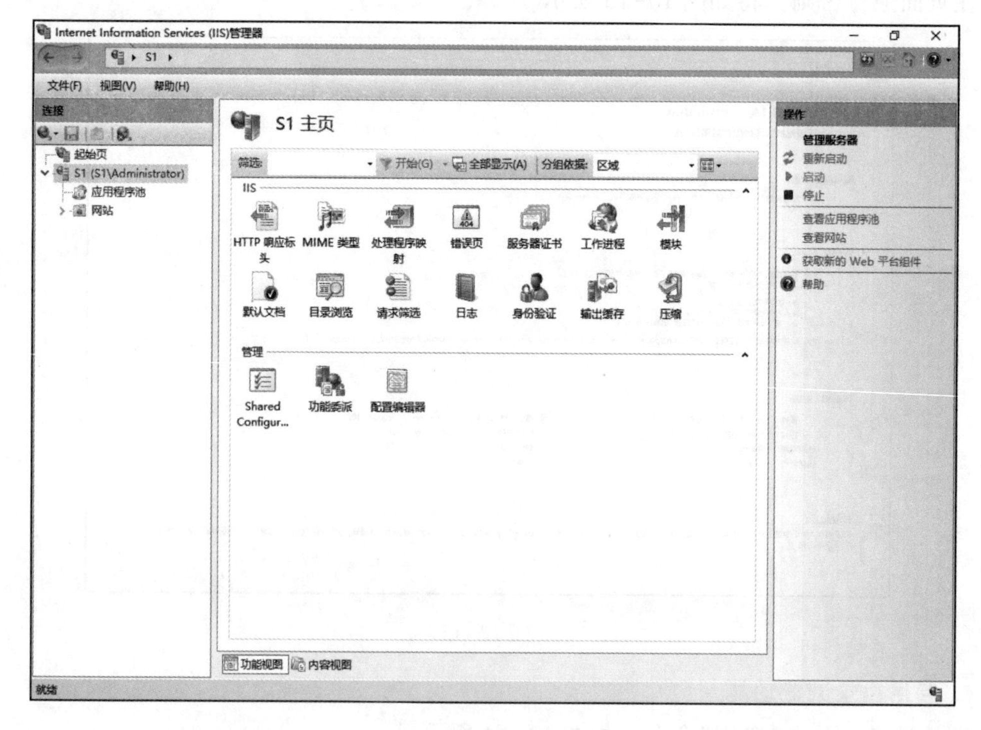

图 10-16

在右边“操作”栏中选择“创建自签名证书”，如图 10-17 所示。

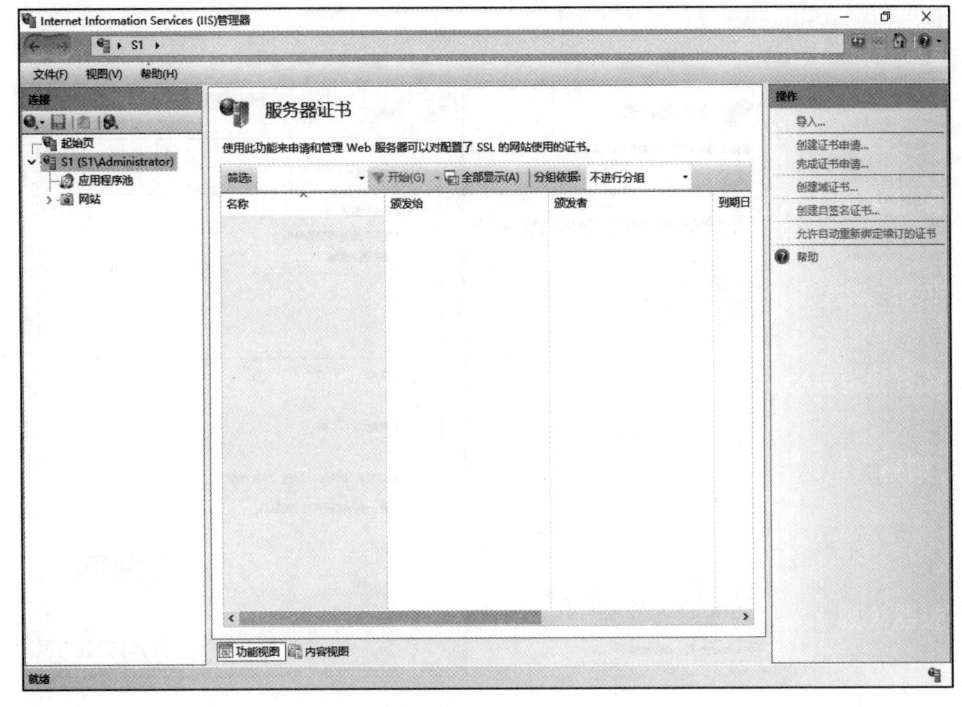

图 10-17

输入证书的友好名称，选择存储路径，如图 10-18 所示。

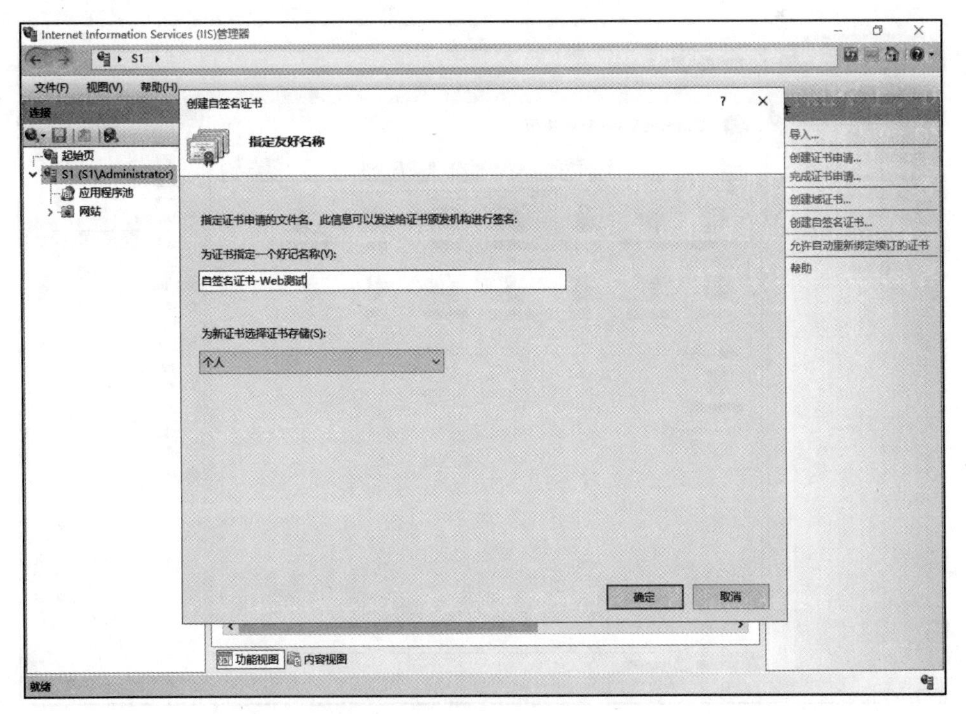

图 10-18

查看证书信息，如图 10-19 所示。

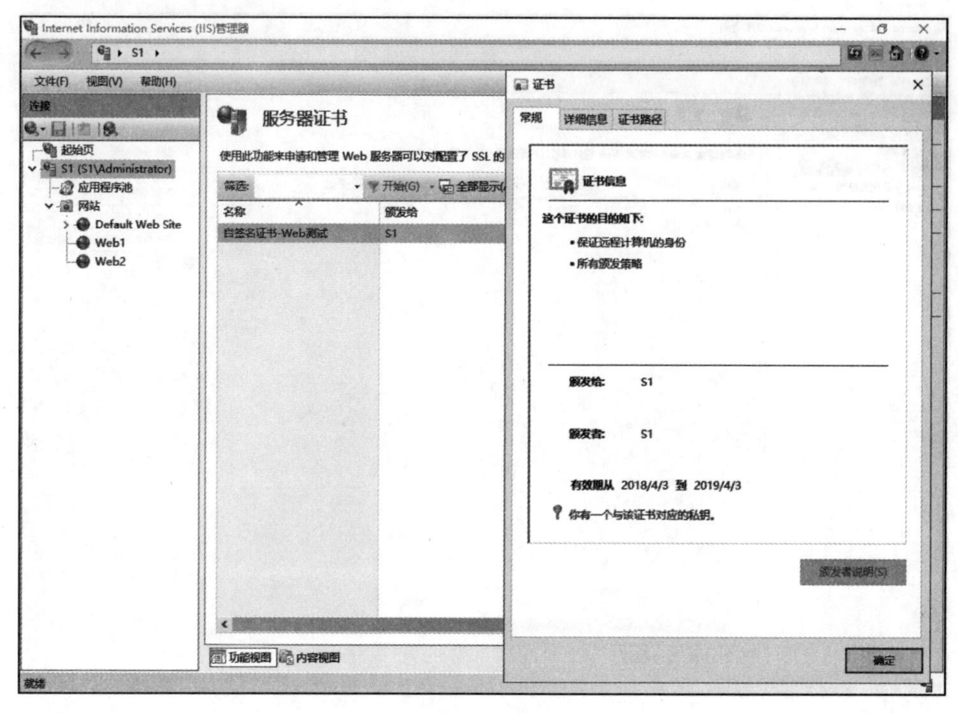

图 10-19

选择“Default Web Site”，单击“绑定”命令，如图 10-20 所示。

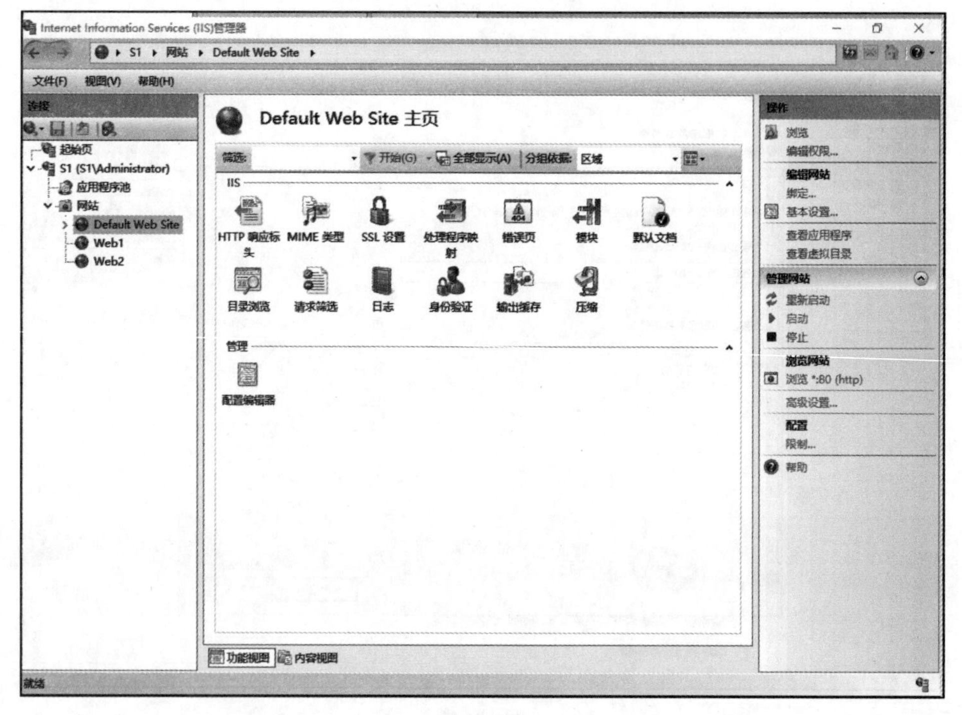

图 10-20

单击“添加”按钮，如图 10-21 所示。

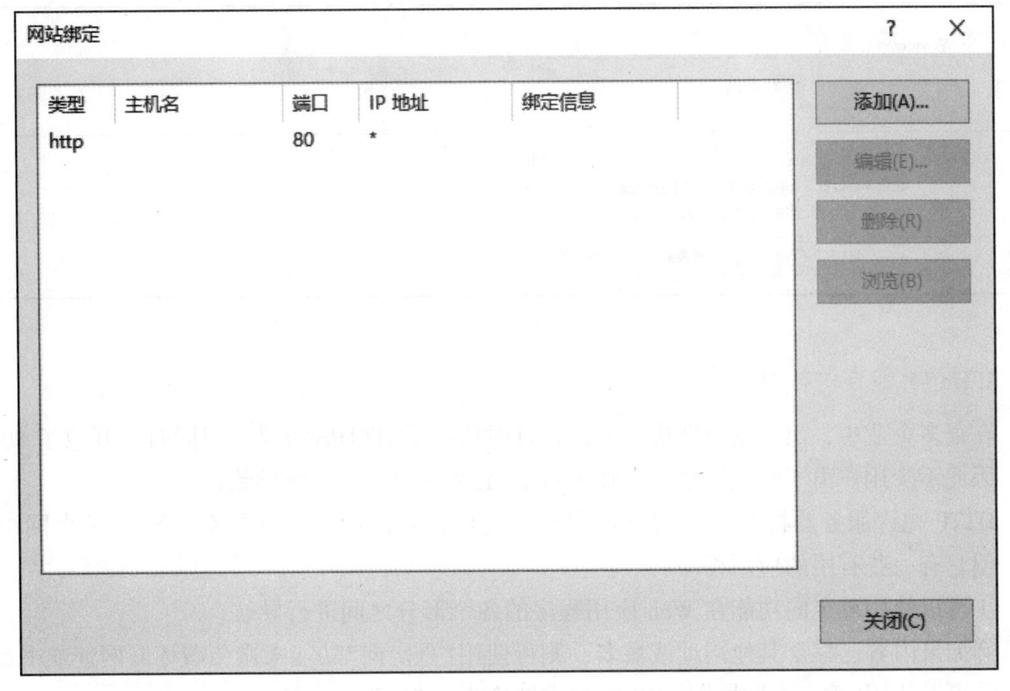

图 10-21

在 SSL 证书下拉列表中选择“自签名证书-Web 测试”，单击“确定”按钮，如图 10-22 所示。

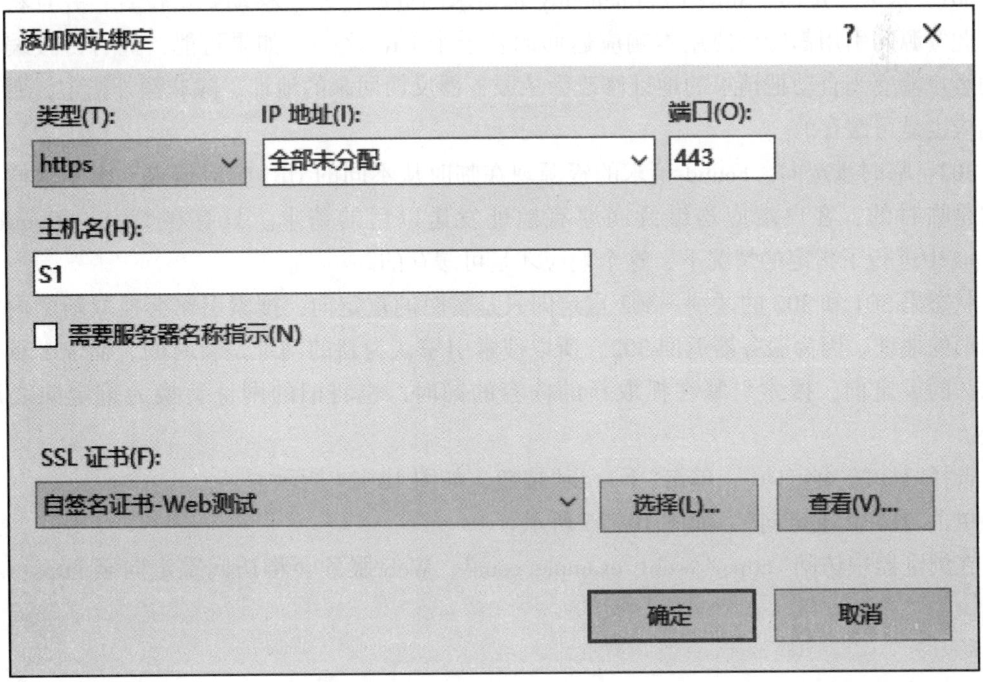

图 10-22

SSL 证书测试结果如图 10-23 所示。

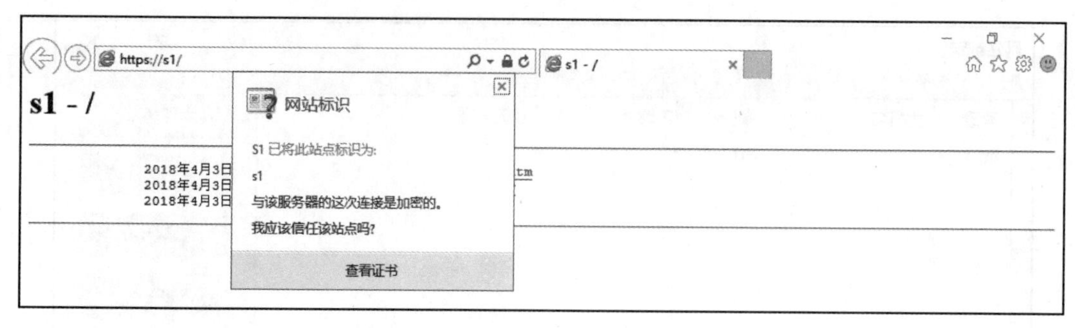

图 10-23

8. HTTP 重定向至 HTTPS

在很多企业中，出于安全考虑，网站设计时使用了 HTTPS 协议，但同时也开放了 80 协议，因此不少用户由于输入网址时习惯不带上 HTTPS 协议，从而导致访问异常。

HTTP 允许服务器将客户端请求重定向到其他位置。虽然这通常会导致另一次网络往返，但它有一些有用的应用程序：

①可以使用重定向功能在 Web 应用程序的各个部分之间进行导航。

②如果内容已移至其他网址或域名，则可使用“重定向”功能来避免破坏旧网址或书签。

③可以使用“重定向”功能将 POST 请求转换为 GET 请求。

④可以指导客户端使用其本地缓存来查找尚未更改的内容。

服务器通过返回 3××状态码来指定重定向：

301：永久重定向，Moved Permanently 被请求的资源已永久移动到新位置，并且将来任何对此资源的引用都应该使用本响应返回的若干个 URI 之一。如果可能，拥有链接编辑功能的客户端应当自动把请求的地址修改为从服务器反馈回来的地址。除非额外指定，否则这个响应也是可缓存的。

302：临时重定向，Found 请求的资源现在临时从不同的 URI 响应请求。由于这样的重定向是临时的，客户端应当继续向原有地址发送以后的请求。只有在 Cache-Control 或 Expires 中进行了指定的情况下，这个响应才是可缓存的。

状态码 301 和 302 的区别：302 重定向只是暂时的重定向，搜索引擎会抓取新的内容而保留旧的地址。因为服务器返回 302，所以搜索引擎认为新的网址是暂时的。而 301 重定向是永久的重定向，搜索引擎在抓取新的内容的同时，也将旧的网址替换为重定向之后的网址。

选择“HTTP 重定向”，单击“下一步”按钮，如图 10-24 所示。

单击“HTPP 重定向”，如图 10-25 所示。

在浏览器中访问“http://web1.example.com”，Web 服务会将访问重定向至 https://S1/ 站点。

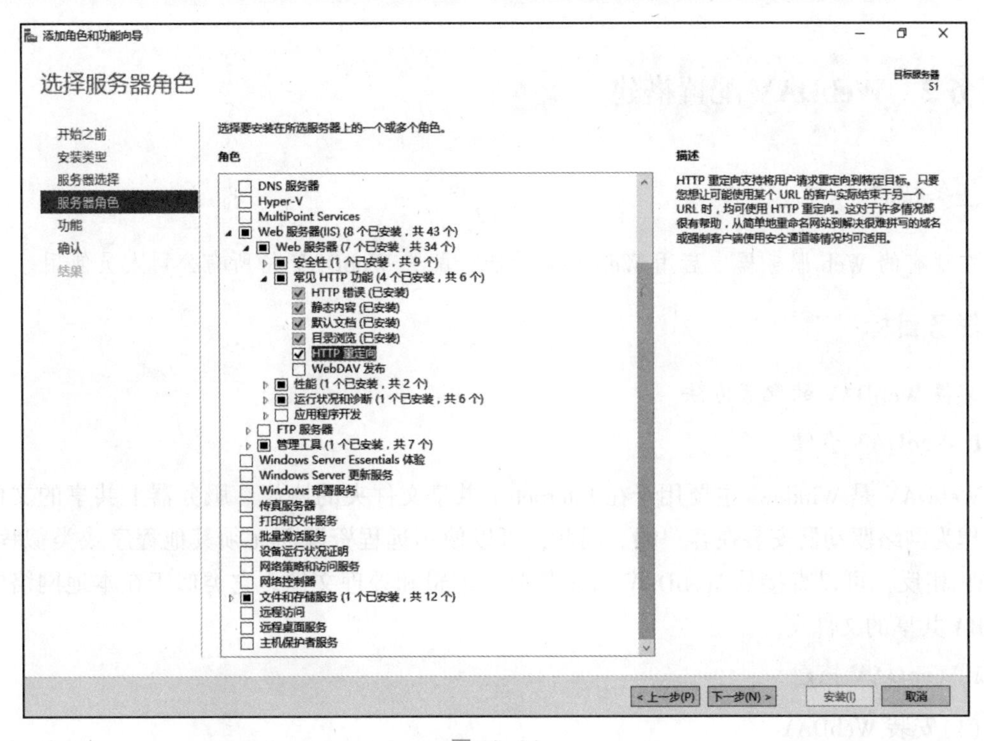
添加角色和功能向导
选择服务器角色
目标服务器
S1
开始之前
安装类型
服务器选择
服务器角色
功能
确认
结果
选择要安装在所选服务器上的一个或多个角色。
角色
DNS 服务器
Hyper-V
MultiPoint Services
Web 服务器(IIS) (8 个已安装，共 43 个)
Web 服务器 (7 个已安装，共 34 个)
安全性 (1 个已安装，共 9 个)
常见 HTTP 功能 (4 个已安装，共 6 个)
HTTP 错误 (已安装)
静态内容 (已安装)
默认文档 (已安装)
目录浏览 (已安装)
HTTP 重定向
WebDAV 发布
性能 (1 个已安装，共 2 个)
运行状况和诊断 (1 个已安装，共 6 个)
应用程序开发
FTP 服务器
管理工具 (1 个已安装，共 7 个)
Windows Server Essentials 体验
Windows Server 更新服务
Windows 部署服务
传真服务器
打印和文件服务
批量激活服务
设备运行状况证明
网络策略和访问服务
网络控制器
文件和存储服务 (1 个已安装，共 12 个)
远程访问
远程桌面服务
主机保护者服务
描述
HTTP 重定向支持将用户请求重定向到特定目标。只要您想让可能使用某个 URL 的客户实际结束于另一个 URL 时，均可使用 HTTP 重定向。这对于许多情况都很有帮助，从简单地重命名网站到解决很难拼写的域名或强制客户端使用安全通道等情况均可适用。
< 上一步(P)
下一步(N) >
安装(I)
取消

图 10-24

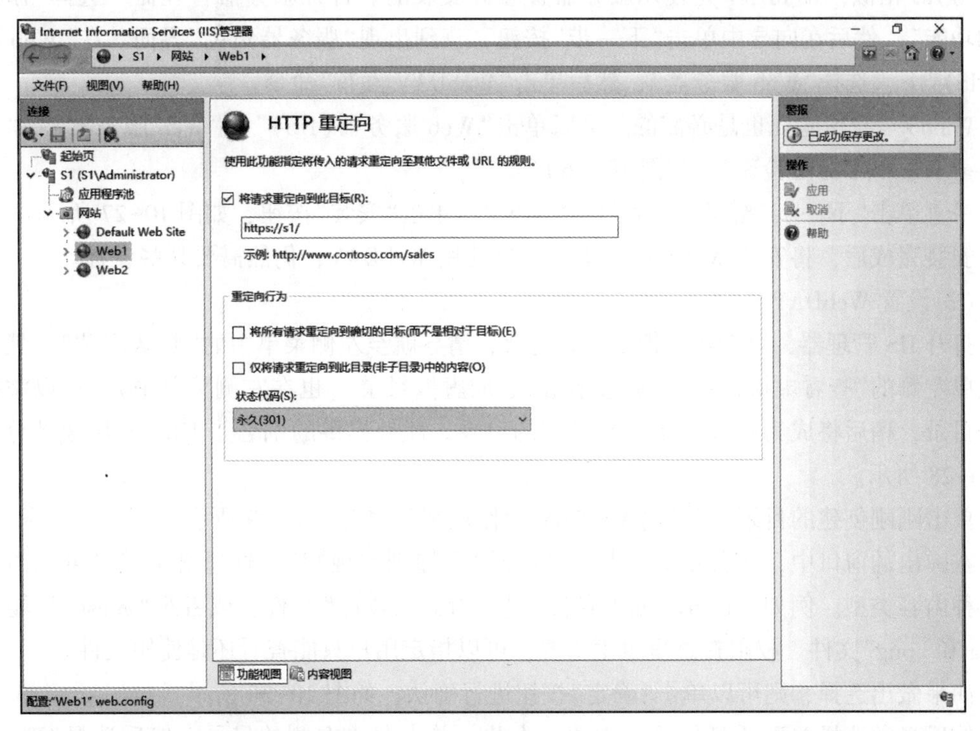
Internet Information Services (IIS)管理器
S1 ▸ 网站 ▸ Web1 ▸
文件(F)　视图(V)　帮助(H)
连接
起始页
S1 (S1\Administrator)
应用程序池
网站
Default Web Site
Web1
Web2
HTTP 重定向
使用此功能指定将传入的请求重定向至其他文件或 URL 的规则。
将请求重定向到此目标(R):
https://s1/
示例: http://www.contoso.com/sales
重定向行为
将所有请求重定向到确切的目标(而不是相对于目标)(E)
仅将请求重定向到此目录(非子目录)中的内容(O)
状态代码(S):
永久(301)
警报
已成功保存更改。
操作
应用
取消
帮助
功能视图　内容视图
配置:"Web1" web.config

图 10-25

任务2　WebDAV配置搭建

任务描述

在现有的 Web 服务器中启用 WebDAV 功能，配置 WebDAV 给所有公司人员使用。

任务目标

掌握 WebDAV 的配置方法。

1. WebDAV 介绍

WebDAV 是 Windows 主要用于在 Internet 上共享文件夹的协议。服务器上共享的文件夹可以作为网络驱动器安装在客户端。因此，可以使用远程资源而无须其他程序或类似程序。与 FTP 相反，可以直接从 WebDAV 目录打开、编辑和处理文件。它类似于在本地网络中与 SAMBA 共享的文件夹。

2. WebDAV 搭建

(1)安装 WebDAV

与 IIS 相似，WebDAV 是使用服务器管理器安装的。打开服务器管理器，选择“添加角色和功能”。然后在向导中单击“下一步”按钮，直到出现“服务器角色”界面。在“Web 服务器(IIS)”下，选择“Web 服务器”，然后单击“WebDAV 发布”命令。

Windows 身份验证也是必需的。可以单击“Web 服务器(IIS)”→“Web 服务器”→“安全性”→“Windows 身份验证”，如图 10-26 所示。

一直单击“下一步”按钮，直到显示“摘要”，单击“安装”按钮，如图 10-27 所示。

安装完成后，将安装 WebDAV。但是，要使用 WebDAV，仍然需要某些设置。

(2)设置 WebDAV

打开 IIS 管理器，以创建虚拟目录。为此，请导航至左侧菜单中的“默认网站”，然后单击菜单左侧的“查看虚拟目录”。通过单击“添加虚拟目录”(也在左侧菜单中)，可以添加一个新目录，稍后将成为通过 WebDAV 共享的目录。此处提供的别名是 URL 的后面部分，如图 10-28 所示。

单击刚刚创建的目录，选择“WebDAV 创作规则”，如图 10-29 所示。

在弹出的窗口中，在右侧菜单中可以选择“添加创作规则”。这里必须定义可以由谁查看哪种内容类型。例如，UserGroup“雇员”只能看到“. docx”文件，或者组“guest”只能看到“. jpg 和 . png”文件。权限在这里也很重要，可以指定用户只能查看还是使用文件。

如果做出选择，则可以单击“确定”按钮进行确认，如图 10-30 所示。

然后必须选择并激活身份验证方法。为此，单击菜单左侧的目录，然后选择“Windows 身份验证”，在右侧菜单中单击“启用”选项，如图 10-31 所示。

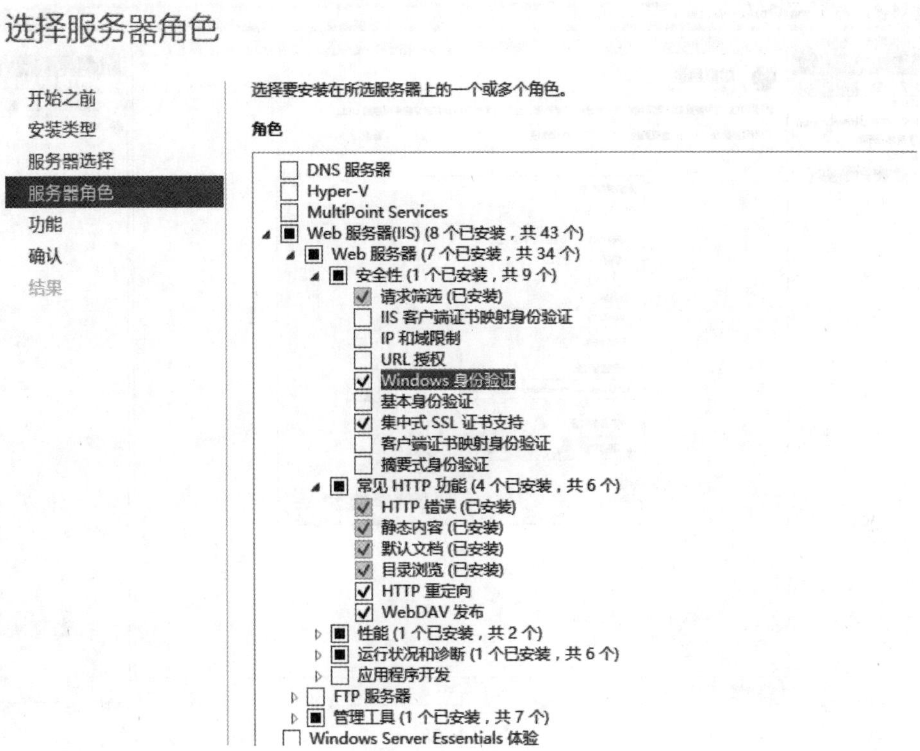

选择服务器角色

开始之前
安装类型
服务器选择
服务器角色
功能
确认
结果

选择要安装在所选服务器上的一个或多个角色。

角色

- [ ] DNS 服务器
- [ ] Hyper-V
- [ ] MultiPoint Services
- ■ Web 服务器(IIS) (8 个已安装，共 43 个)
  - ■ Web 服务器 (7 个已安装，共 34 个)
    - ■ 安全性 (1 个已安装，共 9 个)
      - [x] 请求筛选 (已安装)
      - [ ] IIS 客户端证书映射身份验证
      - [ ] IP 和域限制
      - [ ] URL 授权
      - [x] Windows 身份验证
      - [ ] 基本身份验证
      - [x] 集中式 SSL 证书支持
      - [ ] 客户端证书映射身份验证
      - [ ] 摘要式身份验证
    - ■ 常见 HTTP 功能 (4 个已安装，共 6 个)
      - [x] HTTP 错误 (已安装)
      - [x] 静态内容 (已安装)
      - [x] 默认文档 (已安装)
      - [x] 目录浏览 (已安装)
      - [x] HTTP 重定向
      - [x] WebDAV 发布
    - ■ 性能 (1 个已安装，共 2 个)
    - ■ 运行状况和诊断 (1 个已安装，共 6 个)
    - [ ] 应用程序开发
  - [ ] FTP 服务器
  - ■ 管理工具 (1 个已安装，共 7 个)
- [ ] Windows Server Essentials 体验

图 10-26

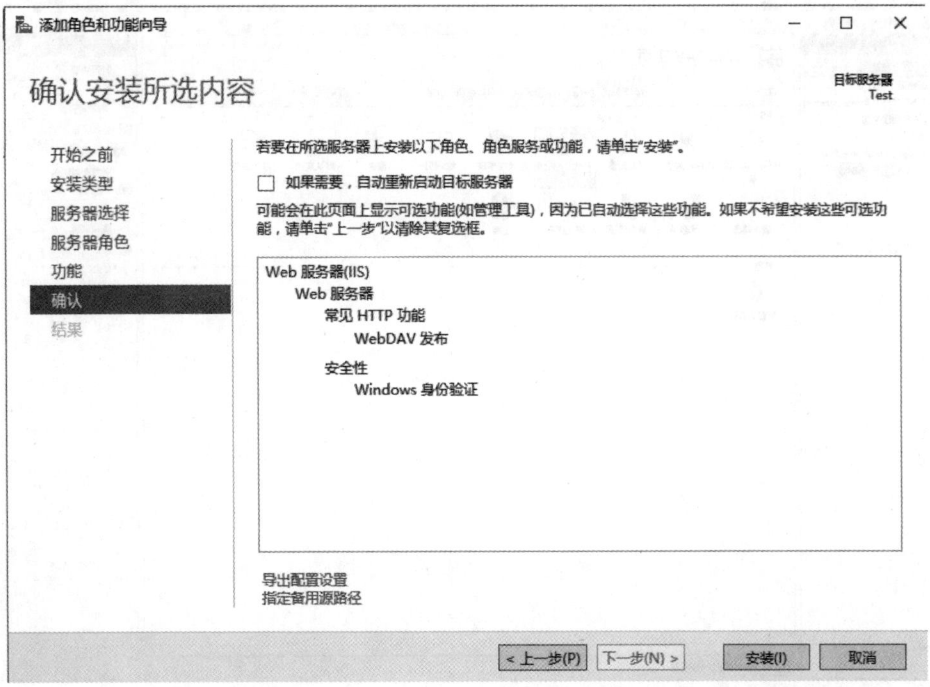

添加角色和功能向导

确认安装所选内容

目标服务器
Test

开始之前
安装类型
服务器选择
服务器角色
功能
确认
结果

若要在所选服务器上安装以下角色、角色服务或功能，请单击"安装"。

- [ ] 如果需要，自动重新启动目标服务器

可能会在此页面上显示可选功能(如管理工具)，因为已自动选择这些功能。如果不希望安装这些可选功能，请单击"上一步"以清除其复选框。

Web 服务器(IIS)
  Web 服务器
    常见 HTTP 功能
      WebDAV 发布
    安全性
      Windows 身份验证

导出配置设置
指定备用源路径

< 上一步(P)　下一步(N) >　安装(I)　取消

图 10-27

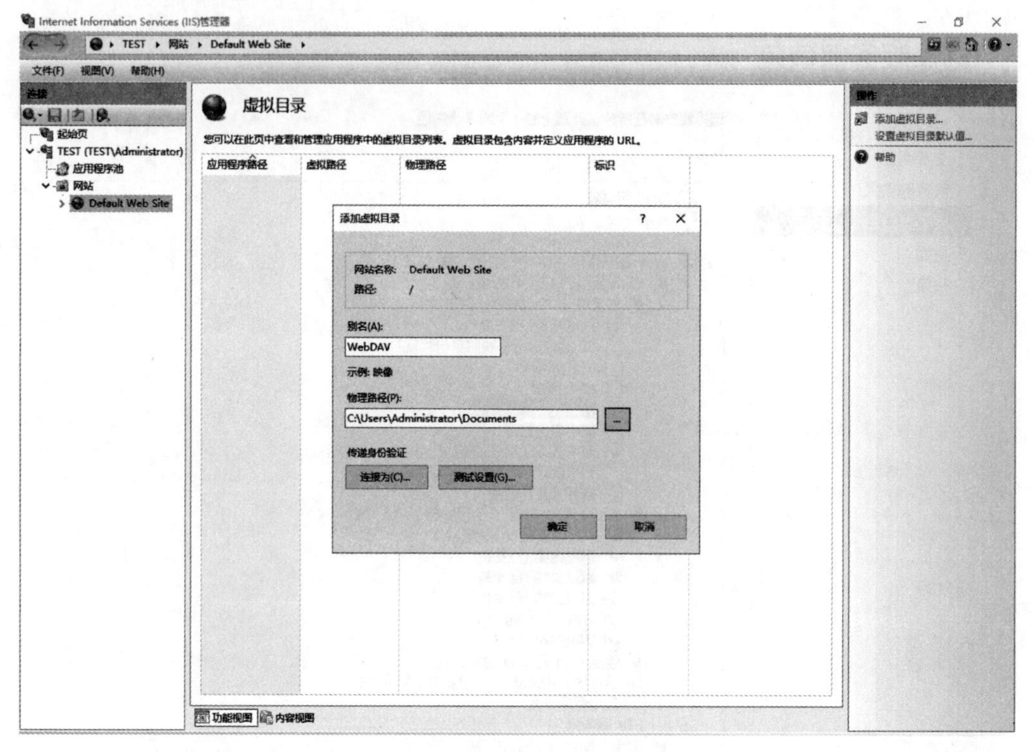
Internet Information Services (IIS)管理器
TEST
网站
Default Web Site
文件(F)
视图(V)
帮助(H)
连接
起始页
TEST (TEST\Administrator)
应用程序池
网站
Default Web Site
虚拟目录
您可以在此页中查看和管理应用程序中的虚拟目录列表。虚拟目录包含内容并定义应用程序的 URL。
应用程序路径
虚拟路径
物理路径
标识
添加虚拟目录
网站名称: Default Web Site
路径: /
别名(A):
WebDAV
示例: 映像
物理路径(P):
C:\Users\Administrator\Documents
传递身份验证
连接为(C)...
测试设置(G)...
确定
取消
操作
添加虚拟目录...
设置虚拟目录默认值...
帮助
功能视图
内容视图

图 10-28

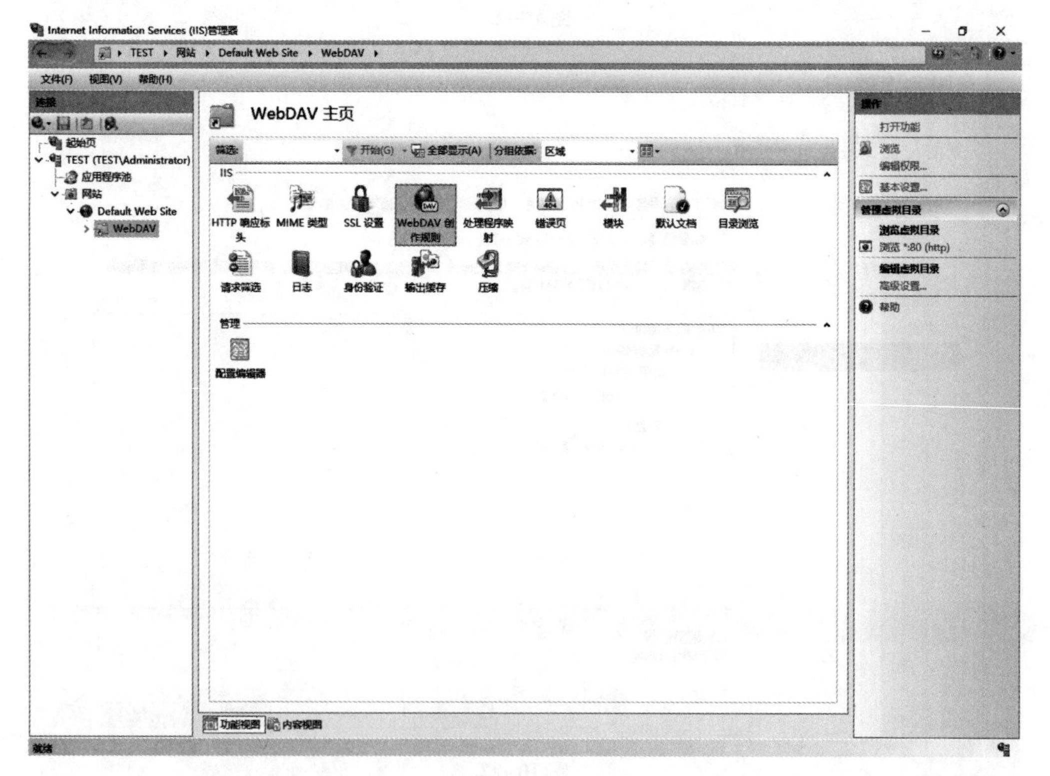
Internet Information Services (IIS)管理器
TEST
网站
Default Web Site
WebDAV
文件(F)
视图(V)
帮助(H)
连接
起始页
TEST (TEST\Administrator)
应用程序池
网站
Default Web Site
WebDAV
WebDAV 主页
筛选:
开始(G)
全部显示(A)
分组依据:
区域
IIS
HTTP 响应标头
MIME 类型
SSL 设置
WebDAV 创作规则
处理程序映射
错误页
模块
默认文档
目录浏览
请求筛选
日志
身份验证
输出缓存
压缩
管理
配置编辑器
操作
打开功能
浏览
编辑权限...
基本设置...
管理虚拟目录
浏览虚拟目录
浏览 *:80 (http)
编辑虚拟目录
高级设置...
帮助
功能视图
内容视图
就绪

图 10-29

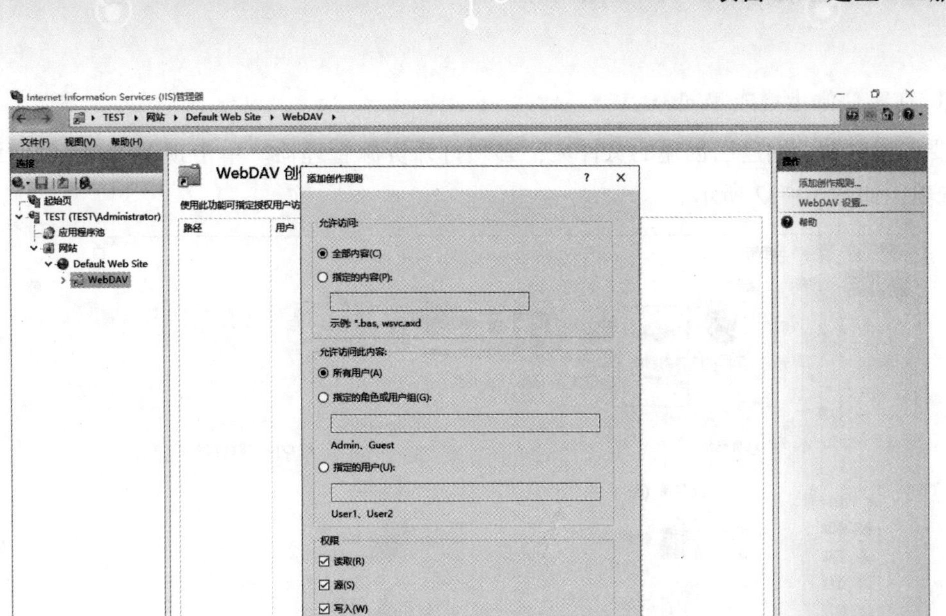

图 10-30

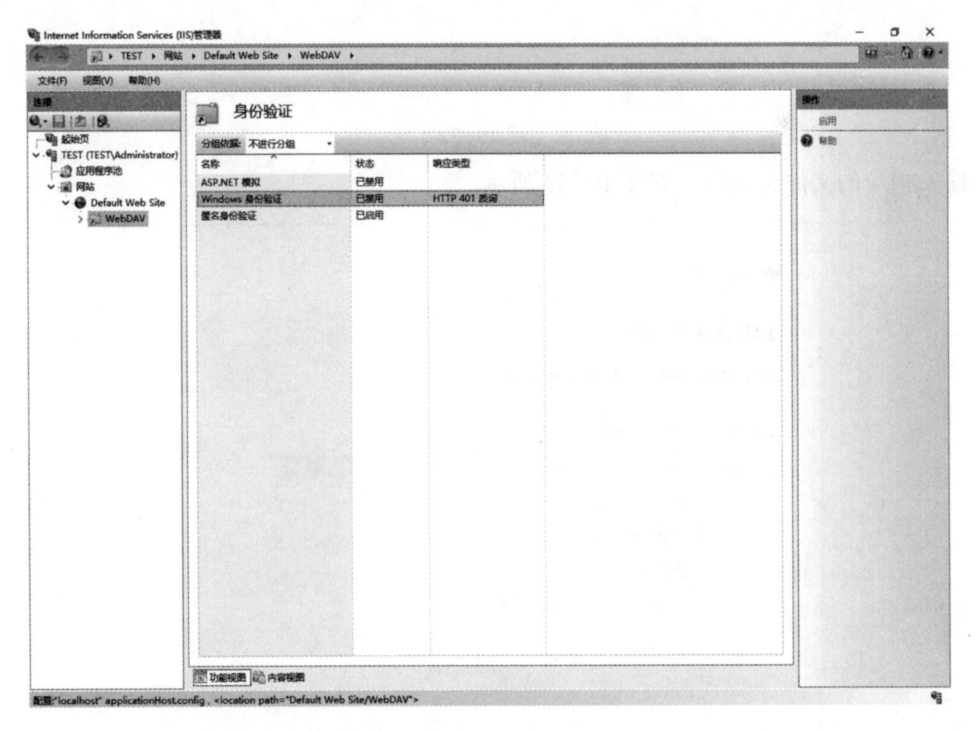

图 10-31

然后可以单击菜单左侧的默认网站(或您选择的网站)，以选择 WebDAV 创作规则。在右侧，必须通过单击“启用 WebDAV”来激活 WebDAV。

3. 在客户端上集成 WebDAV

要在客户端上创建已创建的文件夹，必须打开资源管理器。单击顶部的“映射网络驱动器”选项，如图 10-32 所示。

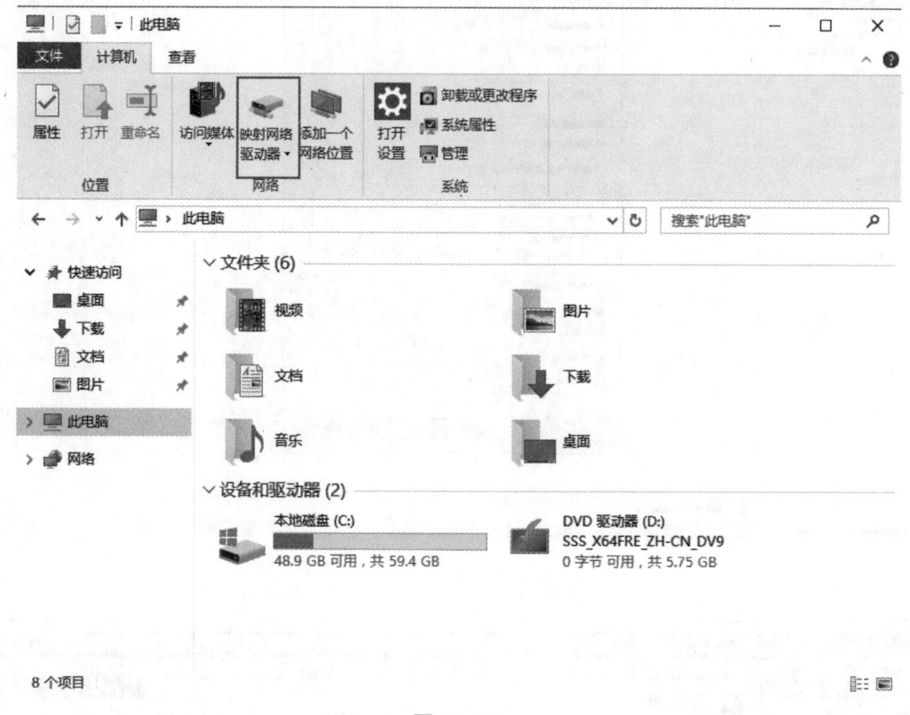

图 10-32

输入相应的文件夹路径，如图 10-33 所示。

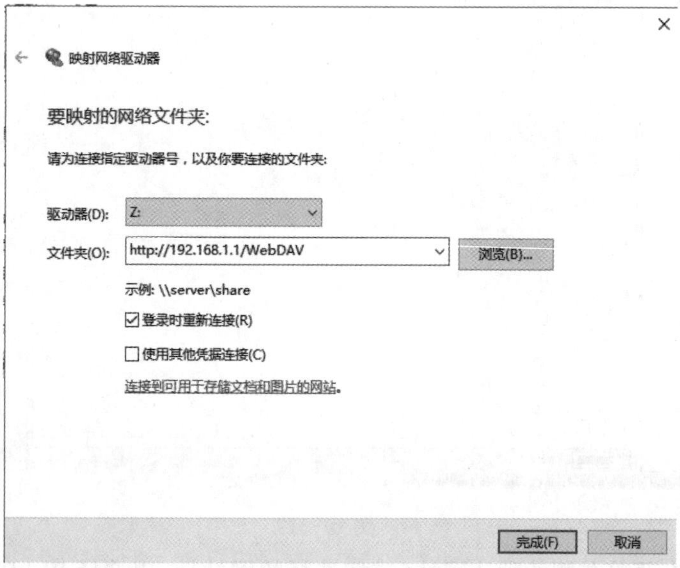

映射网络驱动器

要映射的网络文件夹:

请为连接指定驱动器号，以及你要连接的文件夹:

驱动器(D): Z:

文件夹(O): http://192.168.1.1/WebDAV 浏览(B)...

示例: \\server\share

☑登录时重新连接(R)

☐使用其他凭据连接(C)

连接到可用于存储文档和图片的网站。

完成(F) 取消

图 10-33

WebDAV 需要区分大小，因此必须输入与存储在 IIS 中完全相同的文件夹名称。

如果客户端已经具有服务器的访问数据，但是 WebDAV 功能用于其他数据而非客户端访问数据，则必须选中“使用不同凭据连接”。如果根本没有存储访问数据，则提示下一步输入该数据。

现在可以在所选驱动器号下找到该文件夹(在示例“Z:”中)。

项目任务总结

本项目任务主要要求掌握 WebServer 的使用，以及 IIS 的特性，包括 WebDAV 的搭建。

项目拓展

构建一个基于 HTTPS 的 WebDAV。

拓展练习

1. 根据图 10-34 所示的拓扑图来配置主机名及 IP 地址。
2. 在 SERVER1 上安装 Web 服务，在上面创建 Web 站点。
3. 启用站点 https://www.contoso.com 与 http://www.contoso.com。
4. 证书来自 SERVER2；解析来自 SERVER1。
5. CLT 访问 HTTP 时，会强制跳转到 HTTPS 链接。

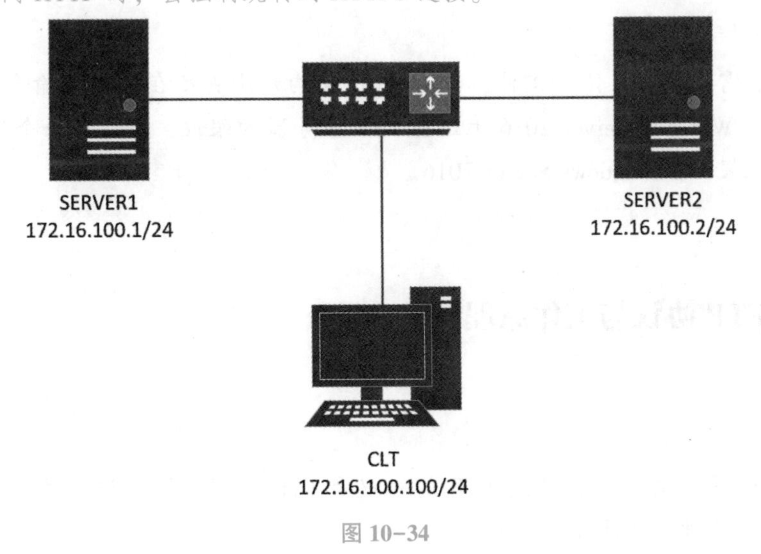

图 10-34

项目 11
建立 FTP 服务器

【项目学习目标】

1. 理解 FTP。
2. 掌握 FTP 的工作原理。
3. 掌握 FTP 服务器的架设方法。

【学习难点】

1. FTP 的工作原理。
2. FTP 服务器的架设。

【项目任务描述】

某高校需要在公网传输文件，现有 SMB 架构无法满足在公网传输文件的需求，现在计划在 Windows Server 2016 上进行 FTP 服务器的架设，请设计一个安全的 FTP 服务器并且架设在 Windows Server 2016。

任务 1　FTP 协议与工作原理

任务描述

在搭建 FTP 服务器之前，先对 FTP 的协议及 FTP 的工作原理进行解释，这有利于对 FTP 服务器部署的过程进行深入的理解。

任务目标

掌握 FTP 的工作原理。

1. FTP

FTP(文件传输协议)是文件传输协议的缩写。FTP 用于在网络上的计算机之间传输文件。可以使用 FTP 在本地 PC 和远程服务器之间共享文件，以及访问在线软件档案。

在 Windows Server 2016 中，可以通过选择“IIS 服务”→“FTP 服务器”进行安装，也可以使用其他软件实现 FTP 服务器、Filezilla 服务器、Titan FTP 服务器、Ocean FTP 服务器等。

2. FTP 工作原理

FTP 有两种工作模式，分别是主动(Port)与被动(Passive)。

(1) Port 模式

FTP 客户端首先和 FTP 服务器的 TCP 21 端口建立连接，通过这个通道发送命令，客户端需要接收数据的时候，在这个通道上发送 Port 命令。Port 命令包含了客户端用什么端口接收数据。在传送数据的时候，服务器端通过自己的 TCP 20 端口连接至客户端的指定端口发送数据。FTP Server 必须和客户端建立一个新的连接用来传送数据。

(2) Passive 模式

在建立控制通道的时候，和 Standard 模式类似，但建立连接后，发送的不是 Port 命令，而是 Pasv 命令。FTP 服务器收到 Pasv 命令后，随机打开一个高端端口(端口号大于 1 024)，并且通知客户端在这个端口上传送数据的请求，客户端连接 FTP 服务器的此端口，FTP 服务器将通过这个端口进行数据的传送，这时 FTP Server 不再需要建立一个新的和客户端之间的连接。

很多防火墙在设置的时候都是不允许接受外部发起的连接的，所以许多位于防火墙后或内网的 FTP 服务器不支持 Pasv 模式，因为客户端无法穿过防火墙打开 FTP 服务器的高端端口；而许多内网的客户端不能用 PORT 模式登录 FTP 服务器，因为从服务器的 TCP 20 端口无法和内部网络的客户端建立一个新的连接，造成无法工作。

3. FTP 传输模式

FTP 的传输有两种方式，分别是 ASCII 传输模式和二进制传输模式。

(1) ASCII 传输方式

假定用户正在复制的文件包含简单的 ASCII 码文本，如果在远程机器上运行的不是 UNIX，则当文件传输时，FTP 通常会自动地调整文件的内容，以便把文件解释成另外那台计算机存储文本文件的格式。但是常常有这样的情况，即用户正在传输的文件包含的不是文本文件，它们可能是程序、数据库、字处理文件或者压缩文件(字处理文件包含的大部分是文本，其中也包含有指示页尺寸、字库等信息的非打印符)。在复制任何非文本文件之前，用 binary 命令告诉 FTP 逐字复制，不要对这些文件进行处理，这也是下面要讲的二进制传输。

(2) 二进制传输模式

在二进制传输中，保存文件的位序，以便原始和复制的是逐位一一对应的，即使目的地机器上包含位序列的文件是没意义的。例如，macintosh 以二进制方式传送可执行文件到 Windows 系统，在对方系统上，此文件不能执行。如果在 ASCII 方式下传输二进制文件，即使不需要，也仍会转译。这会使传输稍微变慢，也会损坏数据，使文件变得不能用(在大多数计算机上，ASCII 方式一般假设每一字符的第一有效位无意义，因为 ASCII 字符组合不使用它。如果传输二进制文件，所有的位都是重要的)。如果知道这两台机器是相同的，则二进制方式对文本文件和数据文件都是有效的。

任务2　FTP服务器架设

任务描述

在现有的 Windows Server 2016 上进行 FTP 服务器的架设。

任务目标

掌握 FTP 服务器的架设方法。

在 Windows 服务器上安装 FTP 服务器。
打开 Windows Server 控制面板，然后找到"添加角色和功能"。
作为安装类型，指定基于角色或基于功能的安装。
在下一个窗口中，检查 IIS Web 服务器，选择"Web 服务器(IIS)"，如图 11-1 所示。

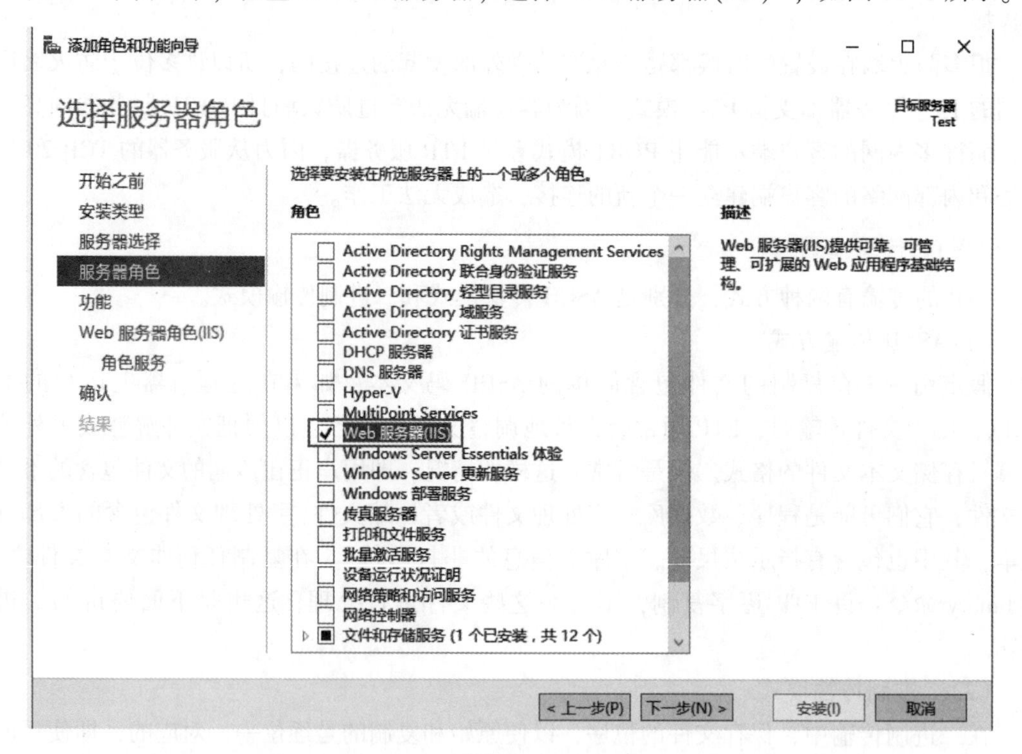

图 11-1

在打开的窗口中，单击"添加功能"按钮。
在下一个窗口中，功能不选择任何内容。
在"选择角色服务"窗口中，检查 FTP 服务器，单击"下一步"按钮，如图 11-2 所示。
单击"安装"按钮，在服务器上安装所有选定的功能，如图 11-3 所示。

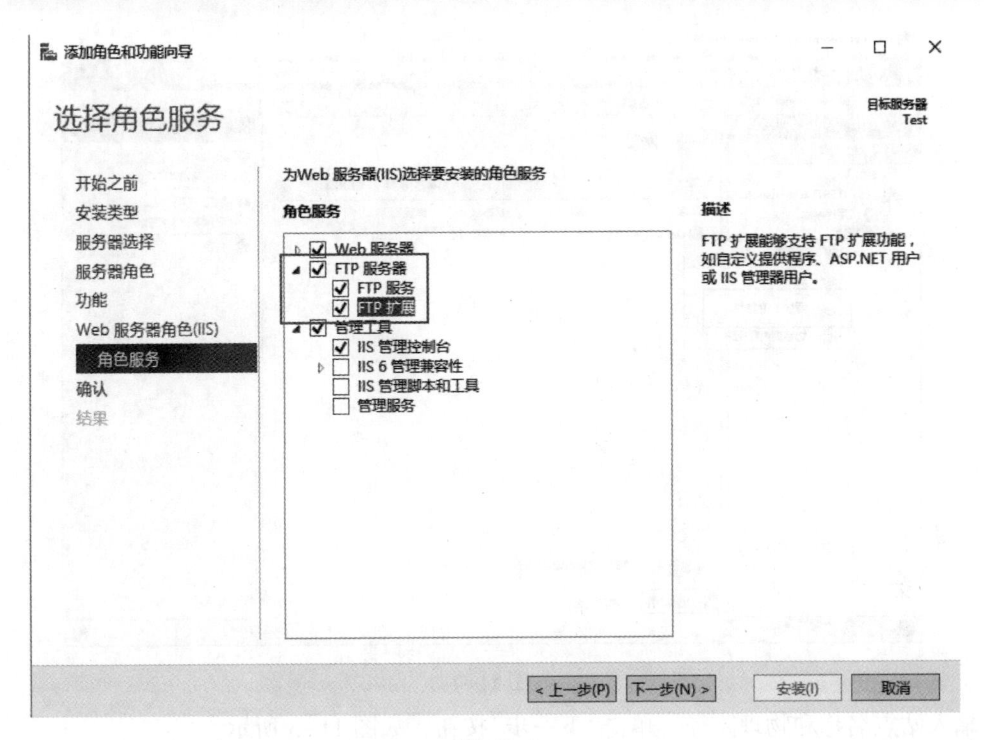

图 11-2

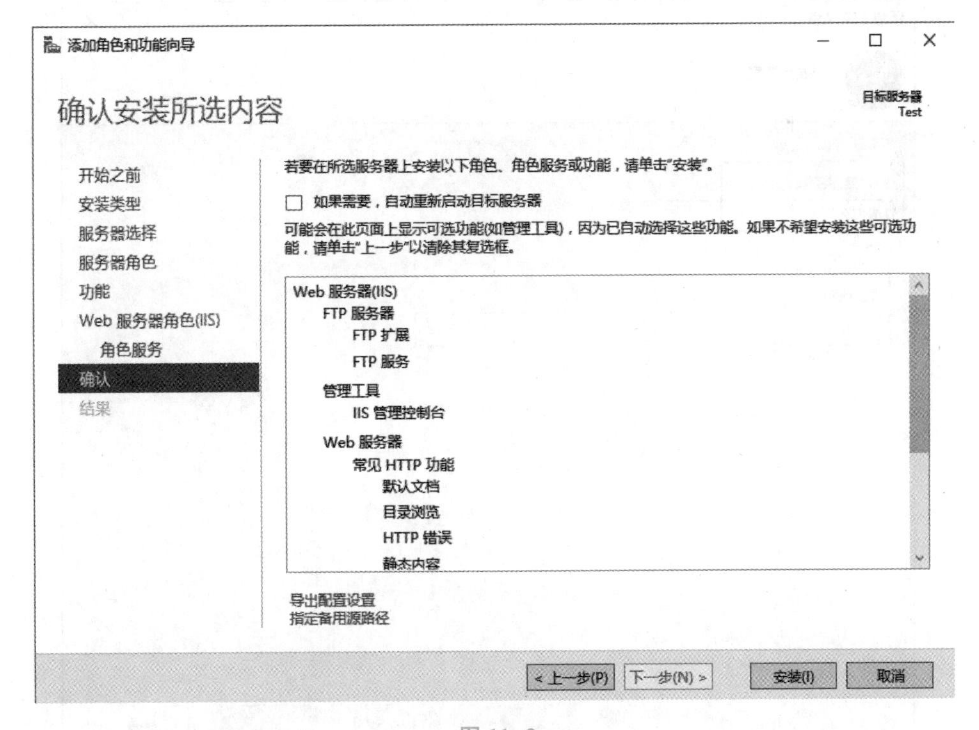

图 11-3

在 Windows 服务器上创建 FTP 站点。

打开 IIS 管理器，右击“站点”，选择“添加 FTP 站点”，如图 11-4 所示。

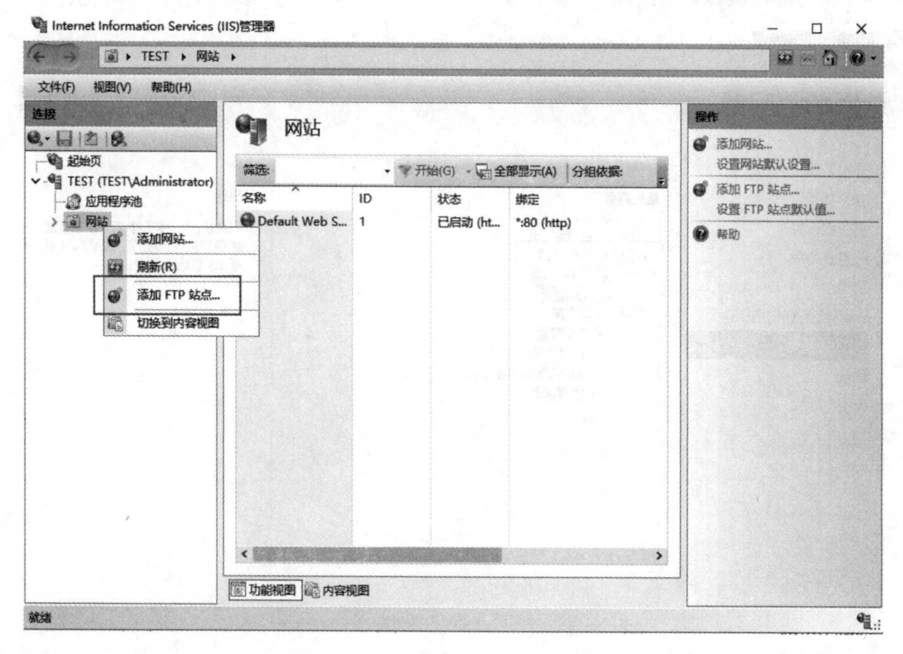

图 11-4

输入站点名称和物理路径，单击“下一步”按钮，如图 11-5 所示。

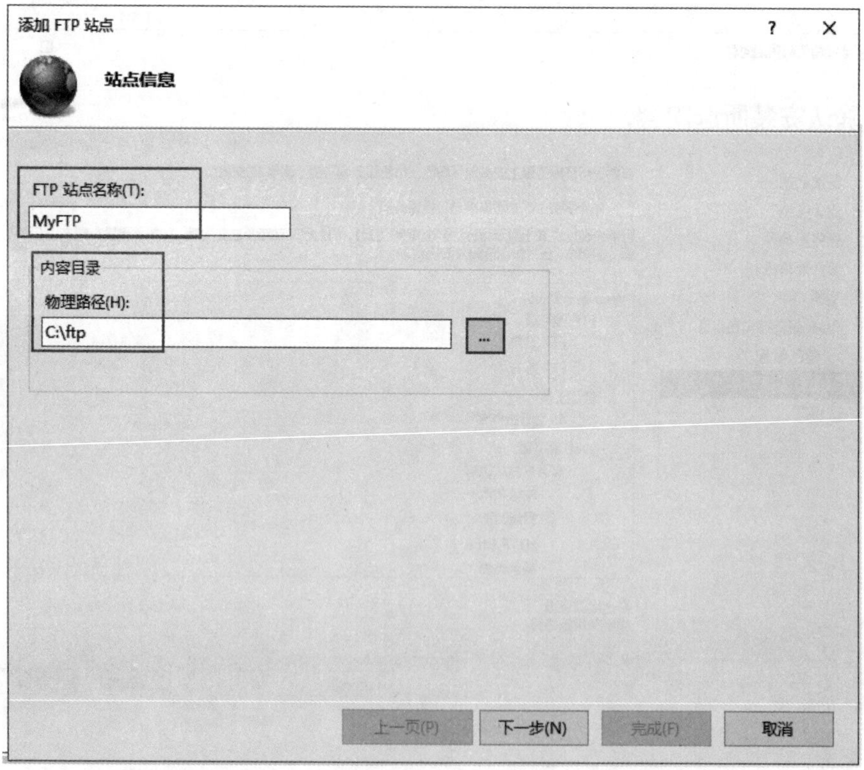

添加 FTP 站点

站点信息

FTP 站点名称(T):

MyFTP

内容目录

物理路径(H):

C:\ftp

上一页(P) 下一步(N) 完成(F) 取消

图 11-5

在“IP 地址”下拉列表中选择 IP 地址。选择“无 SSL”，单击“下一步”按钮，如图 11-6 所示。

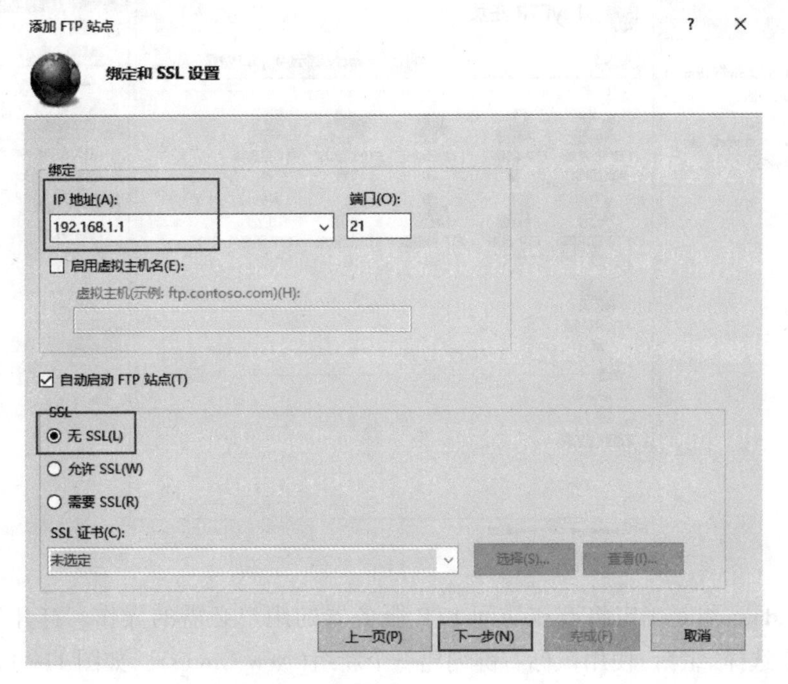

图 11-6

在弹出的窗口中，选择“基本”进行身份验证。授权指定的角色或组，输入 FTP 用户组的名称。检查所需的读写权限，然后单击“完成”按钮，如图 11-7 所示。

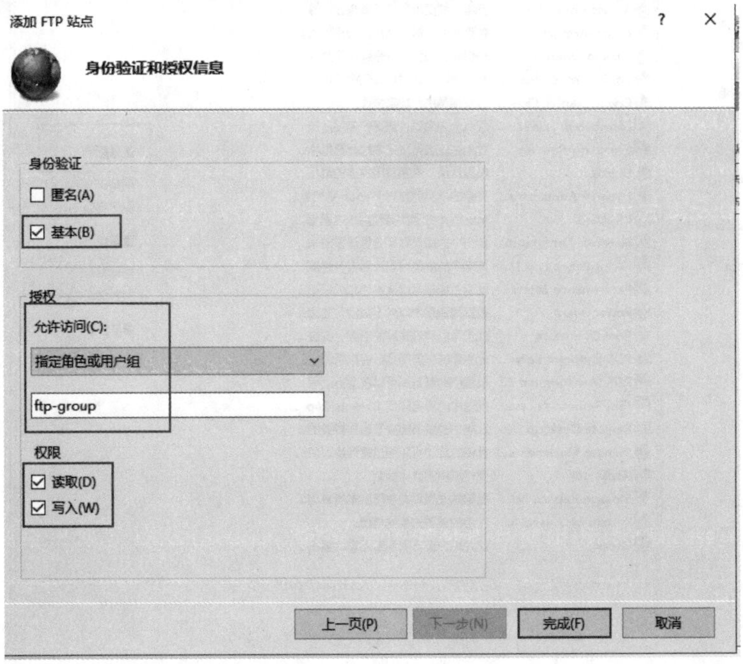

图 11-7

您的网站将出现在 Windows Web 服务器的树形结构中，如图 11-8 所示。

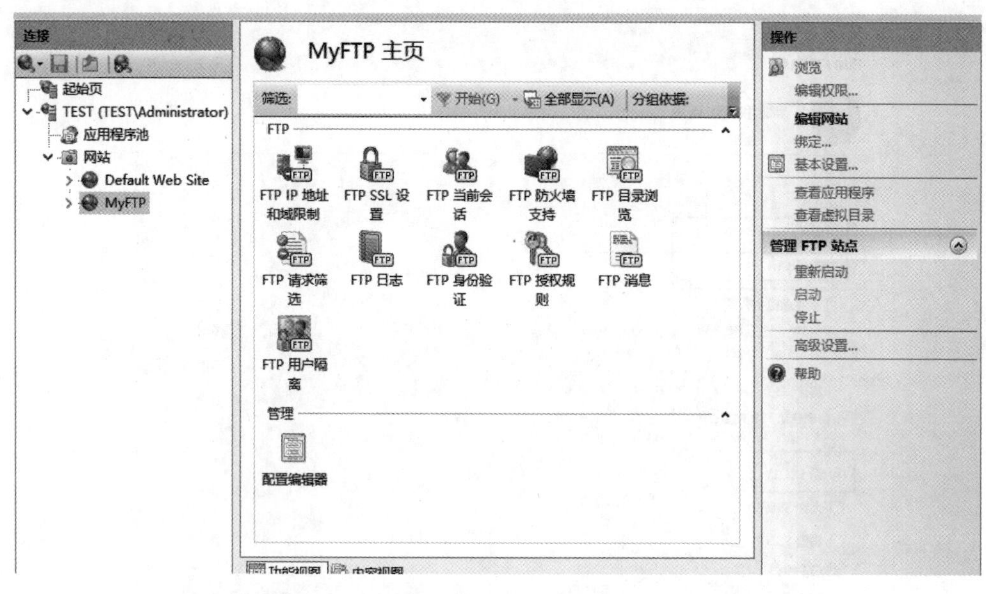

图 11-8

创建 Windows 组是确定将有权访问 FTP 服务器的用户必需的操作。打开计算机管理，在右侧菜单中选择“组”。使用鼠标右键创建一个新组(New Group)，如图 11-9 所示。

图 11-9

在打开的窗口中输入组的名称，必要时输入说明。要添加用户，则单击“添加”按钮，如图 11-10 所示。

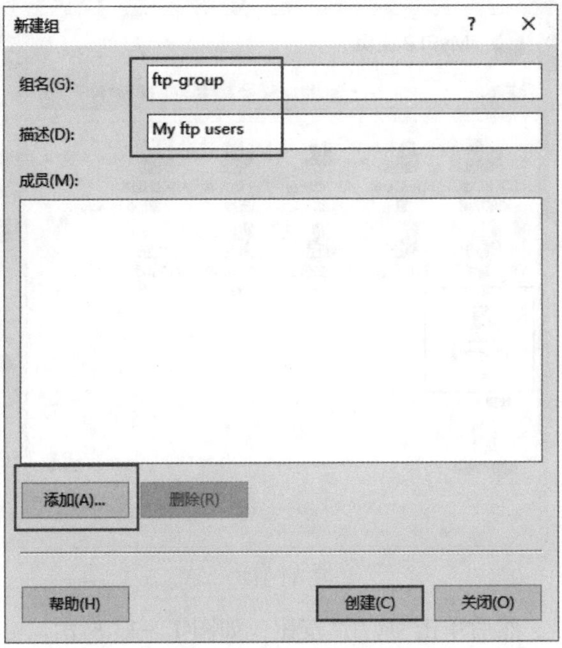

新建组　?　×

组名(G):　ftp-group

描述(D):　My ftp users

成员(M):

添加(A)...　删除(R)

帮助(H)　创建(C)　关闭(O)

图 11-10

在输入字段中输入名称。如果要进行检查，则单击“检查名称”按钮。发现 Windows 用户存在，单击“确定”按钮，如图 11-11 所示。

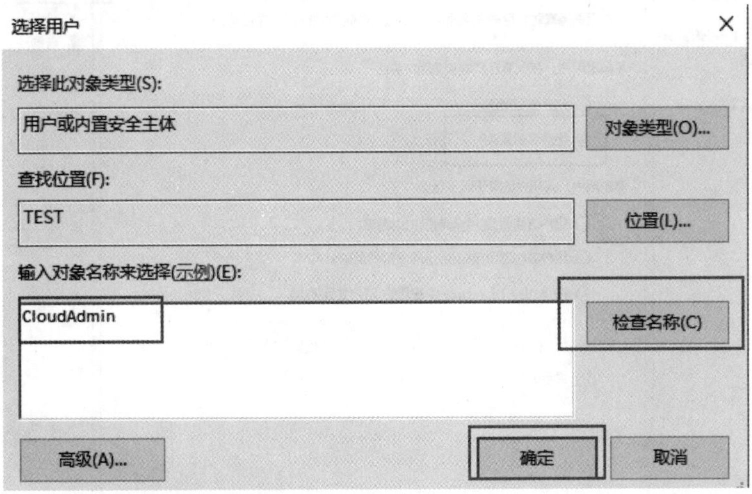

选择用户　×

选择此对象类型(S):

用户或内置安全主体　对象类型(O)...

查找位置(F):

TEST　位置(L)...

输入对象名称来选择(示例)(E):

CloudAdmin　检查名称(C)

高级(A)...　确定　取消

图 11-11

添加完所有内容后，单击“创建”按钮创建一个组。

为了使每个用户在连接到服务器后都可以访问自己的目录而不访问其他文件，必须设置隔离。为此，打开 FTP 站点设置，选择“FTP 用户隔离”，如图 11-12 所示。

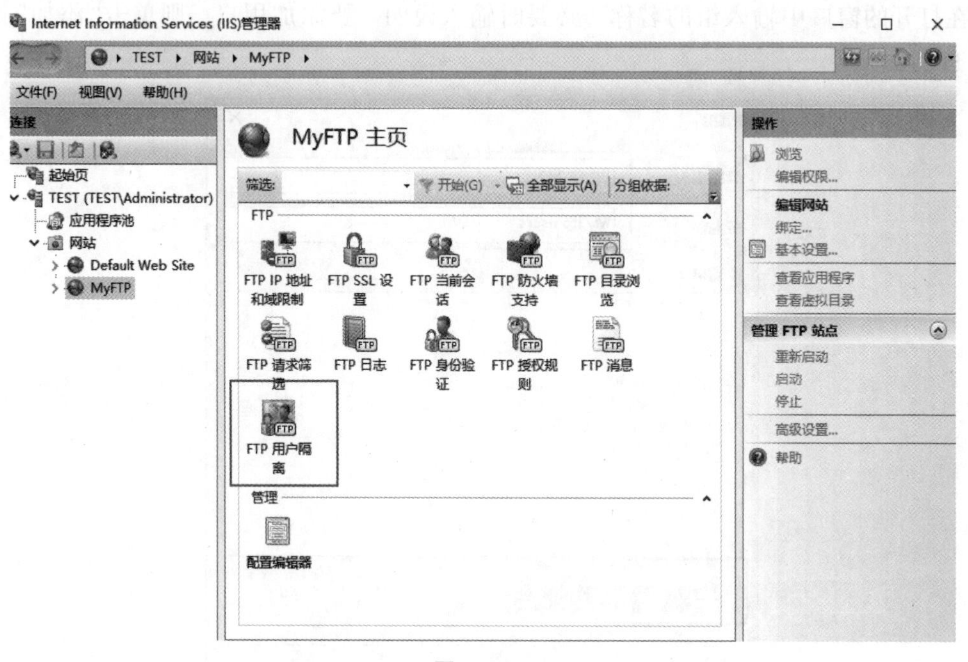

图 11-12

选择“用户名目录”，然后单击“应用”按钮，如图 11-13 所示。

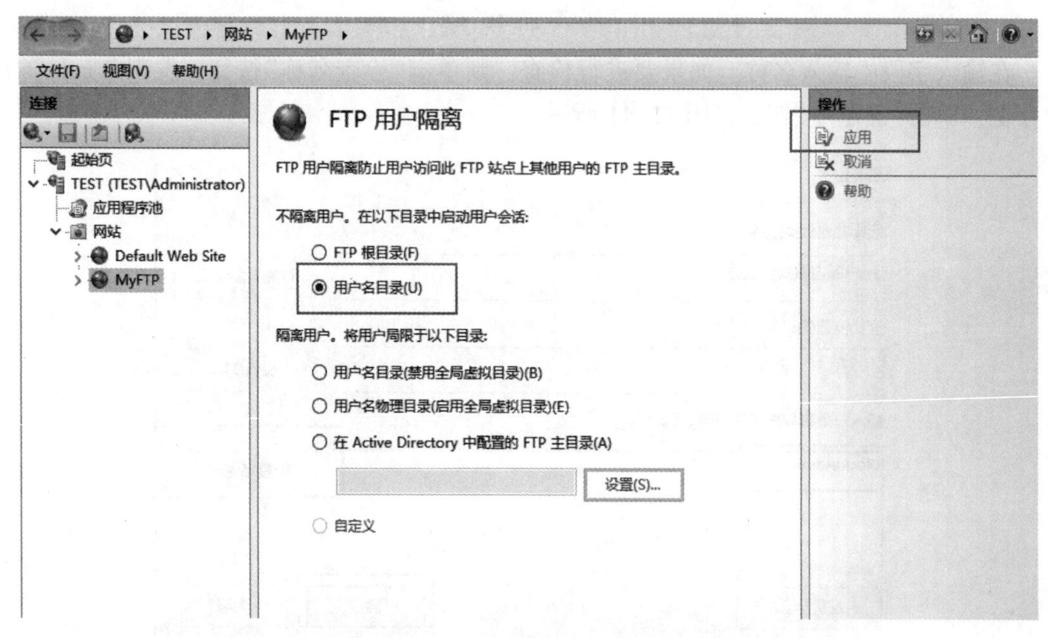

图 11-13

右击“MyFTP”，选择“添加虚拟目录”，如图 11-14 所示。

在“别名”字段中，输入昵称或名称，在“物理路径”字段中，输入用户目录的路径，单击“确定”按钮，如图 11-15 所示。

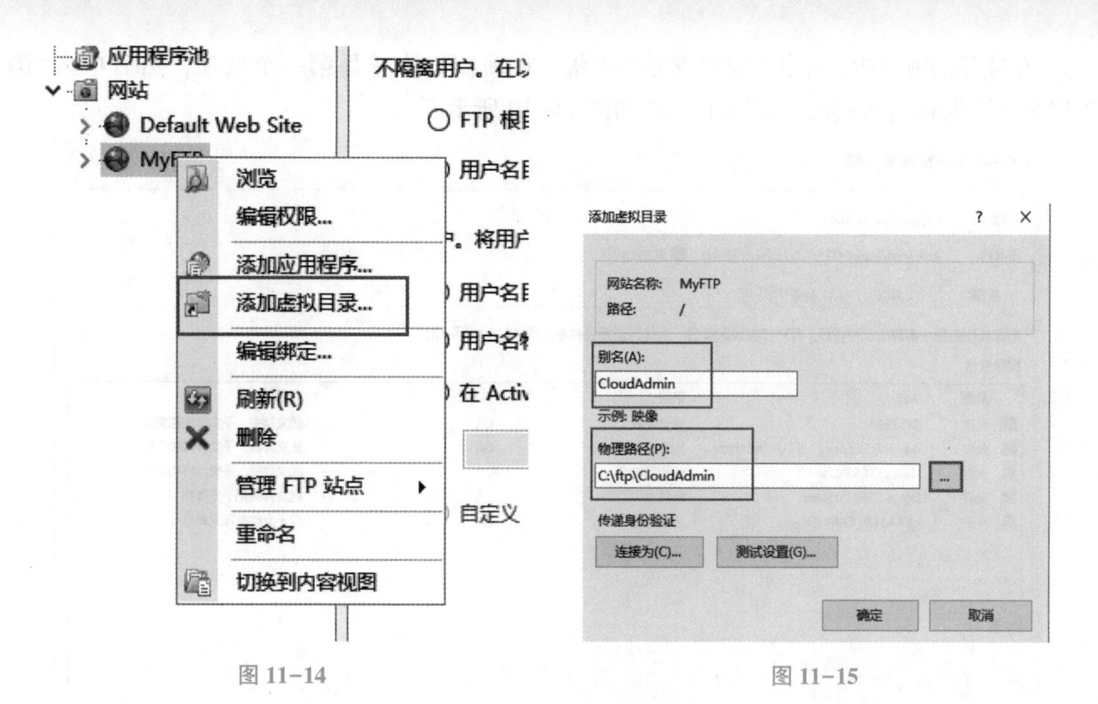

图 11-14　　　　图 11-15

要在 IIS 管理器中配置权限，则要展开 FTP 服务器的层次结构。右击“CloudAdmin”选择“编辑权限”，如图 11-16 所示。

单击“安全”选项卡，然后单击“高级”按钮，如图 11-17 所示。

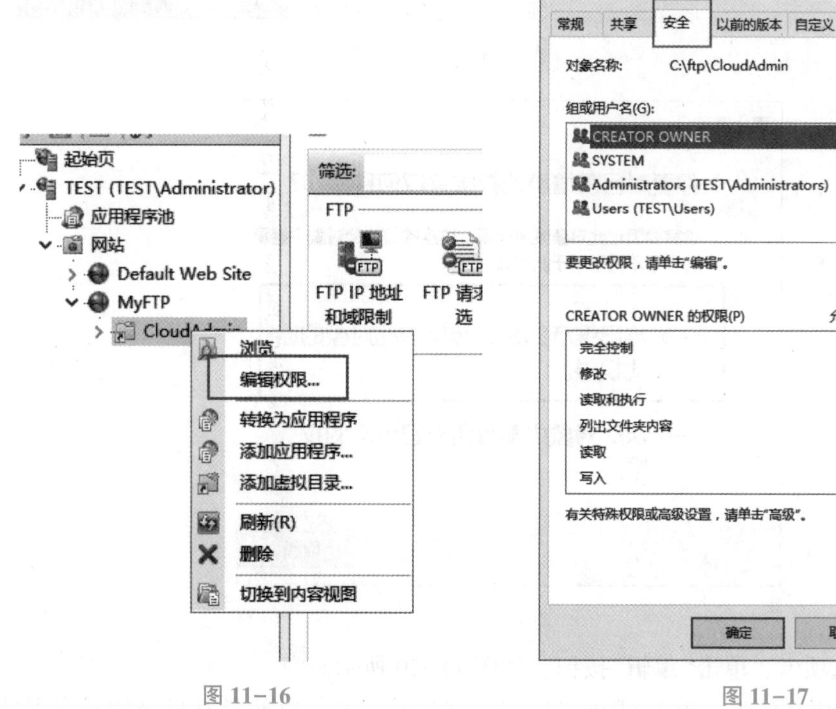

图 11-16　　　　图 11-17

在打开的窗口中，单击“禁用继承”按钮，在新窗口中选择第一个选项，然后单击“确定”按钮，保持当前权限，如图 11-18 和图 11-19 所示。

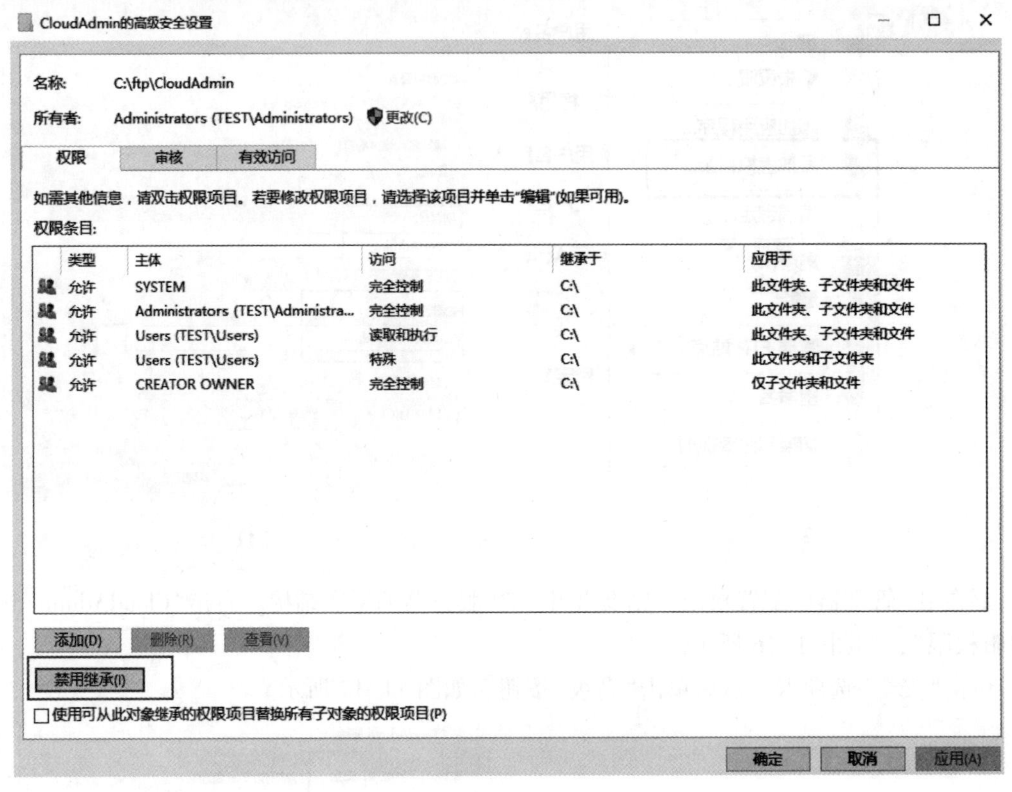

图 11-18

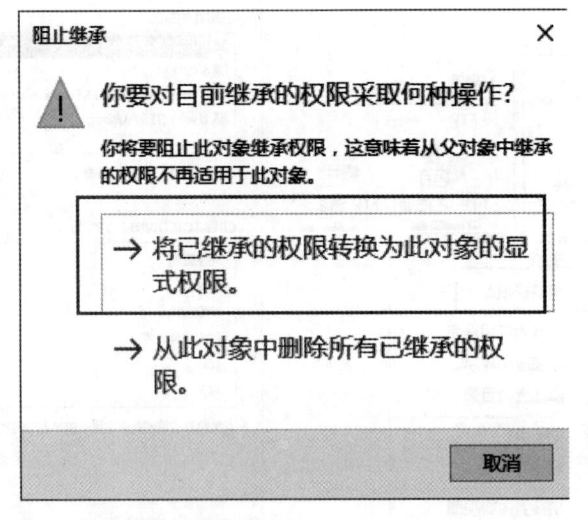

图 11-19

返回“安全”选项卡，单击“编辑”按钮，如图 11-20 所示。

选择所有用户所在的组，单击“删除”按钮。这是必需的，以便只有目录的所有者才能访问它，如图 11-21 所示。

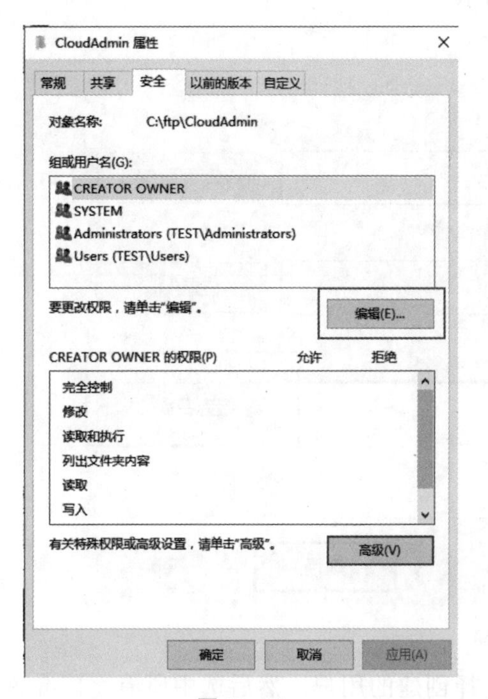

图 11-20

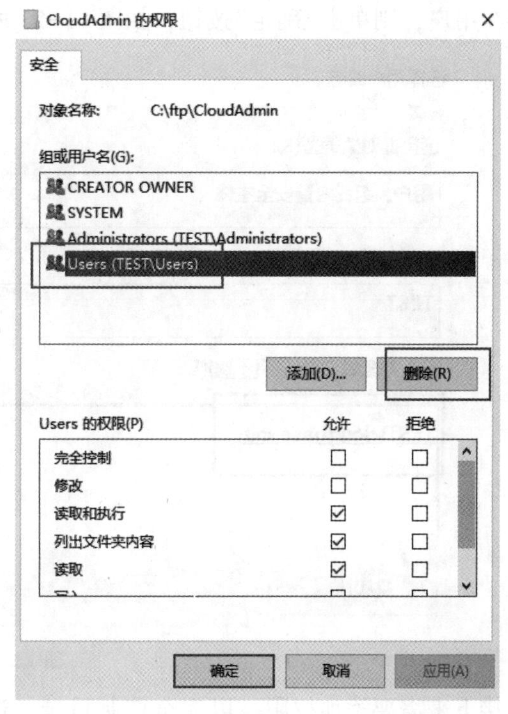

图 11-21

添加一个 Windows 用户，该用户将对该目录具有完全访问权限。单击"添加"按钮，如图 11-22 所示。

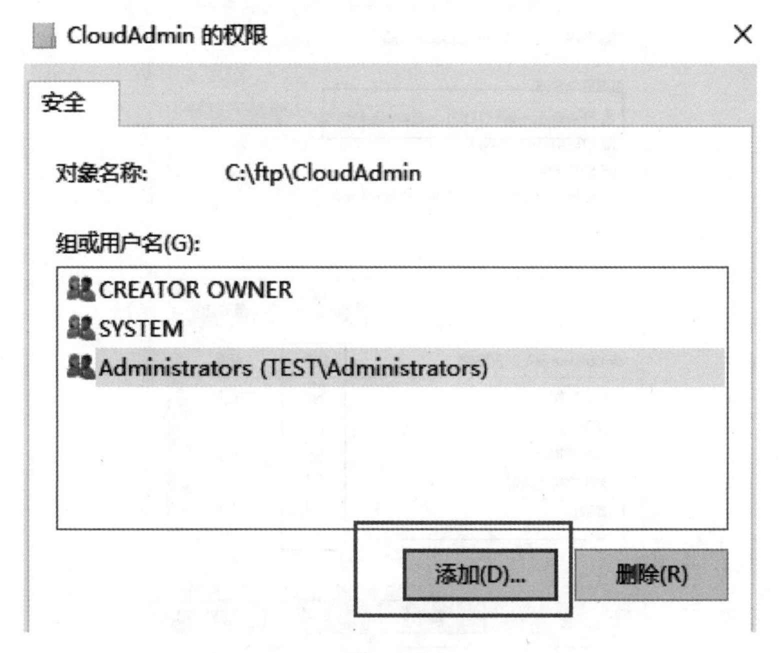

图 11-22

在输入字段中输入虚拟目录的用户名。如果要进行检查，则单击“检查名称”按钮。如果存在用户，则单击“确定”按钮，如图 11-23 所示。

选择用户或组
选择此对象类型(S):
用户、组或内置安全主体
对象类型(O)...
查找位置(F):
TEST
位置(L)...
输入对象名称来选择(示例)(E):
TEST\cloudbase-init
检查名称(C)
高级(A)...
确定
取消

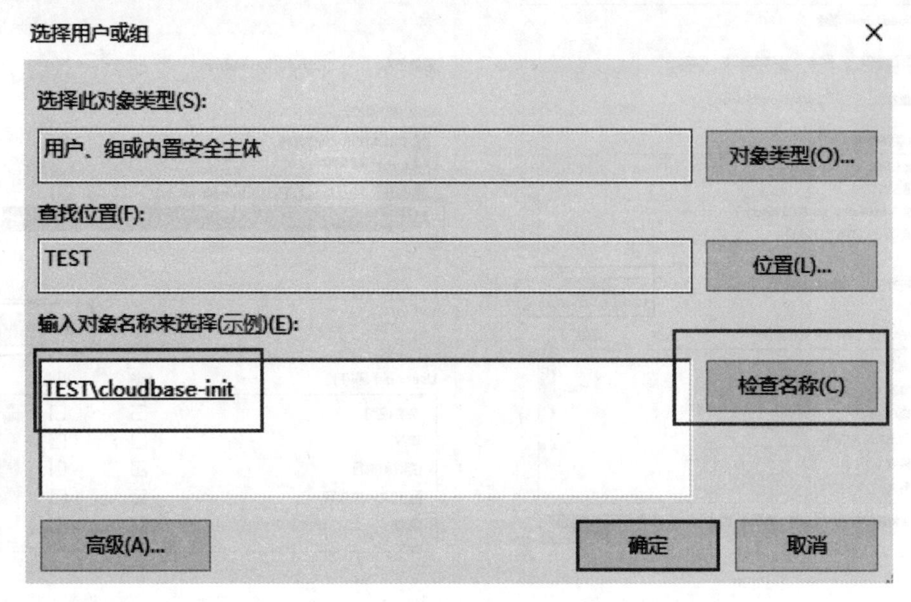

图 11-23

接下来需要添加权限，以完全控制目录。选择创建的用户，然后选中所有字段允许权限，如图 11-24 所示。

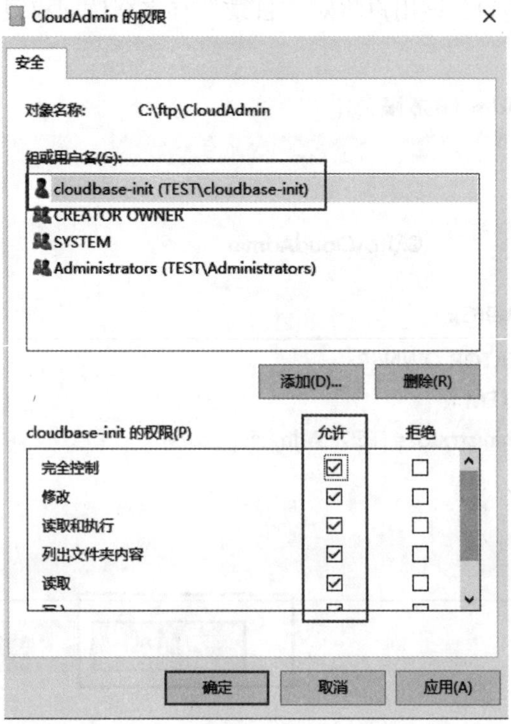

CloudAdmin 的权限
安全
对象名称: C:\ftp\CloudAdmin
组或用户名(G):
cloudbase-init (TEST\cloudbase-init)
CREATOR OWNER
SYSTEM
Administrators (TEST\Administrators)
添加(D)...
删除(R)
cloudbase-init 的权限(P)
允许
拒绝
完全控制
修改
读取和执行
列出文件夹内容
读取
确定
取消
应用(A)

图 11-24

对于与 FTP 服务器的外部连接，必须配置防火墙。为此，打开“高级安全 Windows 防火墙”，在左侧的垂直菜单中选择“入站规则”，然后在右侧的垂直菜单中选择“新建规则”，如图 11-25 所示。

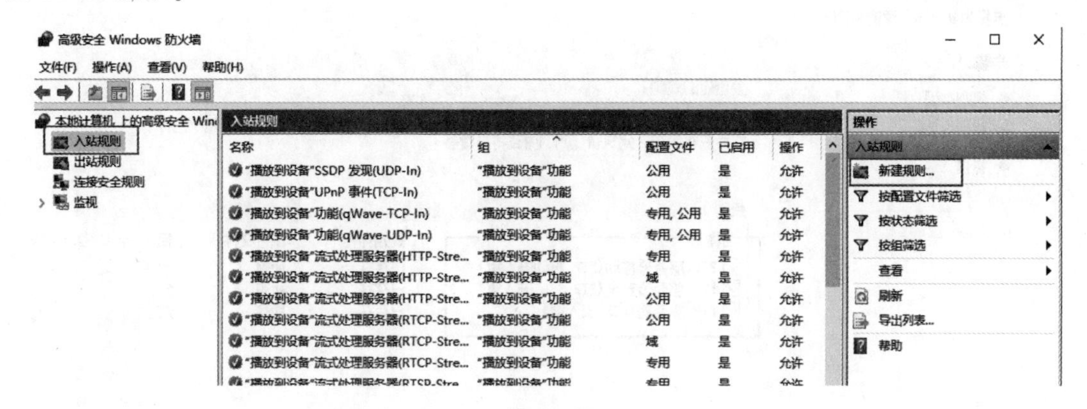

图 11-25

在打开的窗口中，选择“预定义”类型，从下拉列表中选择“FTP 服务器”。单击“下一步”按钮，如图 11-26 所示。

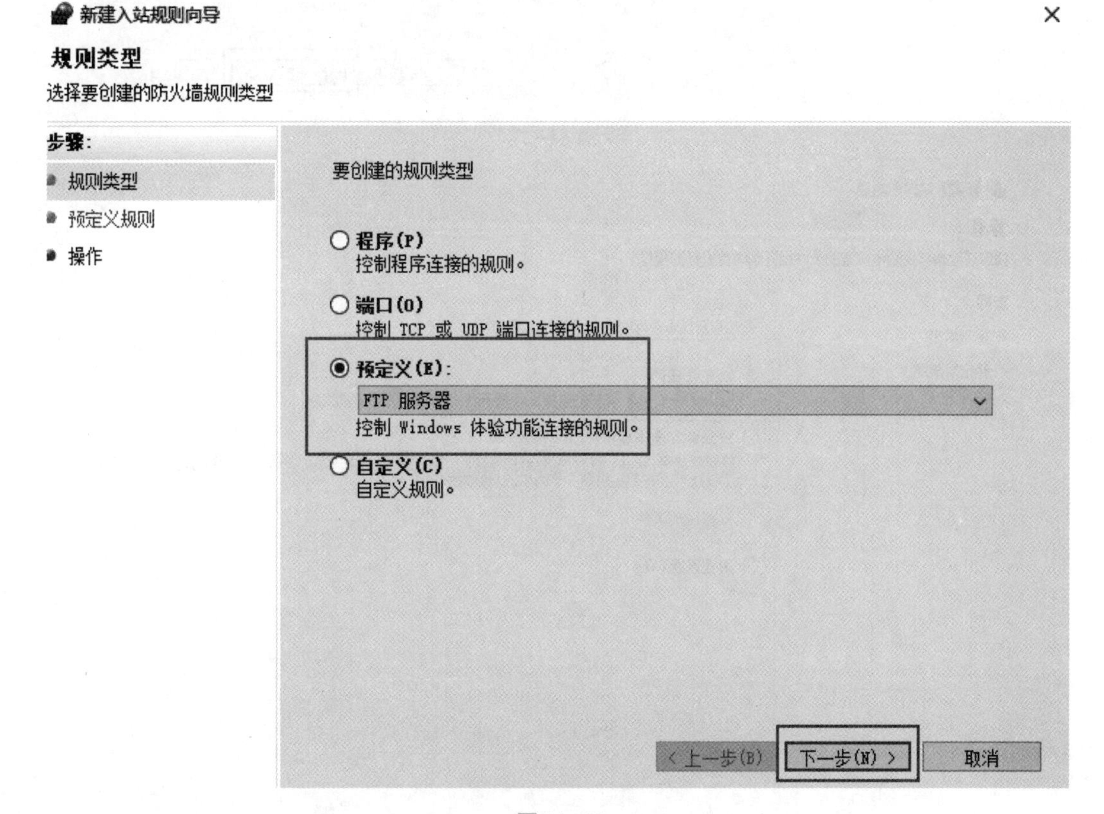

图 11-26

勾选所有规则，然后单击“下一步”按钮，如图 11-27 所示。

选择“允许连接”，单击“完成”按钮，如图 11-28 所示。为了使这些规则生效，需重新启动服务器。

新建入站规则向导
预定义规则
选择为此体验创建的规则。
步骤：
规则类型
预定义规则
操作
要创建的规则
下列规则定义所选预定义组的网络连接要求。将创建选中的规则。如果某个规则已存在并已被检查，则现有规则的内容将被覆盖。
规则(R)：
名称
规则存在
配置文件
描述
FTP 服务器被动(FTP 被动流入量)
FTP 服务器安全(FTP SSL 流入量)
FTP 服务器(FTP 流入量)
已存在
所有
允许
对于
< 上一步(B)
下一步(N) >
取消

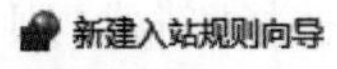

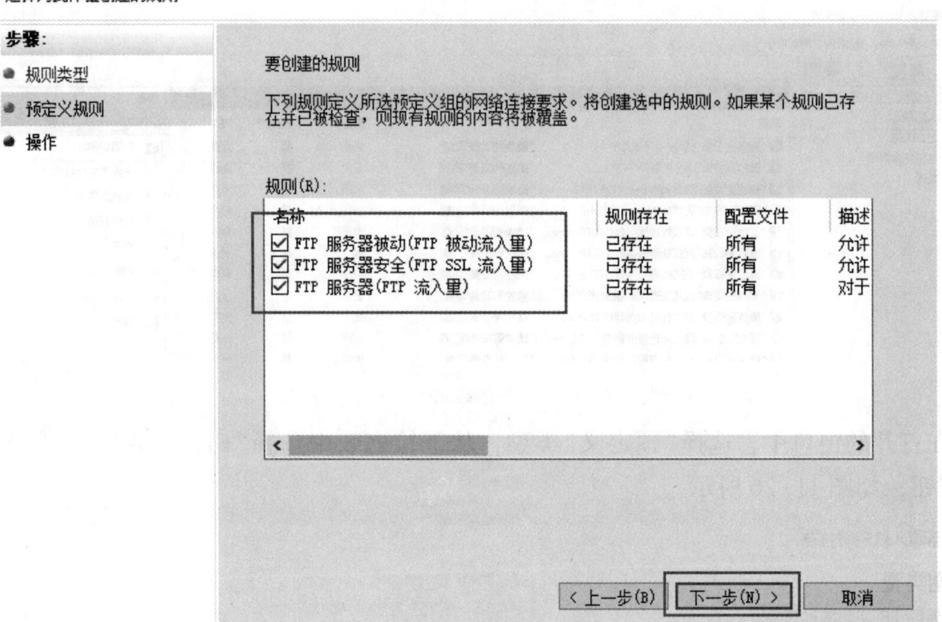

图 11-27

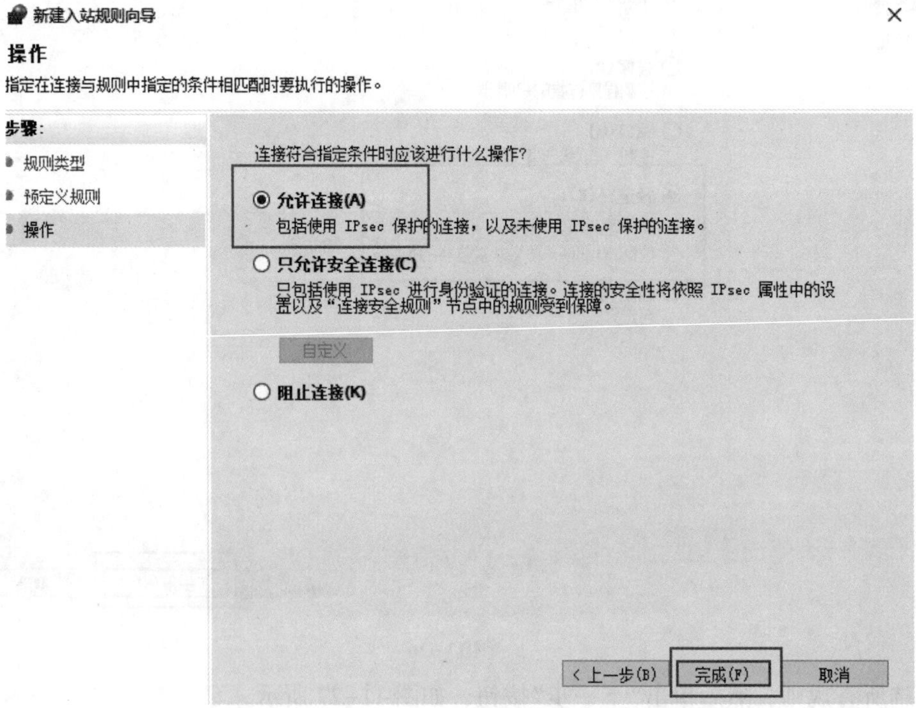

新建入站规则向导
操作
指定在连接与规则中指定的条件相匹配时要执行的操作。
步骤：
规则类型
预定义规则
操作
连接符合指定条件时应该进行什么操作?
允许连接(A)
包括使用 IPsec 保护的连接，以及未使用 IPsec 保护的连接。
只允许安全连接(C)
只包括使用 IPsec 进行身份验证的连接。连接的安全性将依照 IPsec 属性中的设置以及“连接安全规则”节点中的规则受到保障。
自定义
阻止连接(K)
< 上一步(B)
完成(F)
取消

图 11-28

项目任务总结

本项目任务主要要求掌握 FTP 的工作模式、传输模式，以及配置方法。

项目拓展

在 Windows Server 2016 中部署 FTPS，该如何实施？因为 Windows Server 2016 自带的 FTP 客户端(ftp. exe)不支持 FTPS 内容，所以需要下载第三方的 FTP 客户端软件，例如 Filezilla。

拓展练习

1. 根据图 11-29 所示拓扑图配置主机名及 IP 地址。

2. 在 SERVER1 上配置 FTP 服务器，创建一批用户：user001～user100，密码为 Skills39。

3. 用户登录时，弹出信息：欢迎 user01(注意：user01 是动态变化的，如果当前登录的用户是 user02，则弹出信息应该显示：欢迎 user02)。

4. 设定 FTP 的连接安全功能，启用对称式加密。

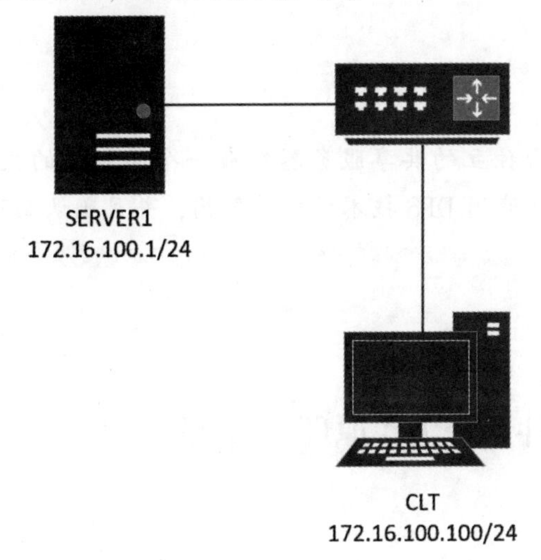

图 11-29

项目12
分布式文件系统

【项目学习目标】

1. 掌握分布式文件系统的工作原理。
2. 掌握分布式文件系统的架设方法。

【学习难点】

DFS 的搭建。

【项目任务描述】

某公司需要将多台独立的共享服务器组成一个高可用的文件共享接入点，使用 DFS 作为基础架构，请使用 DFS 技术设计该架构，并且确认高可用性。

项目任务实施

任务1　分布式文件系统工作原理

任务描述

理解分布式文件系统 DFS 的工作过程及原理实现，在下一个任务使用正确的逻辑去构建 DFS。

任务目标

掌握 DFS 的工作原理及基本概念。

1. DFS 命名空间概述

DFS 命名空间是 Windows Server 中的一项角色服务，使用户可以将位于不同服务器上的共享文件夹分为一个或多个逻辑结构化的命名空间，这样就可以为用户提供共享文件夹的虚拟视图，其中单个路径导致文件位于多个服务器上，如图 12-1 所示。

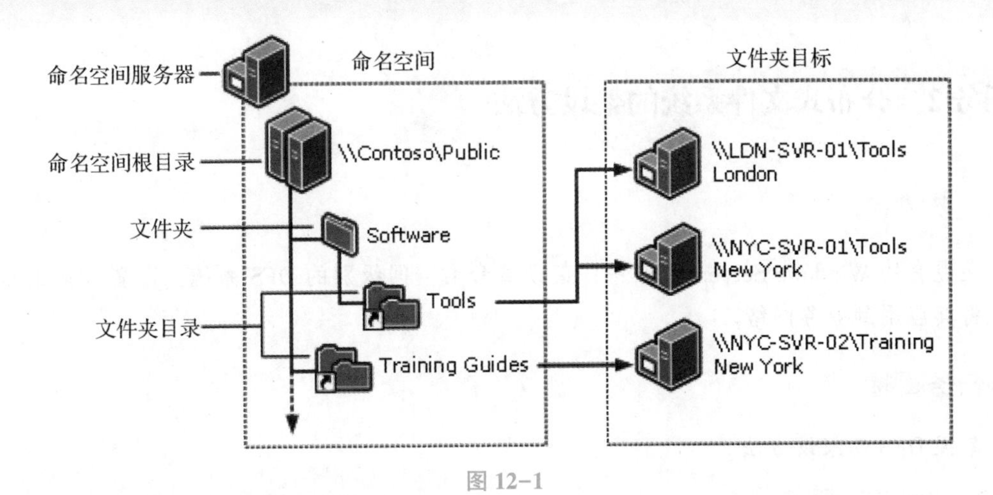

图 12-1

组成 DFS 命名空间的元素的描述：

命名空间服务器：命名空间服务器托管一个命名空间。命名空间服务器可以是成员服务器或域控制器。

命名空间根：命名空间根是命名空间的起点。在图 12-1 中，根的名称为 Public，名称空间路径为\\Contoso \Public。这种名称空间是基于域的名称空间，因为它以域名(例如 Contoso)开头，并且其元数据存储在 Active Directory 域服务(AD DS)中。尽管图 12-1 中显示了单个名称空间服务器，但是基于域的名称空间可以托管在多个名称空间服务器上，以提高名称空间的可用性。

文件夹：没有文件夹目标的文件夹为名称空间添加了结构和层次结构，而具有文件夹目标的文件夹为用户提供了实际的内容。当用户浏览在名称空间中具有文件夹目标的文件夹时，客户端计算机将收到一个引用，该引用将客户端计算机透明地重定向到文件夹目标之一。

文件夹目标：文件夹目标是共享文件夹或与命名空间中的文件夹相关联的另一个命名空间的 UNC 路径。文件夹目标是数据和内容的存储位置。在图 12-1 中，名为 Tools 的文件夹有两个文件夹目标：一个在伦敦，一个在纽约，而名为 Training Guides 的文件夹在纽约有一个文件夹目标。浏览到\\Contoso\Public\Software\Tools 的用户将透明地重定向到共享文件夹\LDN-SVR-01\Tools 或\\NYC-SVR-01\Tools，具体取决于用户当前所在的站点。

可以使用 DFS 管理 Windows Power Shell 中的 DFS 命名空间(DFSN)Cmdlet、DfsUtil 命令或调用 WMI 的脚本来管理名称空间。

2. DFS 默认目标选择算法

①从同一站点目标服务器随机排列在列表顶部。

②客户外部站点目标按 AD 站点 Cost 最低到最高的顺序列出。

③相同 Cost 的推荐被分组在一起。

④在每个组中，目标按随机顺序列出。

管理员也可以通过 DFS 管理单元手动修改目标选择算法，例如修改为“最低成本”。

任务2 分布式文件系统的架设方法

任务描述

在现有的 Windows Server 2016 中，架设域命名空间级别的 DFS 系统，配置对应的权限，并且将其应用到业务网络。

任务目标

掌握 DFS 的架设方法。

1. 安装 DFS 服务

选择要安装的角色服务和功能，如图 12-2 所示。

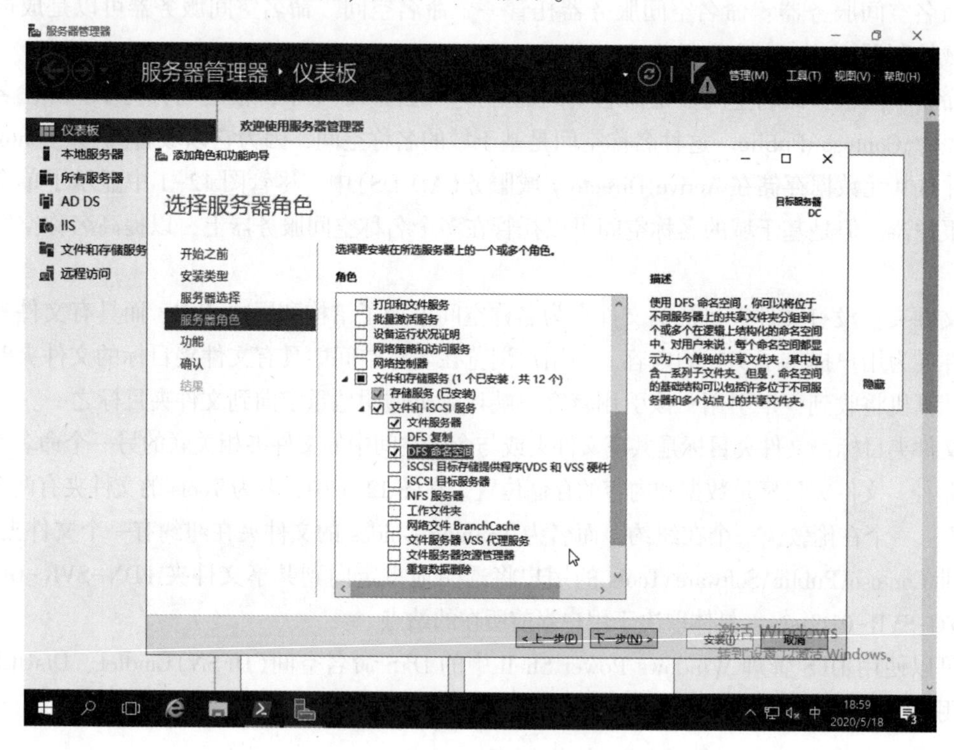

图 12-2

2. 部署 DFS 命名空间

打开服务器管理器，然后从“工具”菜单中选择“DFS Management”(如果找不到，则需要添加功能 DFS 命名空间)，如图 12-3 所示。

右击“命名空间”，选择“新建命名空间”，如图 12-4 所示。

向导将启动，指定主机名，如图 12-5 所示。

服务器管理器
服务器管理器 · 仪表板
管理(M)
工具(T)
视图(V)
帮助(H)
DFS Management
iSCSI 发起程序
Microsoft Azure 服务
ODBC 数据源(32 位)
ODBC 数据源(64 位)
Windows PowerShell
Windows PowerShell (x86)
Windows PowerShell ISE
Windows PowerShell ISE (x86)
Windows Server Backup
Windows 内存诊断
本地安全策略
磁盘清理
打印管理
服务
高级安全 Windows 防火墙
计算机管理
任务计划程序
事件查看器
碎片整理和优化驱动器
系统配置
系统信息
性能监视器
资源监视器
组件服务
仪表板
本地服务器
所有服务器
文件和存储服务
欢迎使用服务器管理器
快速启动(Q)
新增功能(W)
了解详细信息(L)
1 配置此本地服务器
2 添加角色和功能
3 添加要管理的其他服务器
4 创建服务器组
5 将此服务器连接到云服务
角色和服务器组
角色: 1 | 服务器组: 1 | 服务器总数: 1
文件和存储服务 1
本地服务器 1
所有服务器
可管理性
事件
服务
性能
BPA 结果
2021/7/2 11:35

图 12-3

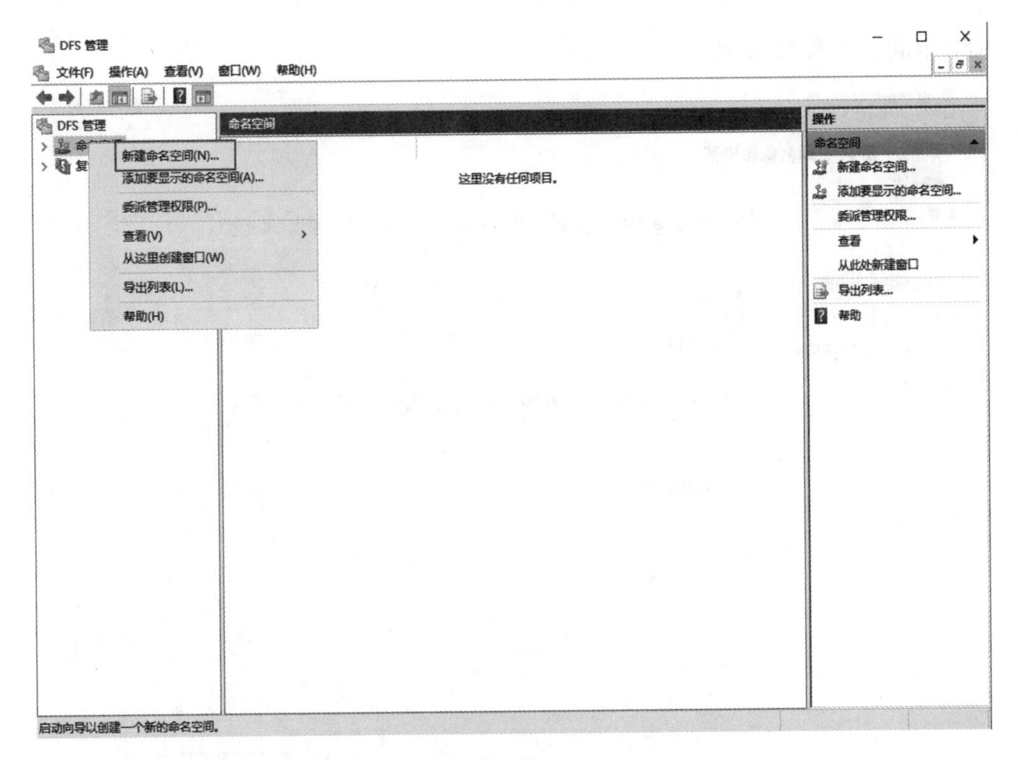
DFS 管理
文件(F)
操作(A)
查看(V)
窗口(W)
帮助(H)
DFS 管理
命名空间
新建命名空间(N)...
添加要显示的命名空间(A)...
委派管理权限(P)...
查看(V)
从这里创建窗口(W)
导出列表(L)...
帮助(H)
这里没有任何项目。
操作
命名空间
新建命名空间...
添加要显示的命名空间...
委派管理权限...
查看
从此处新建窗口
导出列表...
帮助
启动向导以创建一个新的命名空间。

图 12-4

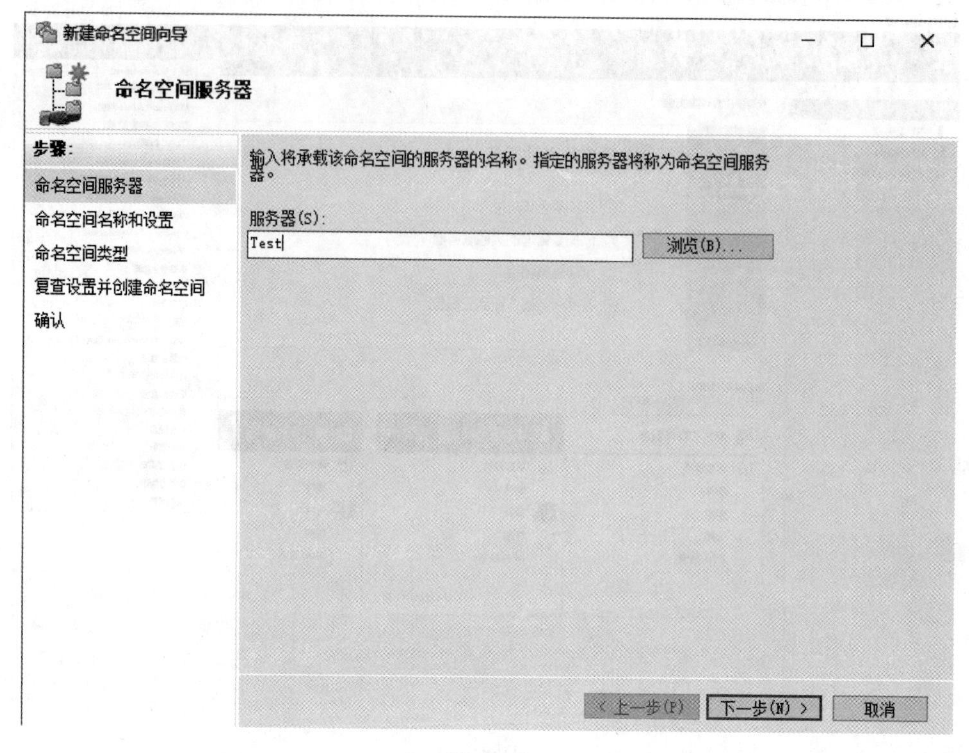

图 12-5

命名空间，如图 12-6 所示。

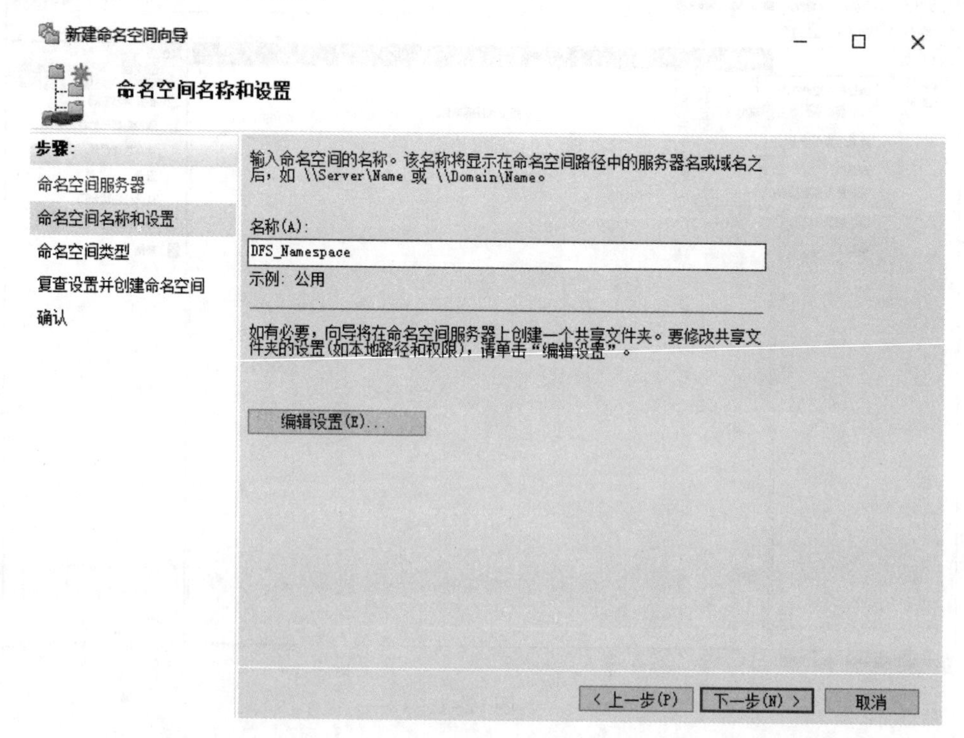

图 12-6

选择要创建的命名空间类型：基于域的命名空间，如图 12-7 所示。

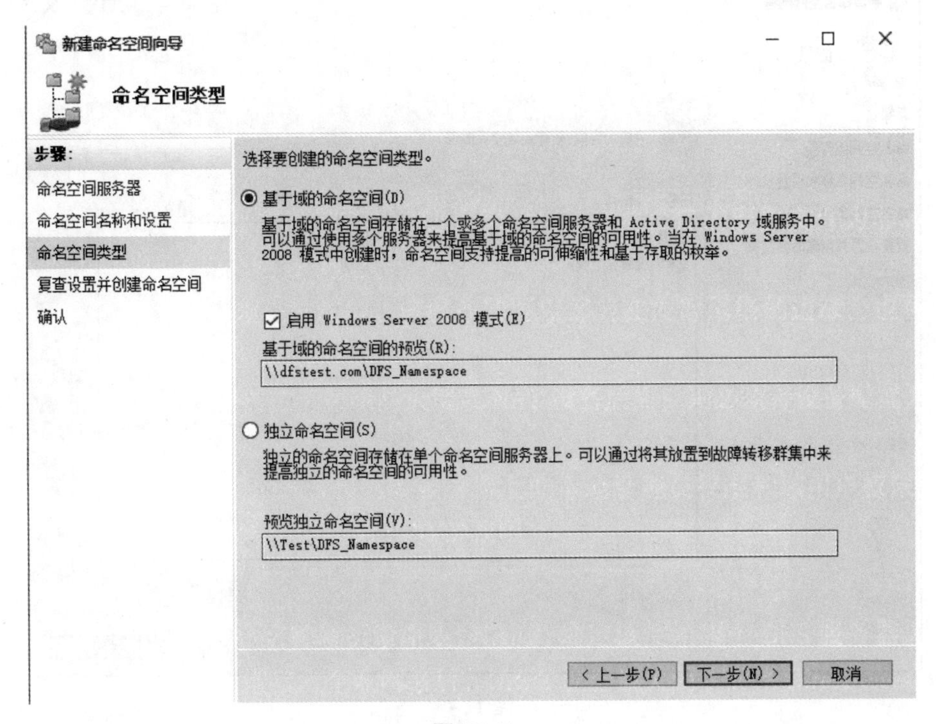

图 12-7

单击“创建”按钮，DFS 命名空间将准备就绪，如图 12-8 和图 12-9 所示。

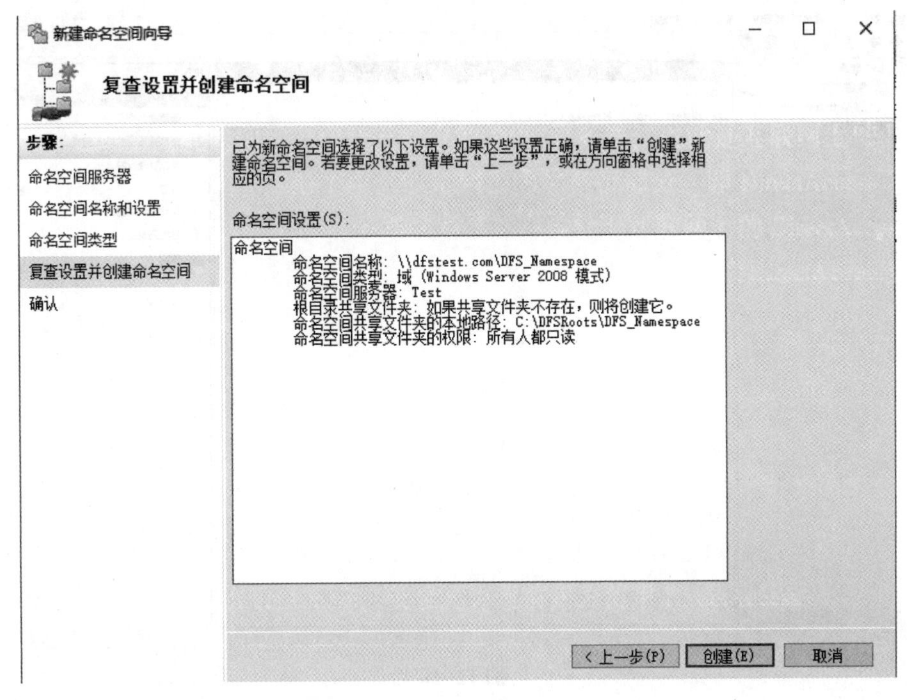

图 12-8

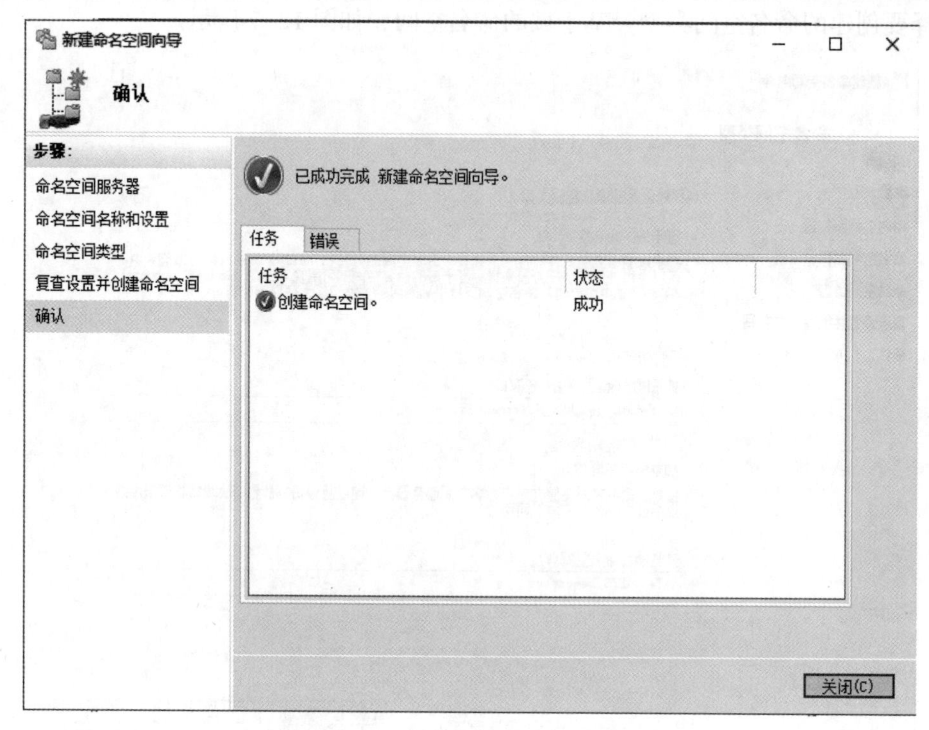

图 12-9

选择命名空间，如图 12-10 所示。

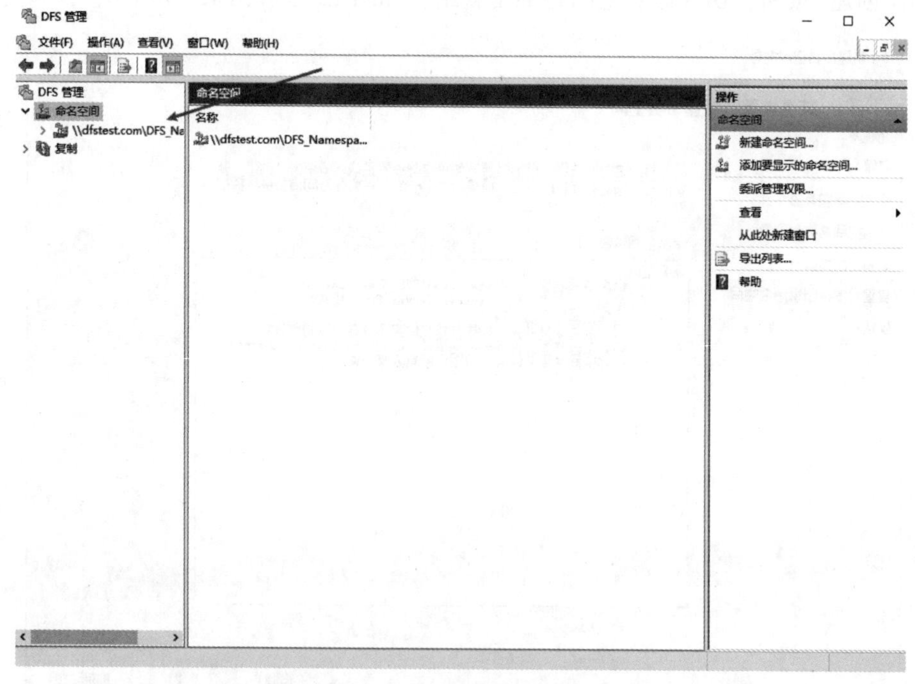

图 12-10

可以将多个共享文件夹聚合到一个虚拟文件夹中，如图 12-11 所示。当然，如果需要，可以创建许多虚拟文件夹。

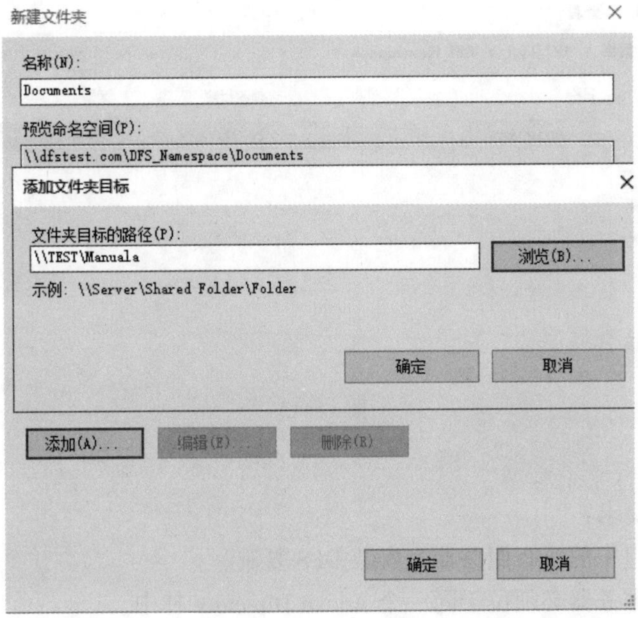

新建文件夹
名称(N):
Documents
预览命名空间(P):
\\dfstest.com\DFS_Namespace\Documents
添加文件夹目标
文件夹目标的路径(P):
\\TEST\Manuala
浏览(B)...
示例: \\Server\Shared Folder\Folder
确定
取消
添加(A)...
编辑(E)...
删除(R)
确定
取消

图 12-11

虚拟文件夹已创建，如图 12-12 所示。

DFS 管理
文件(F) 操作(A) 查看(V) 窗口(W) 帮助(H)
DFS 管理
命名空间
\\dfstest.com\DFS_Na
Documents
复制
\\dfstest.com\DFS_Namespace (Windows Server 2008 模式 中基于域)
命名空间 命名空间服务器 委派 搜索
1 项
类型 名称
Documents
操作
\\dfstest.com\DFS_Namespace
新建文件夹...
添加命名空间服务器...
委派管理权限...
从显示区域移除命名空间...
查看
从此处新建窗口
删除
刷新
属性
帮助
Documents
添加文件夹目标...
复制文件夹...
移动文件夹...
重命名文件夹...
属性
删除
刷新
帮助

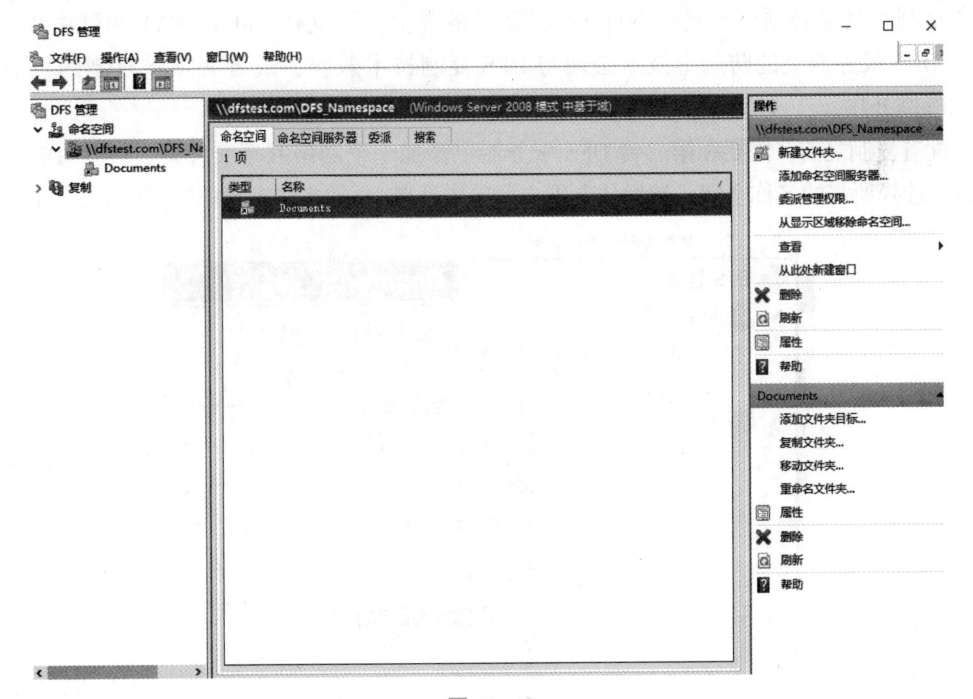

图 12-12

可以从网络访问它，路径是\\127. 0. 0. 1\DFS-NameSpace\，如图 12-13 所示。

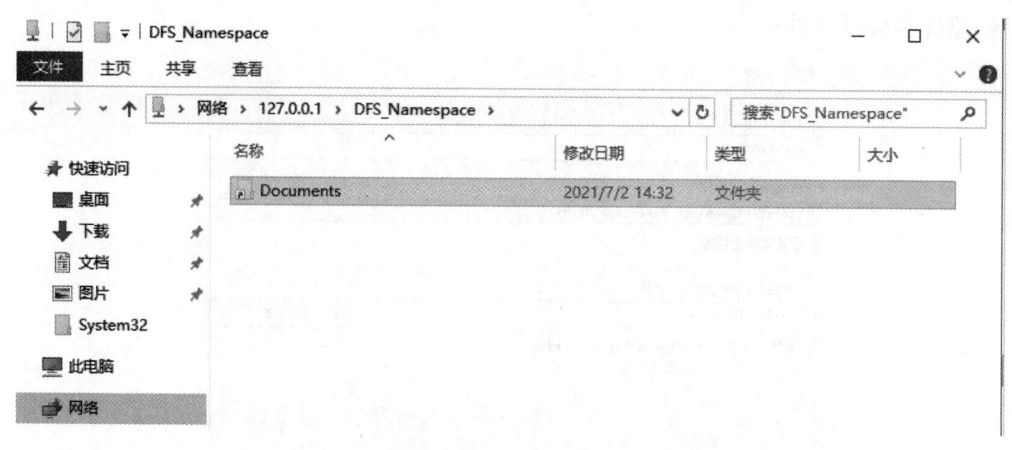

图 12-13

3. DFS 复制

DFS 复制系统要求：

①必须在复制组中的所有服务器上安装 DFS 复制。

②复制组中的服务器必须位于同一个 Active Directory 林中。

③ Active Directory 林架构版本至少为 Windows Server 2003 R2，域功能级别至少为 Windows Server 2008。

④复制的目录必须位于具有 NTFS 文件系统的卷上。不支持 ReFS、FAT 和群集共享卷。

⑤ DFS 服务器上的防病毒技术必须与 DFS 复制技术兼容，或者必须将复制的目录添加到防病毒例外中。

在配置复制之前，需要在第二台 DFS 服务器上添加一个网络共享文件夹。打开“DFS 管理”控制台，选择所需的名称空间，然后从上下文菜单中选择“添加文件夹目标”，如图 12-14 所示。

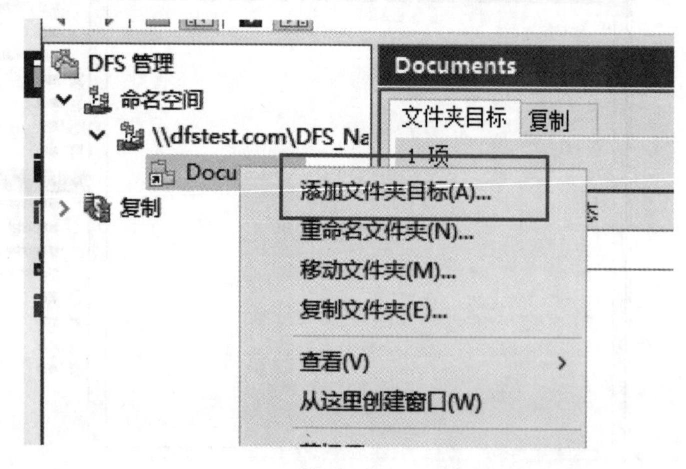

图 12-14

输入共享文件夹的名称，然后单击“确定”按钮（在示例中为\\host2\dfssharedocs），如图 12-15 所示。

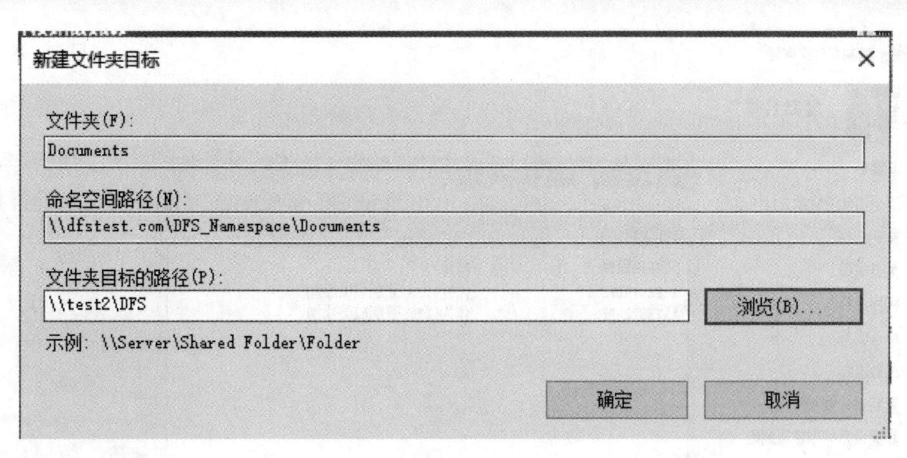

图 12-15

系统将提示创建一个新的复制组。单击“是”按钮，如图 12-16 所示。

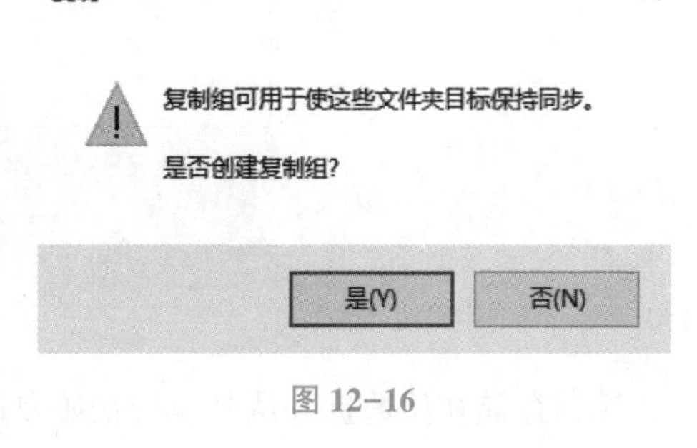

图 12-16

提示：如果单击“否”按钮，则要在 DFS 管理控制台中创建新的复制组。提示：如果单击“否”按钮，则要在 DFS 管理控制台中创建新的复制组。

在“DFS 复制配置向导”中，需要验证复制组的名称和要复制的目录，如图 12-17 所示。

检查服务器上共享文件夹的路径，如图12-18所示。

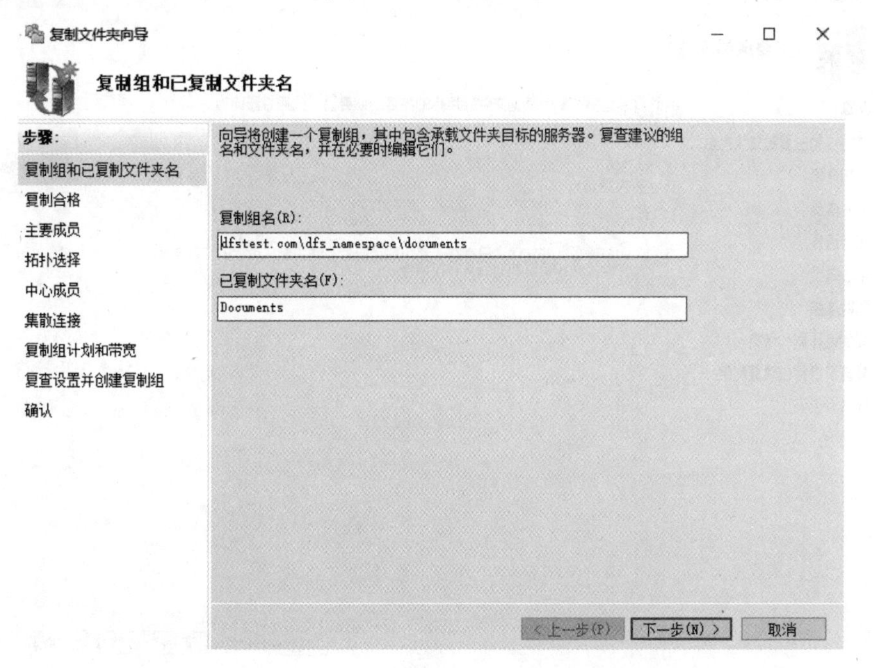

图 12-17

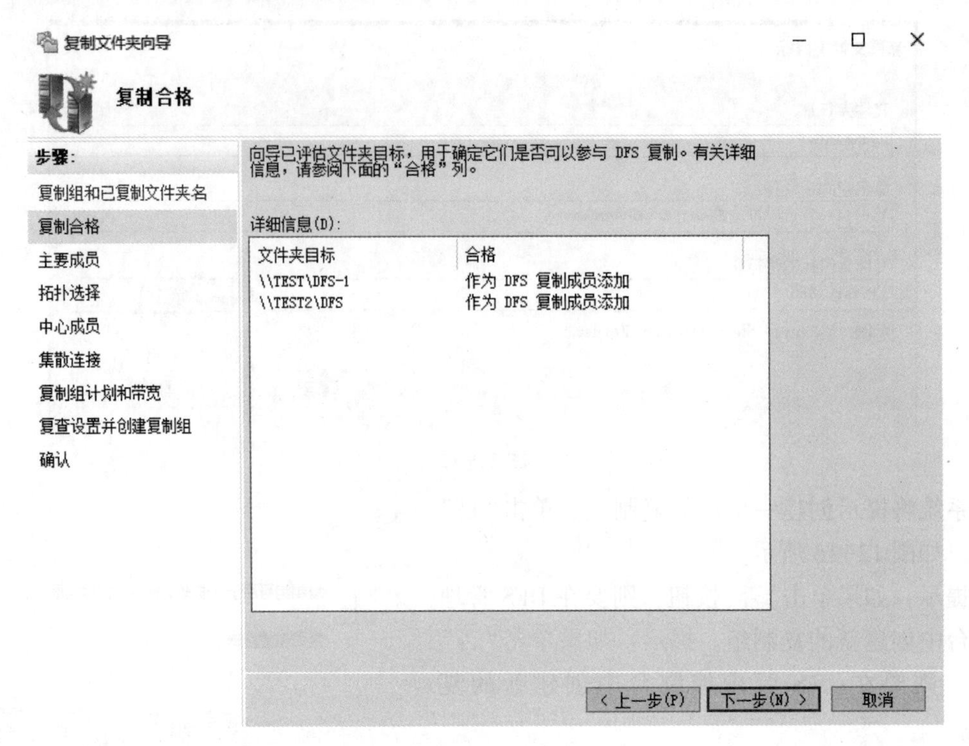

图 12-18

选择存储初始数据并从其执行初始复制的主要成员节点，如图 12-19 所示。

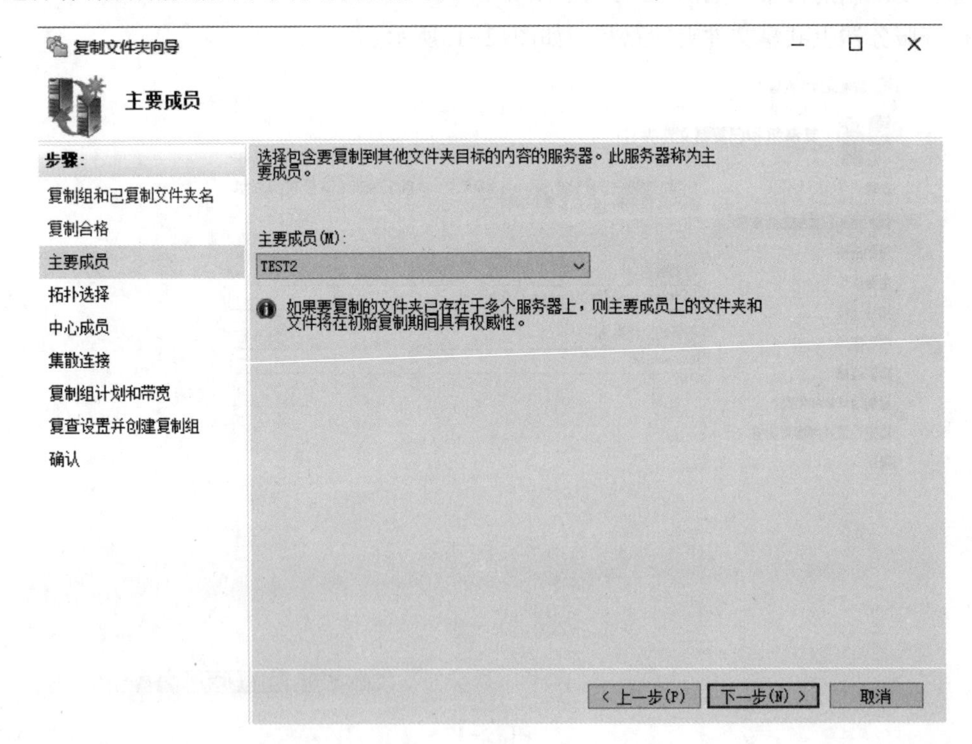

图 12-19

通常选择全网格作为复制拓扑。在这种拓扑中，一个节点上的所有更改都将立即复制到所有其他节点，如图 12-20 所示。

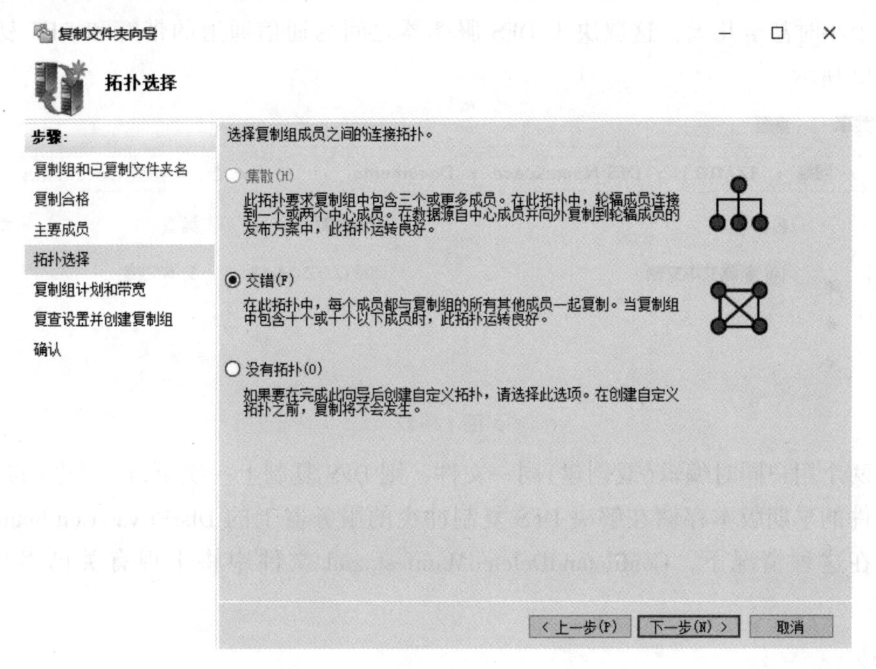

图 12-20

仍然需要调整可用于复制数据的计划和带宽。检查设置，然后单击“创建”按钮。成功创建新的复制组后，将出现一条消息，如图 12-21 所示。

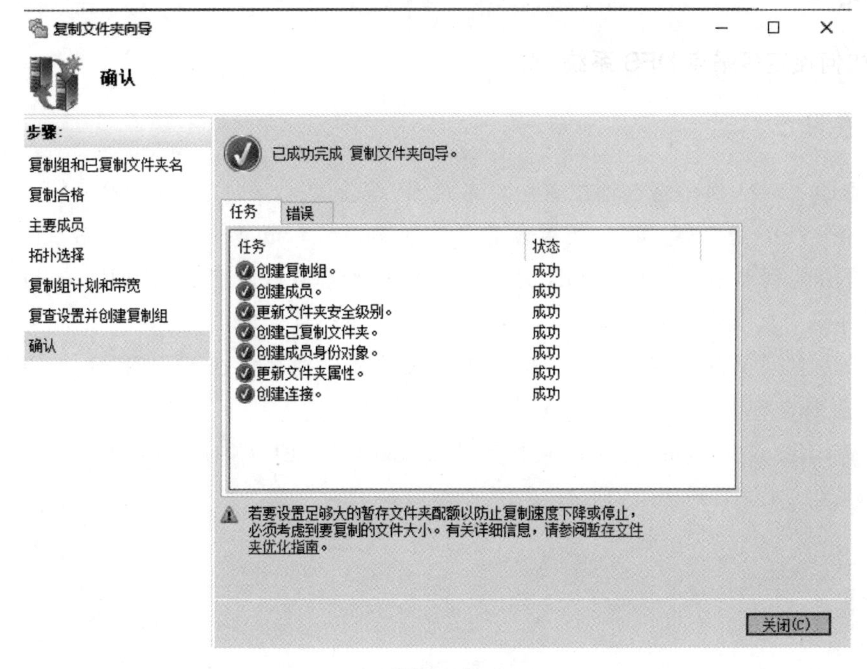

图 12-21

这样就完成了 DFS 分布式文件系统的配置及其中的数据复制。

尝试在成员服务器之一上的共享文件夹中创建一个新文件。如果文件很大，则复制可能要花费几个小时甚至几天，这取决于 DFS 服务器之间的通信通道的带宽和 DFS 复制设置，如图 12-22 所示。

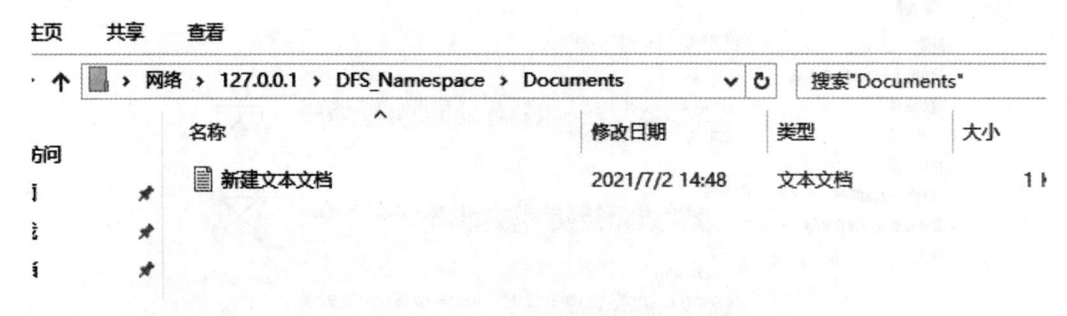

图 12-22

如果两个用户同时编辑(或创建)同一文件，则 DFS 复制上一次更改(创建)的文件的版本。该文件的早期版本存储在解决 DFS 复制冲突的服务器上的 DfsrPrivateConflictandDeleted 目录中。在这种情况下，ConflictandDeletedManifest. xml 文件中将出现有关已发生冲突的条目。

项目任务总结

本项目任务主要要求能够架设 DFS，并且能够通过掌握的原理进行 DFS 的故障排查。

项目拓展

考虑如何设定多站点 DFS 系统。

拓展练习

1. 根据图 12-23 所示拓扑图配置主机名及 IP 地址。

2. 在 SERVER1 上安装 DFS，配置命名空间为 contoso. com\WSC，设定命名空间高可用。

3. 在命令空间 WSC 下创建 skills 文件夹，文件夹分别存储在 SERVER1 与 SERVER2 的 C:\skills，并设定其具备 FRS 功能。

4. 在命令空间 WSC 下创建 share 文件夹，文件夹分别存储在 SERVER1 与 SERVER2 的 C:\share，设定其不具备 FRS 功能。

5. 设定 CLT1 访问\\contoso. com\WSC\时，默认访问到 SERVER1，设定 CLT2 访问\\contoso. com\WSC\时，默认访问到 SERVER2。

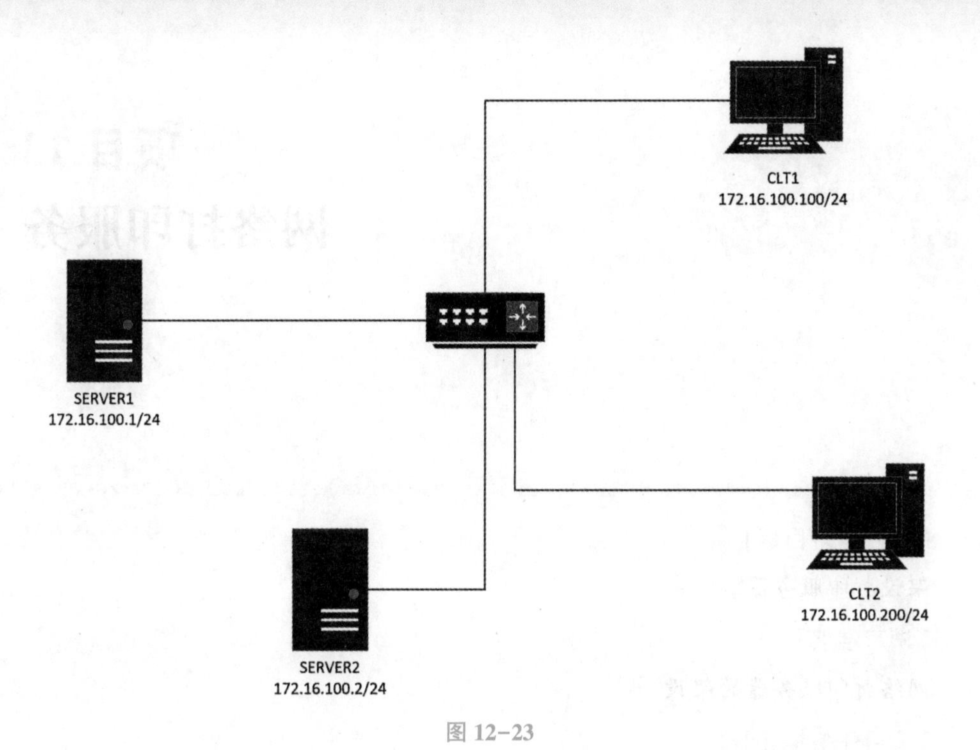
CLT1
172.16.100.100/24
SERVER1
172.16.100.1/24
CLT2
172.16.100.200/24
SERVER2
172.16.100.2/24

图 12-23

项目 13 网络打印服务

【项目学习目标】

架设打印服务器。

【学习难点】

网络打印服务器的架设。

【项目任务描述】

某办公室已购买一台打印机，并且已经连接到一台 Windows Server 2016 上，现在公司决定将其设置为网络打印服务器，并且启用 Web 连接功能。

任务 搭建 Windows 打印服务器

任务描述

在现有的 Windows Server 2016 上架设打印服务器，并且配置相对应的安全设置及权限。

任务目标

掌握打印服务器的构建方法。

1. 打印服务器介绍

打印服务器提供简单而高效的网络打印解决方案。其一端连接打印机，一端连接网络(交换机)。打印服务器在网络中的任何位置都能够很容易地为局域网内所有用户提供打印。连接局域网内的电脑无数量限制，极大地提高了打印机的利用率，可以这样认为，打印服务器为每一个连接局域网内的电脑提供了一台打印机，实现了打印机的共享功能。

2. 打印服务器构建

打印管理可为打印管理员节省大量时间，以在客户端计算机上安装打印机及管理和监视打印机。

介绍如何在 Windows Server 2016 上配置打印服务器和网络打印机。在服务器池中选择服务器，然后单击“下一步”按钮。

选择“打印和文件服务”角色，如图 13-1 所示。一旦单击它，将弹出向导，单击“添加功能”按钮，然后单击“下一步”按钮。

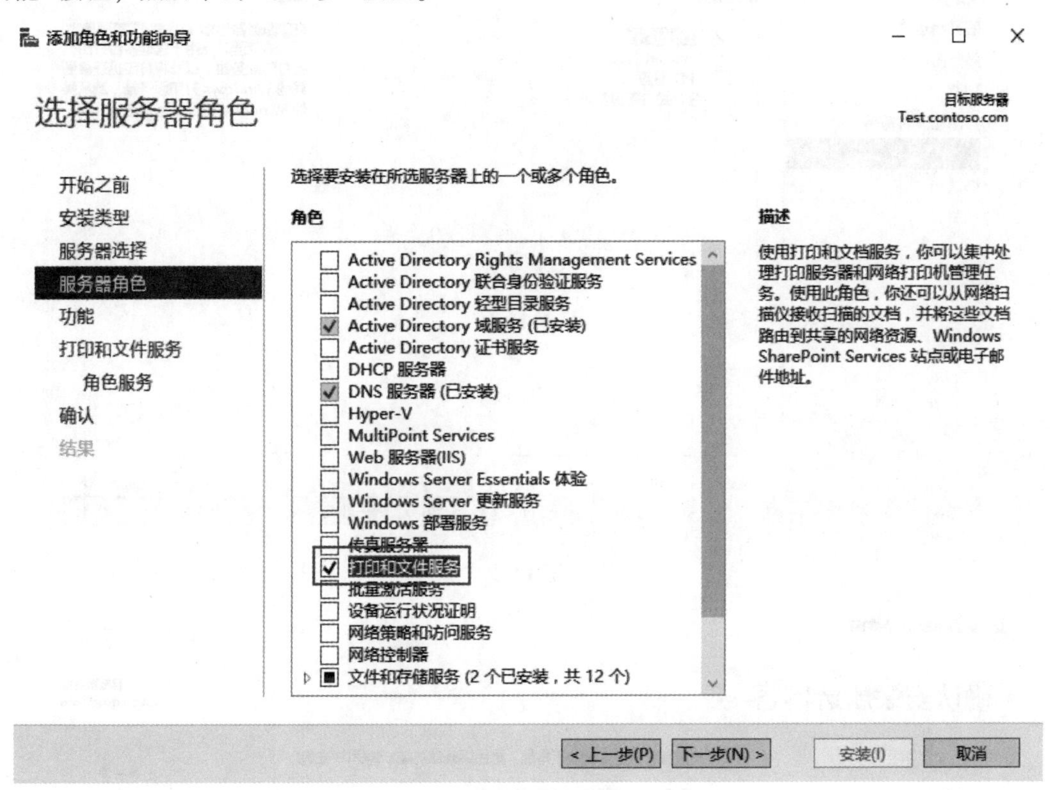

图 13-1

在功能页面上，保留默认选择，然后单击“下一步”按钮。

在弹出的窗口中将提供有关要安装的角色的一些信息，然后单击“下一步”按钮。

选择“角色服务”下的“打印服务器”服务，单击“下一步”按钮，如图 13-2 所示。

确认选择，单击“安装”按钮，以启动上述角色的安装，如图 13-3 所示。

成功安装角色后，就可以开始对其进行配置了。通过以下步骤可以配置打印服务器：

在仪表板上，单击“工具”菜单，在下拉列表中单击“打印管理”命令，如图 13-4 所示。

在左窗格中，右击服务器，选择“添加打印机…”，如图 13-5 所示。

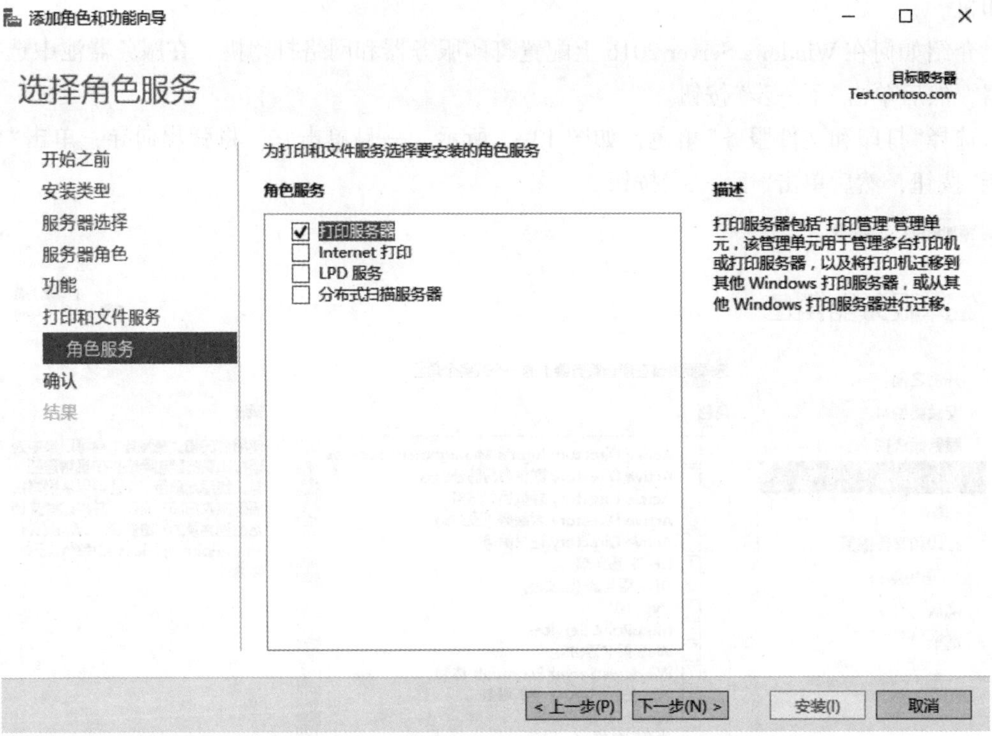

添加角色和功能向导

选择角色服务

目标服务器
Test.contoso.com

开始之前
安装类型
服务器选择
服务器角色
功能
打印和文件服务
角色服务
确认
结果

为打印和文件服务选择要安装的角色服务

角色服务

- [x] 打印服务器
- [ ] Internet 打印
- [ ] LPD 服务
- [ ] 分布式扫描服务器

描述

打印服务器包括"打印管理"管理单元，该管理单元用于管理多台打印机或打印服务器，以及将打印机迁移到其他 Windows 打印服务器，或从其他 Windows 打印服务器进行迁移。

< 上一步(P)　下一步(N) >　安装(I)　取消

图 13-2

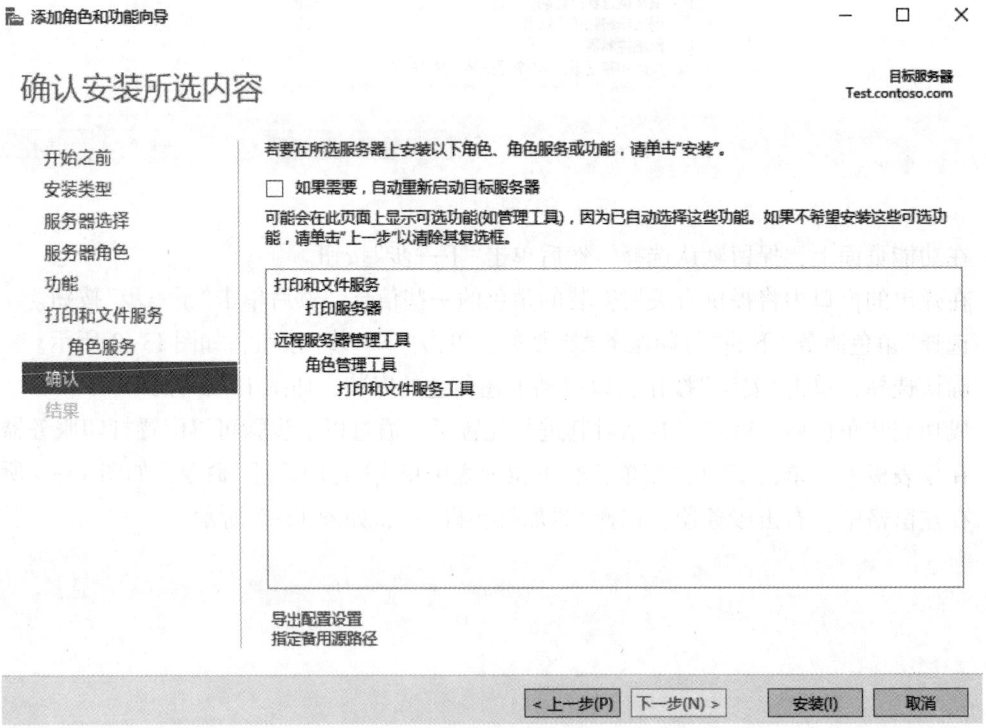

添加角色和功能向导

确认安装所选内容

目标服务器
Test.contoso.com

开始之前
安装类型
服务器选择
服务器角色
功能
打印和文件服务
角色服务
确认
结果

若要在所选服务器上安装以下角色、角色服务或功能，请单击"安装"。

- [ ] 如果需要，自动重新启动目标服务器

可能会在此页面上显示可选功能(如管理工具)，因为已自动选择这些功能。如果不希望安装这些可选功能，请单击"上一步"以清除其复选框。

打印和文件服务
　打印服务器
远程服务器管理工具
　角色管理工具
　　打印和文件服务工具

导出配置设置
指定备用源路径

< 上一步(P)　下一步(N) >　安装(I)　取消

图 13-3

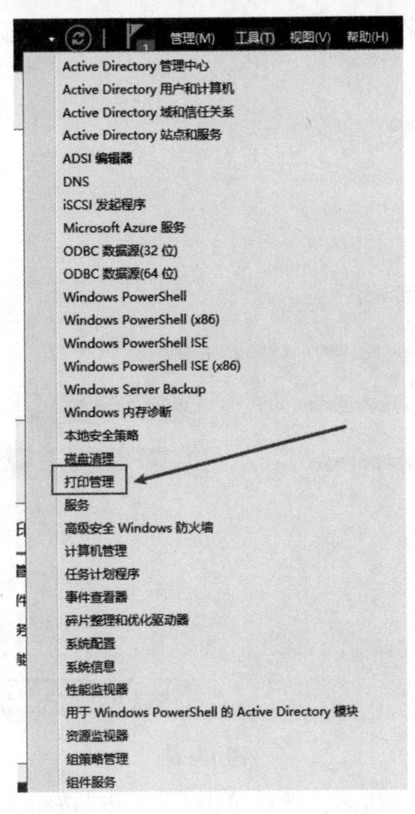
管理(M)
工具(T)
视图(V)
帮助(H)
Active Directory 管理中心
Active Directory 用户和计算机
Active Directory 域和信任关系
Active Directory 站点和服务
ADSI 编辑器
DNS
iSCSI 发起程序
Microsoft Azure 服务
ODBC 数据源(32 位)
ODBC 数据源(64 位)
Windows PowerShell
Windows PowerShell (x86)
Windows PowerShell ISE
Windows PowerShell ISE (x86)
Windows Server Backup
Windows 内存诊断
本地安全策略
磁盘清理
打印管理
服务
高级安全 Windows 防火墙
计算机管理
任务计划程序
事件查看器
碎片整理和优化驱动器
系统配置
系统信息
性能监视器
用于 Windows PowerShell 的 Active Directory 模块
资源监视器
组策略管理
组件服务

图 13-4

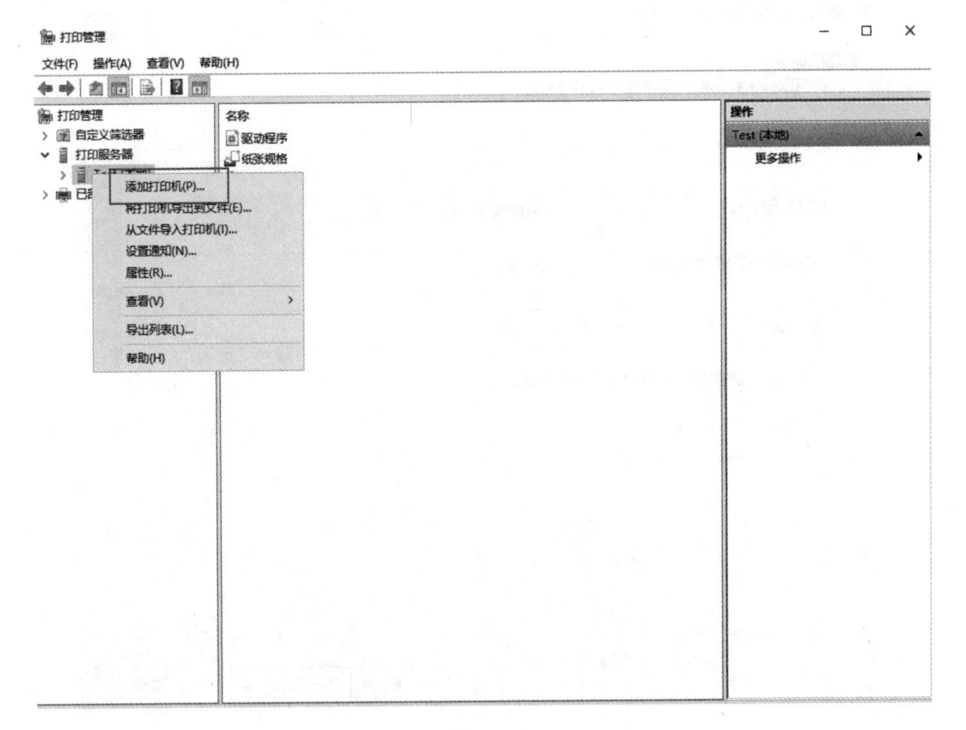
打印管理
文件(F)
操作(A)
查看(V)
帮助(H)
打印管理
自定义筛选器
打印服务器
添加打印机(P)...
将打印机导出到文件(E)...
从文件导入打印机(I)...
设置通知(N)...
属性(R)...
查看(V)
导出列表(L)...
帮助(H)
名称
驱动程序
纸张规格
操作
Test (本地)
更多操作

图 13-5

选择“按 IP 地址或主机名的 TCP/IP 或 Web 服务打印机”选项，单击“下一步”按钮，如图 13-6 所示。

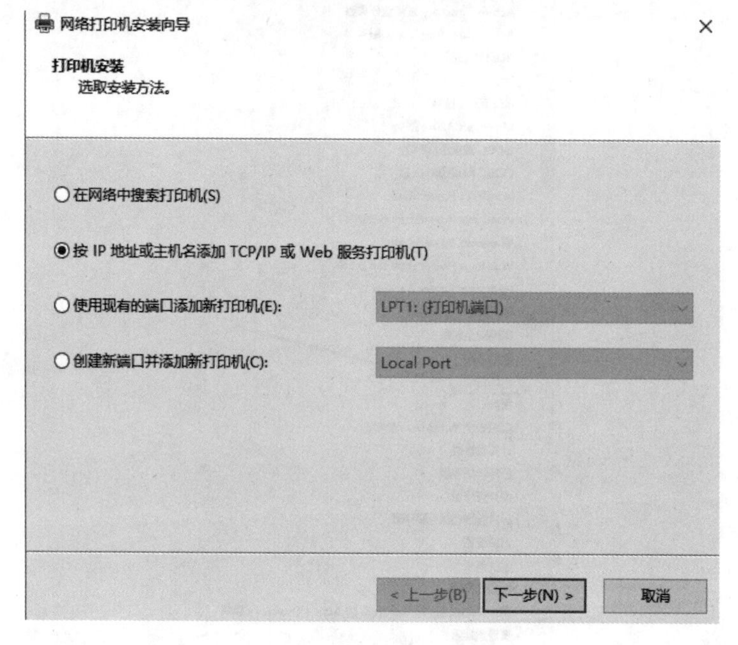

图 13-6

输入 IP 地址或打印机的主机名，然后单击“下一步”按钮，如图 13-7 所示。

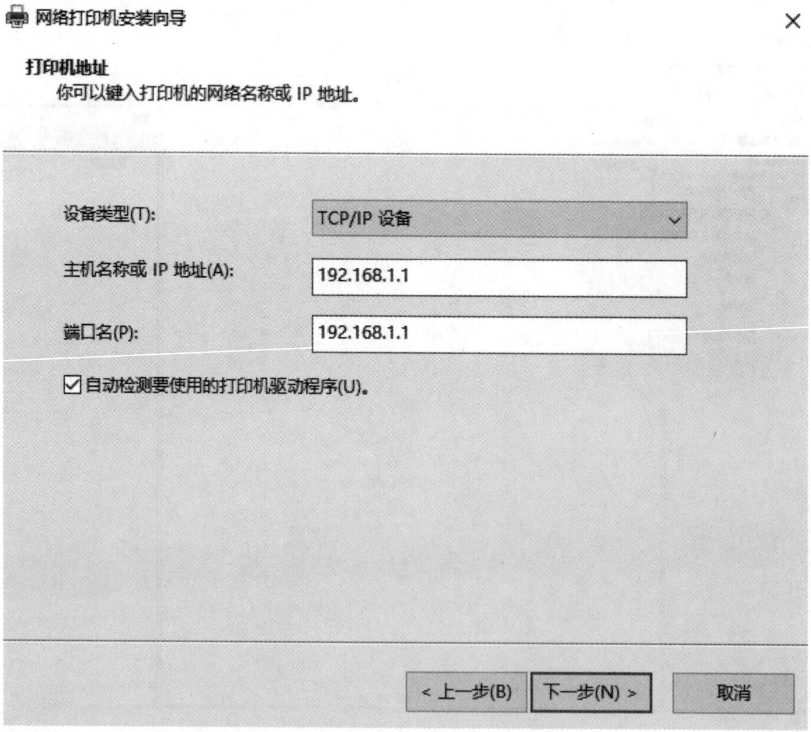

网络打印机安装向导

打印机地址

你可以键入打印机的网络名称或 IP 地址。

设备类型(T): TCP/IP 设备

主机名称或 IP 地址(A): 192.168.1.1

端口名(P): 192.168.1.1

自动检测要使用的打印机驱动程序(U)。

< 上一步(B)　下一步(N) >　取消

图 13-7

选择“安装新驱动程序”，以获取打印机的最新驱动程序，然后单击“下一步”按钮，如图 13-8 所示。

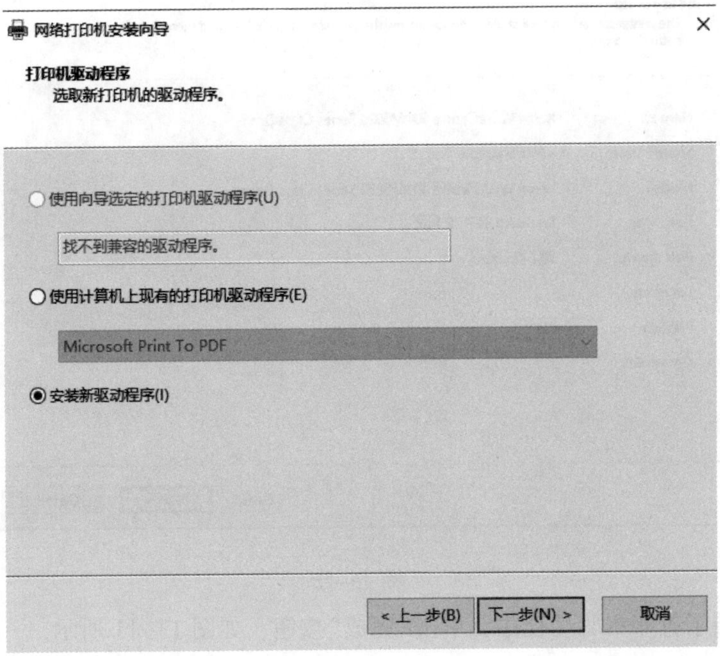

图 13-8

如果共享打印机，则选中“共享此打印机”，否则，取消选中。单击“下一步”按钮，如图13-9所示。

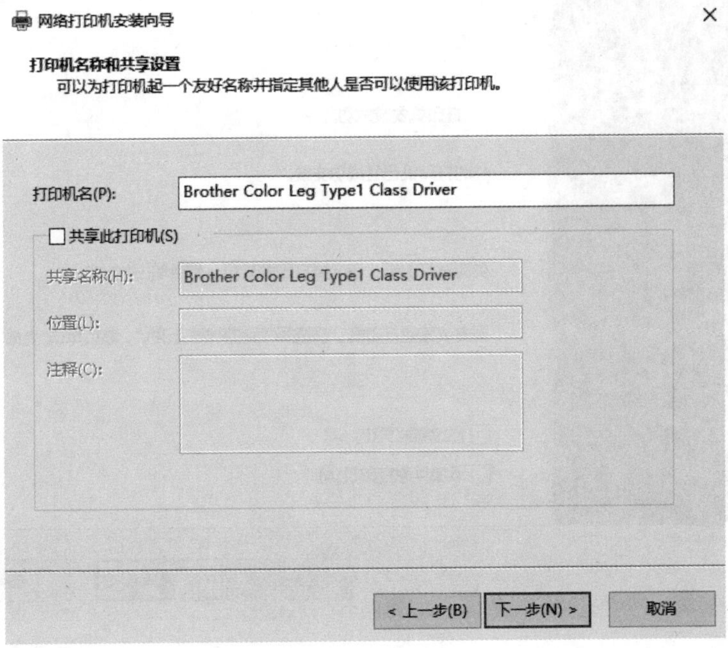

图 13-9

确认打印机详细信息，如图 13-10 所示。

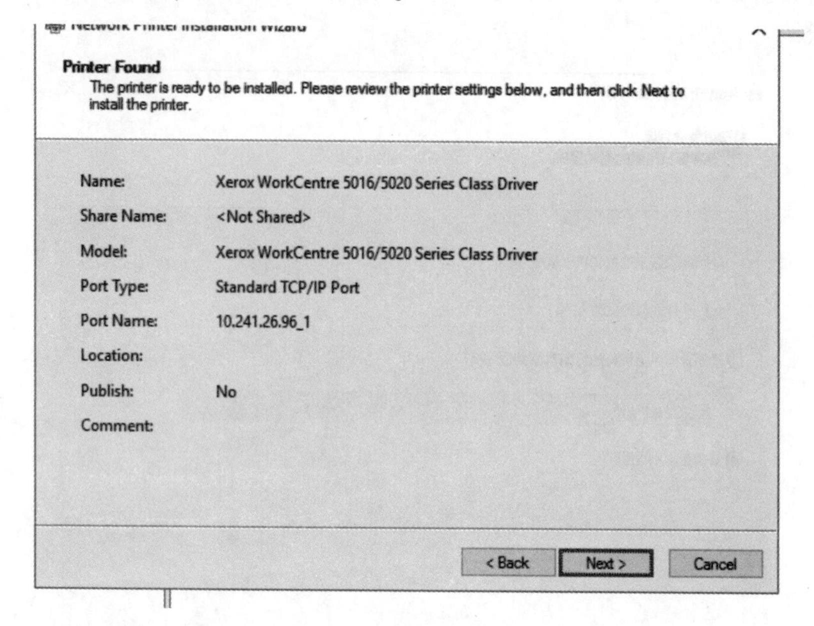

图 13-10

现在已安装了打印机驱动程序，单击“完成”按钮，如图 13-11 所示。

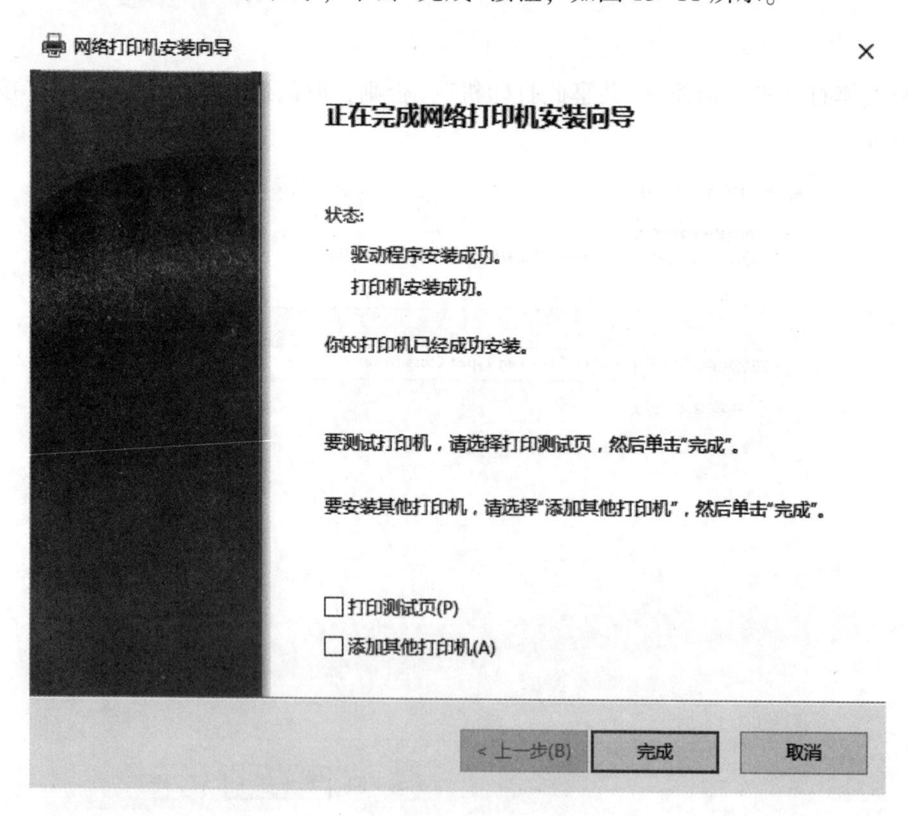

图 13-11

项目任务总结

本项目任务主要要求学生掌握打印服务器的构建，完成打印服务器的配置。

项目拓展

将打印机映射到 Web，客户端可以使用 Web 的形式进行网络打印。

拓展练习

1. 根据图 13-12 所示拓扑图配置主机名及 IP 地址。
2. 在 SERVER1 上安装 AD 域，域名为 contoso. global。
3. 添加虚拟打印机，并共享到 contoso. global 域，CLT 能通过共享连接使用打印机，CLT 可通过网页查看网络序列。

图 13-12

项目 14
建立远程桌面服务器

【项目学习目标】

1. 掌握远程桌面服务的概念。
2. 掌握远程桌面服务的架设。

【学习难点】

1. 远程桌面服务的概念。
2. 远程桌面服务的架设。

【项目任务描述】

公司正在向虚拟化方向进行转化，这样可以提高工作效率，并且架构的性能会有所提升，目前公司决定使用 RDS，本项目在公司的 Windows Server 2016 上架设 RDS 服务器。

任务 1　远程桌面服务的概念

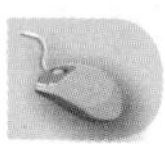

任务描述

在搭建 RDS 服务器之前，先进行远程桌面服务概念的解释。

任务目标

掌握 RDS 的概念。

远程桌面服务(RDS)是为每个最终客户需求构建虚拟化解决方案的首选平台，包括提供单独的虚拟化应用程序，提供安全的移动和远程桌面访问，以及为最终用户提供从云运行其应用程序和桌面的能力，如图 14-1 所示。

在 Windows Server 2016 中，可以通过 RDS 并结合一些基础服务，构建一个完整的远程资源生态环境，用户通过任意系统的客户端访问到 HTTP 站点，通过站点访问到里面的资源服务器，通过 ISP 使用 HTTP 访问公司网关，通过公司网关策略判断后，使用 RDP 协议跳转到内部资源服务器。

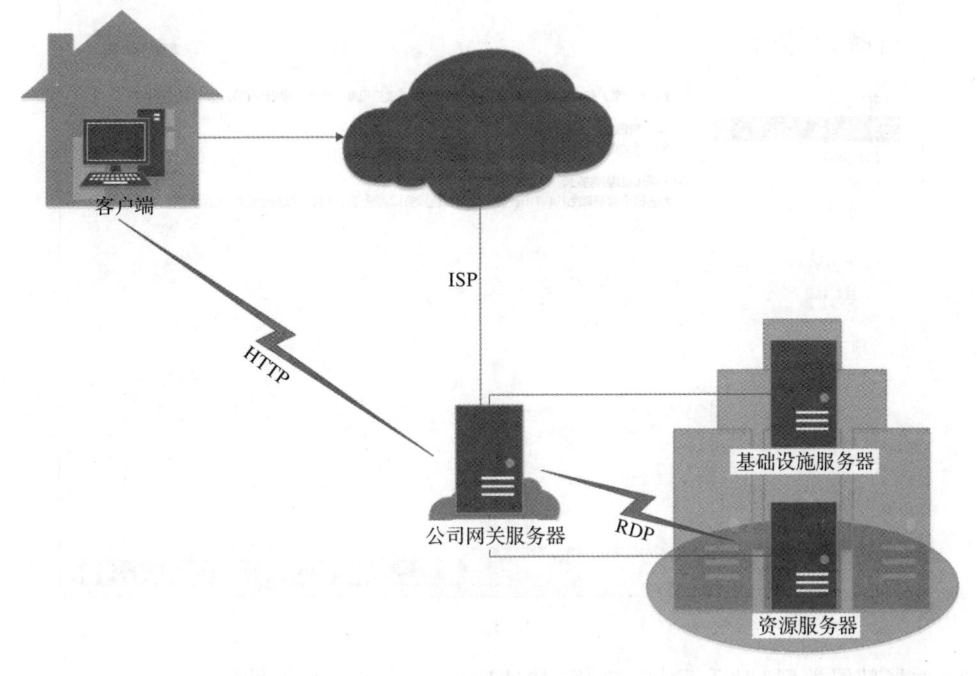

图 14-1

RD 会话主机：远程桌面会话主机支持 RemoteApp 程序或给予会话的桌面，用户可连接到某个会话集合中的 RD 会话主机服务器，以便在这些资源服务器上运行程序，使用服务器上的资源。

RD 连接代理：远程桌面连接代理允许用户重新连接到现有的远程桌面、RemoteApp 程序及基于会话的桌面，它能够使负载均匀分布在会话集合内的各 RD 会话主机服务器。

RD Web Access：远程桌面 Web 访问。

RD Gateway：远程桌面网关。

任务2　RDS 部署

任务描述

在理解 RDS 的基础概念后，进行 RDS 的部署。

任务目标

掌握 RDS 的架设方法。

打开服务器管理器，单击“添加角色和功能”，单击“下一步”按钮。

选择“远程桌面服务安装”，然后单击“下一步”按钮，如图 14-2 所示。

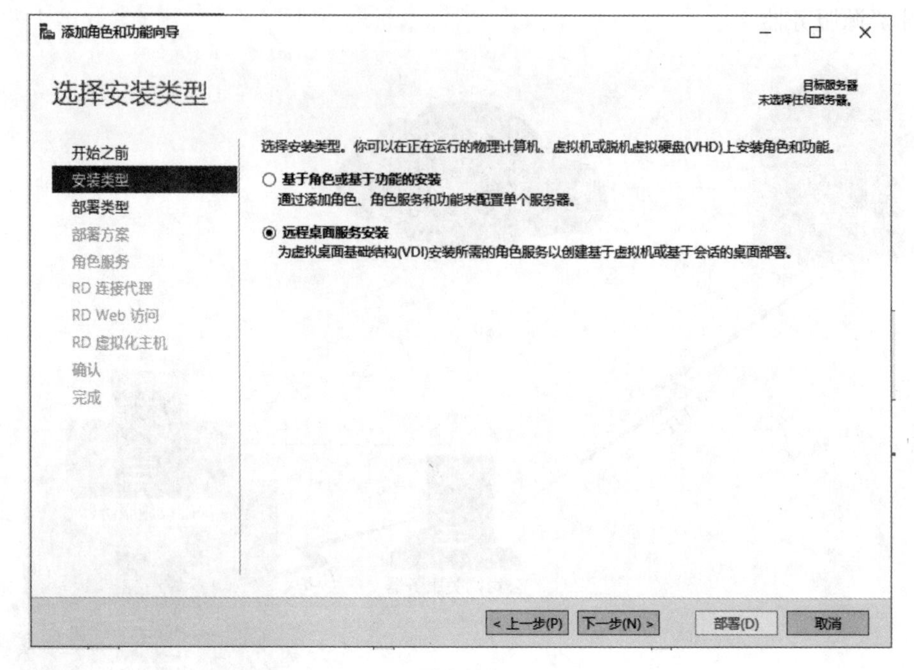

图 14-2

在“选择部署类型”对话框中，选择“快速启动”，如图 14-3 所示。

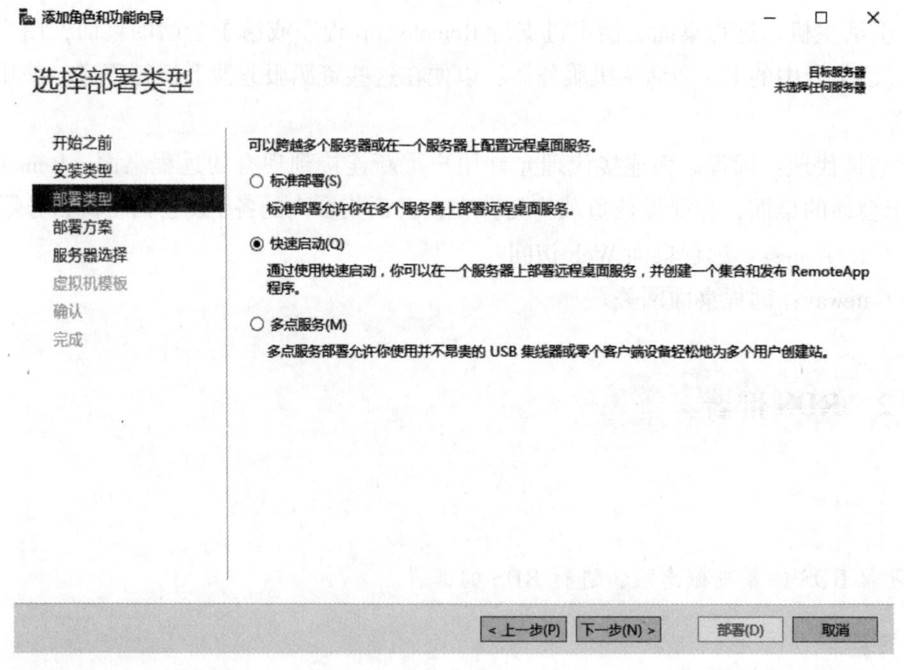

图 14-3

在“选择部署方案”对话框中，选择“基于会话的桌面部署”，如图 14-4 所示。

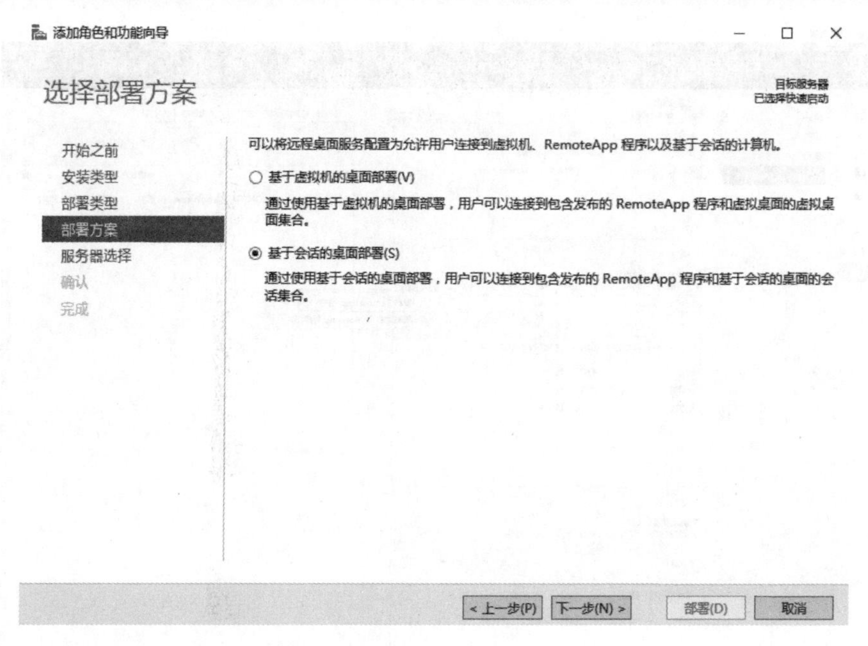

图 14-4

在“确认选择”对话框中，验证要安装的角色，然后单击“重新启动目标”，单击“部署”按钮，等待过程完成。

安装 RDS 角色后，服务器将重新启动。

登录服务器后，在服务器管理器上单击“远程桌面服务”。然后单击“QuickSessionCollection”以进行下一个配置，如图 14-5 和图 14-6 所示。

图 14-5

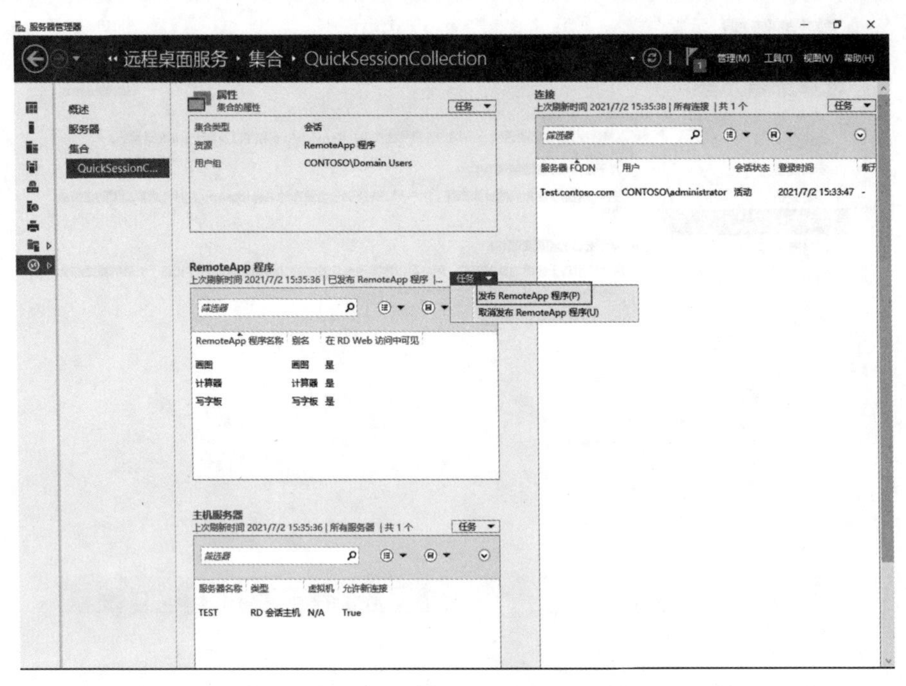

图 14-6

在“选择 RemoteApp 程序”对话框中，选择要发布给用户的软件，如图 14-7 所示。

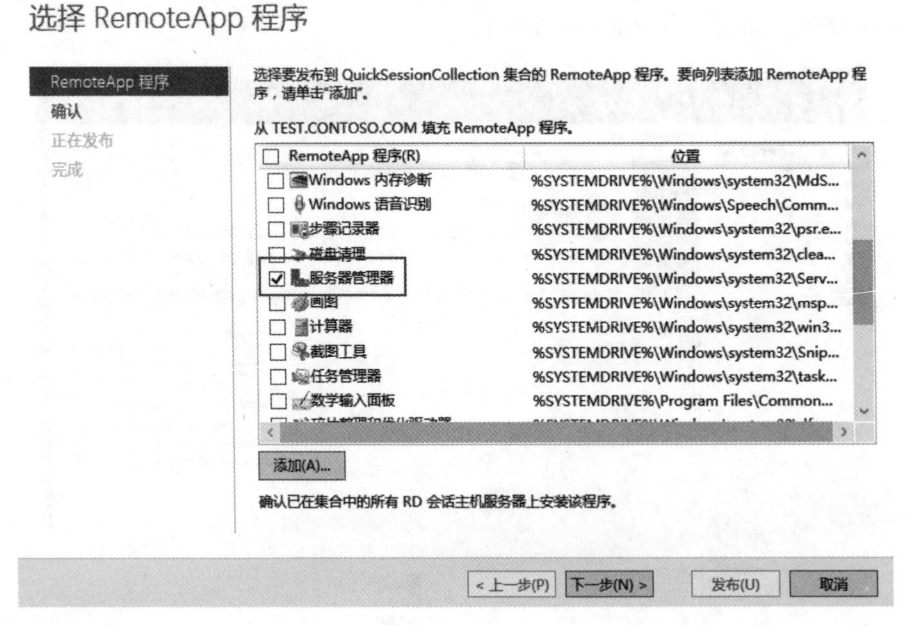

图 14-7

在“确认”对话框中，确认要发布的程序，然后单击“发布”按钮，如图 14-8 所示，再单击“关闭”按钮。

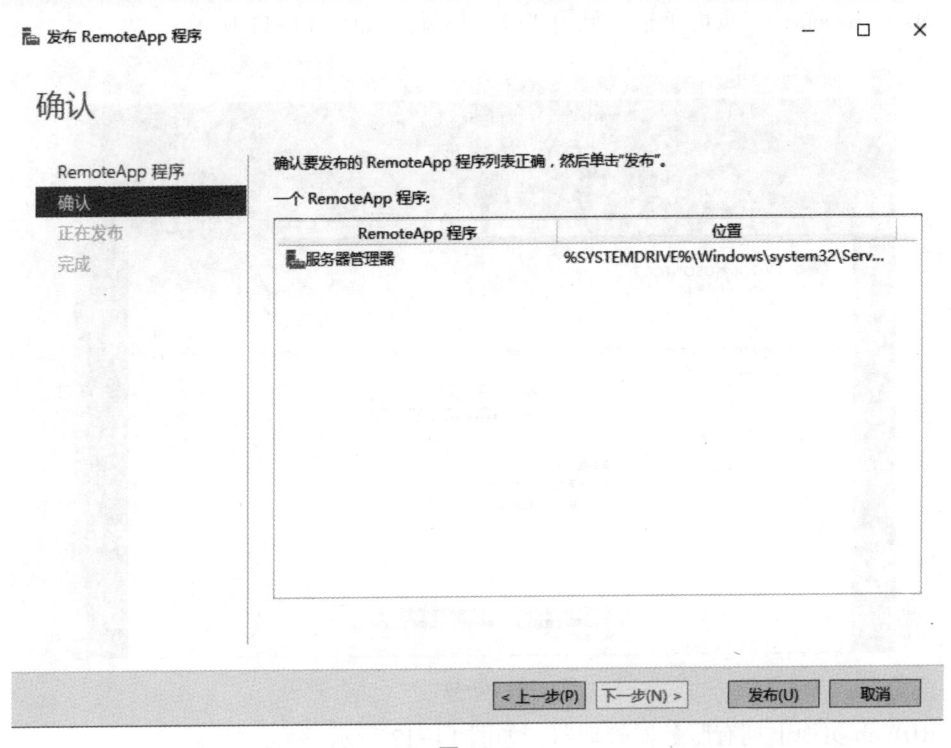

图 14-8

在 Windows 10 上打开 Internet Explorer 并键入完整的服务器链接，如图 14-9 所示。

图 14-9

单击“更多信息”，单击“继续浏览此网站(不推荐)。”，如图 14-10 所示。

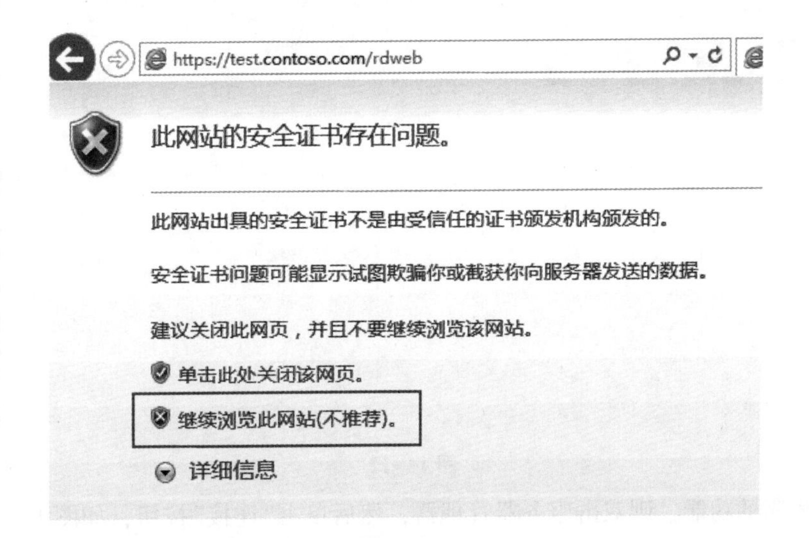

图 14-10

在"Work Resources"页面上输入域\用户名和密码，如图 14-11 所示。

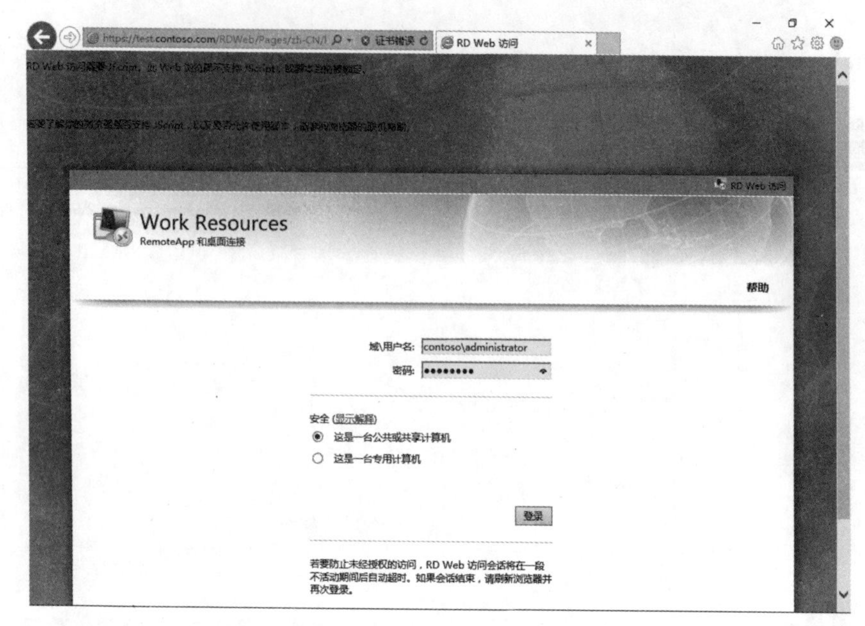

图 14-11

在 RDWeb 页面上拥有服务器管理器，如图 14-12 所示。

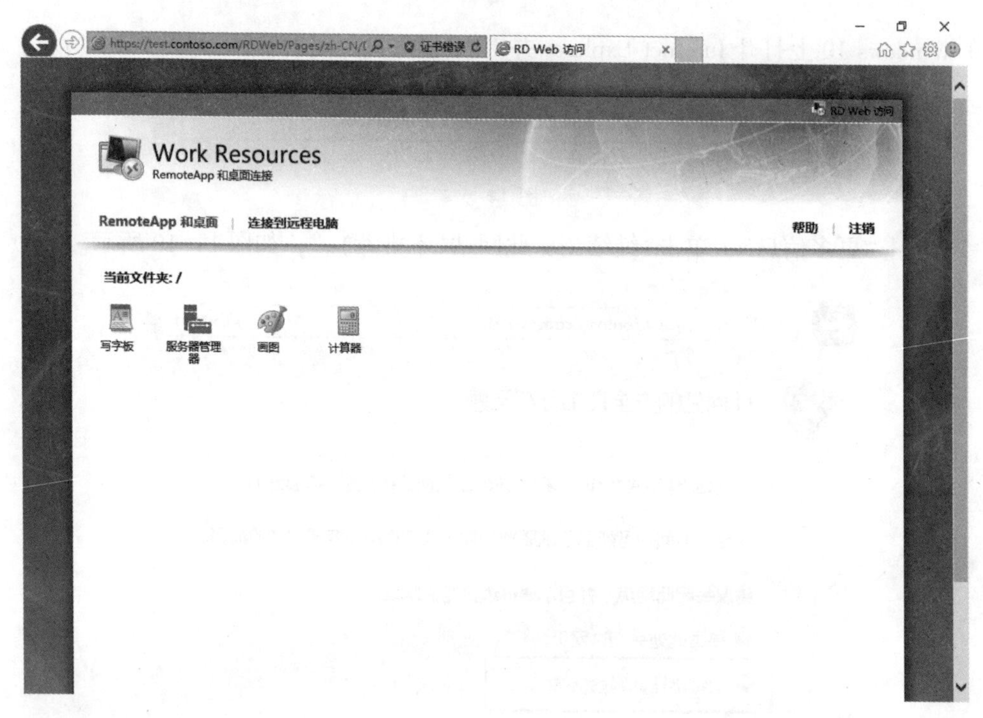

图 14-12

要验证程序的功能，则双击服务器管理器，然后单击"连接"按钮，如图 14-13 所示。服务器管理器现已打开，如图 14-14 所示。

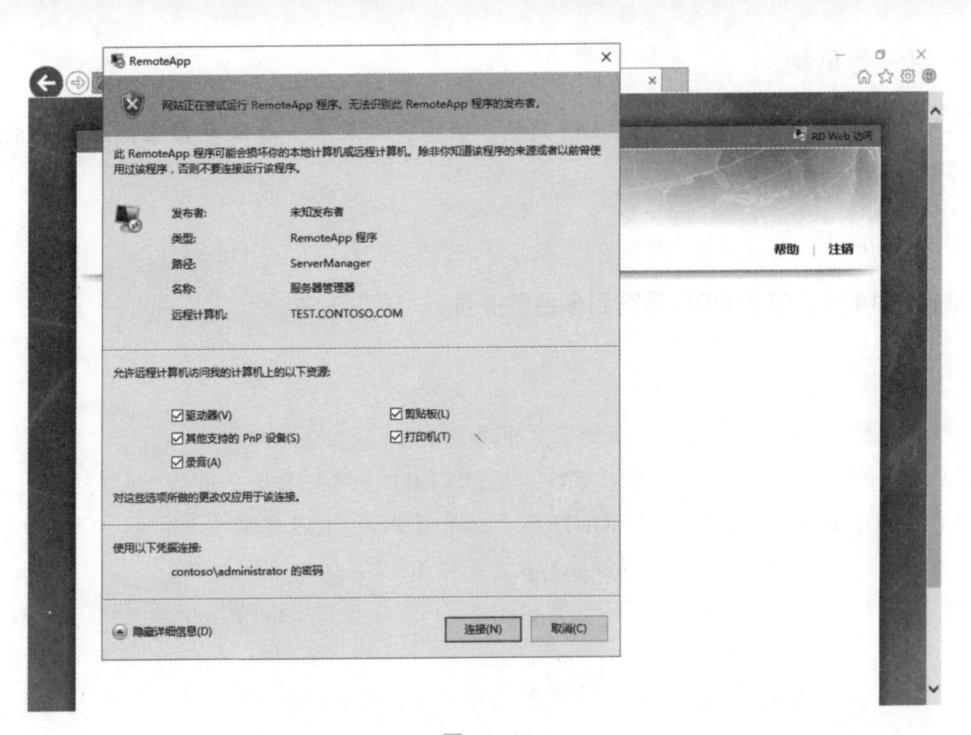
RemoteApp
网站正在尝试运行 RemoteApp 程序。无法识别此 RemoteApp 程序的发布者。
此 RemoteApp 程序可能会损坏你的本地计算机或远程计算机。除非你知道该程序的来源或者以前曾使用过该程序，否则不要连接运行该程序。
发布者: 未知发布者
类型: RemoteApp 程序
路径: ServerManager
名称: 服务器管理器
远程计算机: TEST.CONTOSO.COM
允许远程计算机访问我的计算机上的以下资源:
驱动器(V)
剪贴板(L)
其他支持的 PnP 设备(S)
打印机(T)
录音(A)
对这些选项所做的更改仅应用于该连接。
使用以下凭据连接:
contoso\administrator 的密码
隐藏详细信息(D)
连接(N)
取消(C)
RD Web 访问
帮助
注销

图 14-13

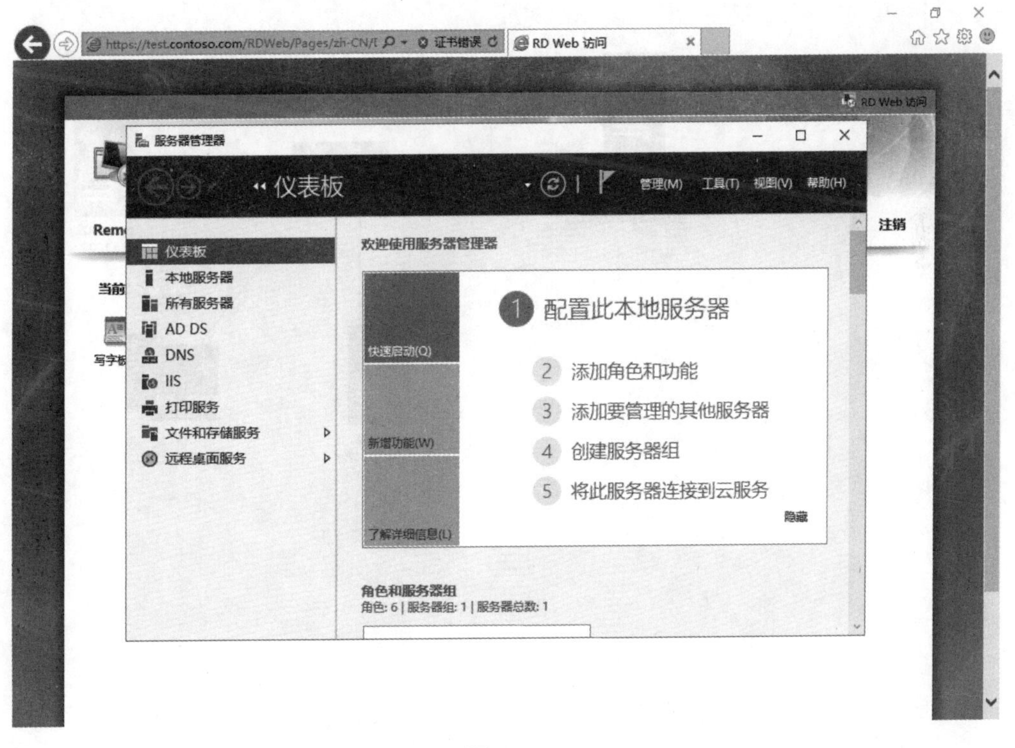
https://test.contoso.com/RDWeb/Pages/zh-CN/
证书错误
RD Web 访问
服务器管理器
仪表板
管理(M)
工具(T)
视图(V)
帮助(H)
注销
欢迎使用服务器管理器
仪表板
本地服务器
所有服务器
AD DS
DNS
IIS
打印服务
文件和存储服务
远程桌面服务
快速启动(Q)
新增功能(W)
了解详细信息(L)
1 配置此本地服务器
2 添加角色和功能
3 添加要管理的其他服务器
4 创建服务器组
5 将此服务器连接到云服务
隐藏
角色和服务器组
角色: 6 | 服务器组: 1 | 服务器总数: 1

图 14-14

项目任务总结

本项目任务主要要求能够掌握 RDS 的基本概念，以及在一台服务器上快速部署 RDS 生态资源的方法。

项目拓展

根据图 14-1，部署 RDS 系统到多台服务器。

拓展练习

1. 根据图 14-15 所示的拓扑图配置主机名及 IP 地址。
2. 安装远程桌面服务，在 SERVER1 与 SERVER2 上启用会话，进行负载均衡。
3. 将 RD-GATEWAY 部署在 ROUTER 上，使客户端 CLT2 能够在外网访问到 RD 资源。
4. 设定 RDWeb Access，将 RemoteApp 发布到 RDWeb 中。
5. 所有的 RD 资源的使用将不出现 certificate 警告报错，certificate 来自 HQ-SERVER1 的 CA。
6. 设定 CLT1 能够在 start menu 寻找到远程资源，并且设定 CLT1 不需要绕行 RD 网关。

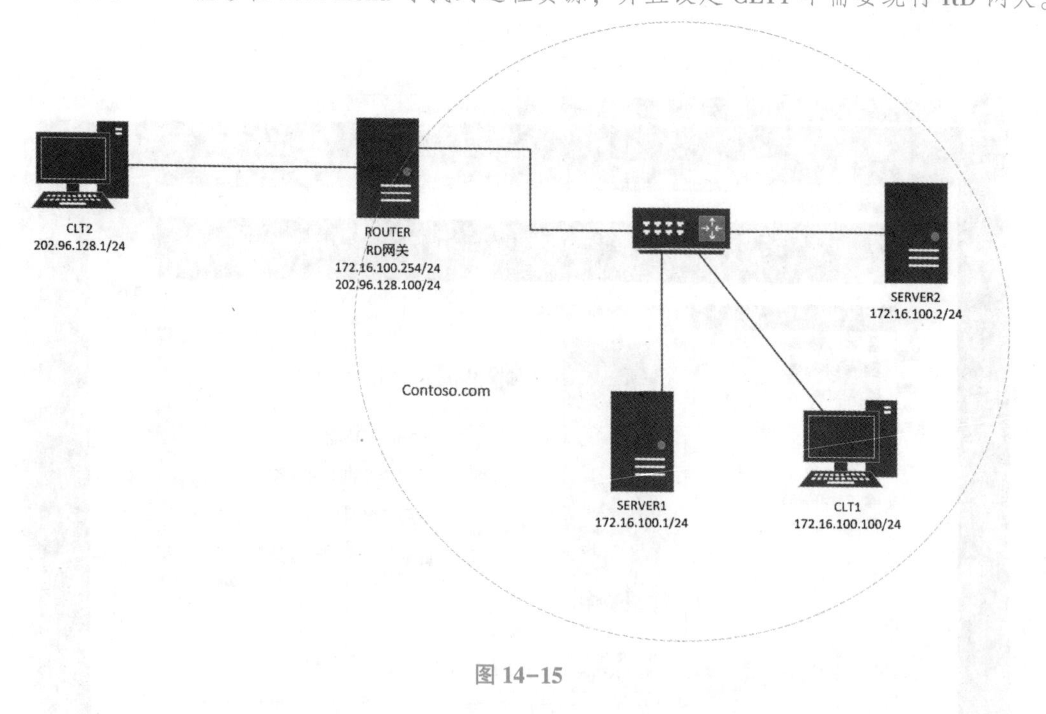

图 14-15

项目 15
建立 Nano Server

【项目学习目标】

1. 掌握 Nano Server 的概念。
2. 掌握 Nano Server 的架设方法。
3. 掌握 Nano Server 的安装服务。

【学习难点】

1. Nano Server 的架设。
2. Nano Server 的安装服务。

【项目任务描述】

公司计划在现有的服务器间进行切换，将服务器切到 Nano Server，并且计划在 Nano Server 上安装 DNS。

任务 1　Nano Server 概述与安装

任务描述

在 Windows Server 2016 上构建 Nano Server，配置对应的 IP 地址、管理方式。

任务目标

掌握 Nano Server 的安装方法。

Windows Server 2016 磁盘包含 Nano Server 目录，该目录包含 Nano Server 映像、PS 模块及用于角色和功能的软件包文件，如图 15-1 所示。

导入 PS 模块，其提供了创建和编辑 Nano Server 映像所需的 cmdlet。现在创建第一台 Nano Server。此文件夹包含 NanoServerImageGenerator 子文件夹，在开始配置 Nano Server 之前，需要将其复制到本地。在它旁边，可能会看到基本的 Nano Server 映像的 WIM 文件和

Packages 文件夹。Nano Server 是一种零占用空间的安装类型，其中不包含任何角色和功能，并且甚至没有 Install-WindowsFeature cmdlet，因为它使用 Power Shell 核心（又名基于 .NET CoreCLR 的 PSCore）。将任何东西添加到 Nano Server 的方法是打包。可以从安装介质中预加载它们，也可以从联机存储库中获取它们。

iis PC › DVD Drive (D:) SSS_X64FRE_EN-US_DV9 › NanoServer

Name	Type
NanoServerImageGenerator	File folder
Packages	File folder
NanoServer.wim	WIM File
ReadMe	Text Document

图 15-1

如果希望安装过程更简单，可以考虑使用 StarWind Blog 中介绍的 Nano Server Image Builder，但在这里仅说明如何不用其他工具即可完成安装。需要做的就是在提升模式下运行 PowerShell ISE，然后将位置切换到 NanoServerImageGenerator 目录的本地副本，从中可以导入所有必需的模块（Edit-NanoServerImage、Get-NanoServerImage、New-NanoServerImage）。然后可以使用 Nano Server 创建 VHD，如图 15-2 所示。

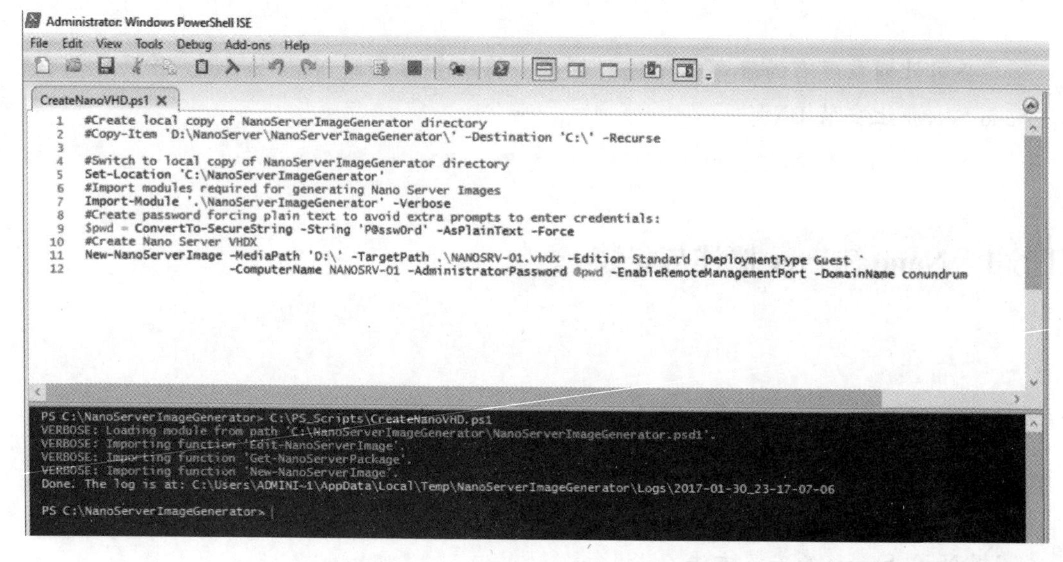

图 15-2

要特别注意 DeploymentType 开关，这是区分 VHD 是用于 VM 还是用于物理机（实际上，此开关指定要注入的驱动程序集）。建议在域的“内部”配置 Nano Server（即从域成员计算机上配置），并使用有权将计算机添加到域的账户，之后在其他服务器通过命令生成 Nano Server 的加域请求，再将加域请求文件（blob 文件）复制到 Nano Server，否则将不得不稍后手动处理此过程。注意，虚拟磁盘文件的扩展名将定义 VM 是 Gen1 还是 Gen2。

图 15-3 所示是一行 PowerShell。

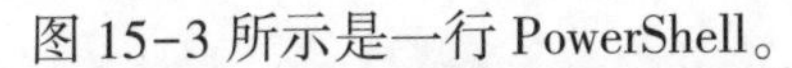

```
1 New-VM -Name NANOSRV-01 -MemoryStartupBytes 1024MB -VHDPath '.\NANOSRV-01\Virtual Hard
2 Disks\NANOSRV-01.vhdx' -Generation 2
3
  -Path '.\'
```

图 15-3

上述命令应在 Hyper-V 主机上执行。从此刻起，可以访问 Hyper-V 管理器并运行创建的 VM。启动虚拟机后，打开 VMC，查看 Nano Server Recovery Console，显示 Nano Server 已加入域，如图 15-4 所示。

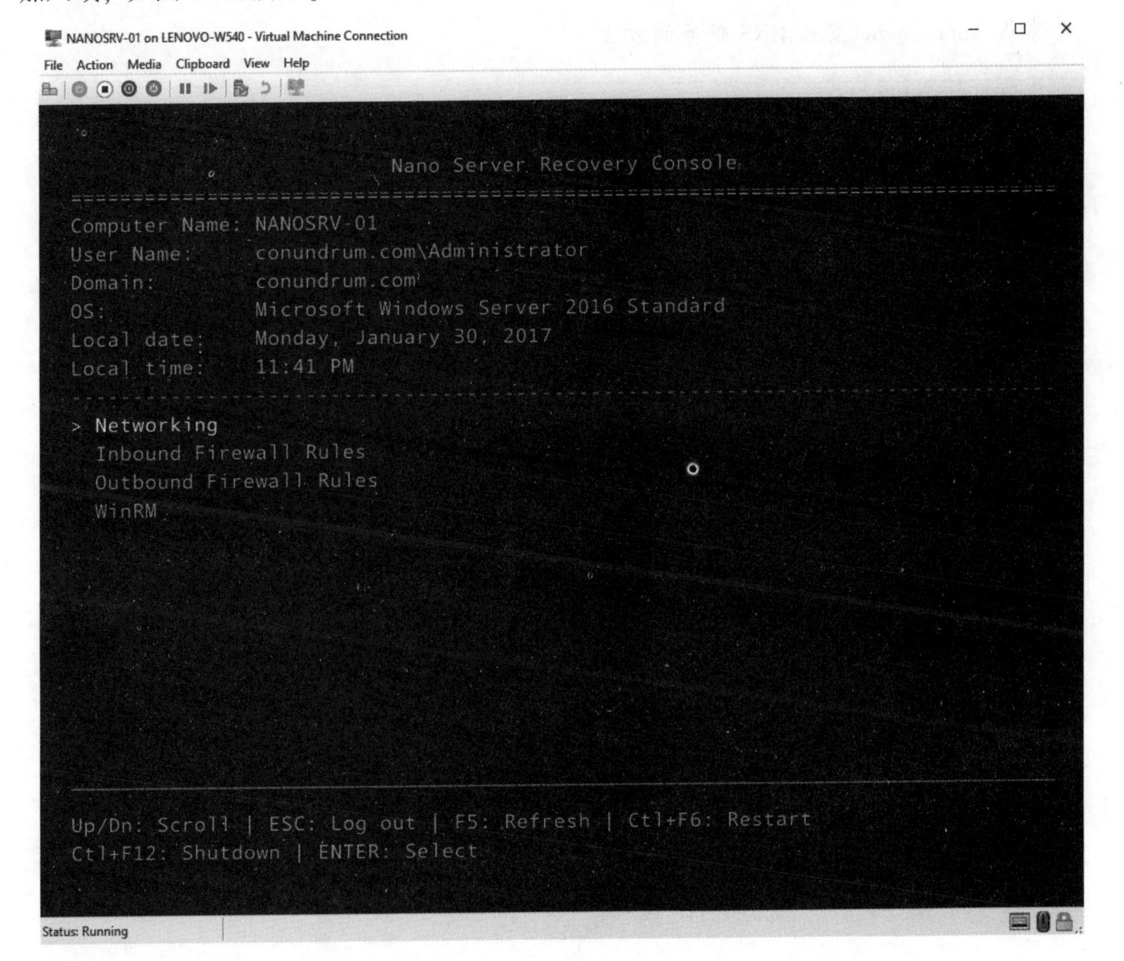

图 15-4

现在已安装完成。但是像这样安装后，盒子就没用了，这是因为还没有添加任何软件包。

任务 2　Nano Server 安装 DNS 服务

任务描述

在已经安装好的 Nano Server 上进行 DNS 角色的安装。

任务目标

掌握 Nano Server 安装 DNS 服务的方法。

远程连接 Nano Server 的方法。

运行 Set-Item WSMan:\localhost\Client\TrustedHosts-Value 192.168.0.249-Concatenate。

192.168.0.249 为 Nano Server 虚拟机的 IP 地址。

向 DNS 添加映像，如图 15-5 所示。

```
PS D:\>
PS D:\>

 正在添加包...
    正在处理
 正在添加包“Microsoft-NanoServer-DNS-Package”...
    正在处理

详细信息: 正在从路径“D:\NanoServer\NanoServerImageGenerator\NanoServerImageGenerator.psm1”加载模块。
详细信息: 正在导入函数“Edit-NanoServerImage”。
详细信息: 正在导入函数“Get-NanoServerPackage”。
详细信息: 正在导入函数“New-NanoServerImage”。
PS D:\NanoServer>
PS D:\NanoServer>
PS D:\NanoServer>
PS D:\NanoServer>
PS D:\NanoServer>
PS D:\NanoServer>
PS D:\NanoServer>
PS D:\NanoServer> Edit-NanoServerImage -Package Microsoft-NanoServer-DNS-Package -TargetPath e:\
Edit-NanoServerImage : 无法对参数“TargetPath”执行参数验证。参数“e:\”与模式“\.(vhdx?|wim)$”不匹配。请提供一
.(vhdx?|wim)$”匹配的参数，然后重试此命令。
所在位置 行:1 字符: 76
+ ... ServerImage -Package Microsoft-NanoServer-DNS-Package -TargetPath e:\
+
    + CategoryInfo          : InvalidData: (:) [Edit-NanoServerImage], ParameterBindingValidationException
    + FullyQualifiedErrorId : ParameterArgumentValidationError,Edit-NanoServerImage

PS D:\NanoServer> Edit-NanoServerImage -Package Microsoft-NanoServer-DNS-Package

位于命令管道位置 1 的 cmdlet Edit-NanoServerImage
请为以下参数提供值:
TargetPath:
PS D:\NanoServer> ^C
PS D:\NanoServer> ^C
PS D:\NanoServer> Edit-NanoServerImage -Package Microsoft-NanoServer-DNS-Package -TargetPath C:\start.vhd
```

图 15-5

项目任务总结

本项目任务主要要求能够掌握 Nano Server 的概念及将系统切换至 Nano Server 模式。

项目拓展

将现有的 DNS 服务迁移到 Nano Server 的 DNS 服务器。

拓展练习

1. 根据图 15-6 所示拓扑图配置主机名及 IP 地址。
2. 在 SERVER1 上安装 AD 域，域名为 contoso. global。
3. 将 SERVER2 作为 Nano Server 并加入域。
4. 在 Nano Server 上安装 DNS，并且同步 AD 域上的记录。

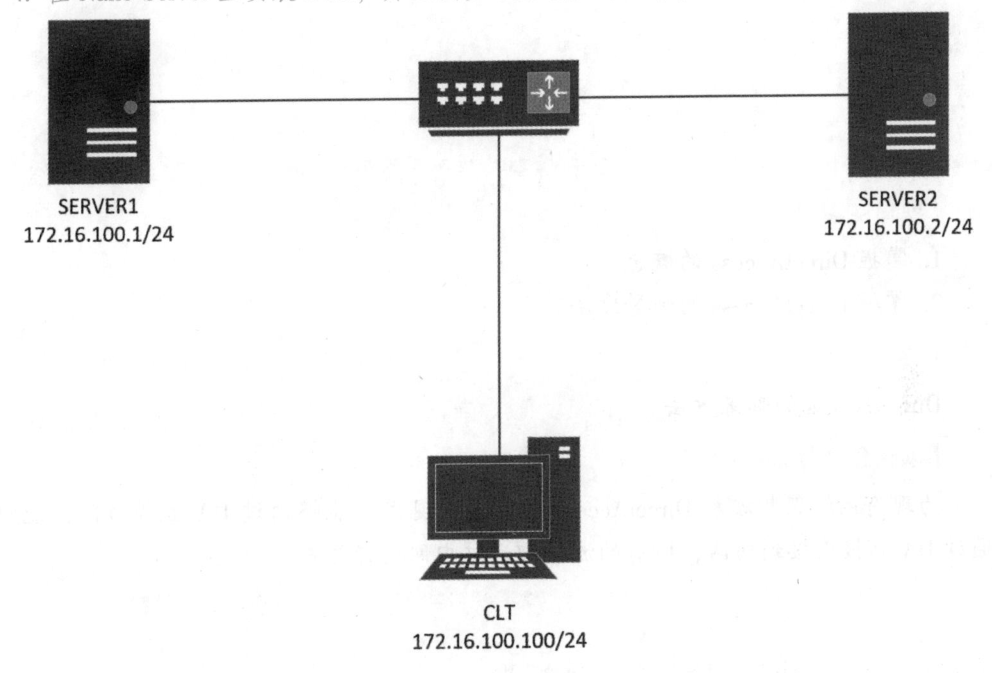

图 15-6

项目 16
网络 DirectAccess 服务器

【项目学习目标】

1. 掌握 DirectAccess 的概念。
2. 掌握 DirectAccess 的部署方法。

【学习难点】

DirectAccess 的部署方法。

【项目任务描述】

为现有网络架构添加 DirectAccess 功能，实现用户能够通过 DA 远程访问，能够通过 DA 直接连接到内网，所有的流量都通过内网进行转发。

任务 1　DirectAccess 的概述与介绍

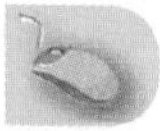

任务描述

了解 DirectAccess，并且能够掌握 DirectAccess 的理论。

任务目标

掌握 DirectAccess 的工作原理。

1. DirectAccess 概述

DirectAccess 允许远程用户连接到组织网络资源，而无需传统的虚拟专用网(VPN)连接。使用 DirectAccess 连接，远程客户端计算机始终连接到组织，不需要远程用户像 VPN 连接那样启动和停止连接。此外，IT 管理员可以在 DirectAccess 客户端计算机运行且连接 Internet 时对其进行管理。

2. DirectAccess 客户端要求

DirectAccess 客户端必须是域成员。包含客户端的域可以与 DirectAccess 服务器属于同一林，或者与 DirectAccess 服务器林或域具有双向信任。

需要 Active Directory 安全组来包含将配置为 DirectAccess 客户端的计算机。如果在配置 DirectAccess 客户端时未指定安全组，则默认情况下，客户端 GPO 将应用于“域计算机”安全组中的所有便携式计算机。

3. DirectAccess 服务器要求

必须在所有配置文件上启用 Windows 防火墙，并且公网接口的配置文件为非域配置文件，公网接口地址要求为公网 IP 地址。

DirectAccess 服务器必须是域成员。该服务器可以部署在内部网络的边缘，也可以部署在边缘防火墙或其他设备的后面。

如果 DirectAccess 服务器位于边缘防火墙或 NAT 设备后面，则必须将设备配置为允许与 DirectAccess 服务器之间的通信。

在服务器上部署远程访问的人员需要服务器上的本地管理员权限和域用户权限。另外，管理员需要 DirectAccess 部署中使用的 GPO 的权限。

4. 名称解析策略表 NRPT

DirectAccess 客户端使用名称解析策略表(NRPT)确定该使用哪个 DNS 服务器进行名称解析。当 DirectAccess 客户端接入企业网络后，NRPT 就会被关闭。而当 DirectAccess 客户端检测到自己处于互联网时，客户端就会开启 NRPT，并从中寻找哪个 DNS 服务器可以让它连接到正确资源。企业可以将内部域名和可用的服务器记录在 NRPT 上，并配置它使用内部 DNS 服务器来解析名称。

当互联网上的一个 DirectAccess 客户端需要利用 FQDN 连接到资源时，会检查 NRPT。如果名字在上面，查询就会被送到内网的 DNS 服务器上；如果名字不在 NRPT 上，DirectAccess 客户端就会将查询发送到网卡配置上规定的 DNS 服务器，也就是互联网上的 DNS 服务器。NLS 服务器名称也被置于 NRPT 中，但是属于免除解析部分，即 DirectAccess 客户端永远不会使用内部服务器来解析 NLS 服务器的名称。于是处于互联网上的 DirectAccess 客户端永远无法解析 NLS 服务器，客户端将明白自己处于互联网，于是开启DirectAccess客户端组件连接企业内网的 DirectAccess 服务器。

任务2　部署 DirectAccess

任务描述

在现有的网络中部署 DirectAccess，设置允许所有用户使用 DirectAccess。

任务目标

掌握 DirectAccess 部署的方法。

1. DirectAccess 的配置

在"Remote Access Management Console"上单击左上方的"DirectAccess"和"VPN"，然后单击"Run the Remote Access Setup Wizard"。

单击"运行远程访问向导"，以打开配置远程访问向导的"欢迎使用远程访问"页面。在"配置远程访问"窗口中单击"仅部署 DirectAccess"，如图 16-1 所示，将自动在简介页上打开"启用 DirectAccess 向导"，然后单击"下一步"按钮。

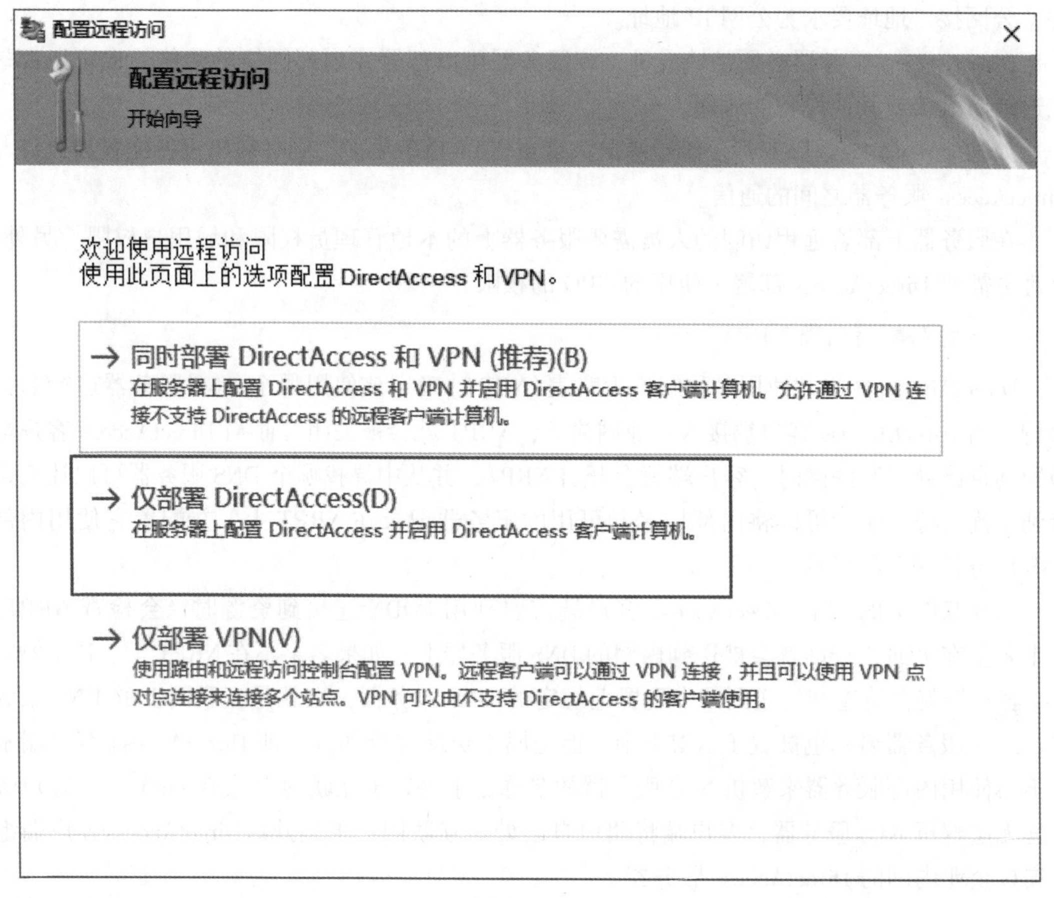

图 16-1

在检查必备条件之后，系统将提示为将启用 DA 的计算机添加特定的组。

在"选择组"页面上选择一个或多个安全组，其中包含将被启用直接访问的客户端计算机。可以决定是否只想为移动计算机启用 DA，然后单击"下一步"按钮。

单击"网络拓扑"，在"远程访问"服务器设置页面上选择服务器的网络拓扑，然后键入客户端用于连接到远程访问服务器的名称或 IP 地址，如图 16-2 所示。

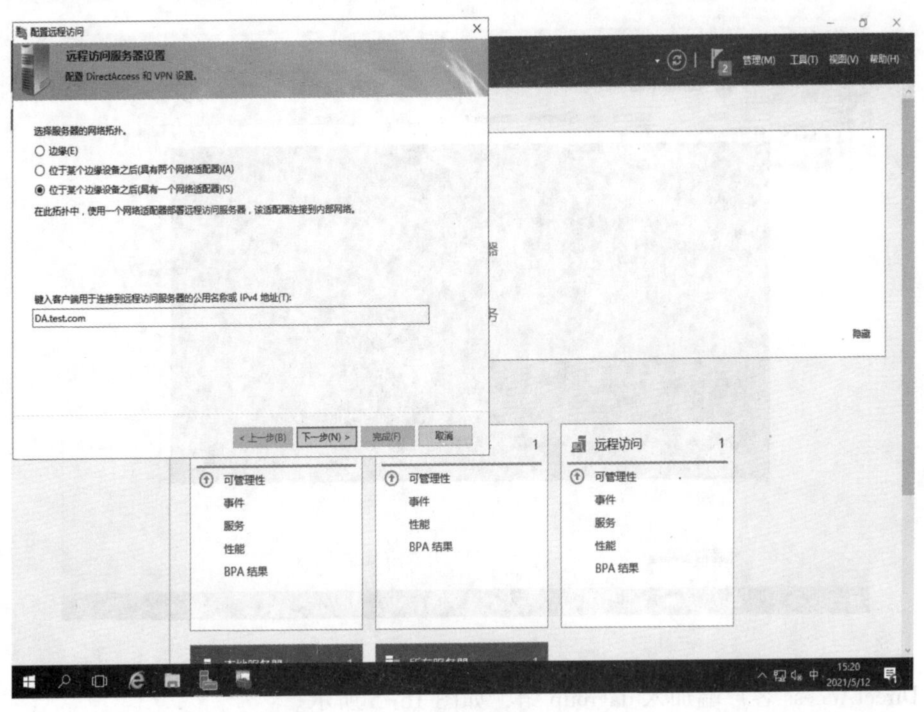

图 16-2

其余选项保持默认配置，查看状态，无异常，如图 16-3 所示。

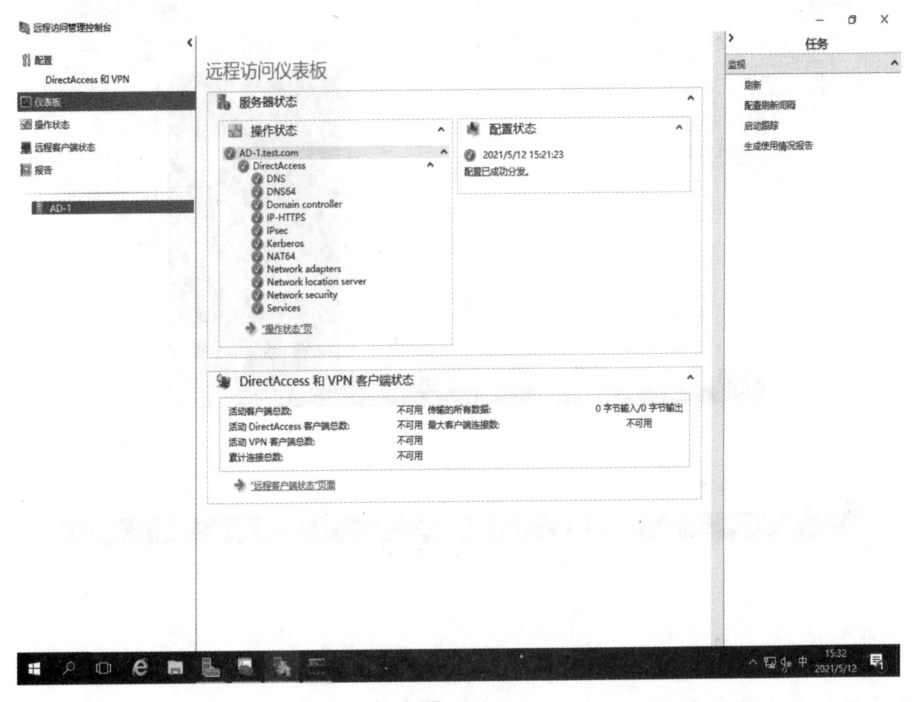

图 16-3

在域控制器中创建 dagroup 组，如图 16-4 所示。

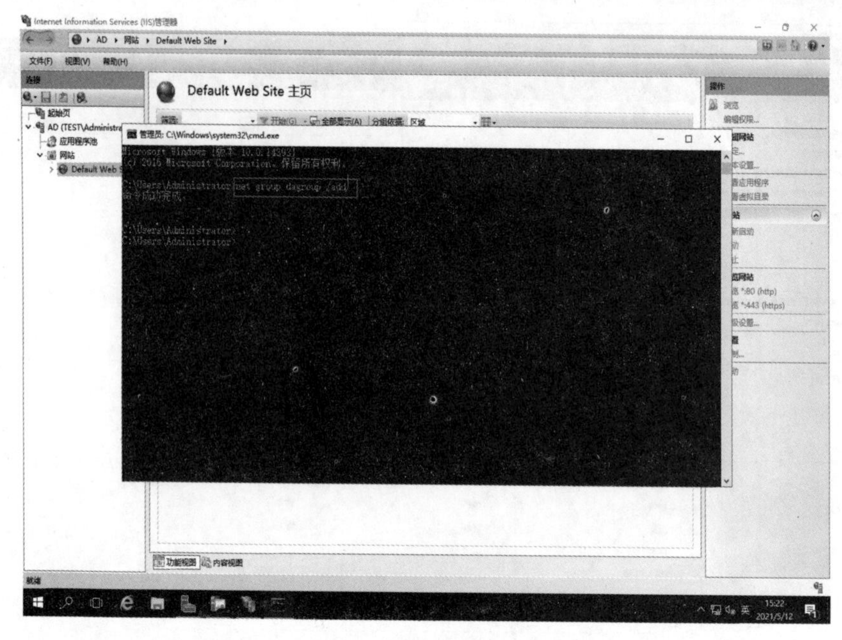

图 16-4

将 DirectAccess 客户端加入 dagroup 组，如图 16-5 所示。

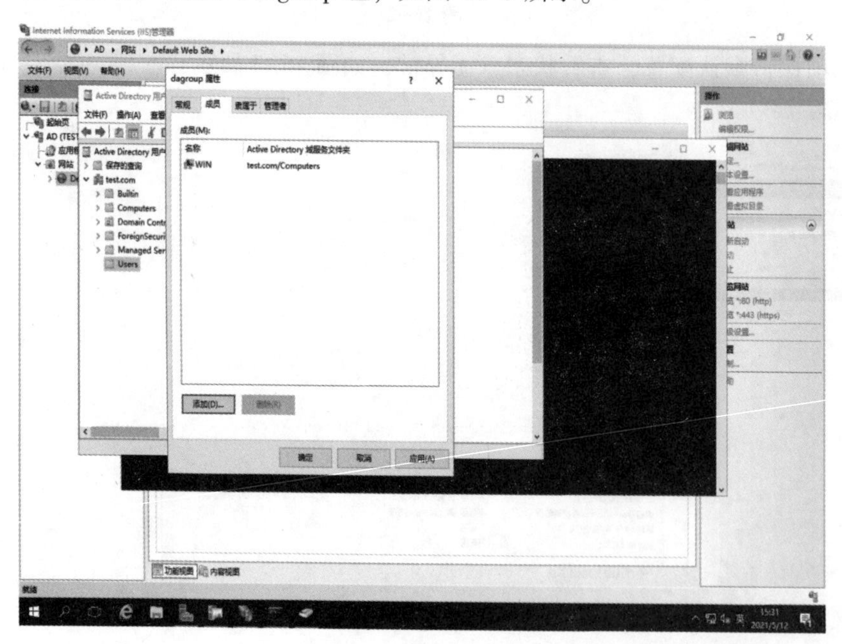

图 16-5

项目任务总结

本项目任务主要要求掌握 DirectAccess 的配置方法。

项目拓展

在 DirectAccess 环境下新增 VPN 的隧道。

拓展练习

1. 根据图 16-6 所示的拓扑图配置主机名及 IP 地址。

2. 在 SERVER1 上安装 AD 域，域名为 contoso. global，并将 ROUTER 加入域。

3. 在 ROUTER 中启用 DirectAccess 功能。

4. 将 CLT 作为 DirectAccess 客户端。CLT 无论是在内网还是在外网，都能正常访问域 contoso. global 的资源。

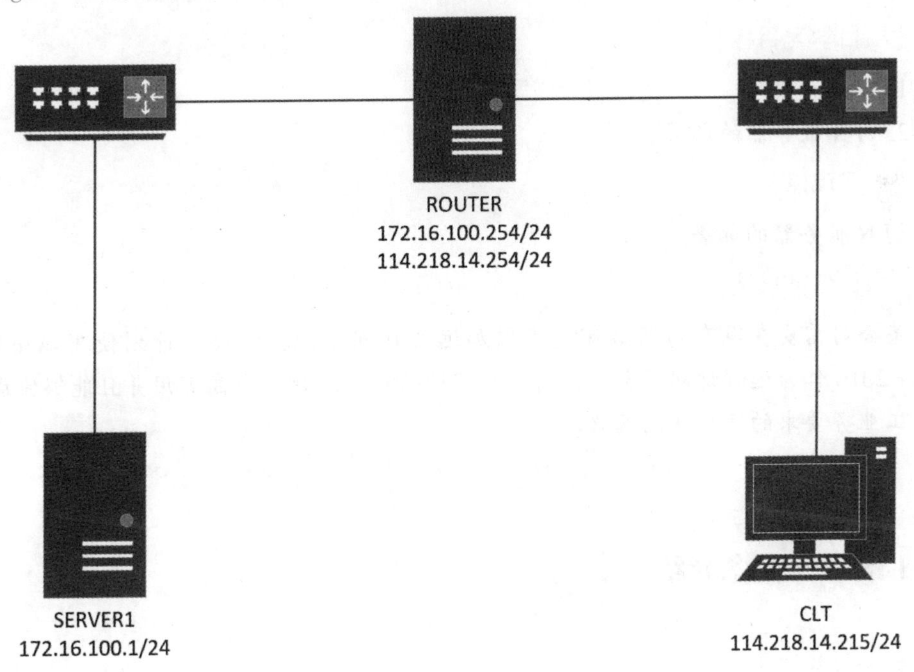

图 16-6

项目 17
网络 VPN 服务器

【项目学习目标】

1. VPN 的概念。
2. VPN 服务器的部署。

【学习难点】

VPN 服务器的部署。

【项目任务描述】

某公司需要在现有的网络环境下增加远程访问功能，该公司计划使用 Windows Server 2016 作为远程访问服务器，请结合实际情况，搭建一个高可用并且能够完成公司员工业务要求的远程访问网络。

任务 1　VPN 概念介绍

任务描述

理解 VPN 的概念与工作原理。

任务目标

掌握 VPN 的概念。

1. 远程访问协议

远程访问协议让分布在不同位置的客户端与服务器之间能够相互通信。Windows Server 2016 支持的远程协议为 PPP。PPP 被设计用在拨号式和固定式的点对点连接中传输数据，是目前最被广泛使用的远程访问协议，如图 17-1 所示。因为其安全措施好，扩展性较强，能够满足目前的使用需求。

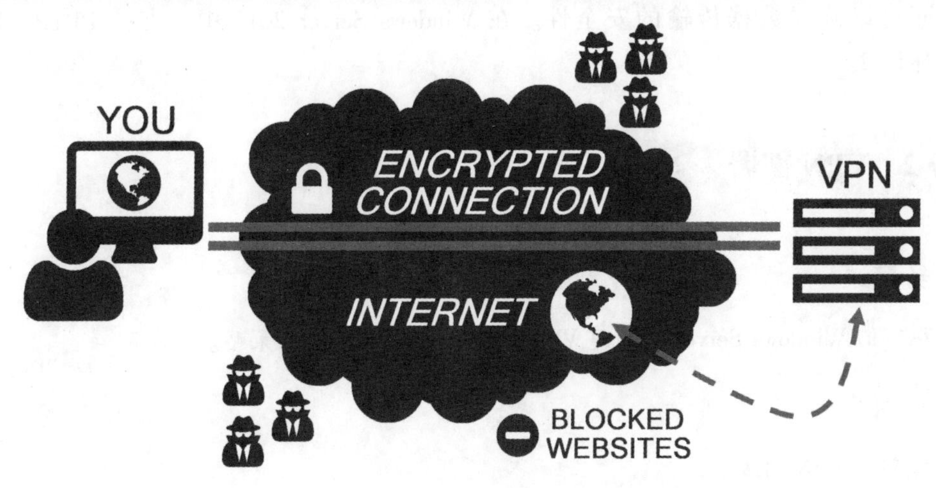

图 17-1

2. 身份验证协议

VPN 客户端连接到远程 VPN 服务器时，必须验证用户的身份。身份验证成功后，用户就可以通过 VPN 来访问资源。目前在 Windows Server 2016 中支持以下几种认证协议：

· PAP

PAP 从客户端发送到服务器的密码以明文进行传输，不太安全(不推荐使用)。

· CHAP

CHAP 采用 Challenge-Response(挑战-应答)验证用户身份，不会在网络上直接传输用户的密码。

CHAP 的工作流程是：在进行用户身份验证时，服务器先发送一个挑战信息(challenge message)给客户端，客户端根据挑战信息的内容与密码计算出一个哈希值，并将用户名和哈希值发送给 VPN 服务器。当 VPN 服务器收到哈希值后，会到用户账户数据库读取用户的密码，然后根据它计算出一个新的哈希值，如果此哈希值与客户发送过来的哈希值相匹配，则允许客户端进行连接(整个过程是对密码进行哈希值运算及匹配，所以，在 VPN 服务器方面，账户的密码必须要使用可逆的存储方式)。

· MS-CHAP V2

MS-CHAP V2 与 CHAP 相似，但是在账户数据库的密码存储部分则不需要采用支持可逆的方式存储，MSCHAP V2 不仅能够让 VPN 服务器验证用户身份，还支持让客户端验证 VPN 服务器的身份，具备相互验证功能(mutual authentication)。

· EAP

EAP 允许自定义方法，在 Windows Server 2016 中，较为常用的是 EAP-PEAP 协议与证书验证，这是一种比较复杂的身份验证方式。

3. VPN 协议

当 VPN 客户端与 VPN 服务器的连接建立后，双方之间所传输的数据会被 VPN 协议加密，因此，即使数据在因特网传输过程中被拦截，如果没解密密钥，那么也无法读取数据内容，从而可以确保数据传输的安全性。在 Windows Server 2016 中，支持 PPTP、L2TP、SSTP、IKEV2。

任务 2　VPN 部署

任务描述

在现有的 Windows Server 中构建 VPN 服务，并且设置准入策略。

任务目标

掌握部署 VPN 的方法。

1. PPTP VPN 部署

配置并启用路由和远程访问，如图 17-2 所示。

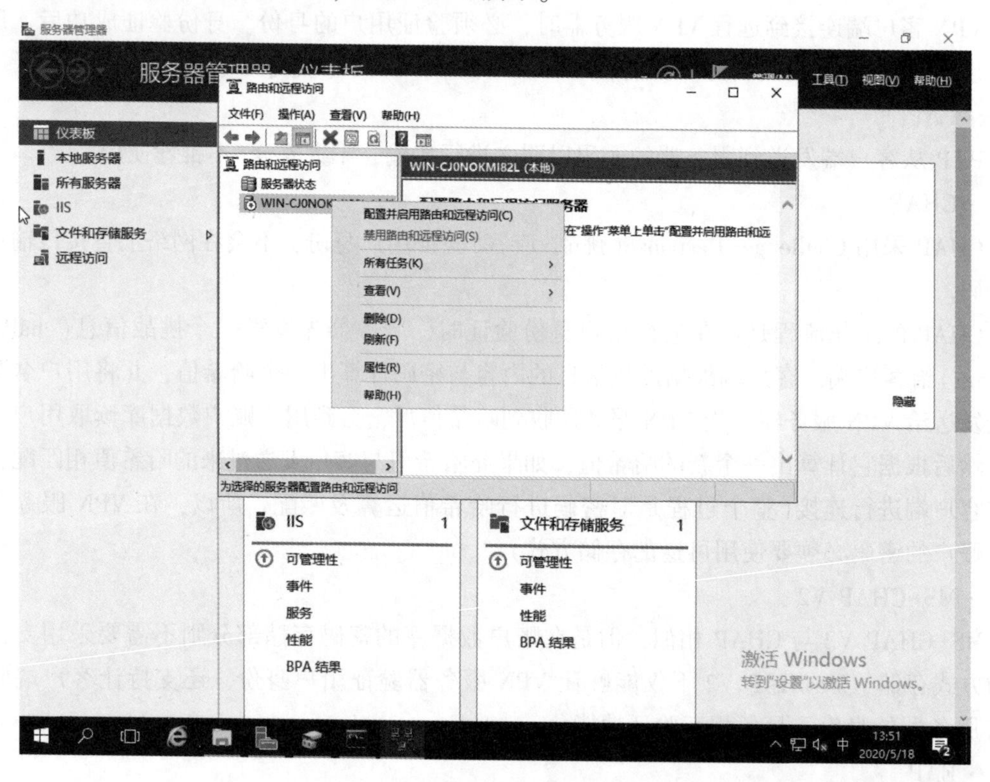

图 17-2

单击“下一步”按钮，如图 17-3 所示。

选择“自定义配置”，单击“下一步”按钮，如图 17-4 所示。

选择“VPN 访问”，单击“下一步”按钮，如图 17-5 所示。

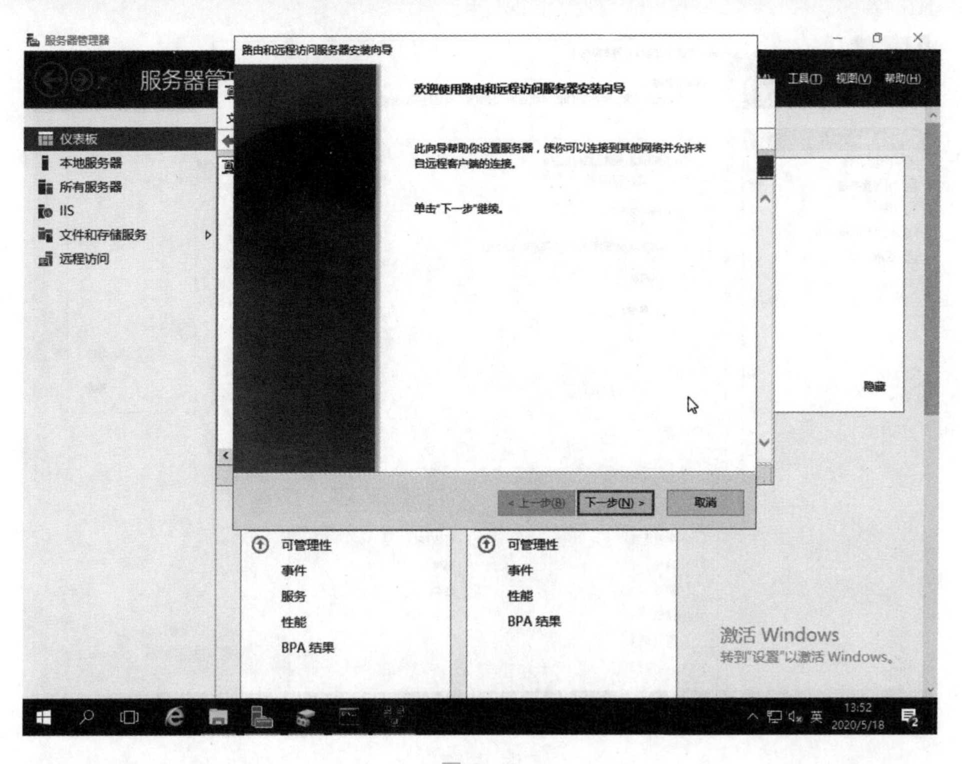
服务器管理器
路由和远程访问服务器安装向导
欢迎使用路由和远程访问服务器安装向导
此向导帮助你设置服务器，使你可以连接到其他网络并允许来自远程客户端的连接。
单击"下一步"继续。
< 上一步(B)
下一步(N) >
取消
工具(T)
视图(V)
帮助(H)
仪表板
本地服务器
所有服务器
IIS
文件和存储服务
远程访问
隐藏
可管理性
事件
服务
性能
BPA 结果
激活 Windows
转到"设置"以激活 Windows。
13:52
2020/5/18

图 17-3

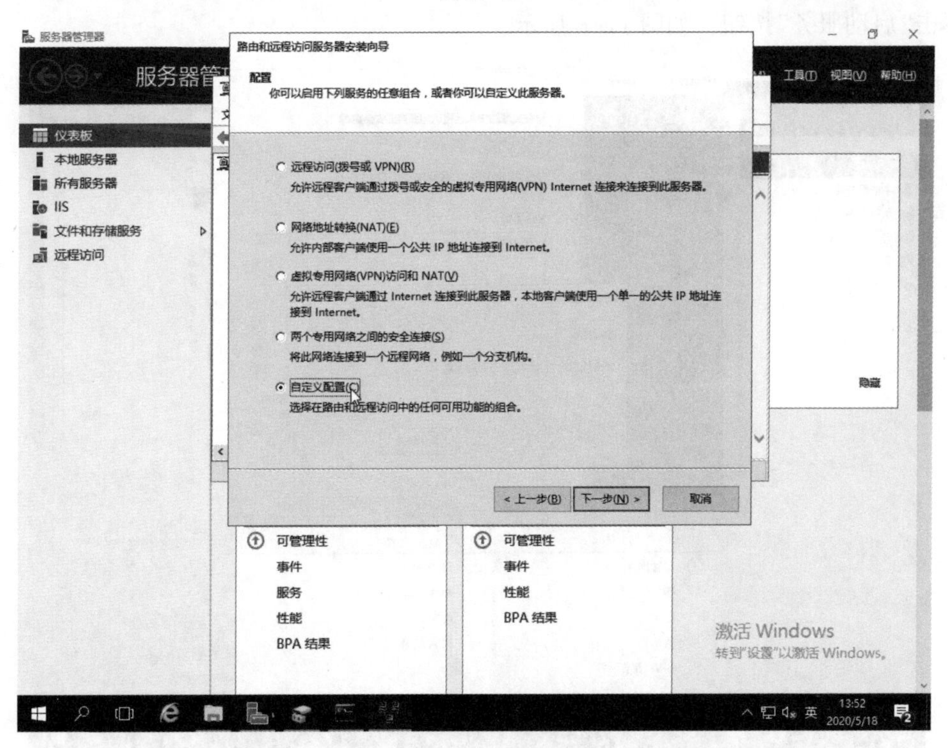
服务器管理器
路由和远程访问服务器安装向导
配置
你可以启用下列服务的任意组合，或者你可以自定义此服务器。
远程访问(拨号或 VPN)(R)
允许远程客户端通过拨号或安全的虚拟专用网络(VPN) Internet 连接来连接到此服务器。
网络地址转换(NAT)(E)
允许内部客户端使用一个公共 IP 地址连接到 Internet。
虚拟专用网络(VPN)访问和 NAT(V)
允许远程客户端通过 Internet 连接到此服务器，本地客户端使用一个单一的公共 IP 地址连接到 Internet。
两个专用网络之间的安全连接(S)
将此网络连接到一个远程网络，例如一个分支机构。
自定义配置(C)
选择在路由和远程访问中的任何可用功能的组合。
< 上一步(B)
下一步(N) >
取消
工具(T)
视图(V)
帮助(H)
仪表板
本地服务器
所有服务器
IIS
文件和存储服务
远程访问
隐藏
可管理性
事件
服务
性能
BPA 结果
激活 Windows
转到"设置"以激活 Windows。
13:52
2020/5/18

图 17-4

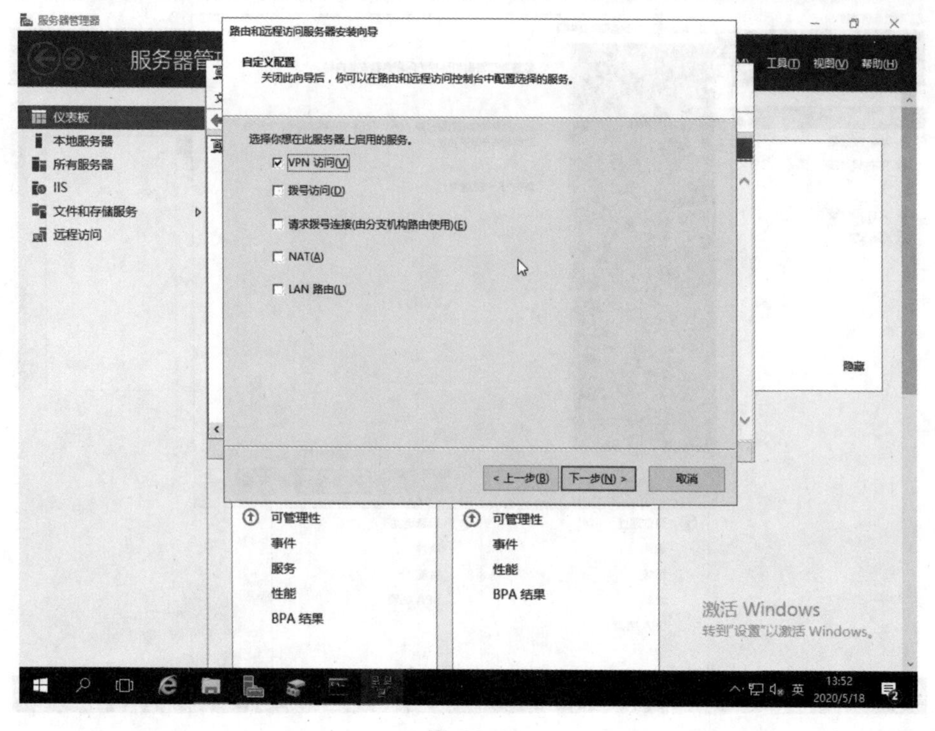

图 17-5

单击“启动服务”按钮，如图 17-6 所示。

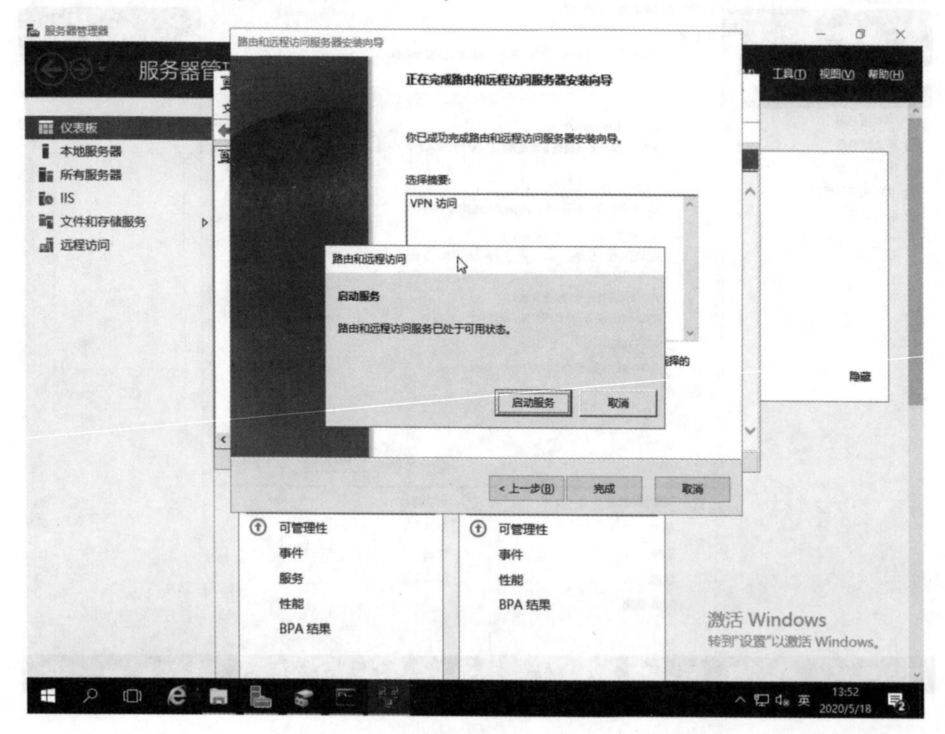

图 17-6

对 VPN 进行地址范围设定，如图 17-7 所示。

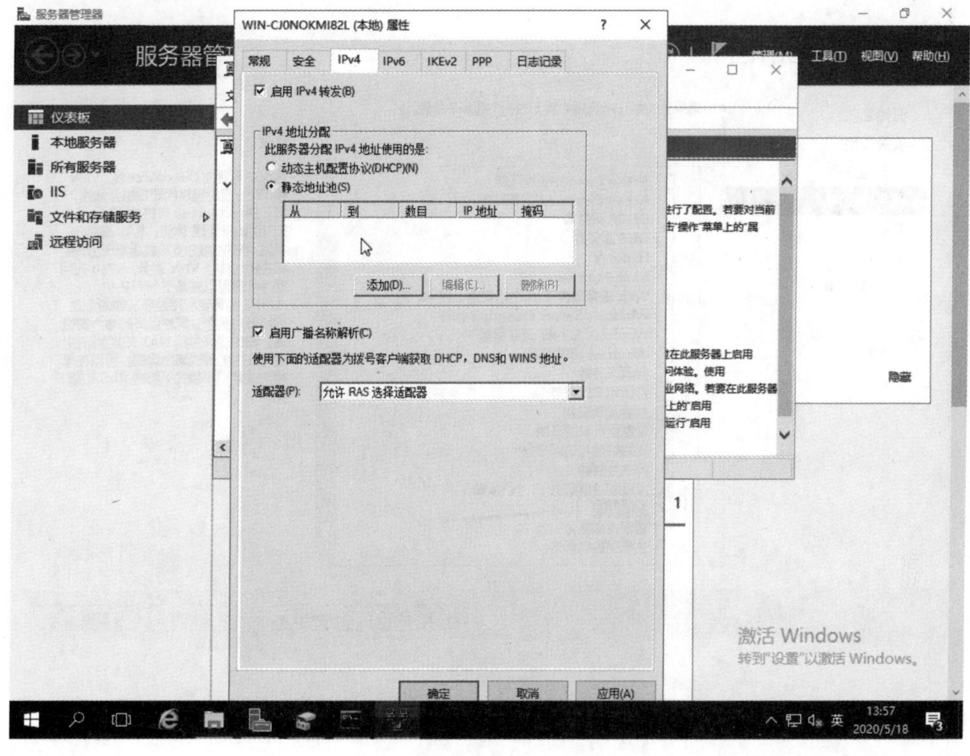

图 17-7

2. SSTP VPN 配置

设置安全 VPN(SSTP)的第一步是在服务器上添加远程访问服务器角色。通过转到服务器管理器仪表板来安装远程访问服务器角色。打开“服务器管理器”窗口后，单击“添加角色和功能”，则“添加角色和功能”向导将启动，可以通过该向导完成远程访问角色的安装。

该向导将从使用该工具添加角色和功能的说明开始。如果不想看到此页面，可以勾选“默认情况下跳过此页面”，此页面将不再提示。

在向导中，将使用基于角色的安装来添加此角色，因此，首先选择基于角色的安装或基于功能的安装，然后单击“下一步”按钮继续。

选择服务器池中的本地服务器，然后单击“下一步”按钮。

选择“远程访问”，然后单击“下一步”按钮，如图 17-8 所示。

如果需要更多详细信息，可以在此页面上浏览有关远程访问的详细信息，一旦准备好进行移动，单击“下一步”按钮。

仅选择“DirectAccess 和 VPN(RAS)”，单击“下一步”按钮，如图 17-9 所示。在弹出的窗口中将提示相关功能，单击“添加功能”按钮，返回“选择角色服务”页面，单击“下一步”按钮。

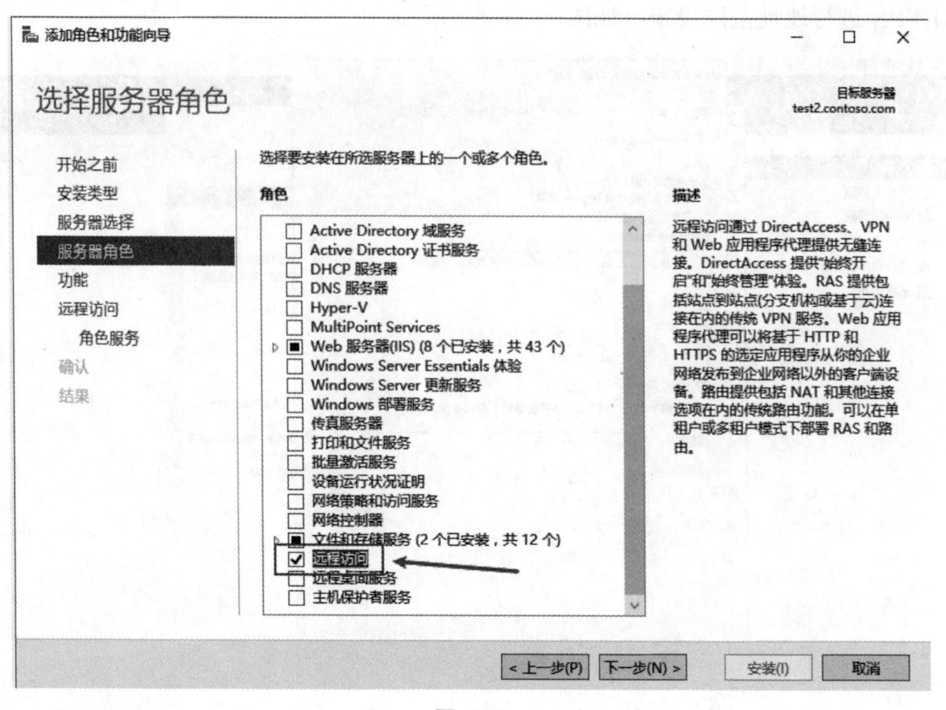

图 17-8

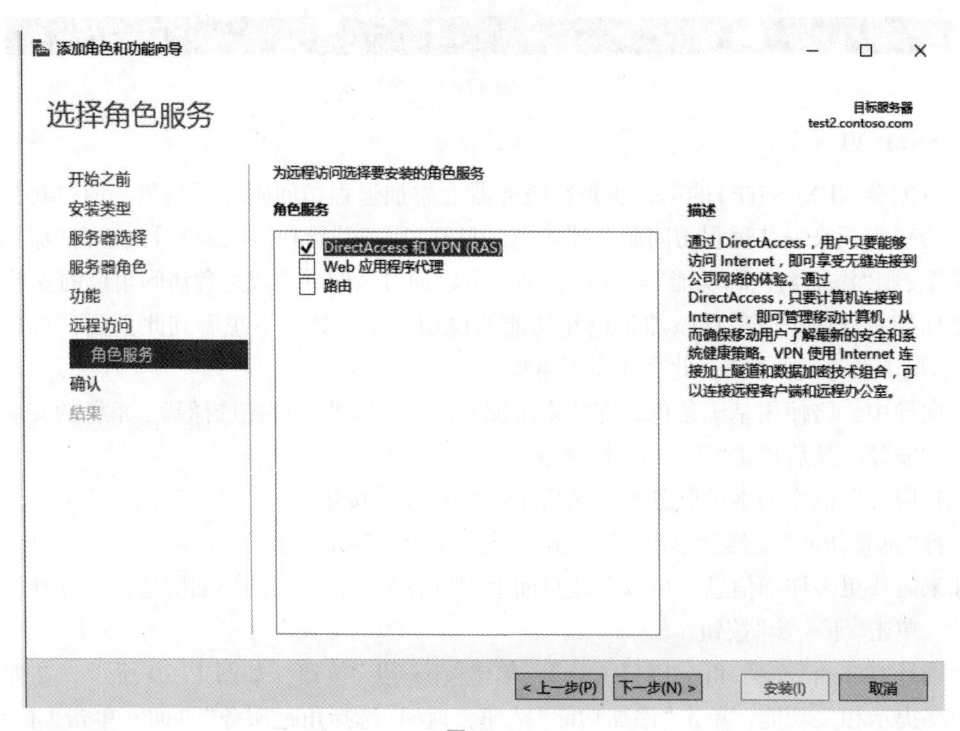

图 17-9

在确认页上验证上述角色和角色服务正确无误后，单击“安装”按钮开始远程访问角色的安装，如图 17-10 所示。

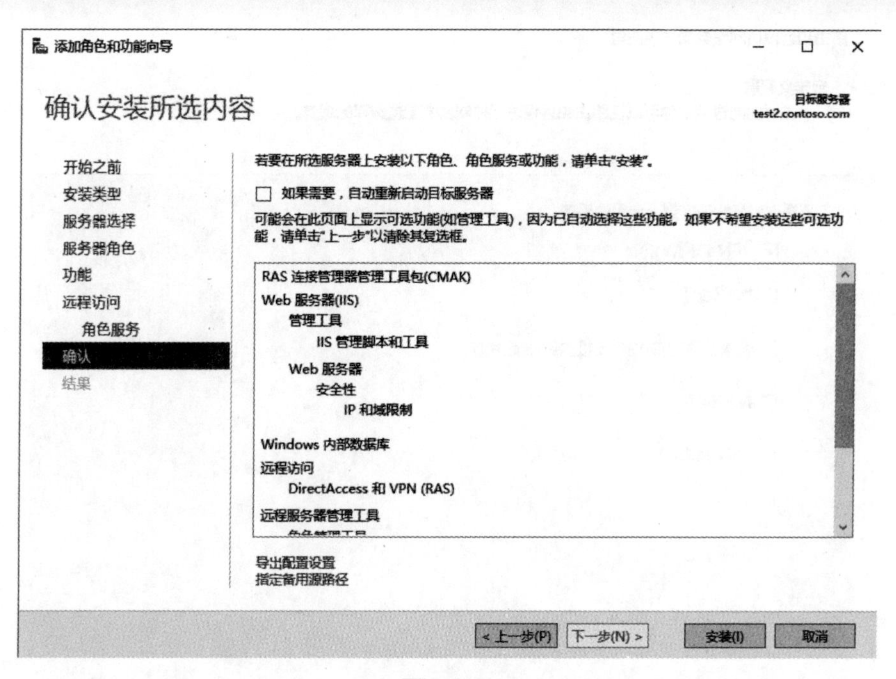

图 17-10

安装完成后，打开"路由和远程访问"管理控制台。右击服务器节点，选择"配置并启用路由和远程访问"，如图 17-11 所示。

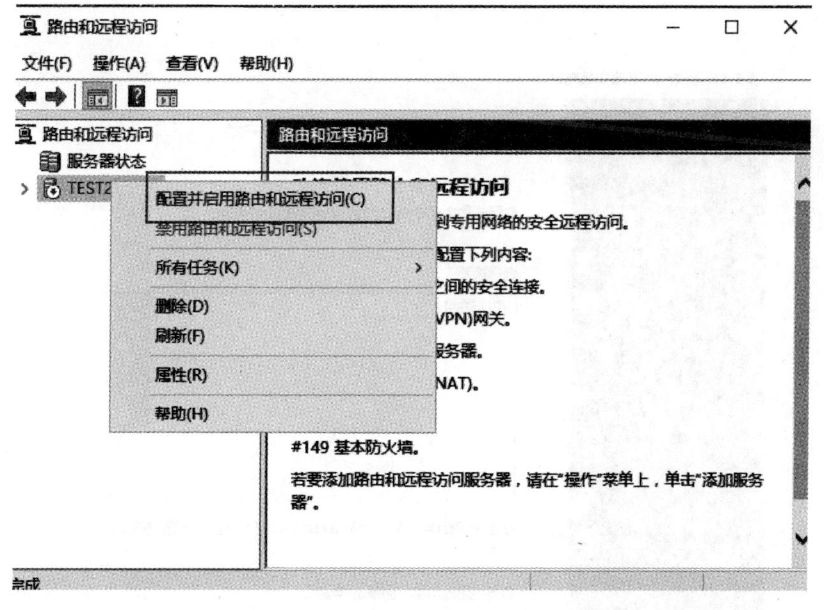

图 17-11

路由和远程访问服务器安装向导将以欢迎屏幕开始，单击"下一步"按钮以启动向导。在"自定义配置"页面上，选中"VPN 访问"，单击"下一步"按钮，如图 17-12 所示。VPN Access 配置结束，单击"完成"按钮，如图 17-13 所示。

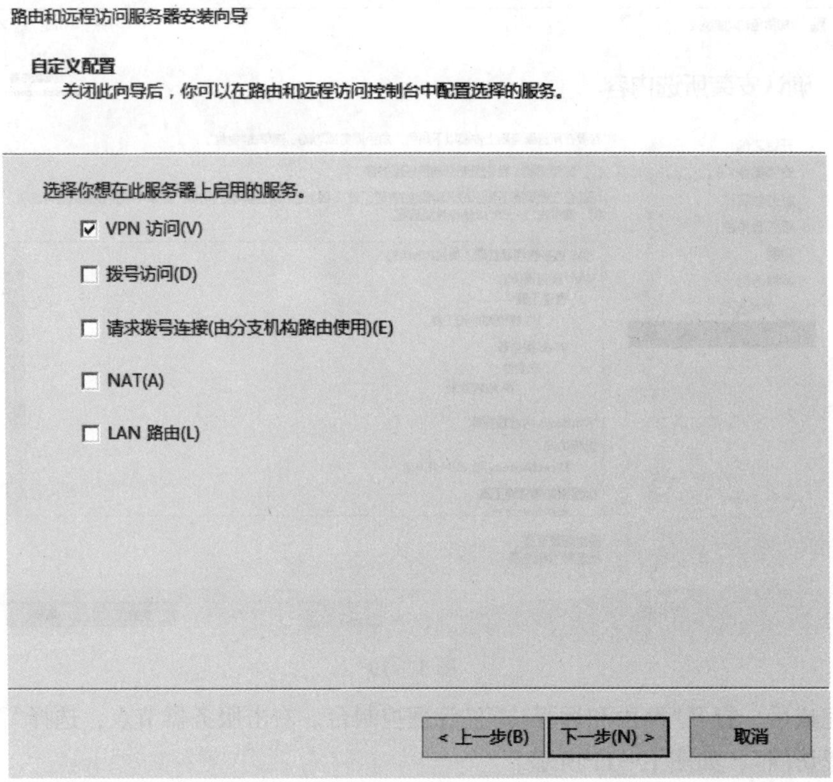

路由和远程访问服务器安装向导

自定义配置

关闭此向导后，你可以在路由和远程访问控制台中配置选择的服务。

选择你想在此服务器上启用的服务。

☑ VPN 访问(V)

☐ 拨号访问(D)

☐ 请求拨号连接(由分支机构路由使用)(E)

☐ NAT(A)

☐ LAN 路由(L)

< 上一步(B)　下一步(N) >　取消

图 17-12

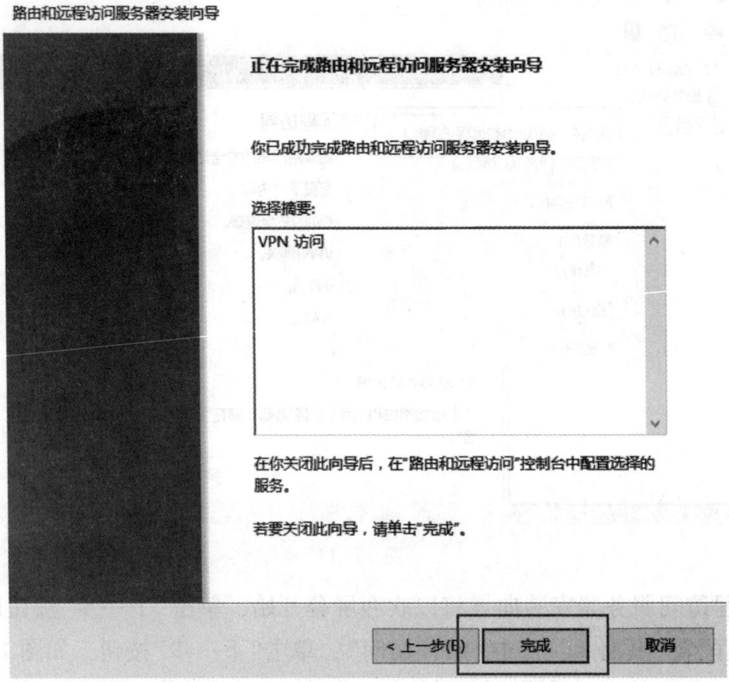

路由和远程访问服务器安装向导

正在完成路由和远程访问服务器安装向导

你已成功完成路由和远程访问服务器安装向导。

选择摘要:

VPN 访问

在你关闭此向导后，在"路由和远程访问"控制台中配置选择的服务。

若要关闭此向导，请单击"完成"。

< 上一步(B)　完成　取消

图 17-13

当使用 VPN Access 配置了路由和远程访问服务时，向导将弹出“启动服务”提示，如图 17-14 所示。

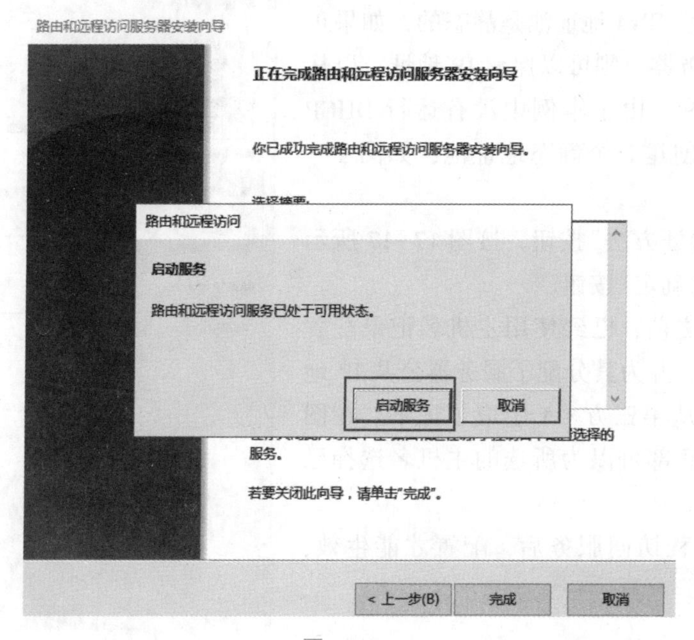

图 17-14

路由和远程访问服务启动后，将在服务器节点上出现一个绿色箭头，表示该服务已启动并正在运行。

3. 配置 VPN 的远程访问设置以保护 VPN(SSTP)

需要更新某些设置，以使 VPN 安全运行并将 IP 获取到客户端系统。

右击服务器节点，单击“属性”选项，如图 17-15 所示。

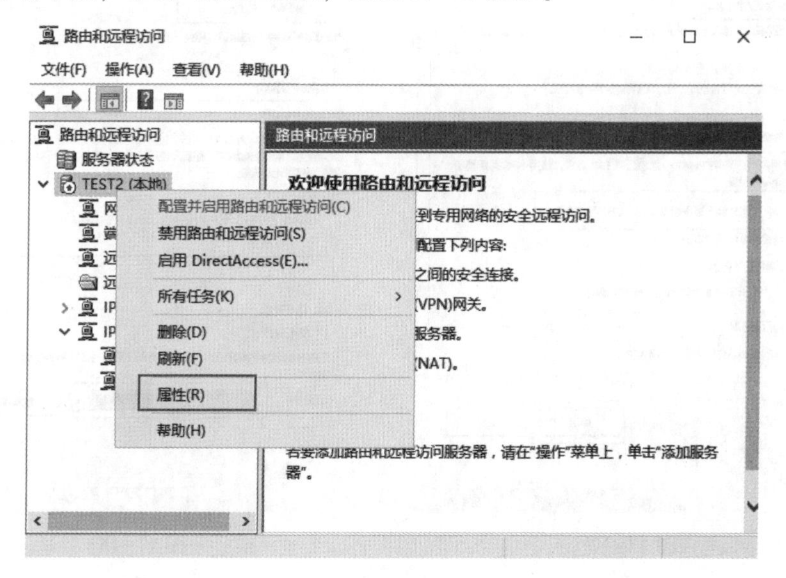

图 17-15

单击“IPv4”选项卡，选择“静态地址池”，单击“添加”按钮。选择一个 IP 地址池，键入池的开始和结束 IP 地址。IPv4 地址池是静态的，如果正在运行 DHCP 服务器，则可以保留 IP 地址，以从 DHCP 服务器分配。由于本例中没有运行 DHCP 服务器，因此将创建一个静态地址池，如图 17-16 所示。

单击“身份验证方法”按钮，按图 17-17 所示进行设置，单击“确定”按钮。

在开始安装之前，已经使用主机名记录配置了域的公共 DNS，并为其分配了服务器公共 IP 地址。另外，已经从第三方 CA 生成了证书。在图 17-18 所示页面底部可以为所选的主机名选择已安装的证书。

重新启动远程访问服务后，配置才能生效，如图 17-19 所示。

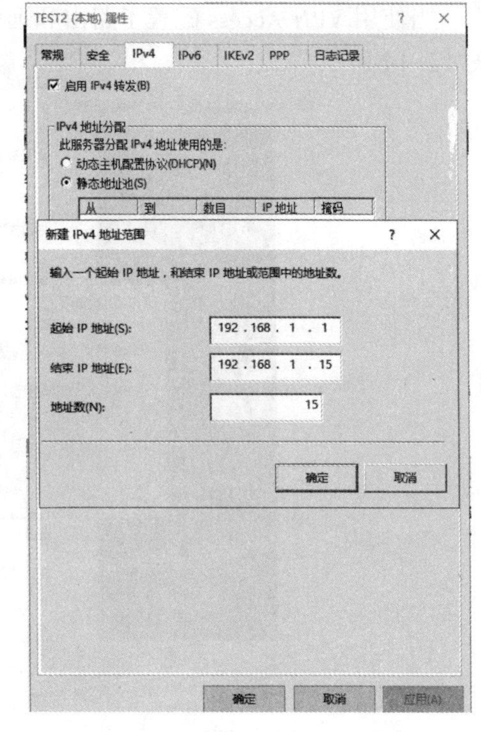

图 17-16

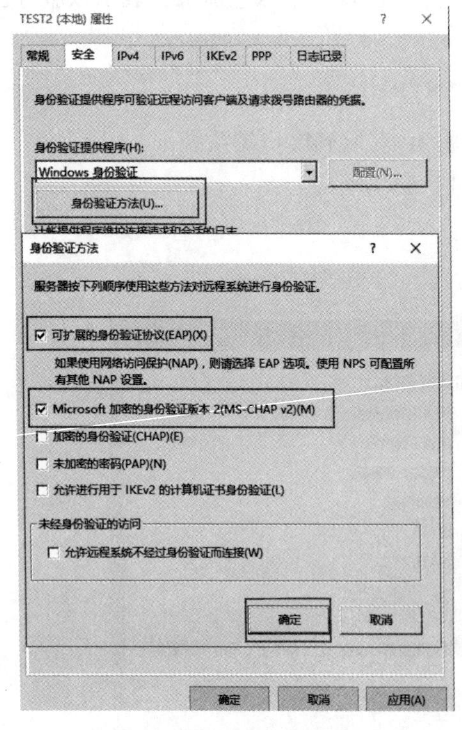

图 17-17

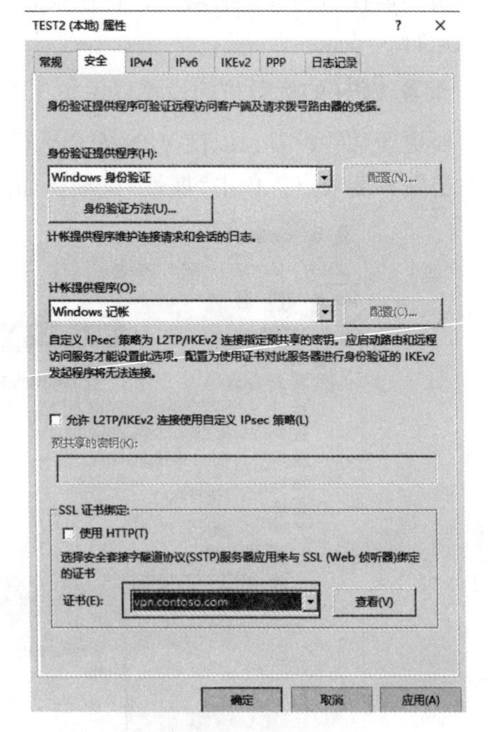

图 17-18

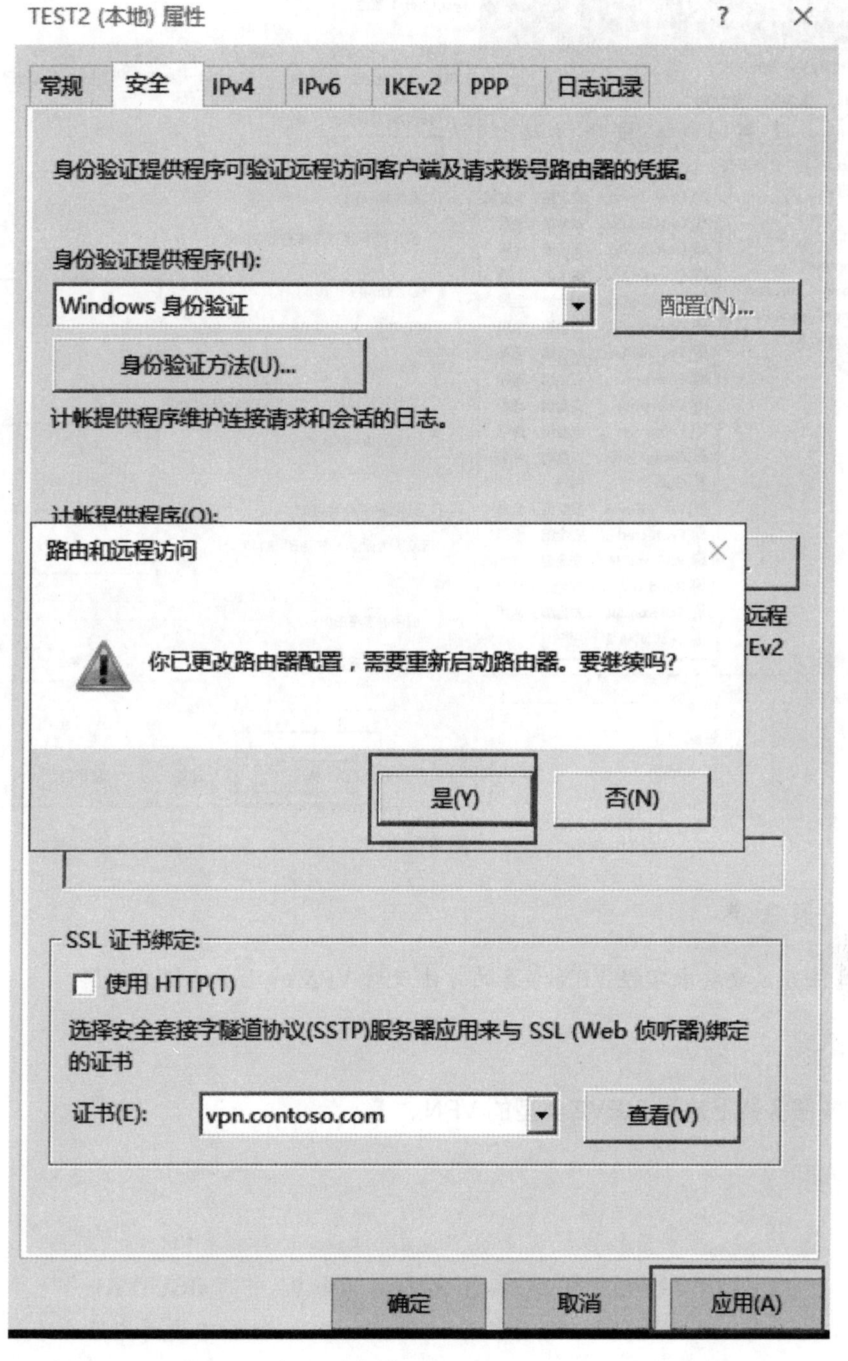

图 17-19

至此，完成了路由和远程访问配置。要从 VPN 客户端连接到 VPN Server，则要求允许所有需要访问的用户访问。在“Active Directory 用户和计算机”下选择允许 VPN 拨入的用户对象，并在该用户对象的“属性”窗口的“拨入”选项卡中选择“允许访问”，单击“确定”按钮，如图 17-20 所示。

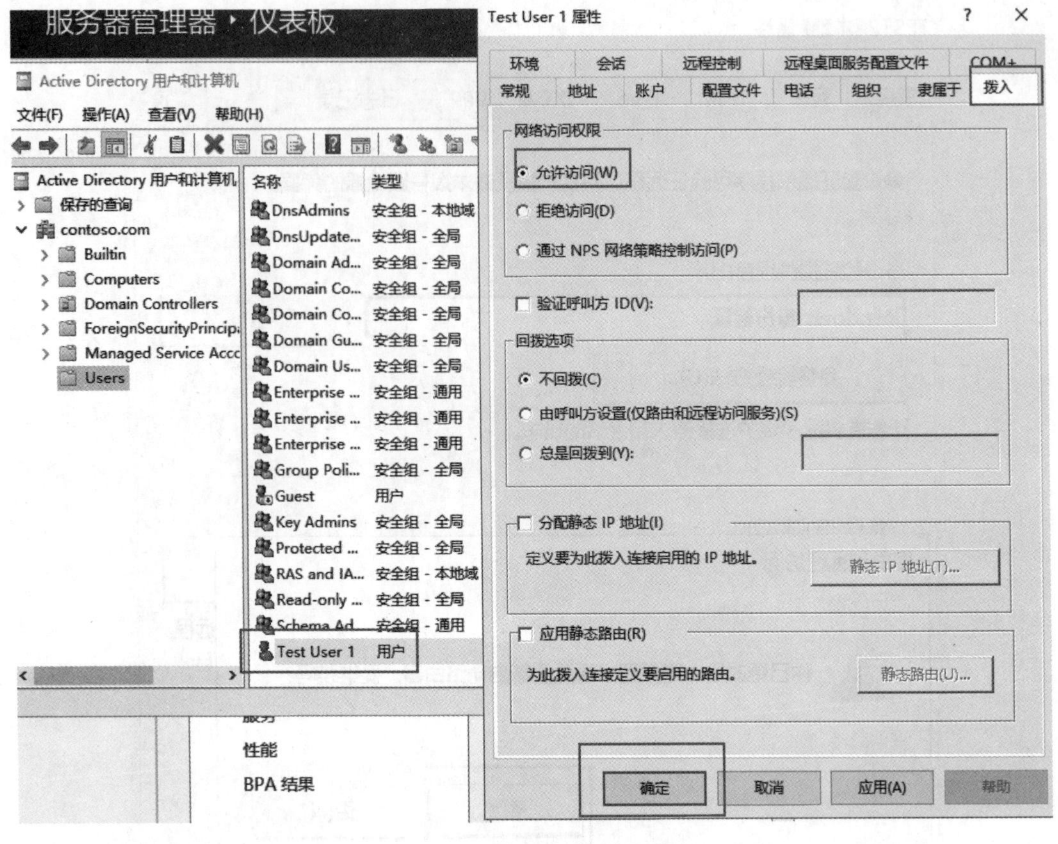

图 17-20

项目任务总结

本项目任务主要要求掌握 VPN 部署的方法及对 VPN 的几个协议的理解。

项目拓展

在 VPN 服务器上启用 IKEV2 类型的 VPN。

拓展练习

1. 根据图 17-21 所示拓扑图配置主机名及 IP 地址。
2. 在 SERVER1 上安装 AD 域，域名为 contoso. global，并将 ROUTER1 加入域。
3. 在 ROUTER1 与 ROUTER2 之间启用 SiteToSite VPN 供双方进行内部通信。
4. 在 ROUTER1 上启用 L2TP VPN 供 CLT2 进行拨号连接。
5. CLT1 与 CLT2 都能通过 VPN 成功加入域 contoso. global，并且能够正常访问域资源。

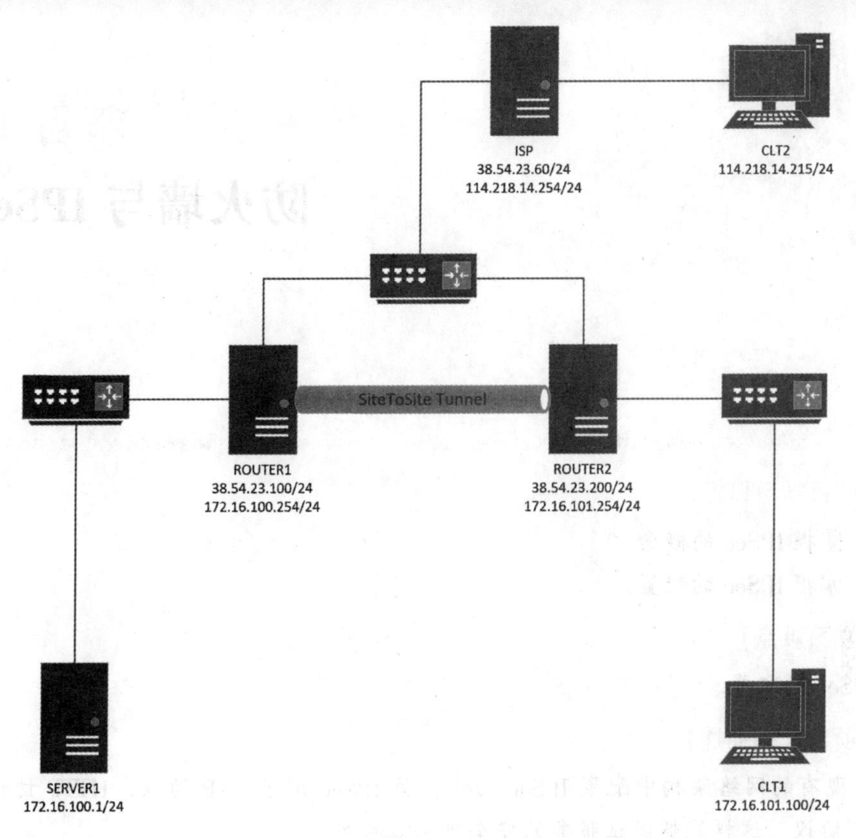
ISP
38.54.23.60/24
114.218.14.254/24
CLT2
114.218.14.215/24
SiteToSite Tunnel
ROUTER1
38.54.23.100/24
172.16.100.254/24
ROUTER2
38.54.23.200/24
172.16.101.254/24
SERVER1
172.16.100.1/24
CLT1
172.16.101.100/24

图 17-21

项目 18
防火墙与 IPSec

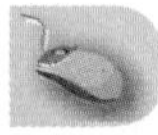

【项目学习目标】

1. 掌握 IPSec 的概念。
2. 掌握 IPSec 的配置。

【学习难点】

IPSec 的配置。

【项目任务描述】

在现有的网络架构中配置 IPSec 功能，将 IPSec 用于 NTP 协议、HTTP 协议或者是 FTP 协议，这样能够保证服务的安全性和隐秘性。

任务 1 IPSec 概念与实现过程

任务描述

解释 IPSec 的概念及实现方法。

任务目标

掌握 IPSec 的概念。

1. IPSec 介绍

互联网安全协议(IPSec)是一个协议包，通过对 IP 协议的分组进行加密和认证来保护 IP 协议的网络传输协议簇(一些相互关联的协议的集合)。

IPSec 主要由以下协议组成：认证头(AH)，为 IP 数据报提供无连接数据完整性、消息认证及防重放攻击保护；封装安全载荷(ESP)，提供机密性、数据源认证、无连接完整性、防重放和有限的传输流(traffic-flow)机密性；安全关联(SA)，提供算法和数据包，提供 AH、ESP 操作所需的参数。

2. 设计意图

IPSec 被设计用来提供：入口对入口通信安全，在此机制下，分组通信的安全性由单个节点提供给多台机器(甚至可以是整个局域网)；端到端分组通信安全，由作为端点的计算机完成安全操作。上述任意一种模式都可以用来构建虚拟专用网(VPN)，而这也是 IPSec 最主要的用途之一。应该注意的是，上述两种操作模式在安全的实现方面有着很大差别。

因特网范围内端到端通信安全的发展比预料的要缓慢，其中部分原因是其不够普遍或者说不被普遍信任。公钥基础设施能够得以形成(DNSSec 最初就是为此产生的)，一部分是因为许多用户不能充分地认清他们的需求及可用的选项，导致其作为内含物强加到卖主的产品中(这也必将得到广泛采用)；另一部分可能归因于网络响应的退化(或说预期退化)。

3. IPSec 操作模式

IPSec 有两种操作模式：传输模式和隧道模式。在传输模式下运行时，源主机和目标主机必须直接执行所有加密操作，加密数据通过使用 L2TP(第 2 层隧道协议)创建的单个隧道发送，数据(密文)由源主机创建，并由目标主机检索，这种操作模式建立了端到端的安全性。

在隧道模式下运行时，除源主机和目标主机外，特殊网关还会执行加密处理。在这里，许多隧道在网关之间串联创建，建立了网关到网关的安全性。使用这些模式中的任何一种时，重要的是为所有网关提供验证数据包是否真实的能力及在两端验证数据包的能力，必须丢弃所有无效的数据包。

IPSec 中需要两种类型的数据包编码(DPE)：身份验证标头(AH)和封装安全负载(ESP)DPE。这些编码为数据提供网络级安全性，AH 提供数据包的真实性和完整性，通过密钥散列函数(也称为 MAC(消息验证代码))可以进行验证，此标头还禁止非法修改，并可选择提供反重放安全性。AH 可以在多个主机、多个网关或多个主机和网关之间建立安全性，所有这些都实现了 AH。ESP 的标头用于提供加密、数据封装和数据机密性。通过对称密钥提供数据机密性。

任务 2　配置 IPSec

任务描述

配置 IPSec，用于所有与 Windows Server 建立通信的服务。

任务目标

掌握 IPSec 的配置方法。

打开 Firewall. cpl，单击“高级设置”选项，如图 18-1 所示。

选择“连接安全规则”，如图 18-2 所示。

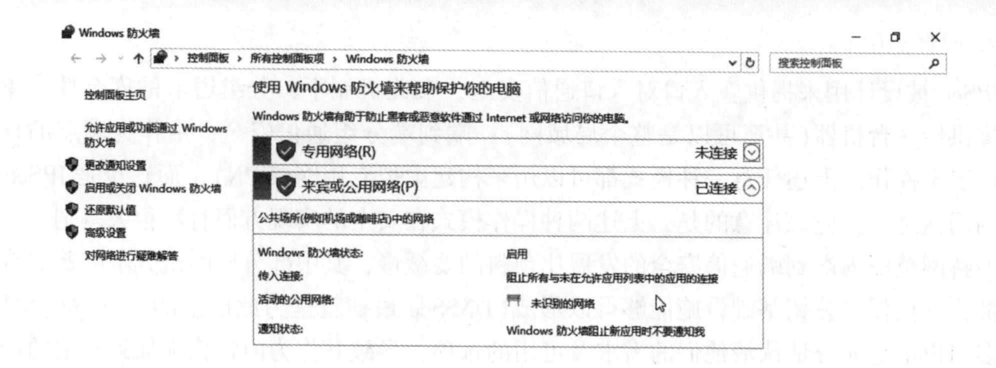

图 18-1

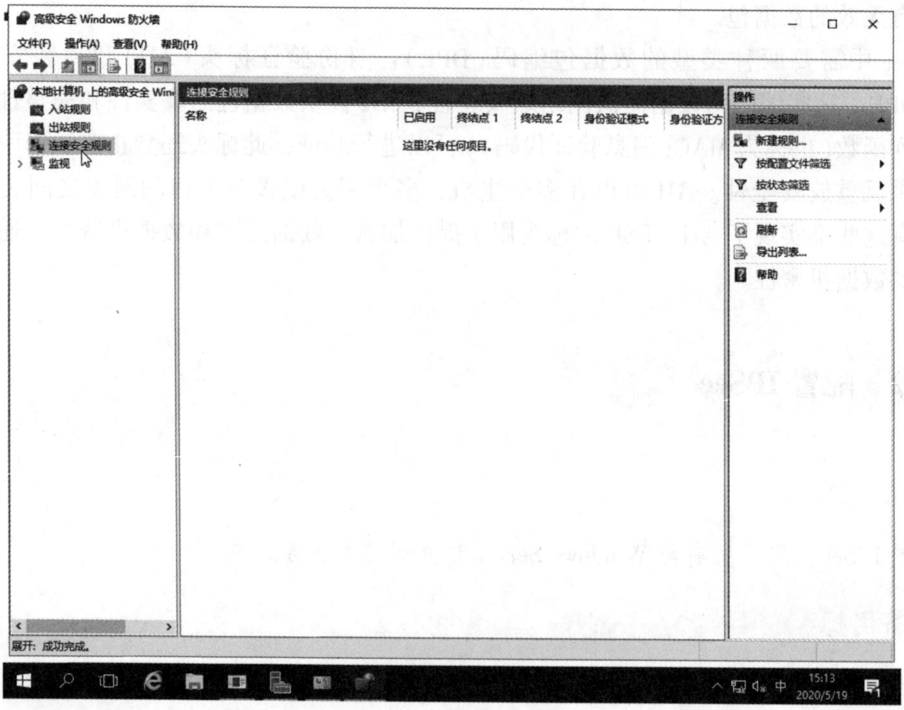

图 18-2

选择“自定义”，如图 18-3 所示。

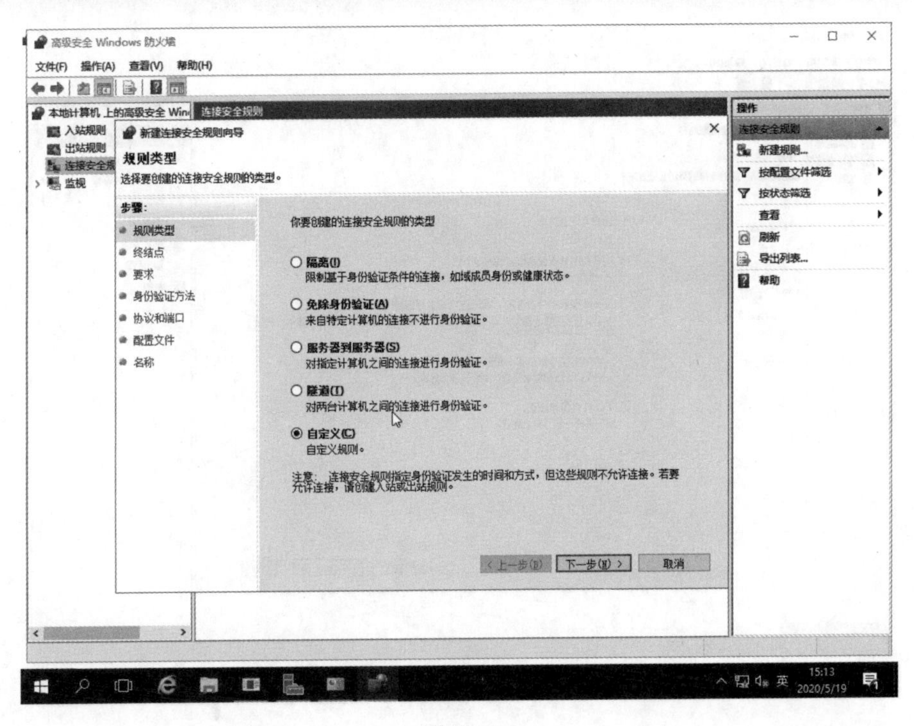

图 18-3

选择终结点信息，如图 18-4 所示。

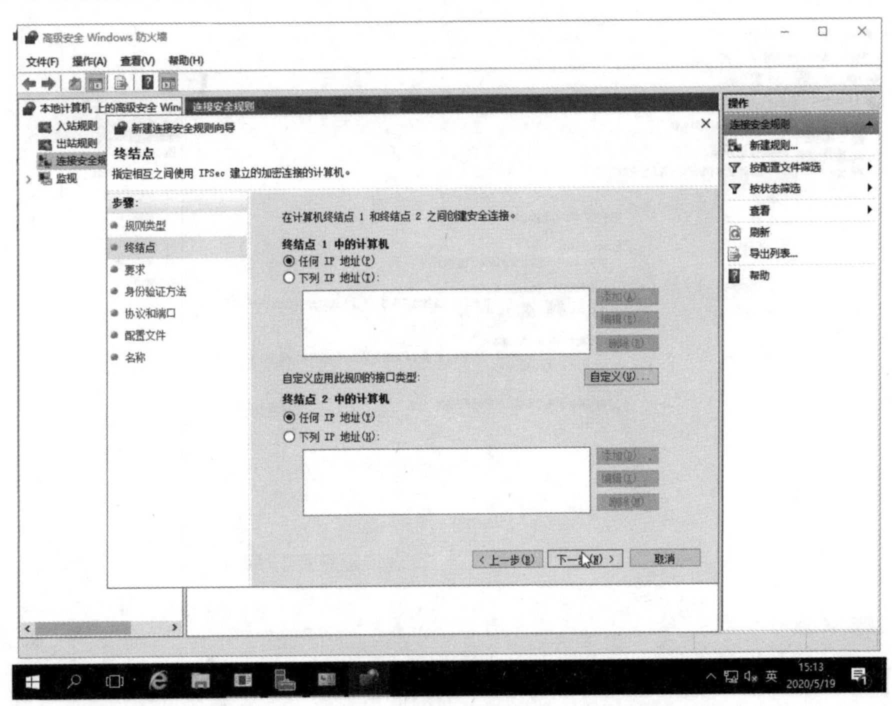

图 18-4

选择“入站和出站连接请求身份验证”，如图 18-5 所示。

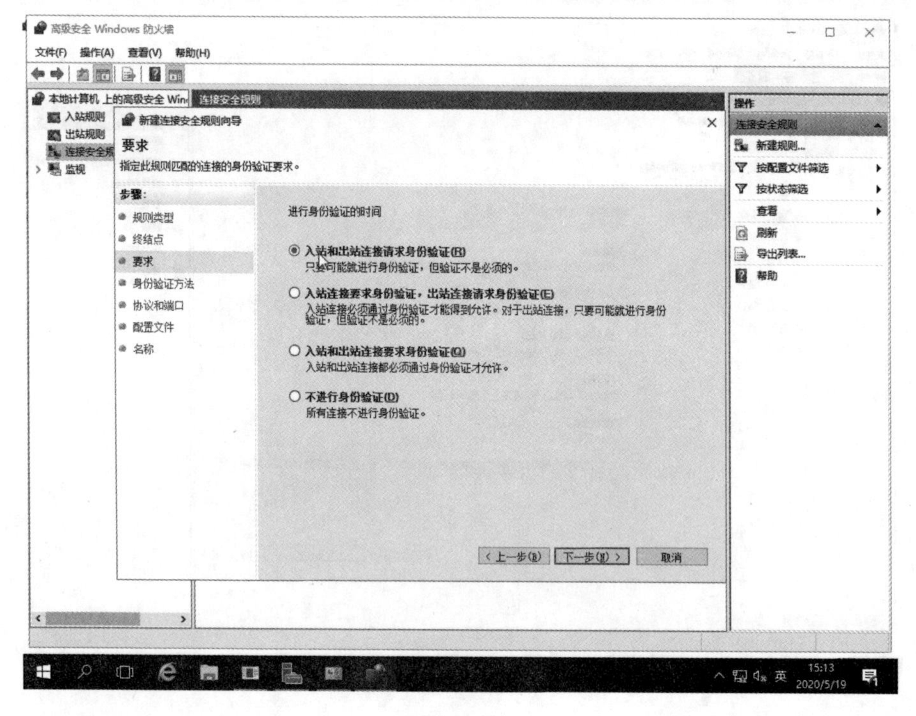

图 18-5

选择“默认值”，如图 18-6 所示。

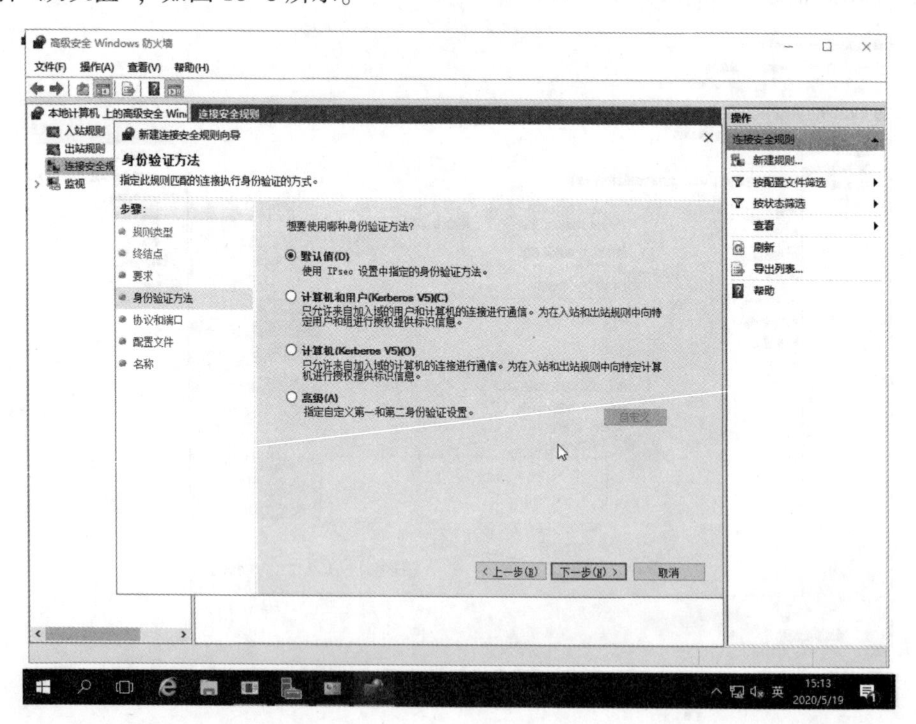

图 18-6

选择需要使用的协议，如图 18-7 所示。

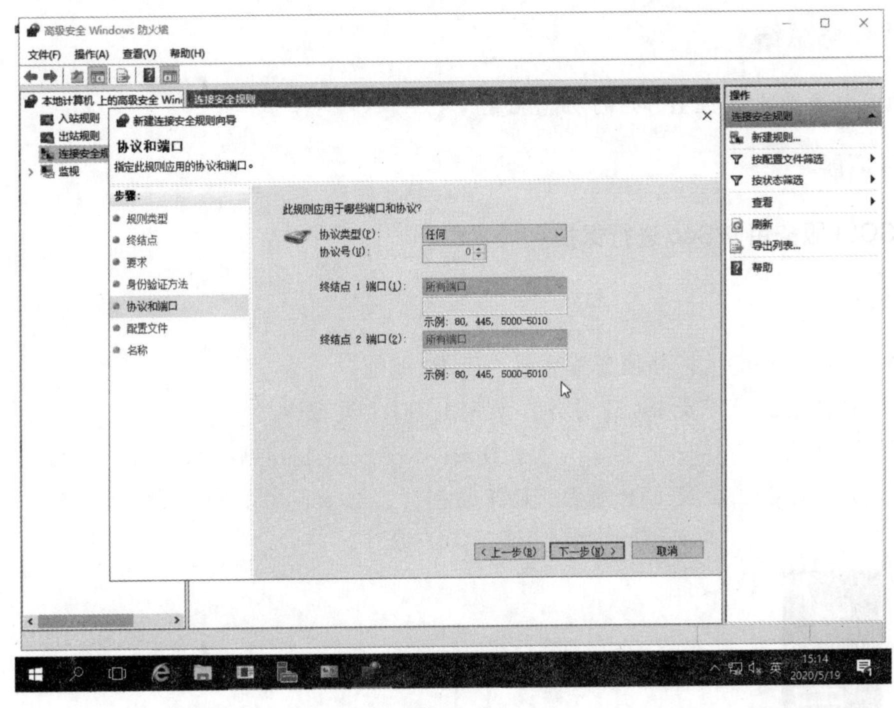

图 18-7

选择生效的配置文件，如图 18-8 所示。

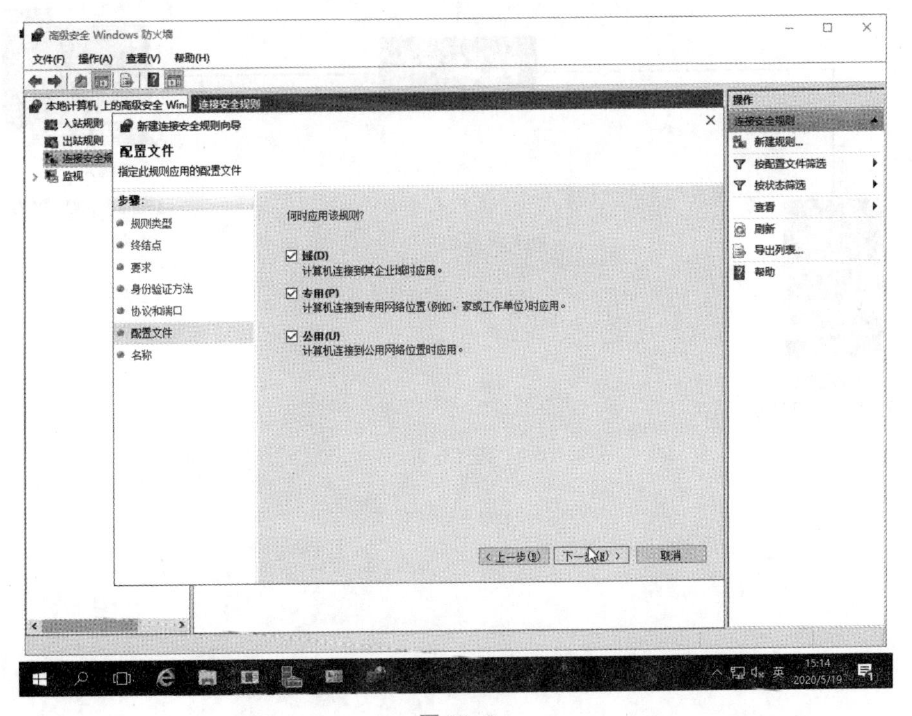

图 18-8

项目任务总结

本项目任务要求掌握 IPSec 的功能配置。

项目拓展

将 ISCSI 服务用 IPSec 进行保护。

拓展练习

1. 根据图 18-9 所示拓扑图配置主机名及 IP 地址。
2. 在 SERVER2 上配置 ISCSI 服务，供 SERVER1 进行连接。
3. 设定 ISCSI 的连接安全功能，启用 IPSec over pre-share-key 技术。
4. 在 SERVER2 上配置 FTP 服务，CLT 访问时，自动使用 IPSec 进行加密数据，使用非对称加密方式。

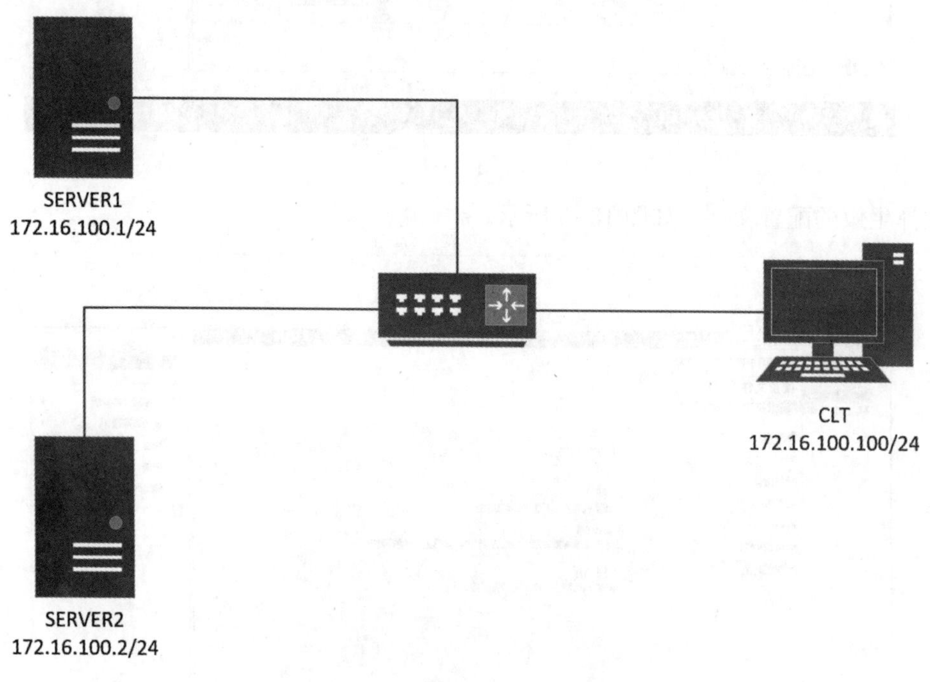

图 18-9

附录 Windows 常用指令

Control：控制面板
lusrmgr. msc：本地用户与本地组管理
services. msc：本地服务
control update：更新控制面板
net user +用户名+密码+/add：创建用户密码
powercfg. cpl：电源选项
WIN + E：资源管理器
control system：系统信息配置
Iexplore：IE 浏览器
ncpa. cpl：网卡配置
Ipconfig：查看网卡配置信息
firewall. cpl & wf. msc：防火墙配置
appwiz. cpl：程序和功能
net user：列出用户列表
net localgroup：列出本地组的列表
net share：列出当前文件共享
net share 文件名=本地路径：创建共享
mkdir c:\456：在 C 盘创建 456 文件夹
Dir：列出某个目录的文件与文件夹
rmdir c:\456：删除文件 456
ipconfig/flushdns：清理缓存
Powershell：打开 PowerShell 管理器
Nslookup：解析网站
netstop/dnscache：关缓存
ipconfig/displaydns：查看缓存

ipconfig/flushdns：清理缓存

route print-4：查看路由表

certmgr. msc：管理用户证书

certlm. msc：管理机器证书